设计+制作+印刷+商业模版

Photoshop+Illustrator 实例教程

李杰◎编著

人民邮电出版社
北京

图书在版编目（C I P）数据

设计+制作+印刷+商业模版Photoshop+Illustrator实例教程 / 李杰编著. -- 北京 : 人民邮电出版社, 2015.3（2024.7重印）
ISBN 978-7-115-37741-8

Ⅰ. ①设… Ⅱ. ①李… Ⅲ. ①平面设计－图形软件－教材 Ⅳ. ①TP391.412

中国版本图书馆CIP数据核字(2015)第028957号

内 容 提 要

本书主要讲解了如何把 Photoshop 和 Illustrator 结合起来并应用于各类商业设计中的方法。全书内容实用，既详细介绍了实际的工作项目，也对软件的操作技能进行了全面的讲解。通过学习本书，读者不但可以掌握常见印刷品的设计与制作方法，还可以在案例的操作过程中掌握更多的软件实用功能。

全书共 11 章，第 1 章和第 2 章介绍了平面设计、印刷、配色和软件的基础知识；第 3 章讲解了 Photoshop 和 Illustrator 两个软件的结合方式；第 4 章～第 11 章详细讲解了常见商业案例的制作方法，包括杂志广告设计、网页设计、海报招贴设计、产品包装及造型设计和书籍装帧设计等领域，帮助读者快速提升平面设计和制作的能力。

随书附带 1 张多媒体教学光盘，内容包括书中所有案例及课后练习的源文件和素材文件，以及案例实现过程教学视频。

本书适合有一定软件基础的初、中级读者，以及从事平面艺术类设计或版式设计的相关从业人员阅读。同时，本书也可作为相关院校的辅导教材。

◆ 编　　著　李　杰
　责任编辑　杨　璐
　责任印制　程彦红
◆ 人民邮电出版社出版发行　　北京市丰台区成寿寺路 11 号
　邮编　100164　　电子邮件　315@ptpress.com.cn
　网址　http://www.ptpress.com.cn
　北京瑞禾彩色印刷有限公司印刷
◆ 开本：787×1092　1/16
　印张：19.25　　　　2015 年 3 月第 1 版
　字数：577 千字　　　2024 年 7 月北京第23次印刷

定价：79.80 元（附光盘）

读者服务热线：(010)81055410　印装质量热线：(010)81055316
反盗版热线：(010)81055315
广告经营许可证：京东市监广登字 20170147 号

前言

写在前面的话

我们总是为那些优秀设计师所创作出来的作品而折服，感叹他们的作品给我们所带来的震撼。当我们进行创作时，在创作初期也许会为无法理清思路而苦恼，也有可能会因为软件的应用不熟练而感到束手无策，在完成设计后又会因为印刷的问题对作品进行反复的修改。那么当遇到这些问题时，该怎么解决呢？不用苦恼，本书将一一为你做出解答。本书以图形图像处理软件 Photoshop 和矢量绘图软件 Illustrator 为操作平台，将设计理念融入到案例中，通过大量的案例来对设计中的要点和软件操作技巧进行讲解，帮助读者进一步理解和把握对作品进行构思和创作设计的要点，帮助读者对平面设计及软件操作等有更全面的了解。

本书特色

精练的设计知识讲解：在本书的开始，针对平面设计中的原理、构成要素等相关重点，以及平面设计中需要掌握的基本技巧进行了讲解，为以后的深入学习奠定基础。

学习必备的印刷基础：为了让设计作品能够顺利地变成实物，同时正确地对设计中的色彩、文件大小等相关参数进行设置，在书中还对必备的印刷知识进行了讲解，帮助读者在设计中掌握设计作品的基础要点，从而设计出可以运用到生活中的作品。

呈现精美的设计案例：书中包含了大量精美的设计案例，每个案例都根据设计原理中的相关基础知识进行展开和讲解，并将平面设计知识和软件运用知识贯穿其中，可以帮助读者快速提高设计的思维灵活度和软件操作技能。

重要的设计要点解析：在每个案例的讲解中，还针对案例中所使用的相关设计知识和软件运用知识进行了进一步分析，并配以“对比分析”和“知识扩展”体例来对设计中需要注意的重点进行单独讲解，以提高读者的设计感。

章节要点

第 1 篇设计创作基础篇（第 01~02 章）：在该部分中讲解了平面设计的重要概念，以及 Photoshop 和 Illustrator 的基础操作知识，通过书中的案例来对这些知识进行分析。

第 2 篇软件应用升级篇（第 03 章）：该部分通过 Photoshop 和 Illustrator 两个软件之间的相互文件转换来帮助大家认识矢量图形和位图图像之间的差别及优劣，通过步骤式的讲解来帮助读者掌握不同文件之间的转换方式及操作技巧。

第 3 篇实例设计演练篇（第 04~11 章）：根据不同的设计对象进行分类，从杂志广告、海报招贴、画册设计和 UI 设计等多个方面对内容进行安排，用大量的案例来对平面设计知识和软件操作技巧进行阐述，帮助读者快速提高实战技能。

其他

本书内容丰富，写作主旨明确，不仅是学习平面设计运用知识的专业图书，也是一本能够提升 Photoshop 和 Illustrator 软件操作技能的图书。

本书由华北水利水电大学李杰老师编著，在编写过程中力求严谨细致，但由于水平有限，时间仓促，书中难免出现纰漏和不妥之处，恳请广大读者批评指正，提出宝贵意见。

编者

2015 年 1 月

CONTENTS
目 录

CONTENTS
目 录

CONTENTS

目 录

CONTENTS
目　录

设计创作基础篇

music concept

美味果

PITPOURRI
Feel the fragrance of flowers
LAVENDER

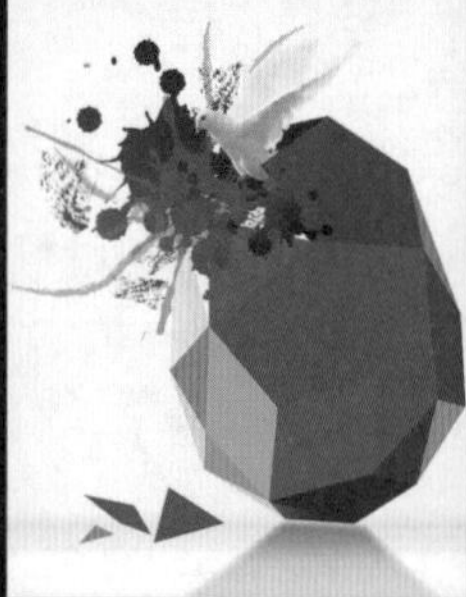

SOLITARY WATCH

第01章

必备的基础知识

在平面设计中二维的空间艺术由许多丰富的元素构成，其表现形式不但具有鲜明的视觉化信息传播功能，还有深层次的文化传播功能。在进行创作设计之前，我们需要对平面设计的相关基础有一定了解，如平面设计的概念、构成要素、组合形式及色彩搭配等。在对设计有一定的理解之后，接下来还需要对制作过程中的相关基础进行学习，其中包括文件的格式、颜色模式等。此外，与印刷相关的知识也是本章学习的重点，以帮助我们掌握设计中的基础要领，学会怎样正确地将作品与实际事物进行联系。最后，将带领大家对Photoshop和Illustrator进行一些初步接触，使大家了解软件的应用范围和工作范围。现在就让我们对必备的基础知识进行学习

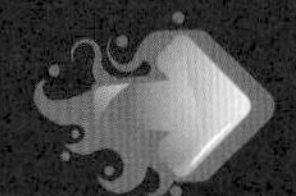

1.1 关于平面设计

在使用 Illustrator 和 Photoshop 进行平面设计创作时，为了获得满意的制作效果，需要在创作之前对设计的相关概念有一定了解，其中包括设计中的构成元素、图形图像的组合形式、构成方法和色彩搭配等。

1.1.1 什么是平面设计

平面设计就是把视觉元素，即设计元素，在二维的平面上按照美学的视觉效果和力学的原理进行编排和组合，从纯粹的视觉审美和视觉心理的角度寻求组成平面的各种可能性和可行性，包含了关于平面设计的思维方式和平面设计的方法。

平面设计是通过研究和探索设计中的规律而达到最终设计效果的有效手段，平面设计也是平面构成的具体应用和实施，下图所示为平面构成和平面设计的关系。

在具体的设计过程中，平面设计是一个具有极强广泛性并结合抽象性和形式感的表现形式，只有将这些思路进行整合之后，才能创作出别具一格的画面效果。

对于一套完整的平面设计思维过程，首先应当是在通过理性分析而得出一个抽象的概念，然后在运用的过程中将其具象化后再加深、扩展，然后达到成熟的阶段。下面的左图所示为平面构成的思维形成图，我们根据此图可以对其进行思维排序。以某房地产公司的 Logo 设计为例，通过下面的右图中的设计思维过程就可以理清设计思路，设计出满意的作品。

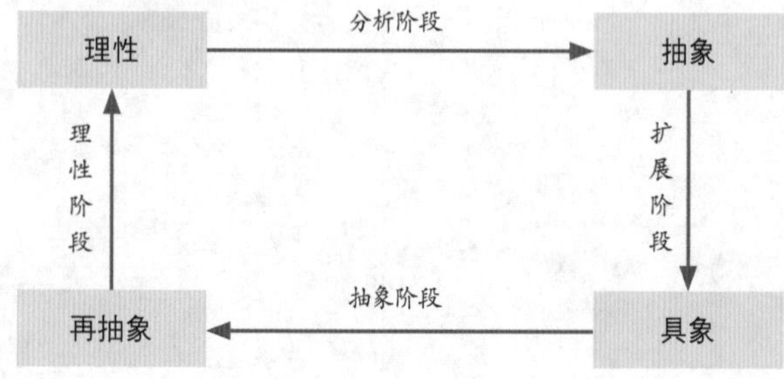

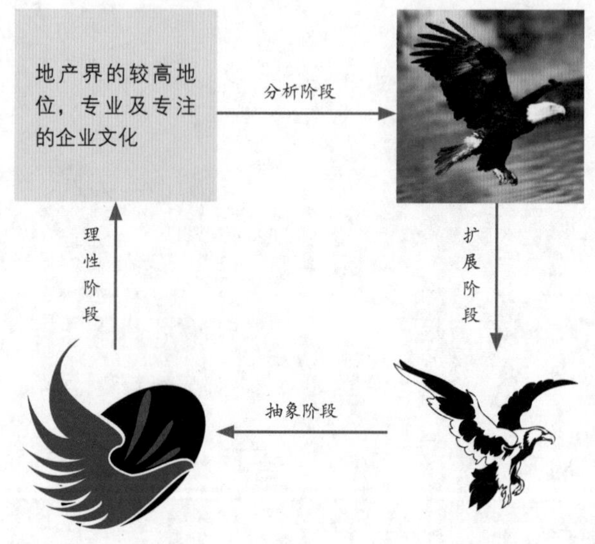

在实际的设计运用中，需要我们对视觉的艺术语言运用有更深入的了解，明白造型的观念，掌握各种设计技巧和表现方法。只有不断培养审美观，提升美学修养，才能真正提高创作意识和造型能力，从而将设计元素不断地进行组合、构成，创作出令人叹服的作品。

1.1.2　平面设计的构成要素

在平面设计的过程中，视觉思维是不会凭空产生的，它是通过各种抽象或者具象的图形、文字和符号来进行传达的。无论这种思维是理性的，还是感性的，都是建立在对点、线、面和图形、文字、色彩等视觉元素的研究和探讨的基础上所得到的。

从设计的理论角度研究平面设计中的构成要素和构成的图形、文字的规律，可以把平面设计的视觉构成元素分为理性视觉元素和形象视觉元素，如下图所示。

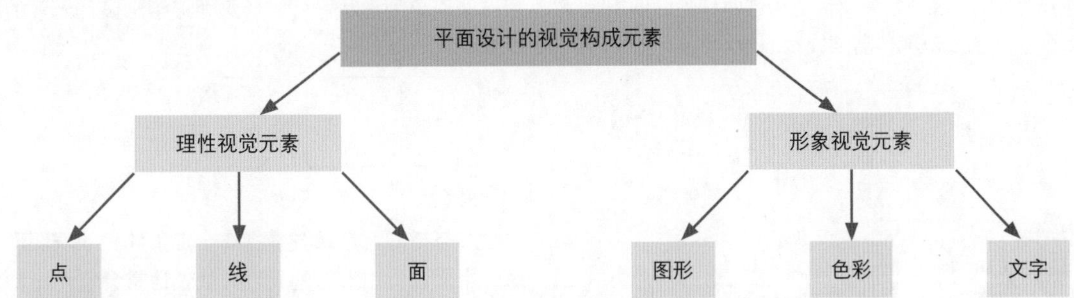

理性视觉构成元素

在自然界中，万物的形态构成都离不开点、线、面，它们都是平面设计构成的重要组成部分，由于点、线、面在设计的实际运用中具有不同的形态结构和作用，所以能表达出不同的情感特征。

下图所示为某网站设计的首页效果，在其中将点、线、面的视觉元素进行了巧妙组合，通过合理地搭配，使画面看起来活泼且具有形式美感，具体分析如下：

线：
点的移动轨迹形成了线，因此线通常会给人一种具有流向性的感觉。按照移动的轨迹不同，线可以分为直线、曲线、折线以及三者混合。线具有很强的表现力，在平面设计中有着十分重要的作用，因此被广泛应用。
这个网站首页中的直线表现出了严谨、稳重的感觉。

点：
由于点的单个视觉形象没有什么表现力，所以需要将其与其他元素进行组合、排列。利用点的大小、排列方向与距离的变化可以设计出活泼、轻巧等富有节奏韵律感的画面。
这个网站首页中的按钮在画面中面积较小，基本是以“点”的形态表现，显示出规则的排序感。

面：
面是由线的移动而形成的，但可以将其理解为在一定范围内点的扩大或者聚集。由于轮廓线闭合的不同，从而产生不同的面，闭合的轮廓线给人明确、突出的感觉。
这个网站首页中的三角形组合元素，就是以不同的色块和线条所包含的分明的轮廓来进行表现，以产生强烈的形式美感。

形象视觉构成元素的不同表现

在平面设计中，用于实现传达诉求的视觉元素都可以成为形象，即形态，它是平面设计组成的主要表现手段，是构成设计的基本单位。基本形态有助于设计的内在统一，在设计中占有举足轻重的地位。

形象视觉元素包括了“图形”“色彩”和“文字”，其中“色彩”和“文字”很容易理解，即设计元素的颜色及文字对设计思想的烘托与说明，此外对于“图形”的表现可以从不同的角度进行理解，即“形”“形状”“形象”和“形态”，具体分析如下：

形：

形的存在不仅是视觉传达的重要表现形式，也是传达设计意图的唯一载体。在平面设计中，无论是图形还是文字，抽象的还是具象的，都具有一定的形。

在下图中的这种富有曲线感的包装造型，是饮料瓶身的“形”，而包装上不同的图案，则作为另外一种“形”来表达产品的诉求点。包装设计运用这两种不同的“形”，在不同的层面上展示着该品牌饮料的独特性。

形象：

在对形象的认识中，必须了解一个重要的概念，那就是形象并不是指一个单一的事物本身，而是指人们通过这些事物所领悟到的感知。由于个人的经历和认识水平的不同，以至于不同的人对同一事物的感知也会产生不同的感悟和看法。

下图所示为某食品的包装设计，无论是识别性较高的荷花花纹，还是所运用的色彩搭配，都使该品牌商品的独有形象深入人心。

形状：

形状表示特性事物或者物质的一种存在形式或者表现形式，往往是根据外形或者某一指定特点对形状进行分类的。

对于下图所示的形状，如果以表现形式进行分类，那么可以分为三角形、方形、多边形、圆形和星形，利用这些简单的形状，可以形象地描绘出设计元素的外部轮廓。

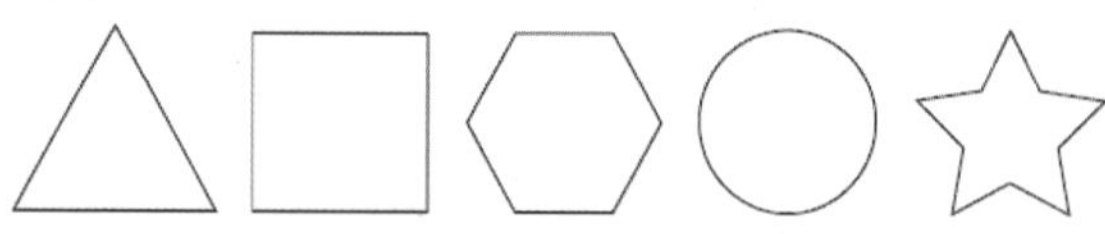

形态：

形态指的就是某些事物在一定条件下的表现形式。对于平面设计中形态的表现，我们通常会借用一种事物的形态，去完成另外一种事物的表现形式，这样的表现形式能够充分地体现出设计感，同时又能增加作品的表现力。

下图所示为具有中国风怀旧特点的人物插画，借用泼墨的外形来对设计中主要的表现画面进行裁剪，使得画面中主要的图片变形变得富有设计感和表现力，给人一种复古的感觉，与画面中其他设计元素形成了统一的风格。

1.1.3　设计元素的组合形式

基本的形状是平面设计中的基本构成元素，将不同的基本图形按照一定的规则进行组合编排，就能够创造出崭新的设计图案，传达出设计理念，并给人一种美的视觉感受。如右图所示。

利用基本图形能够创作出多种多样的版面形式，带给人们精彩缤纷的视觉享受。一般情况下，基本图形的组合形式包括了相加、相交和相切。

相加

相加的组合形式是指形状与形状之间相互集合重组成的新形状，创造出与原本形态不同的新形象。这样的组合方式有助于整合版面信息，调节内容的内在关系，实现和谐、创新的目的，也有助于各要素形式之间的调和，主次鲜明地安排设计元素。右图所示为设计元素相加的具体表现。

在编排图形信息时，如果采用相加的组合形式，就可以将多种简单的基本图形进行自由地拼合配置，创作出外形独特、别具韵味的形象，有利于设计师展现出自己的设计风格。

在右图所示的设计作品中，画面选用低明度、低纯度的颜色作为画面背景，将设计中的元素采用高明度的图像进行表现，营造出一种高品质的感觉。设计中将简单的六边形、折线和文字，按照一定的规律进行配合、相加，构成富有想象力且条理感清晰的画面效果，显示出极强的主次关系，容易给人留下深刻的印象。

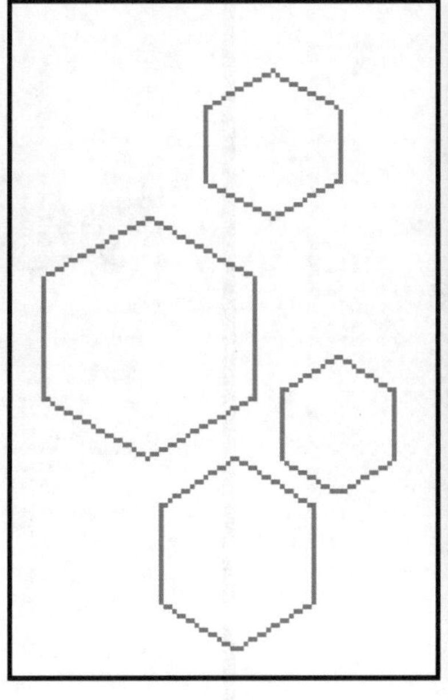

相交

相交就是指形状与形状之间发生重叠关系，并在重叠的地方发生变化，并产生新的形态，这样的基本形状组合方式有助于改变板式设计，相交的方式主要包括了透叠、差叠等。透叠就是在形状与形状之间利用不透明度的变化来进行相互交叠，但不会产生上下前后的空间关系；差叠就是在形状与形状之间相互交叠，交叠的地方产生新的图形。如下图所示。

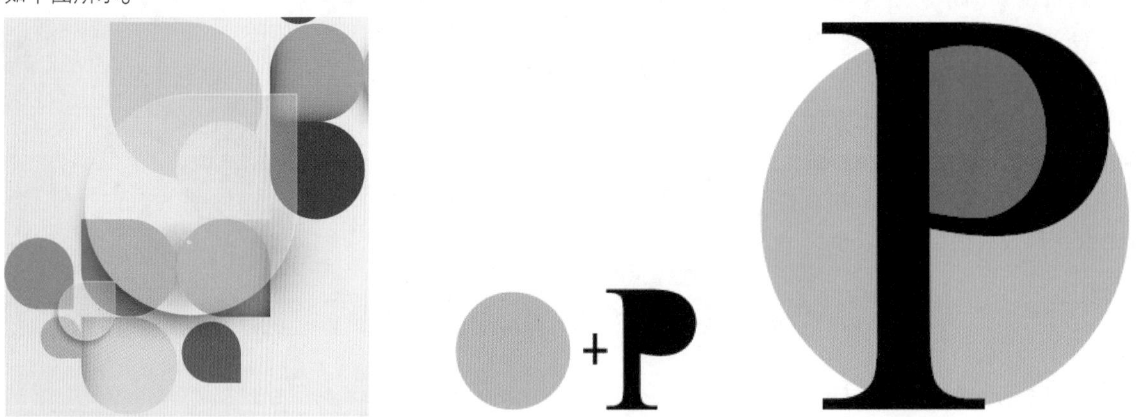

如果在同一个版面中的图片较多，或者设计元素的结构较为复杂时，常常需要运用相交的组合形式，在相交的部分产生新的图形，从而增强信息的层次性，使整个画面内容更加丰富，这样可以更加吸引观赏者的视线，同时体现出强烈的设计感。

在下图所示的书籍封面设计中，画面采用高明度的色彩作为背景，将黑色的浓墨作为主要的设计元素，给人古色古香的感觉，并且把两种水墨进行相交，通过控制其不透明度来增加设计元素的复杂感，表现出更为自热的泼墨效果，使得整个画面中的设计元素表现更加多样化，增强了画面的层次。

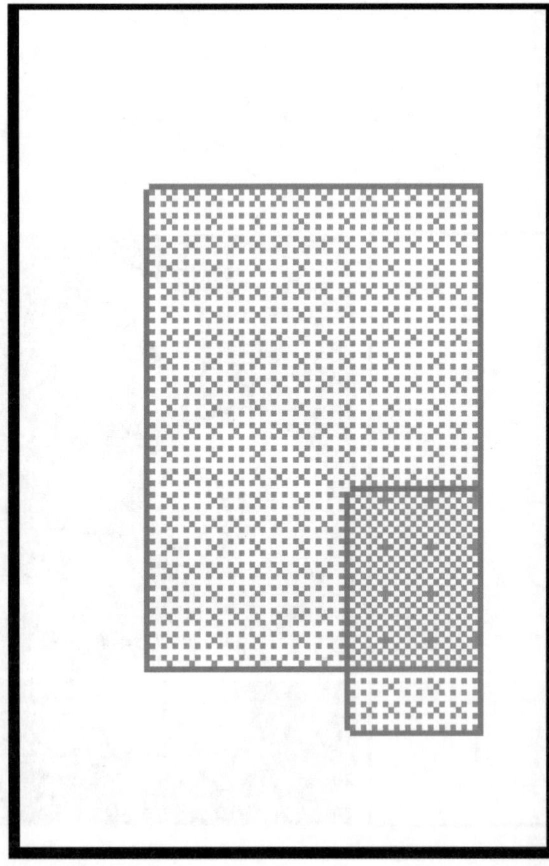

相切

相切就是指形状与形状之间的链接，使形状与形状的边缘正好相连接，通过基本形状组合能够增强版面各要素之间的紧密联系，使得各设计元素相互衬托，将不同或者不相关联的元素联系在一起，并创造出一种新的形式，从而拓展视觉的空间联系。下图所示为不同的图形通过相切的组合形式进行表现的结果，可以看到无论是正方形还是圆形，它们的边缘都是相互紧挨在一起的。

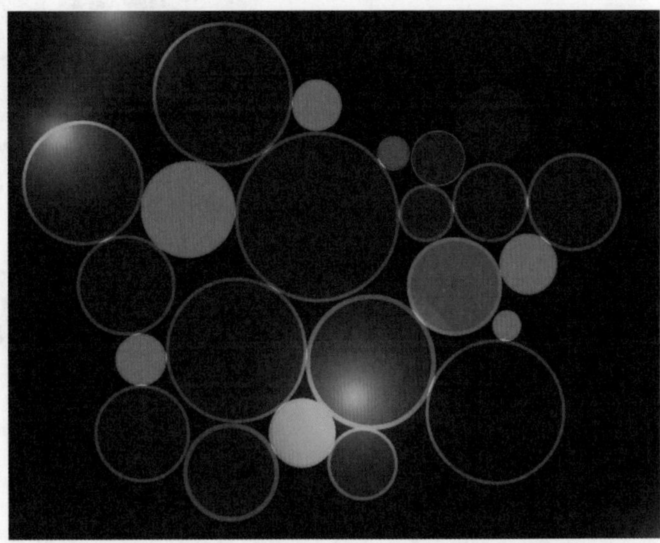

通过相切的方式可以扩展基本形状的面积，将相同、相似或不同形态的基本形状自然地相连，缓和不同视觉信息之间的冲突，有助于增强画面的视觉冲击力。

下图所示为某网站的首页，在画面中将背景设计为黑白色，利用两个半圆进行相切，并在版面的中间自然地拼合在一起，对于半圆中的颜色利用对比色进行表现，具有很强的对称性和动态感，给人强烈的视觉冲击力。

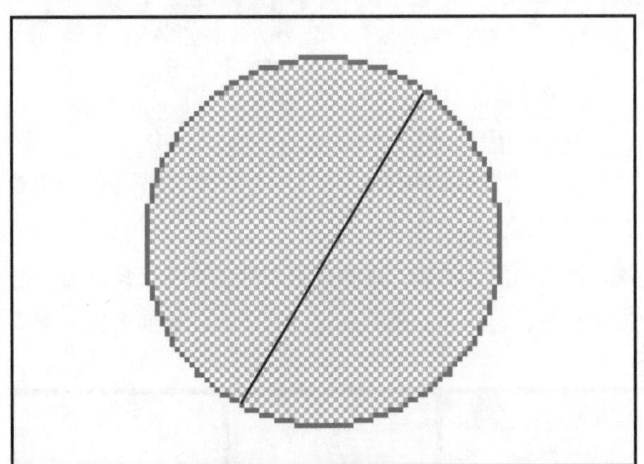

↘ 1.1.4　设计中的构成方法

生活中的许多事物都有一定的规律可循，人们根据这些规律提炼出几种基本的构成形式，包括重复构成、近似构成、渐变构成、对比构成以及密集构成等。将这些构成方法合理地运用到设计中，将有助于提高工作的效率，创作出具有美感的作品。

重复构成

重复构成这种形式运用非常广泛，比如纺织布料的花纹，室内装修的墙纸、地砖和纹理等，这些都可以称之为重复构成。重复构成是指两个以上的基本形状重复出现在画面中的一种构成形式，使得视觉形象秩序化、整齐划一，从而实现画面统一、有节奏感且井然有序。

重复构成可以分为绝对重复构成和相对重复构成。绝对重复构成是指构成画面的每个单元都相等，每个单元的基本形状完全相同，但是结构可以多变；相对重复构成是指构成的基本形状存在色差、大小、方向和细节造型等方面的差异，框架结构也相对灵活。

右图所示分别为绝对重复构成和相对重复构成的画面效果。

绝对重复构成

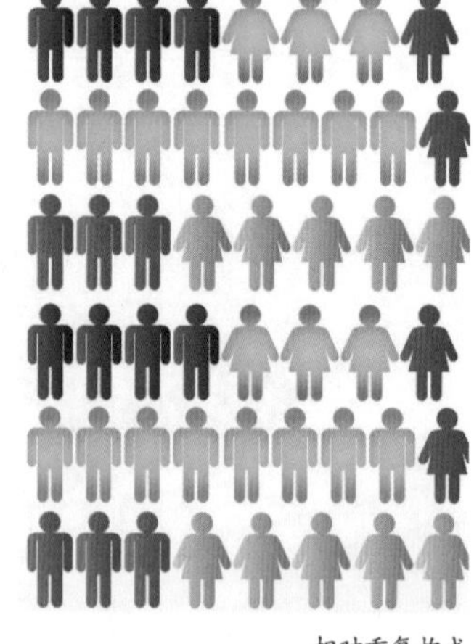

相对重复构成

近似构成

近似构成是构成元素的形状、大小、色差、肌理等方面发生一定的形态变化，且它们之间具有相似的特征，而产生一定的构成效果。它主要包括两种形式，即形状的近似构成和骨骼的相似构成。形状的近似构成是指在设计的骨骼框架内，每个骨骼单元里面的基本形状发生变化，但是骨骼结构一致。骨骼的近似构成是指在每个骨骼单元里发生一定的加、减、变形等变化，但是保持相似的效果。

右图所示分别为骨骼近似构成和形状近似构成效果。

骨骼近似构成

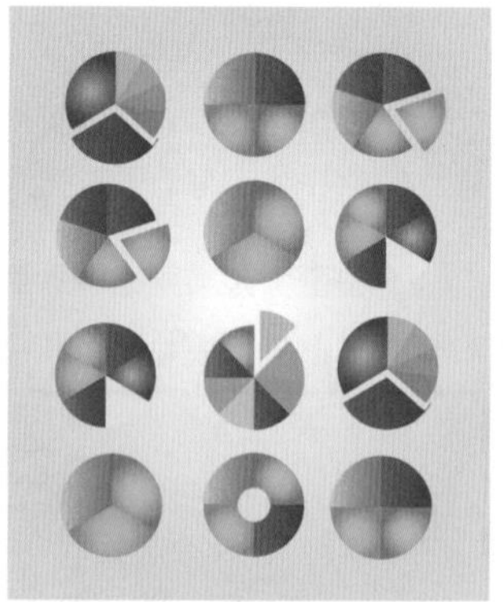

形状近似构成

渐变构成

在自然界中，物体近大远小的透视现象和逐渐消失的现象，如水中的涟漪等，这些都是有序的渐变现象。渐变是一种复合规律的自然现象，渐变构成是指基本形状或骨骼发生逐渐的、有规律的循序变化，它可以让画面产生节奏感和韵律感。

基本形状的渐变构成

渐变构成可以分为基本形状的渐变、骨骼的渐变以及自由型的渐变这 3 种形式。基本形状的渐变构成就是指骨骼不变，每个骨骼里面的基本形态逐渐发生变化；骨骼的渐变构成是指骨骼发生逐渐变化，而基本形状只跟随着骨骼的变化发生方向或者大小的变化；自由型的渐变构成则是指基本形状逐渐发生变化，而骨骼则是多变的。

下图所示分别为不同渐变构成的基本形变化效果。

骨骼的渐变构成

自由型的渐变构成

对比构成

对比是一种构成形式，是常用的设计方法。对比构成是根据形态本身的大小、疏密、虚实、显隐、形状、色彩和肌理等方面的对比而构成画面效果，基本上可以将其分类为色彩的对比、大小的对比、形状的对比、位置的对比、肌理的对比、重心的对比、空间的对比，以及虚实的对比等。在对比中要求画面具有统一的整体感，要有重点，各个设计元素相互烘托，如果对比过多则反而无法突出诉求点。

下图所示为设计中的大小对比和空间对比效果。

大小对比

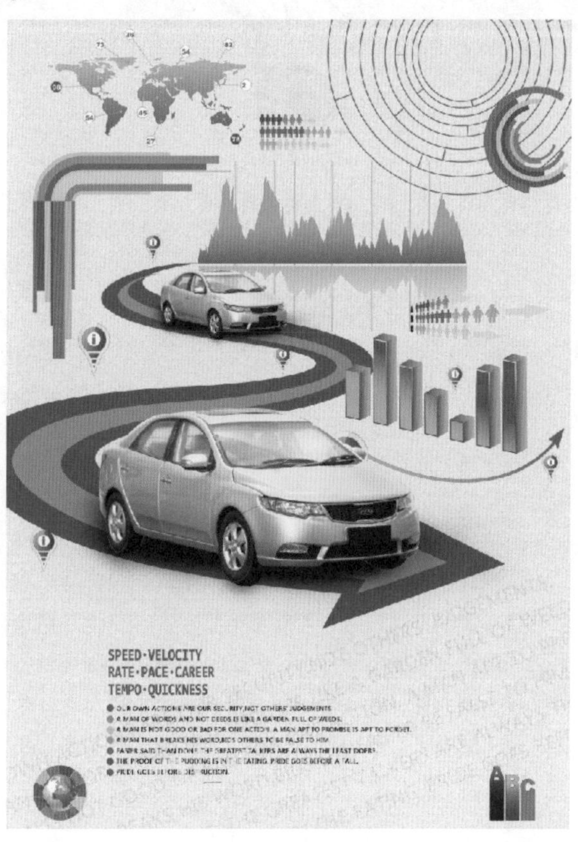

空间对比

密集构成

密集也是一种对比，是利用基本形状数量的多少，产生疏密、虚实、松紧的对比效果。密集构成设计元素一般采用面积不大且外形较为简单的基本形状，在画面上形成密集状态的效果。

密集构成可以分为一种基本形状的密集构成和两种以上基本形状的密集构成。需要注意的是，在密集画面处理中，基本形状的面积要细小，数量要多，这样才有利于表现密集效果。在密集构成中，基本形状和排列组合一定要有张力和动感。下图所示为多种元素密集构成和单一元素密集构成效果。

多种元素密集构成

单一元素密集构成

1.1.5 常见的色彩搭配技巧

选择哪种色彩进行搭配很大程度上取决于设计作品所要传达的信息，合理地对色彩进行搭配可以引起观者的兴趣和共鸣，同时也可有力地传达出作品所要表达的含义。

客观事物总是必须按照其自身的规律才能有条不紊地发展和演变，在色彩的构成中也是如此，因此只有掌握色彩的搭配方法，才能获得统一、协调的设计效果。

色相环是对色彩进行设计搭配的工具，根据各种颜色在色环上的不同位置，可以更加直观、准确地了解色相之间的关系。如右图所示，以红色为基色，则可以把色相分为同类色、类似色、邻近色、对比色以及互补色这 5 种类型。

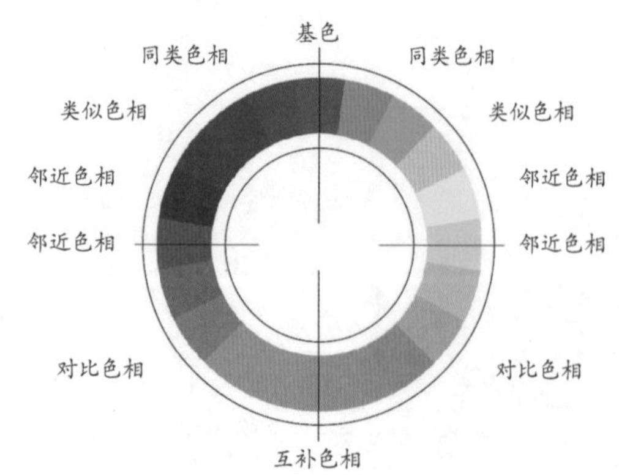

对比色搭配

所谓对比，往往是由差别所产生的。色彩的对比其实也就是色彩间的矛盾关系，各种色彩在色相、明度和纯度上的细微差别都能对画面造成一定的影响，对比色搭配可以使画面充满生机，并使其具有丰富的层次感。

对比色：在色相环上，色相之间的间隔角度处于 120° 左右，那么这样的色彩组合就成为对比色，如红色与黄绿等，如右图和下图所示。对比色搭配是色相的强对比，其对比效果鲜明、饱满，容易给人带来兴奋、激动的快感。

由于对比色色相差异较大，其鲜明的对比效果能给人留下丰富、深刻的印象，因此在许多的平面作品中常采用对比色配色，并以高纯度的配色来表现随意、跳跃、强烈的主题，以起到吸引人们目光的目的。

红与黄绿

红与蓝绿

在右图所示的绘制的字母及修饰图形中，大面积的蓝绿色占据了画面的主要位置，而少量的红色加入到其中，与蓝绿色形成了鲜明的对比，使得整个画面呈现出鲜明且强烈的视觉效果。因为该图形是儿童插画中的修饰图像，采用对比色进行配色还可以突显出儿童跳跃、活泼的思想，对主题的表现具有推动作用。

补色：在色相环上，色相之间的间隔角度处于 180° 左右的色相对比，称之为补色对比，如红与绿、蓝与橙、黄与紫等，如右图和下图所示。互补色的色相对比最为强烈，画面相对于对比色更丰富、更具有视觉刺激性。当两个补色并置时，它们处于最强的对比状态，互补色配色是最具视觉刺激性的色相组合方式。

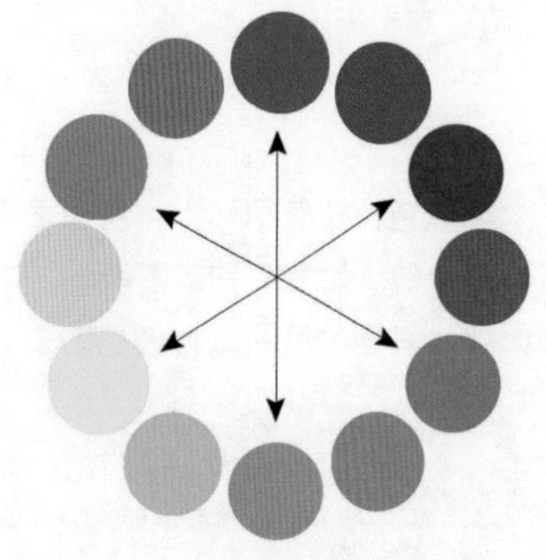

黄与紫

蓝与橙

右图所示为某品牌设计的网站首页效果，在画面中使用了较高纯度的红色和绿色作为主要表现对象的色彩，使其形成高度集中的互补关系，让画面洋溢着温暖、活力四射之感。同时，在红色中包含了同色系的紫红色，绿色中包含了同色系的黄绿色，这样的安排让画面更具层次，展示出一种自然的动态感觉。

近似色搭配

所谓近似色搭配，主要是将色彩的 3 种属性中某一种或者某两种属性做统一，形成类似或邻近的组合，这种配色方式具有色彩统一性。近似色搭配相对于对比色搭配，其画面效果更加柔和、稳定，是一种以协调感为主导的配色原则。

同类色：在同一色环中，由明度的深浅变化而构成的配色效果，即为同类色相配色，在色相环上距离角度在 15° 以内，如右图所示。色相之间的差别很小，常给人单纯、统一、稳定的感受，如下图所示。

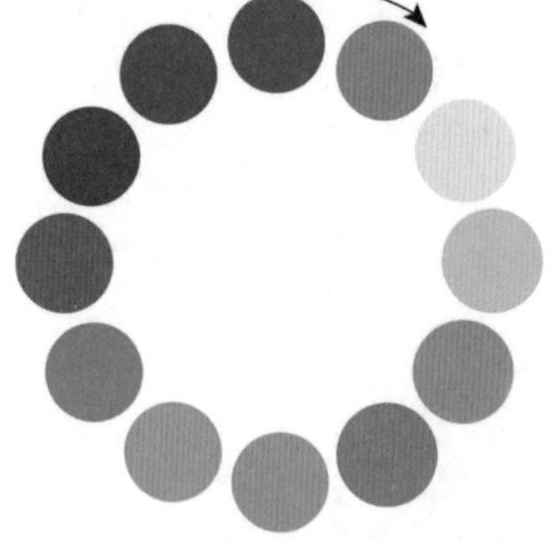

红与深红

黄与深黄

在同类色搭配中，通过对色彩明度及纯度进行调整，除了能够保证画面的统一性外，还能通过明暗层次体现画面的立体感，使其呈现出更加分明的画面效果。

右图所示为某网站首页中的图像，其主要使用了枚红色作为主色调，通过调整色彩的明度和纯度变化，增强图形的层次感，给人和谐的感觉。

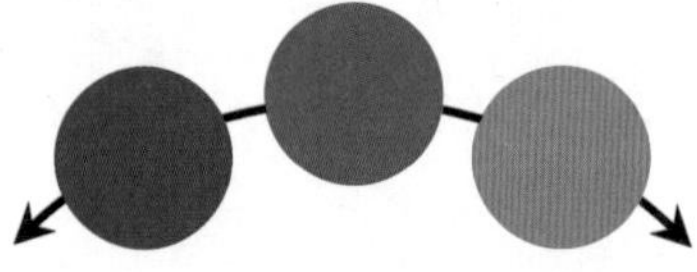

类似色：在色相环上，色相之间的间隔角度在 30° 左右，如黄与绿黄、蓝与蓝绿等，如右图和下图所示。类似色比同类色搭配效果更加明显、丰富，可以保持画面的统一与协调感。

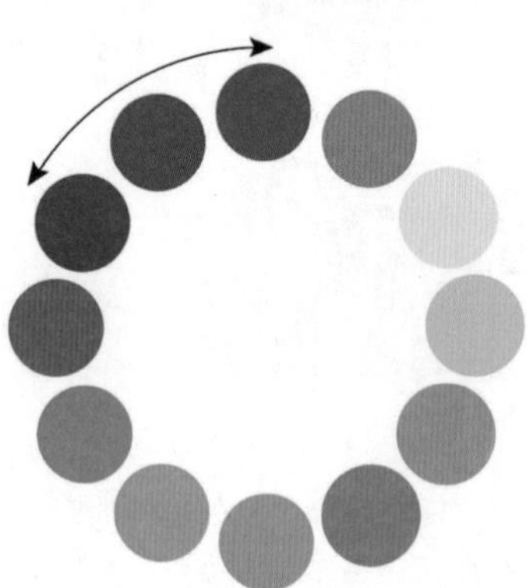

黄与黄绿

蓝与蓝绿

由于类似色的对比较弱，所以类似色搭配效果相对平淡和单调。在实际的配色设计中，可以通过色彩的明度和纯度的对比，达到强化色彩的目的。

右图所示为某品牌饮料设计的包装造型，在设计中主要使用了黄色与黄绿色对包装外观的色彩进行搭配，如下图所示。这种类似色的色彩搭配方式，让包装呈现出清新、协调的感觉，在绿色中融入黄色，将黄色与绿色进行自然过渡，使得整个包装效果自然、纯净，可以起到增强食欲的作用。

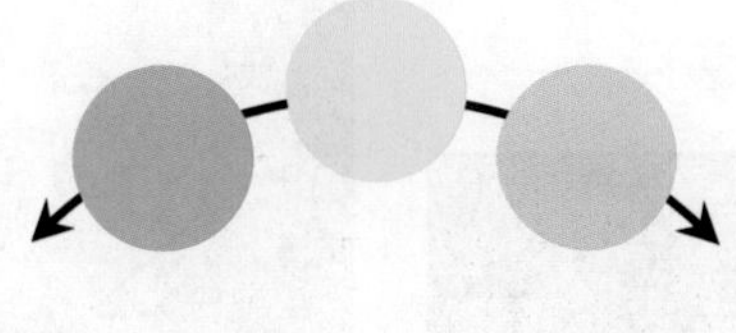

邻近色：在色相环上，色相之间的间隔角度在60°~90°之间，所呈现的对比效果称之为邻近色对比，如右图所示。邻近色对比在明度和纯度上反差较大，属于色相中的中对比，如下图所示。在画面中使用邻近色对比配色可以保持画面的统一感，又能使画面显得丰富、活泼。

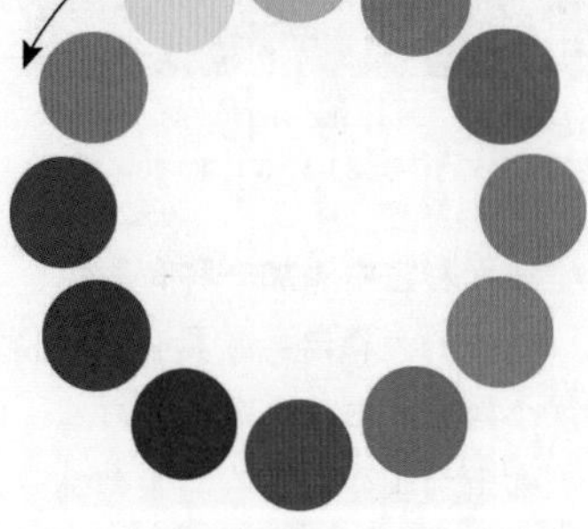

红、橙与绿

紫红与紫、蓝

邻近色对比相对于同类色对比和类似色对比，画面效果更加完整、丰富。在设计过程中，可以通过调整邻近色的明度和纯度来增加对比效果。

右图所示的画面为某网站的首页设计元素，在设计中将绯红和蓝色组合在一起，带给人一种全新的配色效果，并通过降低蓝色的明度来让蓝色有所变化，在增强画面层次的同时呈现出舒畅与协调的感觉。

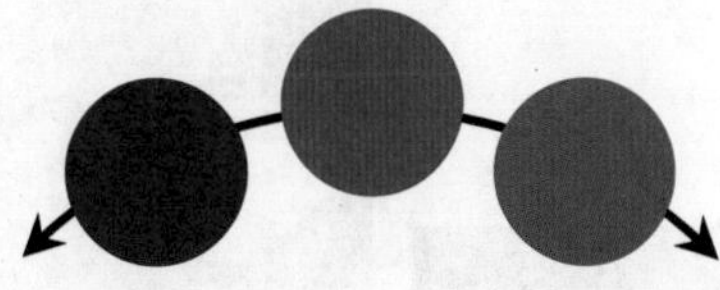

无彩色系的色彩搭配

无彩色不仅能营造出与有彩色作品不同的画面效果，同时无彩色系还能与有彩色进行有机地调和。从狭义的色彩搭配标准而言，无彩色所提供的色彩搭配不具有尖锐的刺激感，因此能给人视觉舒适的感觉。在设计中合理、有效运用无彩色，可以展现出独具魅力的设计效果。

单纯无彩色的画面效果：

由黑、白、灰构成的无彩色画面与有彩色画面所传递的印象是大不相同的，无彩色画面中的色调、明暗可以表现出强劲的视觉感，简洁有力的黑白画面能够展现出凝聚感极强的作品。

无彩色画面的阴影相当明显，由于黑白能够强调瞬间的静止感，因此借由完美的黑白效果可以表现出"时代"感，或是传达"事实"的场景画面。

在右图所示的画面中，作者借助黑白色呈现出一种孤独、坚毅的氛围，巧用黑白画面表现出具有怀旧意义的效果，通过黑、白、灰的均匀过渡，给人以平和、守旧的印象。

案例配色

配色说明如下图所示。

210-210-210	172-172-172	100-100-100	70-70-70	25-25-25
21-16-15-0	38-30-28-0	68-60-57-7	75-69-66-29	85-80-79-66

扩展配色

配色说明如下图所示。

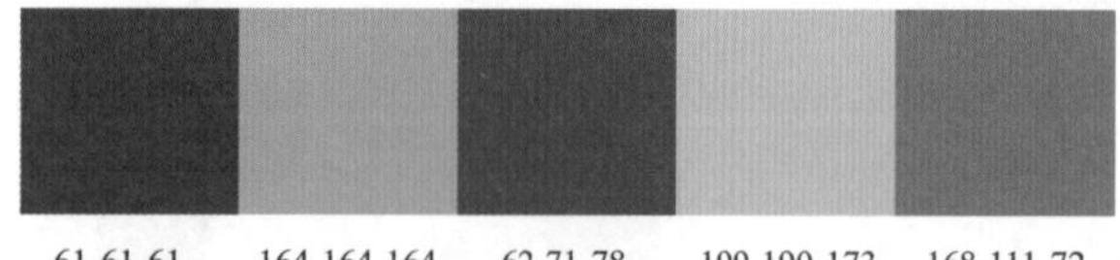

61-61-61	164-164-164	62-71-78	199-190-173	168-111-72
77-71-69-37	41-33-31-0	80-70-62-25	27-25-32	42-63-76-2

在无彩色中添加一种有彩色：

单一的色彩自身就具有某种特性，可以创造出别样的氛围或引起一种情绪的反应。在黑白的画面中，可以利用添加小面积的单一有彩色的方式，使其构成形式简约、明了，可以大幅度地提升黑白画面的整体印象。

在黑白画面中，在寻求整体画面统一的同时，将单一的色彩进行有意识地放大，创作出色彩辅助点，强烈的对比效果可以使观赏者产生视觉上的刺激感，从而留下较为深刻的印象。

右图所示为某食品设计的包装造型，画面中将食品的盒子设计为无彩色效果，但是在包装盒的内部将其颜色更改为红色，利用无彩色与有彩色之间的强烈对比，体现出独特、个性的画面效果，用小面积的有彩色将产品中需要重点表现的局部突显出来，为整个设计增添了一份神秘、另类的色彩。

案例配色

配色说明如下图所示。

142-38-0	79-21-2	120-120-120	71-71-71	23-23-23
47-94-100-19	59-93-100-53	61-52-49-1	75-69-66-28	85-81-80-68

扩展配色

配色说明如下图所示。

59-66-82	214-166-5	162-115-1	111-67-1	12-3-0
82-74-57-23	23-39-96-0	45-59-100-3	57-74-100-29	88-87-87-77

1.2 设计中相关的基础概念

在使用 Photoshop 和 Illustrator 之前，还需要对设计中相关的基础概念有一定的了解，例如位图和矢量图的区别、像素和分辨率的含义、图像的颜色模式和文件格式等。

1.2.1　矢量图与位图

矢量图和位图是计算机图形图像范畴中的两大概念，这两种图像都被广泛应用到出版、印刷和互联网中。位图和矢量图各有千秋，具有不同的优缺点，两者之间的应用基本是无法相互替代的，所以长久以来矢量图和位图在平面设计和应用中一直都是平分秋色。

矢量图和位图的概念

位图，也叫做点阵图、删格图像、像素图，也就是最小单位由像素构成的图，对其进行缩放会失真，如下图所示。构成位图的最小单位是像素，位图就是由像素阵列的排列来实现其显示效果的。每个像素都有自己的颜色信息，在对位图图像进行编辑操作的时候，可操作的对象是每个像素。我们可以通过改变图像的色相、饱和度、明度的方式，从而改变图像的显示效果。

100%位图

放大到600%的效果

矢量图，也称作向量图，就是在进行缩放不会失真的图像格式。矢量图是通过多个对象的组合生成的，对其中的每一个对象的纪录方式，都是以数学函数来实现的。矢量图实际上并不是位图那样记录画面上每一点的信息，而是记录了元素形状及颜色的算法。当打开一张矢量图的时候，软件对图形对应的函数进行运算，将运算结果，即图形的颜色和形状显示出来。无论显示画面是大还是小，画面上的对象对应的算法是不变的，所以即使对画面进行倍数相当大地缩放，其显示效果仍然相同，而不会失真。如下图所示。

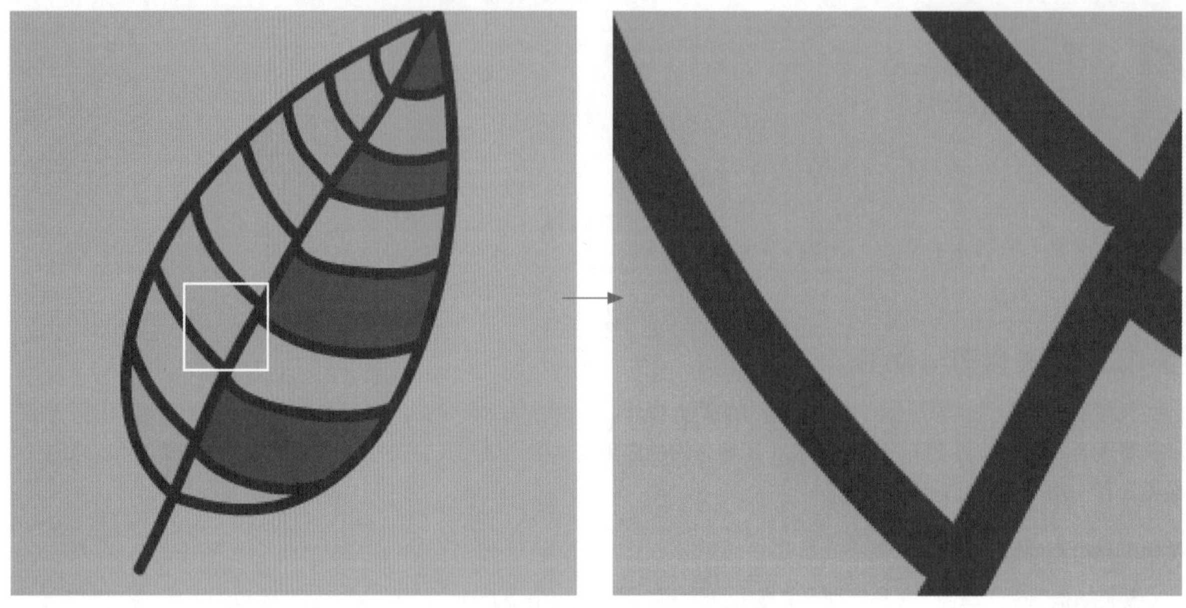

100%矢量图　　放大到600%的效果

矢量图可以很容易地转化成位图，但是位图转化为矢量图却并不简单，往往需要比较复杂的运算和手工调节。矢量图和位图在应用上是可以相互结合的，比如在矢量文件中嵌入位图以实现特别的效果，或者在三维图像中用矢量图建模和位图贴图实现逼真的视觉效果等。

矢量图和位图的优缺点

位图的优点是色彩变化丰富，在编辑中可以改变任何形状区域的色彩显示效果。但要实现的效果越复杂，所需要的像素数越多，同时图像文件的大小和所需的存储空间也就越大。

矢量图的优点是对于轮廓的形状更容易修改和控制，但是对于单独的对象，色彩上变化的实现过程不如位图方便直接。另外，支持矢量格式的应用程序也远远没有支持位图的多，很多矢量图形都需要专门设计的程序才能打开浏览和编辑。

从表 1-1 中就可以直观地看出位图和矢量图的对比效果。

表1-1　位图和矢量图对比

图像类型	组成元素	优点	缺点	常用操作软件	文件格式
位图	像素	表现的图像效果逼真，色彩变化丰富	文件容量大，缩放和旋转容易失真	Photoshop、Coreldraw、Painter等	.psd、.tif、.rif、.jpg、.gif、.png、.bmp等
矢量图	数学向量	文件容量小，在放大、缩小图像时不会因为操作而失真，图像的分辨率不依赖于输出设备	不易制作出色彩变化较多的图像，逼真度低	Illustrator、Coreldraw、Flash等	.ai、.eps、.cdr、.fla、.swf、.dwg、.wmf、.emf等

1.2.2 像素与分辨率

像素是组成图像最基本的要素，分辨率是指在长和宽的两个方向上各拥有的像素个数。一个像素的大小主要取决于显示器的分辨率，对于面积相同而分辨率不同的显示屏，其像素点的大小是不同的。

众所周知，线是由无数个点组成的，而面是无数条线组成的，即一个平面是由无数个点组成的，这些有限的点就可以称之为像素。每个长度方向上的像素个数乘以每个宽度方向上的像素个数的表现形式，就称作图像的分辨率。

例如一张 640×480 像素的图片，表示在这张图片上每个长度方向上都有 640 个像素点，而每个宽度方向上都有 480 个像素点，那么总数就是640×480=307200个像素，也就是所谓的 30 万像素，如右图所示。由此可见，单位面积上像素点越多，像素点越小，图片就越清晰、细腻。

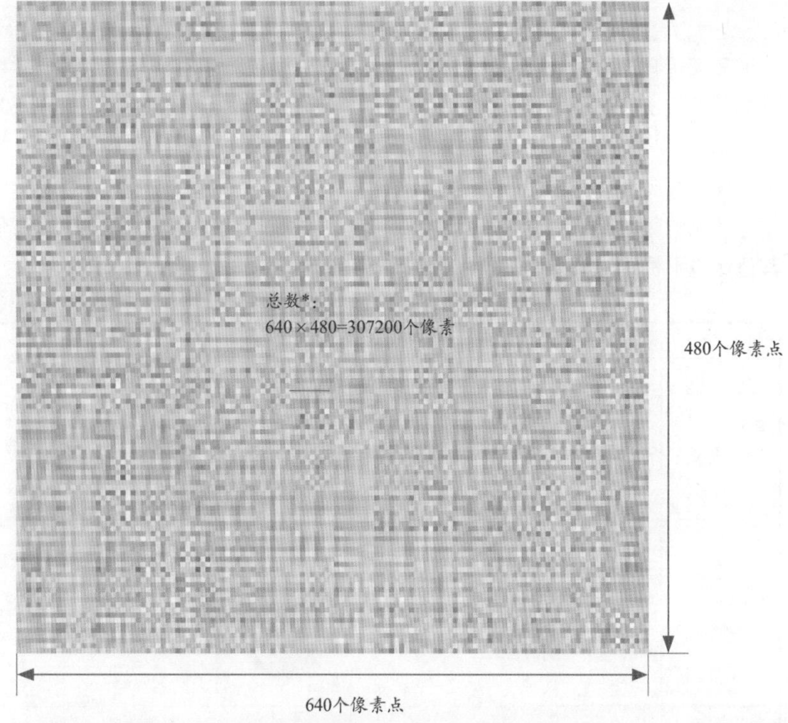

分辨率决定了位图图像细节的精细程度。通常情况下，图像的分辨率设置得越高，所包含的像素就越多，图像就越清晰，印刷的质量也就越好，但同时也会增加文件占用的存储空间。描述分辨率的单位有 dpi（点/英寸）、lpi（线/英寸）和 ppi（英寸/像素），右图所示为在 Photoshop 中调整图像分辨率和像素的“图像大小”对话框。

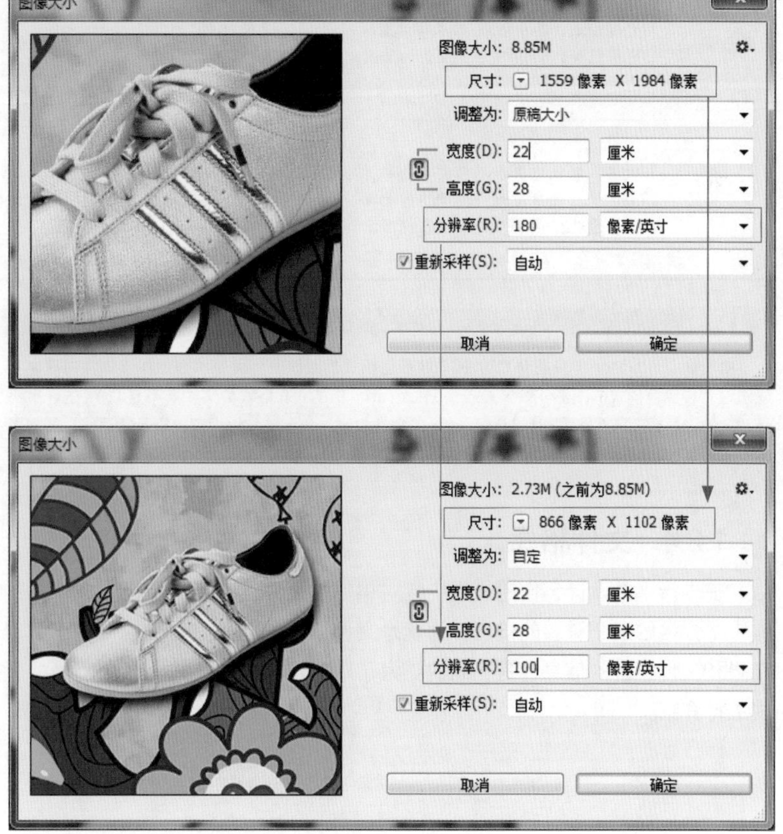

1.2.3 颜色模式

在使用 Photoshop 和 Illustrator 进行创作过程中，颜色模式的选择会对编辑操作产生直接的影响，不同的颜色模式所呈现出来的图像效果也是有差别的。在 Illustrator 中只包含了 RGB 和 CMYK 两种颜色模式可供选择，但是在 Photoshop 中可以对多种颜色模式的图像进行编辑，为了降低模式转换之间存在的色彩丢失，在这里需要对图像的颜色模式有一定的了解。

常见的颜色模式包括 RGB 模式、CMYK 模式、Lab 模式、灰度模式等，它们对图像颜色的记录方式是不一样的，其色域也不相同，如表 1-2 所示。

表1-2 几种常见的颜色模式

颜色模式	原理	图示	所包含的通道	优点
RGB 颜色模式	该模式由光源发出的色光混合生成颜色，用红、绿、蓝(RGB)这3种颜色波长的不同强度组合而得，也称为三基色原理		RGB复合通道： “红”通道 “绿”通道 “蓝”通道	RBG颜色模式具有表现更多色彩的能力，使画面更加细腻逼真
CMYK 颜色模式	CMYK模式是一种印刷模式，其中4个字母分别指在印刷中代表4种颜色的油墨，通过不同比例的油墨进行混合来产生新的色彩		CMYK复合通道： “青色”通道 “洋红”通道 “黄色”通道 “黑色”通道	CMYK模式是最佳的打印模式，用该模式编辑图像能够避免色彩的损失
Lab 颜色模式	该颜色模式由一个发光率和两个颜色轴组成，其中的a表示从洋红至绿色的范围，b表示黄色至蓝色的范围		Lab复合通道： “明度”通道 a通道 b通道	该模式是独立于设备的模式，不论用任何监视器或打印机，其颜色保持不变
灰度模式	该模式是指包含有黑白灰颜色的黑白图像，亮度是唯一影响图像的要素，通过256个级别的灰度表现图像		“灰色”复合通道	该模式图像文件占据存储空间非常小，但可以表现细腻的图像

TIPS

由于在 Illustrator 中只能对 CMYK 和 RGB 颜色模式的图像进行编辑，因此在该软件中只能创建出这两种颜色模式的图形。如果置入到 Illustrator 中的 PSD 格式的文件既不是 CMYK 的，也不是 RGB 的，那么在将文件添加到 Illustrator 的文件中时，会自动弹出相应的提示对话框，如右图所示。只有在 Photoshop 中对文件的色彩模式进行转换后，才能在 Illustrator 中进行编辑。

1.2.4 文件格式

在进行平面设计创作的过程中会对编辑的文件进行存储，当完成作品的制作后还会将作品进行输出，在这些操作中都会接触一个重要的概念，那就是文件格式的选择。由于软件之间的差异性，其存储的文件格式不同，得到的结果和文件包含的信息也是不同的。为了对常用的文件格式有一个明确的了解，在这里将对几种较为常见的文件格式进行介绍。

通过表 1-3 可以看到不同文件格式的优缺点。

表1-3　不同文件格式的优缺点

文件格式	简介	优点	缺点	图标
JPEG格式	JPEG是一种常见的图像格式，扩展名为.jpg或.jpeg，它用有损压缩方式去除冗余的图像和彩色数据，在获得极高的压缩率的同时能展现丰富生动的图像	可以用最少的磁盘空间得到较好的图像质量，还是一种很灵活的格式，具有调节图像质量的功能	JPEG是有损压缩格式，对于图片会做像素减少处理，所以一般大的图片和要求高的图片不要使用这种格式	
PNG格式	PNG是目前可以保证最不失真的格式，存贮形式丰富，非常有利于网络传输，同时可以保留所有与图像品质有关的信息	兼有GIF和JPG的色彩模式，支持透明图像的制作，显示速度很快	作为Internet 文件格式，PNG对动画文件不提供任何支持	
TIFF格式	TIFF是在Mac中广泛使用的图像格式，由Aldus和微软联合开发，是出于跨平台存储扫描图像的需要而设计的	图像格式复杂、存贮信息多，图像的质量也得以提高，故而非常有利于原稿的复制	由于结构较为复杂，兼容性较差，同时大量的图像信息导致文件较大	
PSD格式	PSD是图像处理软件Photoshop的专用格式，其实是Photoshop进行平面设计的草稿图，里面包含有各种图层、通道、蒙版等多种编辑的原始数据	在Photoshop所支持的各种图像格式中，PSD的存取速度比其他格式快很多，功能也很强大	由于包含的原始文件信息较多，因此文件所占用的空间较大，同时会随着编辑的复杂性而增大，并且通用性较差	PSD Ps
SVG格式	SVG英文全称为Scalable Vector Graphics，意思为可缩放的矢量图形，是一种开放标准的矢量图形语言	可以直接用代码来描绘图像，用任何文字处理工具打开SVG图像，通过改变部分代码来使图像具有交互功能	原始的SVG文件遵从XML语法，导致数据采用未压缩的方式存放，因此会比其他的矢量文件格式占用的空间稍大	SVG
AI格式	AI格式是Adobe公司发布的矢量软件Illustrator的专用文件格式	AI文件格式的优点是占用硬盘空间小，打开速度快，方便格式转换	只能在较少的软件上才能运行，有的文件甚至只能在Illustrator中打开	AI Ai

1.3 与印刷相关

在进行设计创作之前，还需要对印刷的相关知识进行了解，这样才能帮助我们更好地在设计中和完成设计的时候正确地对作品中的相关信息进行设置，以保证最终呈现出来的实体效果与预期的相符。

1.3.1　印刷的概念

印刷，实际上就是在设计完成后将作品中的文字、图稿、图像等原稿中的信息经过制版、施墨、加压等工序，将油墨按照所需的方式转移到纸张、织品、皮革等材料表面上，这种批量复制原稿内容的技术就叫作印刷。

从设计作品的创作到印刷，必须经过许多的工序，结合无数人的专业技术才能完成，如设计人员、校对者、分色技师、拼晒版技师、印刷技师、装订技师等，缺少任何一个环节的监督和操作，都无法顺利完成印刷品。为了对印刷的概念有更深的认识，我们可以通过下图中的内容来对印刷的流程进行梳理。

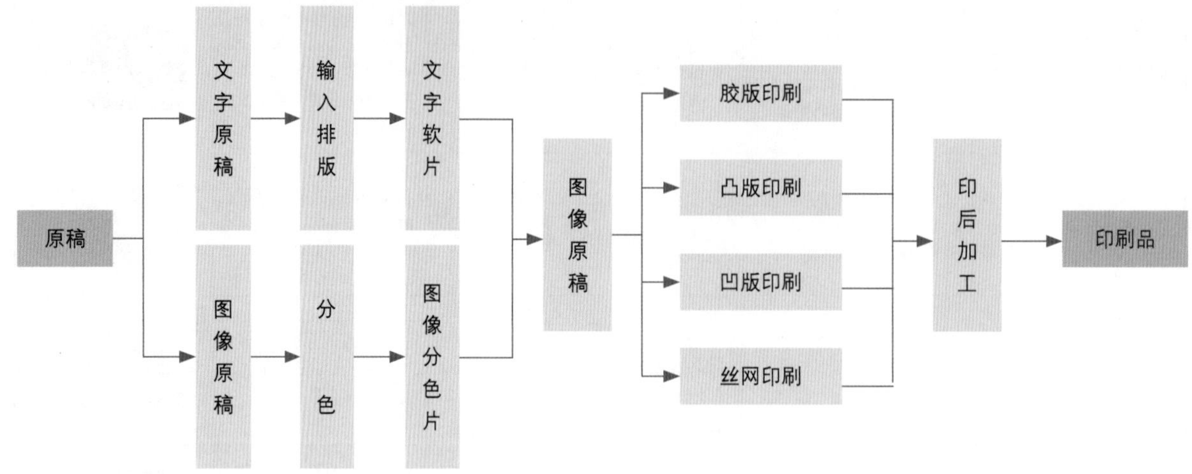

1.3.2 印刷的分类

按照印刷机的分类，印刷主要可以分为凸版印刷、凹版印刷、胶版印刷、丝网印刷，每种印刷方式都有其各自的特点和应用的范围，如表 1-4 所示。

表1-4 几种印刷方式的特点和范围

印刷方式	特点	印刷范围
凸版印刷	凸版印刷的原理就像盖章一样，由于印刷时的压力较大，所以印刷轮廓清晰、笔触有力、墨色鲜艳	多用于不干胶印刷
凹版印刷	凹版印刷与凸版印刷原理相反，在各种印刷方式中其印刷质量是最好的	钞票、证券、股票、邮票、高质量画报等均采用凹版印刷
胶版印刷	简称胶印，制版简便、成本低、质量好，适合各类纸张大批量印刷	通常用于书籍、杂志、海报、包装等印刷，是较为常见的印刷方式
丝网印刷	也称为孔版印刷，该方式是将图案与文字的部分镂空，再用刮板刮压、使油墨透过镂空部分的丝孔，印在承印物上	可以应用在所有的承印材料上，如纸张、木料、金属、塑料、布料、玻璃等，也可以用在桶、瓶子、盒子、箱子等物体上

1.3.3 纸张的规格

在对印刷有一定的了解之后，接下来还需要对纸张的规格进行学习，因为不同的设计作品可能会使用不同尺寸的纸张进行印刷，那么怎样的尺寸设置才能最大限度地发挥作用，而避免印刷中的浪费呢？下面就让我们一起来了解关于纸张的相关基本知识吧。

纸的单位是“克”，也就是一平方米纸的重量，而“令”也是纸张的另外一个单位，即 500 张纸为 1 令。纸张的规格是有一定标准的，根据国际造纸的标准，全张纸的尺寸有两种，分别为大度和正度，其中正度的纸张多用于书刊的印刷，而大度的纸张多用于彩页、海报和画册的印刷。

大度纸和正度纸的尺寸各有不同，在表 1-5 中可以看到纸张开数的明细。

表1-5　纸张开数明细

大度纸		正度纸	
开数	尺寸（mm）	开数	尺寸（mm）
全开	889×1194	全开	787×1092
对开	580×860	对开	760×520
4开	580×420	4开	370×520
8开	420×285	8开	370×260
16开	210×285	16开	185×260
32开	210×140	32开	185×130

全纸张对折切成两张为对开纸，再对折切成两张为四开纸，以此类推，就有8开纸、16开纸和32开纸的说法，右图所示为不同开纸之间的大小关系。

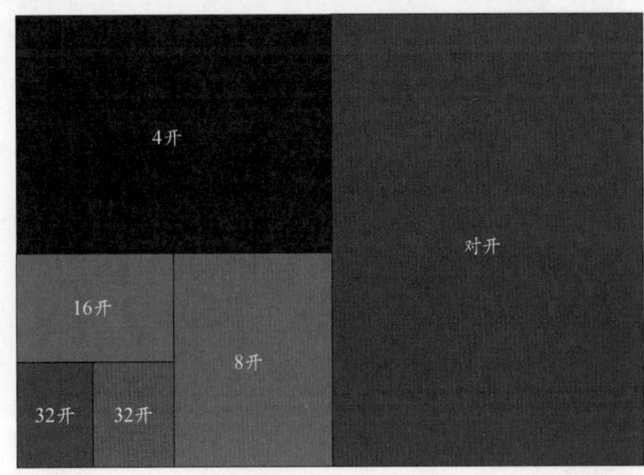

值得注意的是，在设计的过程中除了特殊的情况，应尽量将设计尺寸设置为标准尺寸，因为非标准的尺寸容易造成纸张的浪费，从而提高成本，还有就是应尽量用 16 开而不用 A4 的纸张，因为将全纸张开成 16 开能得到 16 张，而开成 A4 只能获得 12 张。

1.3.4　纸张的种类

使用不同的纸张对设计作品进行印刷，会得到不同的效果，因为能够进行印刷的纸张种类较多，而每种纸张的材料也不相同，因此最后呈现出来的设计作品也会带来不同的视觉感觉。

胶版纸

胶版纸也称为胶版为印刷纸，或者是 “道林纸”，一般专供胶印机作书版或彩色版印刷。胶版纸分单面胶版纸和双面胶版纸，又有超级压光、普通压光之分。右图所示为彩色胶版纸效果。

铜版纸

铜版纸的表面光泽度较好，适合印刷彩色的图像，是彩色印刷最常用的纸张，如单页、画册、海报等都可以使用这种纸张进行印刷。此外，铜版纸还可以分为单面铜版纸、双面铜版纸、无光泽铜版纸这 3 种，较为常用的铜版纸克度有 105g、128g、157g、180g、200g、230g、250g 和 300g，其中 200g 以上的铜版纸称为铜卡纸。

右图所示为铜版纸的实物效果。

白卡纸

白卡纸是以漂白化学浆为原料并充分施胶的单层或多层结合的纸，特点是白度较高，不上色、纸面平整、坚挺厚实，但同等克重的白卡纸与纸板相比，挺度和厚度较差，主要用于印刷名片、证书、请柬、封皮、月份台历以及邮政明信片等。

白卡纸一般分为蓝白单双面铜版卡纸、白底铜版卡纸和灰底铜版卡纸，右图所示为白卡纸的实物效果。

书写纸

书写纸是供印刷书写的纸张，纸张要求在书写时不洇水，书写纸主要用于印刷练习本、日记本、表格和账簿等。

白板纸

白板纸是以漂白化学浆作为纸板的表层和底层，而以机械浆为原料构成中间层的三层结构纸张，其特点是在同等克重的条件下，厚度高，硬度好。白板纸分为灰底白板纸、白底白板纸，一般用于商品包装，如制作香烟、化妆品、药品、食品、文具等商品的外包装盒，可以分为 250g、300g、350g、400g 和 450g 等各种规格。

无碳纸

无碳纸有直接复写功能，有正度和大度两种规格，分为上、中、下纸，相互之间不能调换或翻用，有 7 种颜色，常用于制作联单、表格。

无碳纸的上纸的正面接触到中纸的正面或下纸的正面都可以有复写的效果，两张上纸或两张下纸是不能产生复写效果的，因为上纸的反面、中纸的正反面和下纸的正面都有可供复写的化学分子附于其表面上。这种纸从外表看与普通纸并无明显的不同，但是它可用来复写，产生与蓝色复写纸相同的效果。

1.3.5　印刷中的颜色

在印刷的过程中，最重要的就是对于颜色的把握。由于输出设备的色域一般比原稿、扫描仪以及显示器的呈色区域小，因此必须将设计稿中的颜色压缩到输出设备的可呈现范围之中，此时就需要对色彩进行管理，将颜色从一个空间转换到另一个色域空间。色彩模式之间的转换可以通过软件进行手动操作，也可以通过彩色管理文件自动进行操作。

由于显示器所使用的 RGB 颜色模式比打印机中使用的 CMYK 颜色模式的呈色范围大很多，而且这种映射关系还要受显示器显示屏荧光粉特性、环境光和印刷过程中油墨、纸张等呈色特性的影响，所以为了让最终呈现出来的印刷品与在计算机中看到的效果基本一致，在色彩转换中应当以色彩信息量损失最小为前提。通常情况下印刷品的色彩都是用 CMYK 这 4 种油墨通过四次套色印刷完成的，但是有些时候也会用到专色。

四色印刷

在印刷的过程中主要使用的是四色印刷，那么什么是四色印刷呢？四色印刷一般是指采用青色、洋红、黄色和黑墨来印刷彩色原稿的方法，如右下图所示。包含许多不同颜色的画面都必须采用四色印刷。

四色印刷主要依靠颜料之间的混合来获得不同的颜色，其原理如左下图所示，将每个颜色值按照 10 个单位进行递减，再将其与另外的原色进行混合，那么就能得到其他的颜色。

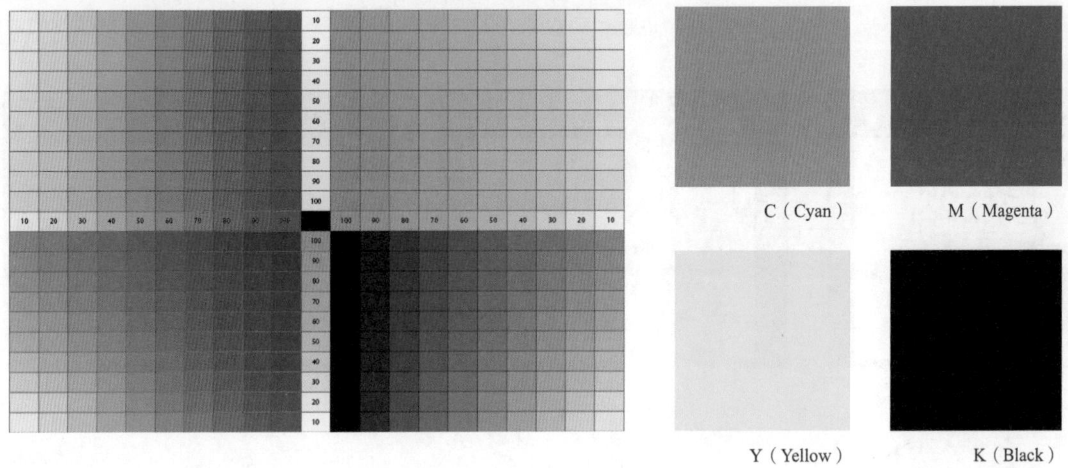

C（Cyan）　M（Magenta）

Y（Yellow）　K（Black）

专色印刷

专色印刷是指采用青、洋红、黄、黑这4种色墨以外的其他色油墨来印刷原稿。专色是专门的油墨，一次印刷到位，在同一印刷品中可使用多种专色。对于一些四色印刷所印不出来的颜色就要用到专色，如金属色、高亮色、荧光色、珍珠色、光油等。在颜色少的情况下用专色能节省印刷工序和成本，如印刷大面积底色，或者四色以下的印刷，都可以使用专色印刷。

右图所示为专色在Photoshop和Illustrator中的编辑示意效果，通过专门的通道和色彩设置，即可对专色进行设置。

由于每种专色在分色时都会产生一张单独的胶片，并且专色片要进行单独的晒版，同时专色印刷要使用专门的油墨，增加了印刷的程序，所以通常专色印刷成本会高于普通的四色印刷。

1.3.6 出血

印刷品在裁切的时候被裁掉的部分就叫作出血，设置出血就是画出出血线，印刷厂在后期裁切的时候就会按照出血线进行裁切，这样最后成品的边缘就会特别整齐，也不会让印刷品的边缘产生露白现象。

我们在设计创作之前，在进行页面设置时首先就要将出血设置包含在内，一般都是在页面的上下左右各加3mm，例如成品尺寸为210×285mm，则页面大小应设置为216×291mm，然后印刷厂最后会按照出血3mm来进行裁切，也就是切去3mm的边，这样裁切完后的图的大小就是210×285mm。右图所示为出血框的尺寸显示效果。

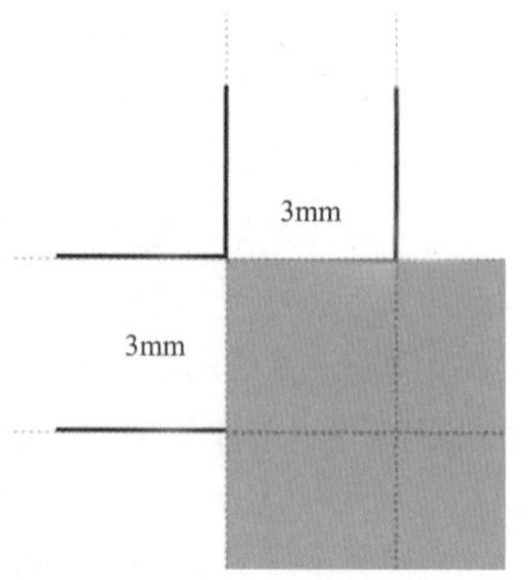

为了完整地呈现出所有设计内容，在创作的过程中对于所设计的文字和重要内容不要太靠画面边缘，以免在切边的时候被切掉，但有时为了视觉需要，也可以打破这种常规。

在Illustrator中可以轻松地对设计的作品进行出血设置，首先执行“效果>裁剪标记”菜单命令，接着执行“对象>创建裁切标记”菜单命令，即可对选中的对象进行出血设置，同时在图像的边缘可以看到已经自动创建好的对角线。如下图所示。

1.3.7　出片前的最后检查

在进行印刷之前，还需要对设计完成的作品进行一系列检查，以保证最终呈现的印刷品能够获得最佳的效果。

在出片前，需要先确定彩色图片必须是 CMYK 颜色模式，而单色图片必须是灰度模式，不能是 RGB 模式，否则不能进行输出。此外，在存储图像文件前最好删除不必要的 Alpha 通道或路径，建议同时保存一个未合并层的原始文件。

如果采用 Illustrator 进行编辑，那么在出片前必须将其链接图片文件和原文件一并复制带走，不要遗漏链接的文件。在 Illustrator 中，还需要查看字体是否已经全部创建为轮廓，如果全部选中文字，在右键菜单中看到“创建轮廓”命令是灰色，表明文字已经全部转换为路径了。

在设计中不要使用太细的线条，小于 0.076mm 的线条是难以晒版印刷的，此外还要查看有没有预留出血的位置，重要的内容有没有太靠边。

1.4 初识Photoshop和Illustrator

在对设计的概念和技巧以及印刷相关的知识有一定的了解后，接下来就可以进行软件的学习了，在这里将讲解软件的初步应用。

1.4.1　认识软件的工作界面

由于 Photoshop 和 Illustrator 都属于 Adobe 公司旗下的应用软件，因此这两个软件具有相似的工作界面，其中 Photoshop 主要用于对图像进行处理，而 Illustrator 则主要用于图形的绘制。在桌面上双击应用程序的图标，可以轻松打开软件，其显示出来的界面效果如下图所示。

Photoshop CC工作界面

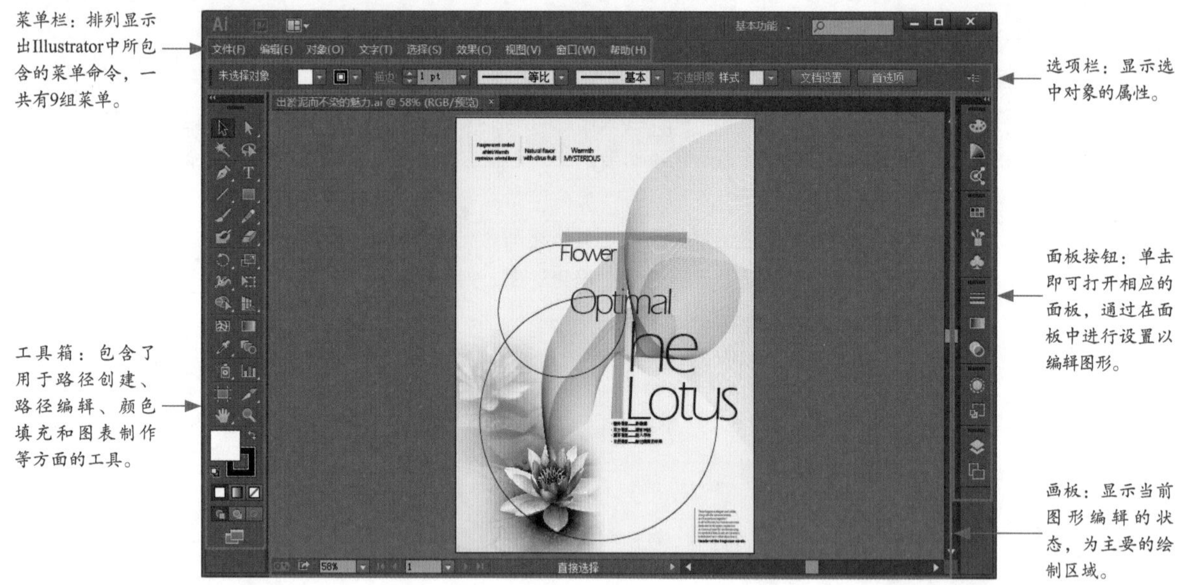

Illustrator CC工作界面

1.4.2 预设的工作区

为了让设计者在设计创作的过程中更加得心应手，可以对 Photoshop 和 Illustrator 的工作界面进行重新设定，分别在两个软件中执行“窗口>工作区”菜单命令，可以根据用户的需要选择所需的选项，如下图所示。

从两个软件的“工作区”菜单命令的子命令中可以看出，Illustrator 主要用于排版、描摹、绘画等方面的操作，而 Photoshop 则主要用于摄影、3D 制作等方面的创作。由于这两个软件所擅长的区域有所不同，因此各有千秋，用户在使用的过程中可以根据实际的需要，对软件的工作环境进行设定，以提高工作的效率。

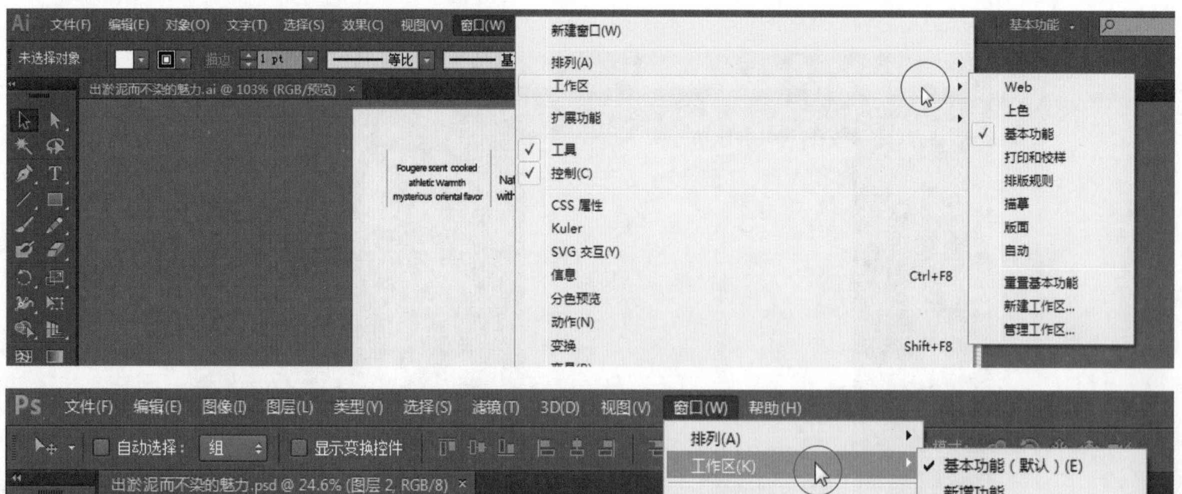

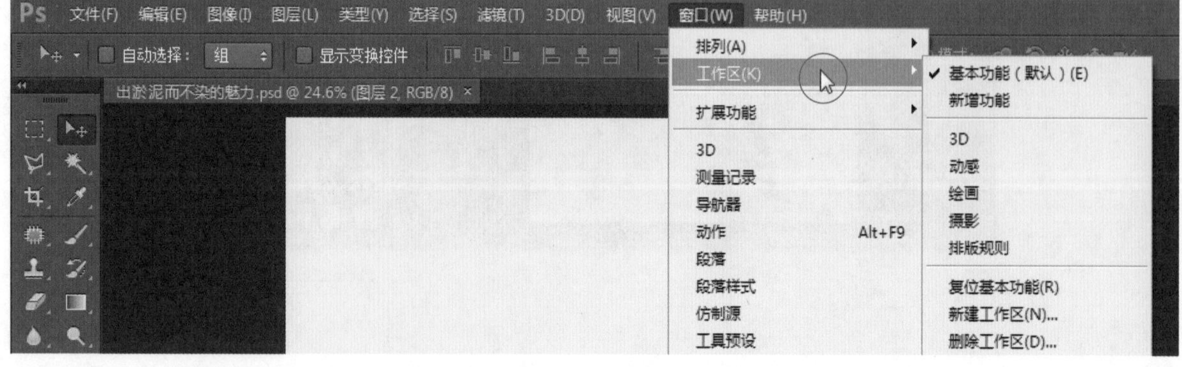

在“工作区”子命令中选择不同的选项，可以得到不同的界面显示效果，软件会根据所选选项进行显示，下图所示为在 Photoshop 中选择“摄影”选项和在 Illustrator 中选择“描摹”选项后的界面显示效果。

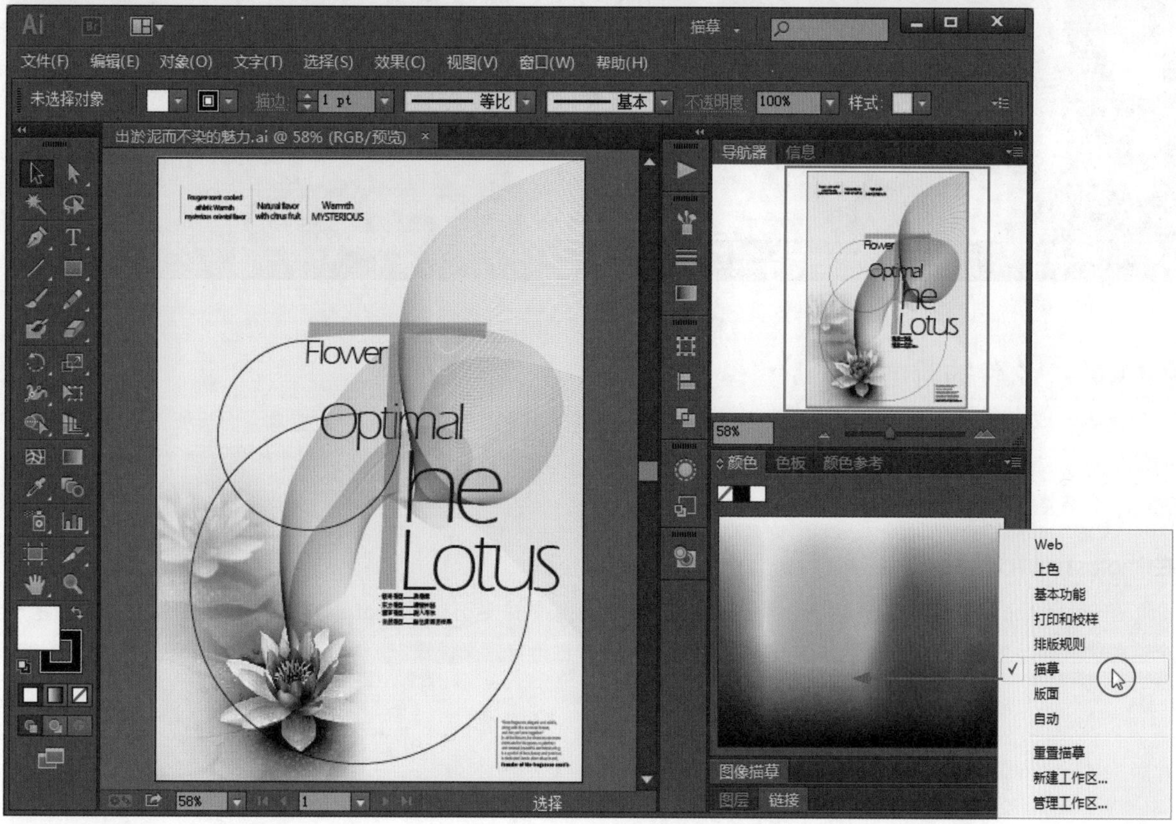

1.4.3 创建属于自己的工作区

在 Photoshop 和 Illustrator 中都可以执行“窗口”菜单命令，在其中选择选项来对需要使用的面板进行打开或关闭操作，当展开一个面板之后，还可以使用鼠标单击并拖曳面板的方式对面板的摆放位置进行调整，使其更加符合当前编辑操作的需要，设置出个人所习惯的工作环境。

下图所示为在 Illustrator 中将“路径查找器”“字符”和“图层”面板进行单独展示的界面效果。

1.4.4 文件的新建和存储

在使用 Photoshop 和 Illustrator 之前，需要在软件中创建一个新的文件，通过对工具、面板和菜单命令等功能的使用来完成作品的编辑。在完成作品的创作后，还要对编辑的文件进行存储，只有这样才能将编辑的结果进行保存，完成一个完整的编辑过程。

在Photoshop中文件的新建和存储

在 Photoshop 中新建文件是进行图像处理的基础，通过菜单命令可以在 Photoshop 工作区的图像窗口中创建一个空白的文档，文档的大小、颜色模式等属性都可以由用户进行自定义设置。

执行“文件>新建”菜单命令，即可打开右图所示的“新建”对话框，在其中通过对“宽度”“高度”和“分辨率”等选项的设定，即可以定义文件的大小。

当完成文件的编辑后，执行Photoshop中的“存储”或者“存储为”命令，可以将打开的文件保存到硬盘中，对于已经保存过的文件将会沿用原有的文件格式与名称进行保存。执行“文件>存储”菜单命令，可以打开“存储为”对话框，在其中可以对存储的相关信息进行设置。

在Illustrator中执行“文件>存储为”菜单命令，即可打开右图所示的对话框，在其中的“保存类型”选项的下拉列表中可以看到用于文件存储的文件格式，可以选择不同的文件格式进行存储，Illustrator将弹出不同的选项设置对话框，用于对不同文件格式进行相应选项设置。

此外，用户还可以通过“文件>导出”菜单命令，以多种文件格式导出图稿，以便在Illustrator以外使用。

在Illustrator中文件的新建和存储

在Illustrator中新建文件的方式与在Photoshop中新建文件的方式相同，都是通过执行“文件>新建”菜单命令来打开“新建文档”对话框，但是Illustrator中的“新建文档”对话框中的设置比Photoshop中的设置更为复杂，该对话框如右图所示。在“新建文档”对话框中除了对文件的大小、颜色模式、分辨率等进行设置以外，还需要设置画面的出血、画板的数量和预览的模式等选项。

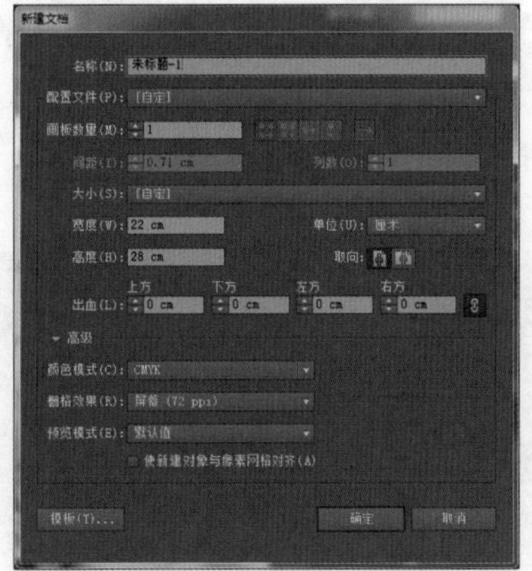

当用户完成图稿的绘制而需要对编辑的文件进行存储时，在Illustrator中提供了5种基本的文件存储格式，包括AI、PDF、EPS、FXG和SVG，通过这些文件格式可以保留所有Illustrator中的数据，甚至包括多个画板。

CHILD

第  章

Photoshop与Illustrator的基础知识

工欲善其事，必先利其器。在我们使用Photoshop和Illustrator进行设计作品的创作之前，必须做好充分的准备工作，那就是对Photoshop和Illustrator的软件基础操作有一定的了解，并且能够掌握关键的软件功能和操作技巧，这样才能随心所欲地进行作品创作。

Photoshop是用于处理图像的软件，在这里需要对该软件中几个重要的概念进行了解，即图层的操作、选区的创建、蒙版的编辑、通道的使用、调整命令和填充图层的应用，以及滤镜的添加等。而Illustrator是对图形进行绘制的软件，必须对在该软件中如何绘制图形、更改路径、创建图表、上色操作等有一定掌握。通过两个软件的相互结合，达到所需的设计要求，创作出满意的画面效果，打造出具有视觉冲击力的作品。

2.1 与Photoshop相关的功能

Photoshop 是一款专门用于图像处理和修饰的软件，通过该软件可以轻松实现图像的调色、曝光校正、抠图合成、特效添加等方面的操作，下面将主要介绍 Photoshop 常用功能。

2.1.1 图层的概念

Photoshop 中的图层就如同堆叠在一起的透明纸，用户不仅可以透过图层的透明区域看到下面的图层，还可以移动图层来定位图层上的内容，就像在堆栈中滑动透明纸一样，也可以更改图层的不透明度以使图像内容的某些部分变得透明。在下图所示的画面中可以直观地看出图层在 Photoshop 中的含义。

在 Photoshop 中可以使用图层来执行多种任务，如复合多个图像、向图像添加文本或添加矢量图形形状，还可以应用图层样式来添加特殊效果，比如投影或发光。

认识“图层”面板

在 Photoshop 中编辑图像就是在对图层进行编辑，通过使用“图层”面板上的各种功能可以完成图像的大部分编辑操作，例如创建、隐藏、复制和删除图层等，还可以使用图层的混合模式改变图层上图像的效果，如右图所示。在“图层”面板中还能对图层的显示或隐藏进行控制，由此来改变图像窗口中图像的显示情况。因此对图层的掌握是非常重要的，掌握对图层的基本操作，可以让设计更加得心应手。

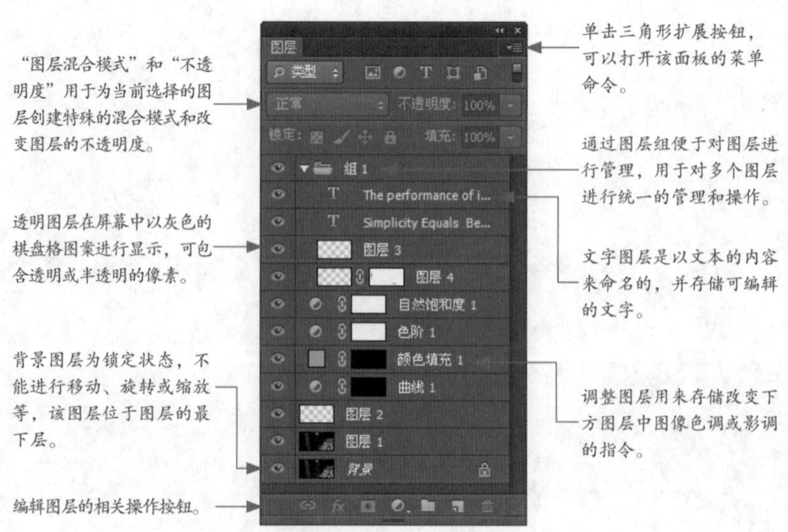

图层的混合模式和不透明度

利用“图层”面板中的“图层混合模式”和“不透明度”，可以对图层中的图像进行混合或对图像的显示程度进行设置，从而来制作出特殊的画面效果。

在图层的应用中，通过设置图层的混合模式可以对图像的颜色进行相加或相减，从而创建出各种特殊的效果。在Photoshop CC中包含了多种类型的混合模式，分别为组合型、加深型、减淡型、对比型、比较型和色彩型，根据不同的视觉需要，可以应用不同的混合模式。

在“图层”面板中单击“设置图层混合模式”按钮，可以弹出右图所示的快捷菜单，Photoshop对不同类型的混合模式进行了分组，通过使用不同的混合模式可以制作出不同的图像效果，操作也很简单，只需单击进行选择，即可对图层效果进行更改。

正常
溶解

变暗
正片叠底
颜色加深
线性加深
深色

变亮
滤色
颜色减淡
线性减淡（添加）
浅色

叠加
柔光
强光
亮光
线性光
点光
实色混合

差值
排除
减去
划分

色相
饱和度
颜色
明度

图层具有一个很重要的特性，即“不透明度”。降低图层的“不透明度”后，图层中的像素会呈现出半透明的显示效果，从而显示出下方图层中的图像，通过这一特性可以有利于进行图层之间的混合处理。

单击“不透明度”选项后的三角形按钮，通过拖曳滑块可以更改参数值，或者直接在数值框中输入参数，也可以对选中图层的“不透明度”进行更改，下图所示为调整“不透明度”选项为100%和50%时的图像显示效果。“不透明度”的设置范围为0～100的数值，所设置的值越小，该图层中的图像就越浅淡，如下图所示。

图层样式

图层样式可以改变“背景”图层之外所有图层的颜色、纹理、投影和光照，通过图层样式的设置可以使图形或者文字更加富有生气，从而轻松快速地实现多种艺术效果。

双击图层或执行“图层>图层样式>混合选项”菜单命令，即可打开右图所示的“图层样式”对话框，其中包括斜面和浮雕、描边、内阴影、内发光、外发光、光泽、颜色叠加、渐变叠加和图案叠加等10种不同的样式效果。

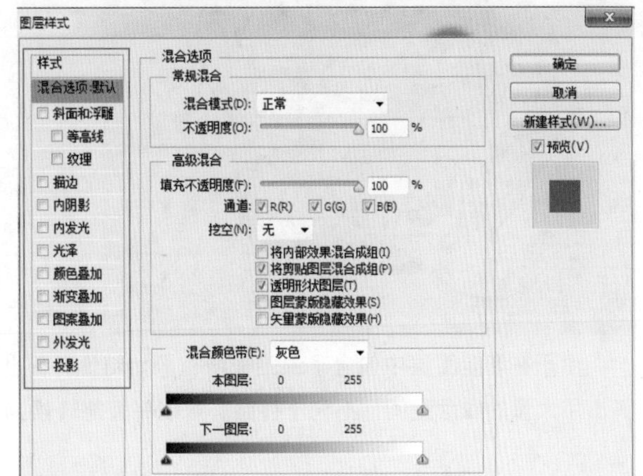

当为图像添加了样式后，在应用了图层样式的图层后面会显示图标，单击后面的三角形按钮，即可将样式的子图层进行显示或隐藏。如果不再需要添加的样式，可以对样式进行删除，只需单击样式图标，将其拖曳到“删除图层”按钮上，在释放鼠标后即可将样式删除。

智能图层

智能对象图层是在 Photoshop CS3 版本后新增的一种功能，通过它可以对图像实现无损编辑，在不影响源图像的画质的同时保留源图像中所有的特性。在设计作品的过程中，智能图层的使用可以保留编辑过程中更多的设置信息，以便于多次进行修改。

选中图层后执行“图层>智能对象>转换为智能对象”菜单命令，就可以将该图层转换为智能图层，同时在图层缩览图的下方显示智能图标。对智能图层应用效果后，会在图层的下面产生与“图层样式”一样的子选项，即通过“关闭或开启”眼睛图标来隐藏或显示该图层的滤镜效果，并且多个效果可以重复叠加，如下图所示。

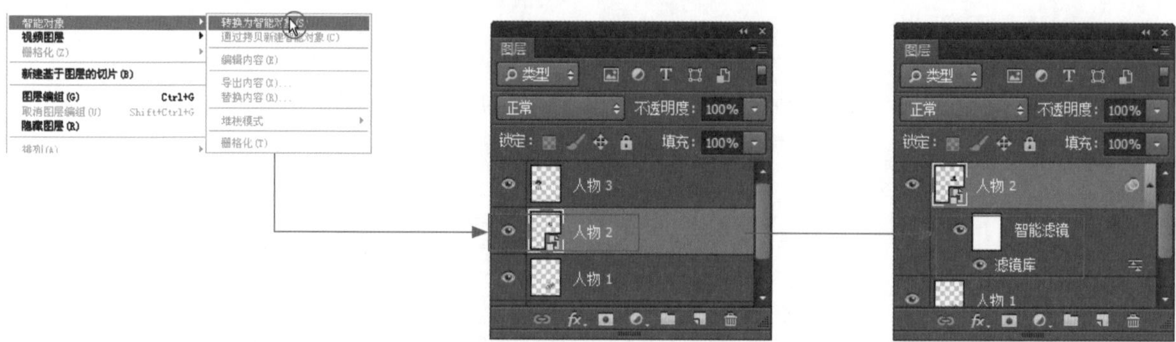

将普通图层转换为智能图层后，可以对该图层应用多种效果，而不会对源图像有任何改变。当对智能对象图层进行放大或缩小操作之后，该图层的分辨率也不会发生变化。对普通图层进行缩小操作后再进行放大变换，就会发生分辨率的变化，而损失图像的质量，但是智能图层具有同步智能功能，即使对图像进行多次大小变换操作，也不会造成图像质量的损失。

如下图所示，可以看到对智能图层进行缩小和放大操作后，图像依然保持清晰，而对普通图层进行缩小和放大操作后，图像变得模糊，画面的品质下降。

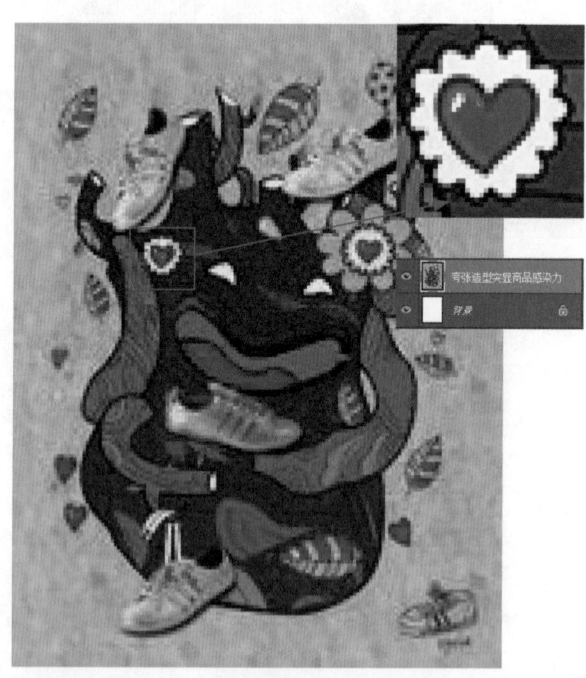

由于在智能图层中包含了源图像所有原始特性，因此在创建智能图层后，会使当前编辑的文档变大，从而导致其占用大量的磁盘空间，不利于存储。可以将智能转换为普通图层，以节约磁盘空间。

如果将要创建的智能图层转换为普通图层，可以在“图层”面板中用鼠标右键单击智能图层，在弹出的菜单命令中选择“栅格化图层”命令，Photoshop将取消智能图层的智能编辑状态，同时图层缩览图右下角的智能标示消失，但是对图层中图像所应用的效果不会改变。如右图所示。

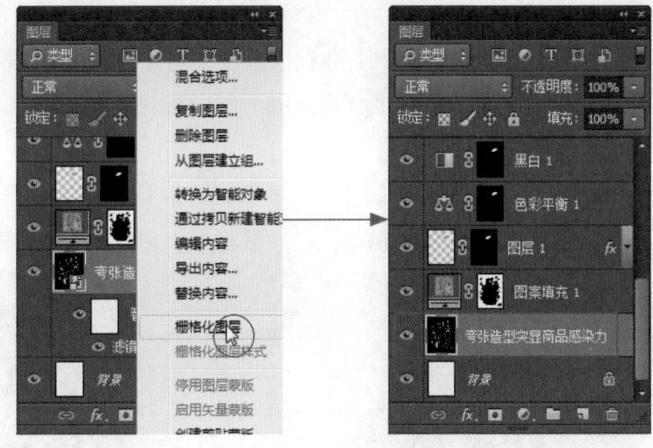

2.1.2　选区的创建

选区用于分离图像的一个或多个部分，通过选择特定区域，用户可以编辑效果和滤镜并将其应用于图像的局部，同时保持未选定区域不会被改动。

选择图像中的像素的最简单方法是使用“快速选择工具”，另外也可以使用“选框工具”选择特定形状的区域，或使用“套索工具”通过在图像中跟踪元素来建立选区，还可以基于图像中的颜色范围建立选区。在Photoshop的“选择”菜单中包含了用于选择、取消选取或重新选择所有像素的命令。

规则选区的创建方法

对于规则选区的创建可以通过选框工具组来完成，在Photoshop工具箱的“矩形选框工具”隐藏工具中包含了“椭圆选框工具”“单行选框工具”和“单列选框工具”，分别可以创建出矩形、椭圆形、单行和单列的规则选区。按住工具箱中“矩形选框工具”按钮不放，可以弹出以下隐藏工具：

矩形选框工具：

“矩形选框工具”主要是通过单击并拖曳鼠标来创建矩形或者正方形的选区，使用该工具单击并进行拖曳，即可创建选区，如下图所示。

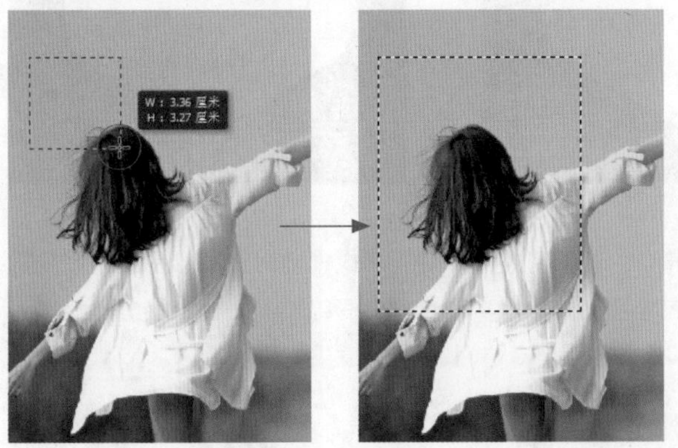

椭圆选框工具：

使用“椭圆框工具”可以在图像中创建椭圆形或是正圆形的选区，使用该工具单击并进行拖曳，即可创建选区，如下图所示。

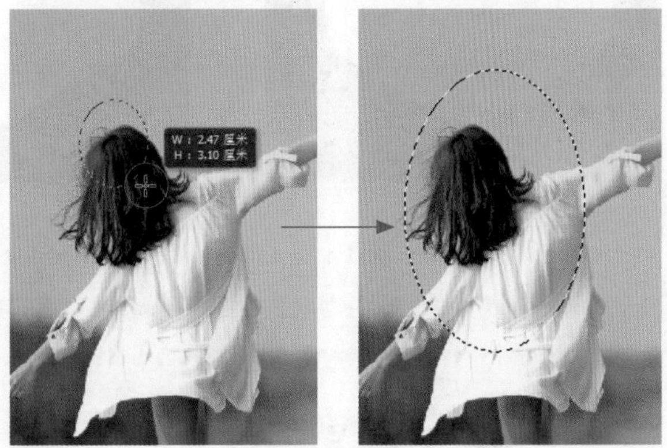

在使用“矩形选框工具”和“椭圆选框工具”创建正方形或者正圆形选区的过程中，只需在按住Shift键的同时单击并拖曳鼠标，即可创建出正方形或正圆形的选区。

不规则选区的创建方法

在 Photoshop 中提供了套索工具组以帮助用户对不规则的选区进行创建的设置，在工具箱中的“套索工具”隐藏工具中包含了“多边形套索工具”和“磁性套索工具”，利用它们可以创建出任意形状的选区。

套索工具：

“套索工具”用于创建自由的选区，以选取任意形状的图像。用该工具在图像上单击并拖曳鼠标，根据手动拖曳的位置自动创建选区路径，释放鼠标后，鼠标终点位置将自动与起始点的位置进行连接，如下图所示。

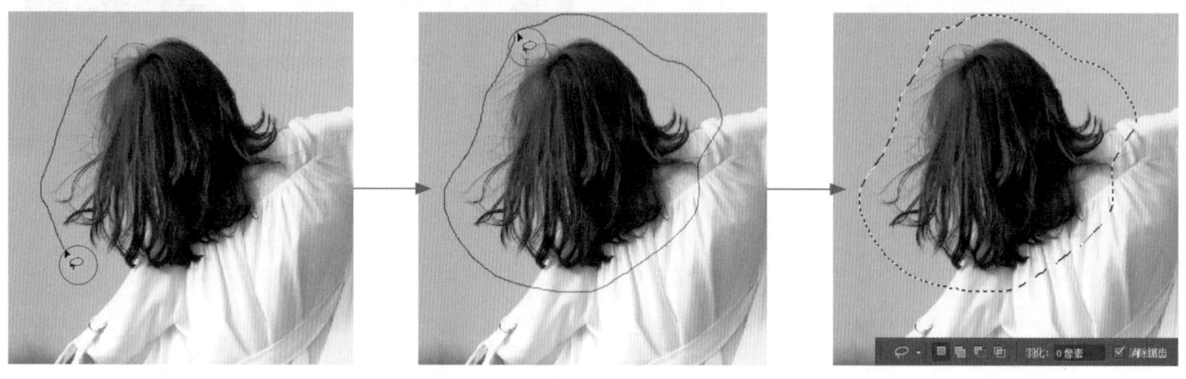

多边形套索工具：

“多变形套索工具”用于在图像中创建多边形的不规则选区。用“多边形套索工具”在图像上单击作为选区的起始位置，移动鼠标位置可以查看到自动创建的与起始位置相连接的直线路径，再次单击鼠标以设置单边的选区路径，多次单击鼠标可以创建多边形选区路径，当终点与起始点位置相重合时，释放鼠标即可创建闭合的多边形选区，如下图所示。

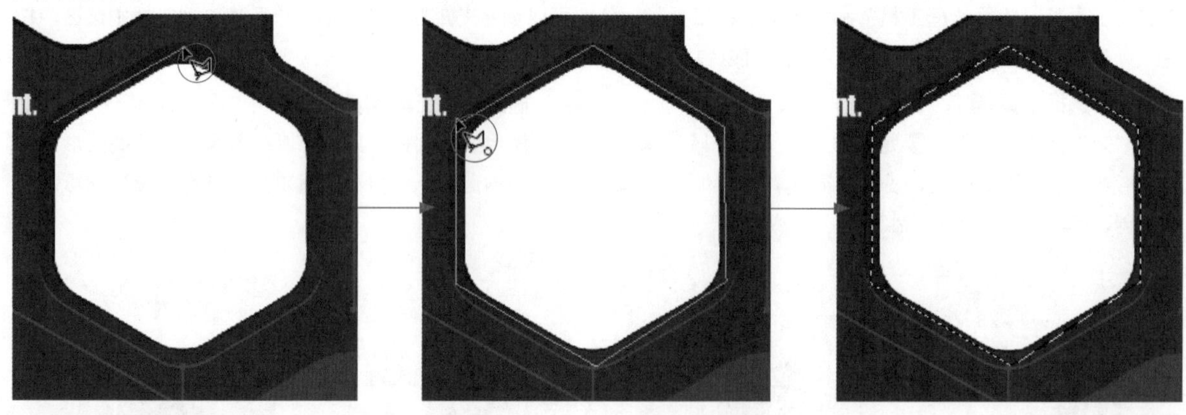

磁性套索工具：

利用“磁性套索工具”可以自动查找图像的边缘，创建自由的选区效果。使用“磁性套索工具”在图像上需要选取的素材边缘上单击，沿着对象边缘移动鼠标，即可在鼠标移动的位置自动创建带有锚点的路径，双击鼠标将起点与终点位置进行合并，此时将自动创建出闭合的路径，如下图所示。

自定义选区的创建方法

“色彩范围”命令通过选择图像中包含的某种颜色来创建选区，在操作中只需使用“吸管工具”在“色彩范围”对话框中的选区预览框中单击即可创建选区，在选区预览框中将以黑、白、灰这3种颜色来显示选区范围，其中白色为选取区域，灰色为白透明区域，黑色为未选取区域。

选中某图层后，执行“选择>色彩范围”菜单命令，可以打开“色彩范围”对话框，在该对话框中可以对选取的范围进行设置。使用“吸管工具”在选区预览框中的白色图像区域位置单击，然后调整“颜色容差”选项的参数为“100”，确认设置后，在Photoshop的图像窗口中可以查看到白色的图像被选取到选区中，如右图所示。

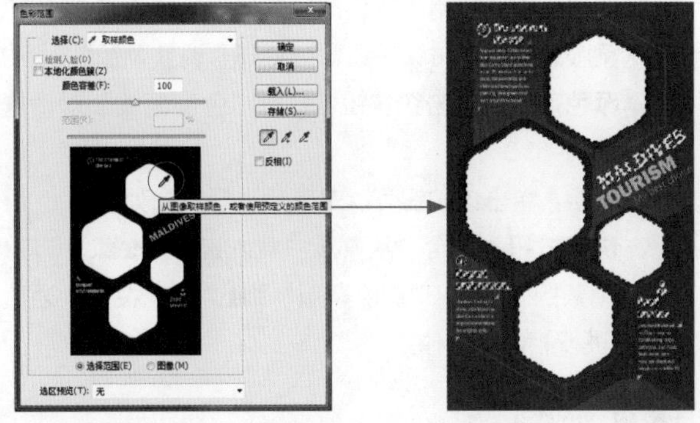

2.1.3 蒙版的编辑

在Photoshop中，“蒙版”是一个非常重要的功能。在“图层”面板中可以向图层添加蒙版，然后使用此蒙版隐藏部分图层并显示下面的图层。蒙版图层是一项重要的复合技术，可用于将多张照片组合成单个图像，也可用于局部的颜色和色调校正。

蒙版的原理

蒙版是一种灰度图像，并且具有透明的特性。蒙版是将不同的灰度值转化为不同的透明度，并作用到该蒙版所在的图层中，遮盖图像中的部分区域。当蒙版的灰度加深时，被遮盖的区域会变得更加透明，通过这种方式不但不会对图像有一点破坏，而且还会起到保护源图像的作用。

从下图可以看到蒙版的作用，其中白色的区域被显示出来，而黑色的区域被遮盖。

“蒙版”面板

在Photoshop中对蒙版进行编辑之前，必须对“蒙版”面板有所了解。在“蒙版”面板中显示了当前蒙版的“浓度”和“羽化”等选项，可以对这些选项进行设置并将其同时应用到蒙版中。

通过双击“图层”面板中的“蒙版缩览图”可以打开“蒙版”面板，如下图所示。在该面板中可以创建蒙版，可以对蒙版进行切换、编辑、应用、停用和删除等操作。

“蒙版”面板中每个选项和按钮的具体功能如下：

❶ **蒙版预览框**：显示出当前创建的蒙版效果和蒙版的类型。

❷ **浓度**：设置蒙版的应用程度，参数越低则蒙版的显示就越淡。

❸ **羽化**：该选项用于羽化蒙版的边缘，参数越大则羽化的区域就越大。

❹ **蒙版边缘**：单击该按钮，可打开“调整蒙版”对话框以设置蒙版边缘。

❺ **颜色范围**：单击该按钮可打开“色彩范围”对话框以设置蒙板的覆盖区域。

❻ **反相**：单击该按钮可以对蒙版进行反向处理。

❼ **快捷按钮**：包含“从蒙版中载入选区”、“应用蒙版”、“停用/启用蒙版”和“删除蒙版”这4个按钮，通过单击各个按钮可以对蒙版进行相应的操作。

“蒙版”的类型

在Photoshop中可以创建两种类型的蒙版，即图层蒙版和矢量蒙版，其中图层蒙版用于与分辨率相关的位图图像，可使用绘画或选择工具进行编辑；而矢量蒙版与分辨率无关，可使用钢笔或形状工具进行创建。

图层和矢量蒙版是非破坏性的，这表示用户以后可以返回并重新编辑蒙版，而不会丢失蒙版隐藏的像素。

在“图层”面板中，图层蒙版和矢量蒙版都显示为图层缩览图右边的附加缩览图中。对于图层蒙版，此缩览图代表添加图层蒙版时创建的灰度通道，而矢量蒙版缩览图代表从图层内容中剪下来的路径。

图层蒙版：

在Photoshop中可以轻松地对图层蒙版进行创建和编辑，通过向蒙版区域中添加内容或从中减去内容的方式控制图像的显示内容。图层蒙版是一种灰度图像，因此用黑色绘制的区域将被隐藏，用白色绘制的区域是可见的，而用灰度梯度绘制的区域则会出现在不同层次的透明区域中。

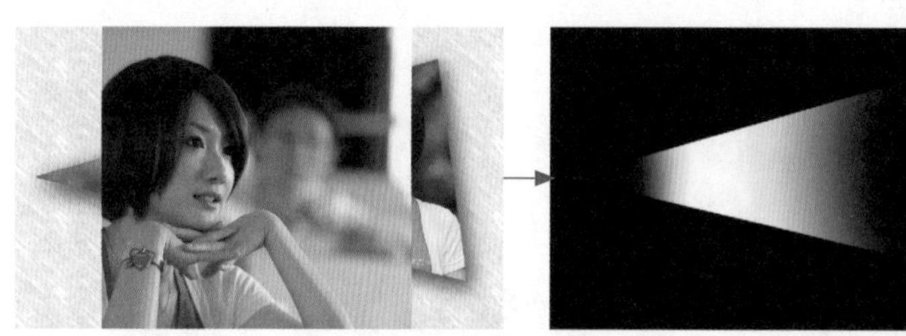

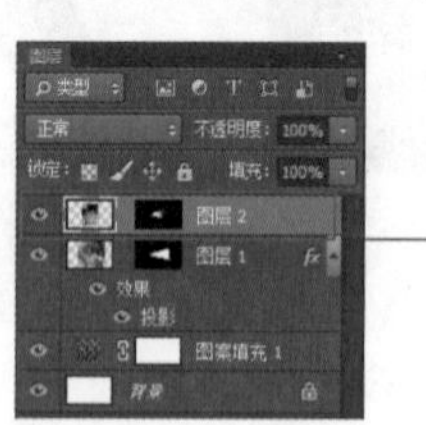

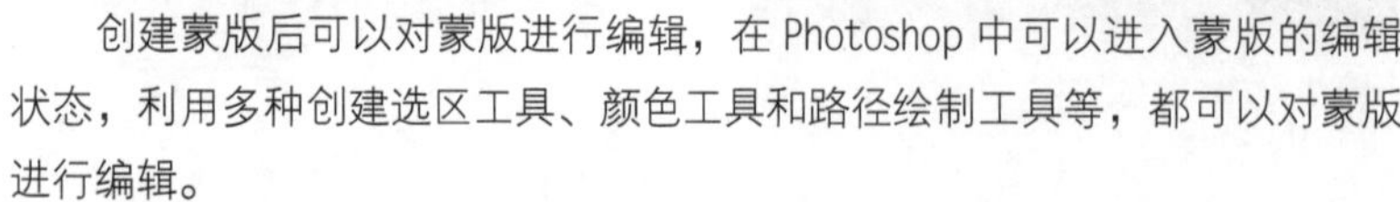

创建蒙版后可以对蒙版进行编辑，在Photoshop中可以进入蒙版的编辑状态，利用多种创建选区工具、颜色工具和路径绘制工具等，都可以对蒙版进行编辑。

如果需要直接对蒙版里面的内容进行编辑，可以在按住Alt键的同时单击该蒙版的缩览图，即可选中蒙版，在图像窗口中将显示出该蒙版的内容。

矢量蒙版：

利用矢量蒙版可以在图层上创建路径形状，当用户想要添加边缘清晰分明的设计元素时，矢量蒙版都非常有用。在使用矢量蒙版创建图层之后，可以向该图层应用一个或多个图层样式，而且还可以编辑这些图层样式。

如果需要创建矢量蒙版，只需在创建路径后执行“图层>矢量蒙版>当前路径”菜单命令，即可在选中的图层中添加矢量蒙版，或者在创建路径后单击“路径”面板中的“添加矢量蒙版”按钮，也可以创建矢量蒙版。上图所示为创建路径后，利用菜单命令添加矢量蒙版的显示效果，可以看到在创建矢量蒙版之后路径依旧显示在图像窗口中，路径外的图像被隐藏。

编辑蒙版的边缘

在对图像使用图层蒙版进行编辑时，常常会遇到图像边缘效果不理想的情况出现，Photoshop针对这一情况提供了“蒙版边缘”命令来对蒙版的边缘进行设置，可以大大提高蒙版编辑的工作效率。

在选中蒙版的“属性”面板中单击“蒙版边缘”按钮，可以打开下图所示的“调整蒙版”对话框，在其中可以对蒙版边缘的半径、羽化、对比度及收缩扩展等进行调整，将蒙版边缘调整到最理想的效果。

❶ **视图模式**：在“视图”下拉列表中包含了多种用于实时查看调整边缘效果的视图显示。其中的“显示原稿”用于显示原始选区以进行比较，“显示半径”用于在发生边缘调整的位置显示选区边框。

❷ **调整半径工具**：使用该工具可以在图像上精确调整发生边缘改变的边界区域，需要更改画笔大小时可以在键盘上按下“【”或“】”键。

❸ **智能半径**：用于自动调整边界区域中硬边缘和柔化边缘的半径。如果选区轮廓是硬边缘或柔化边缘，或者要控制半径设置并且更精确地调整画笔，则应该取消选择该复选框。

❹ **半径**：用于控制选区边界的大小。

❺ **平滑**：用于减少选区边界中的不规则区域，以创建较平滑的边缘轮廓。

❻ **羽化**：用于模糊选区与周围像素之间的过渡效果。

❼ **对比度**：该选项增大时，选区轮廓的柔和边缘的过渡会变得不连贯，通常情况下，使用“智能半径”选项和调整工具效果会更好。

❽ **移动边缘**：当该选项为负值时向内移动柔化选区的边缘，为正值时向外移动选区轮廓。向内移动选区轮廓有助于从选区边缘中移去不需要的背景颜色。

❾ **输出**：其中的“净化颜色”选项将彩色边替换为附近完全选中的像素的颜色，颜色替换的强度与选区边缘的软化度是成比例的；“数量”用于控制更改净化和彩色边替换的程度；“输出到”用于决定调整后的选区是成为当前图层上的选区或蒙版，还是生成一个新图层或文档。

❿ **记住设置**：勾选该复选框，在下次打开该对话框时，将显示当前所调整的设置。

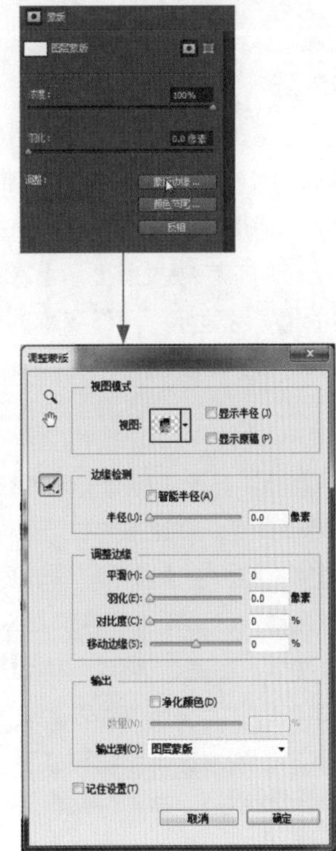

通过“调整蒙版”对话框中的设置可以快速地对蒙版的边缘进行调整，由此抠选出的图像会更加精确，下图所示为添加蒙版的效果和“调整蒙版”对话框的设置以及调整边缘后的图像。

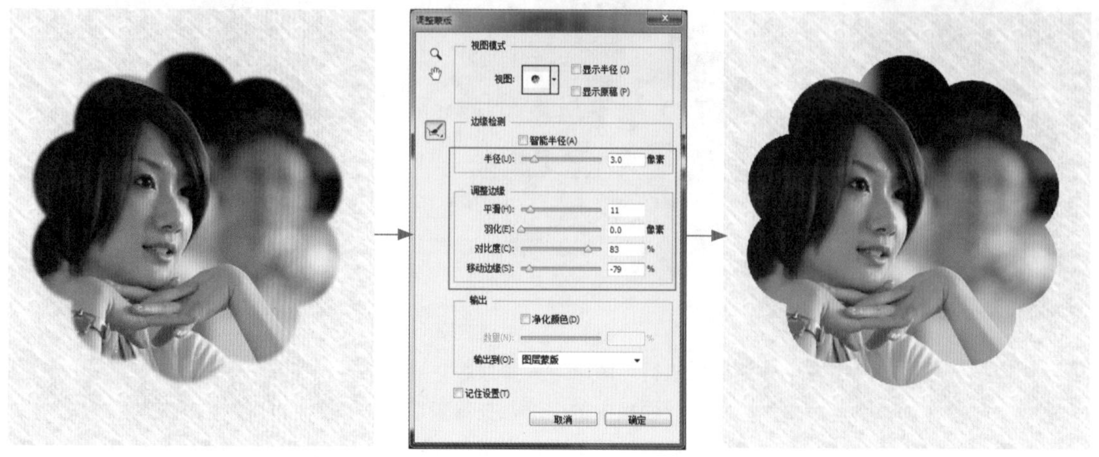

2.1.4 通道的使用

除了图层、选区和蒙版以外，Photoshop 中的通道也是图像编辑过程中一个较为重要的概念。通道的应用非常广泛，通过它可以用来建立选区，并且进行选区的各种操作。可以把通道看作是由原色组成的图像，利用滤镜进行单种原色通道的变形、色彩调整、复制、粘贴等工作。下面将介绍 Photoshop 中的“通道”面板并讲解通道在选区创建中的作用。

“通道”面板

通道是存储不同类型信息的灰度图像，一个图像最多可以有 56 个通道。所有的新通道都具有与原图像相同的尺寸和像素数目。通道所需的文件大小由通道中的像素信息决定，并且要以支持图像颜色模式的格式存储文件，才会保留颜色通道。

在“通道”面板中列出了图像中的所有通道，对于 RGB、CMYK 和 Lab 颜色模式的图像，将最先列出复合通道。执行“窗口>通道”菜单命令，将打开“通道”面板，右图所示为不同颜色模式所显示出来的“通道”面板。通道内容的缩览图显示在通道名称的左侧，在编辑通道时会自动更新缩览图。

在“通道”面板中每个按钮的具体功能如下：

❶ **显示图标：**显示图标为一只眼睛的图标，当一个通道前显示眼睛图标时，表示该通道是可见的。当单击显示图标使眼睛消失时，则该通道被隐藏起来。

❷ **通道缩览图：**在通道名称的前面显示各个通道颜色的亮度值略图。

❸ **通道名称：**显示通道的名称。

❹ **工具按钮：**在通道调色板的底部共有 4 个工具按钮。单击“将通道作为选区载入”按钮可以在当前图像上调用一个颜色通道的灰度值并将其转换为选区；如果当前图像上已有选区，则第 2 个“将选区存储为通道”按钮为可激活状态，单击这个按钮可以将这个选区保存到一个 Alpha 通道中；单击“创建新通道”按钮将在当前图像中创建一个新的 Alpha 通道；单击“删除当前通道”按钮，可以将所选择的通道删除。

❺ **面板菜单：**单击右上角的扩展按钮，将出现一个弹出式菜单，在其中提供了一些通道操作命令，如创建新通道、复制通道、删除通道等。

通道的类型

在 Photoshop 的“通道”面板中可以对各种类型的通道进行编辑，通道主要包括了“颜色通道”“Alpha 通道”“复合通道”和“专色通道”，每种通道都有不同的用途，接下来就针对“Alpha 通道”和“专色通道”进行详细讲解。

Alpha 通道：

Alpha 通道将选区存储为灰度图像，在“通道”面板中可以添加 Alpha 通道来创建和存储蒙版，这些蒙版用于处理或保护图像的某些部分。

Alpha 通道特指透明信息，但通常的意思是“非彩色”的通道。Alpha 通道是为保存选择区域而专门设计的通道，在生成一个图像文件时并不是必须产生 Alpha 通道。通常它是由图像处理过程中自动生成的，并从中读取选择区域信息的。因此在输出文件时，Alpha 通道会因为与最终生成的图像无关而被删除。但是，比如在三维软件最终渲染输出的时候，会附带生成 Alpha 通道，用以在平面处理软件中进行后期合成。

单击“通道”面板下方的“创建新通道”按钮，即可为当前图像或者选区创建一个 Alpha 通道，并且在通道的后面自动设置相关的快捷键，如右图所示。在完成 Alpha 通道的创建后，可以使用选区工具或者绘图工具对 Alpha 通道进行编辑，由此改变通道中的图像内容。

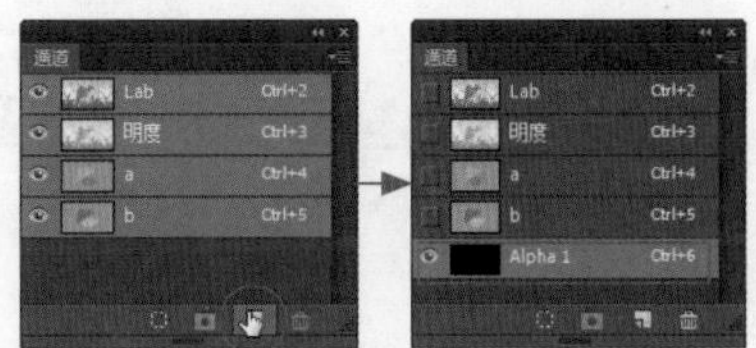

TIPS

除了 Photoshop 的文件格式 PSD 以外，GIF 和 TIFF 格式的文件都可以存储 Alpha 通道，而 GIF 文件还可以用 Alpha 通道去除图像的背景，使其呈现出透明状态，因此可以使用 GIF 文件的这一特性制作出任意形状的图像。

专色通道：

专色通道指定用于专色油墨印刷的附加印版。专色通道是一种特殊的颜色通道，它可以使用除了青色、洋红、黄色、黑色以外的颜色来绘制图像。

在印刷中为了让印刷作品与众不同，往往要做一些特殊处理。如增加荧光油墨或夜光油墨、套版印制无色系、烫金等，这些特殊颜色的油墨被称为“专色”，它们都无法用三原色油墨混合而成，这时就要用到专色通道与专色印刷了。

在 Photoshop 中可以通过扩展菜单中的“新建专色通道”命令来创建专色通道，选择“新建专色通道”命令将打开“新建专色通道”对话框，在其中可以对专色通道的名称、颜色和密度进行设置，如右图所示。完成设置后可以在“通道”面板中看到创建的专色通道效果。

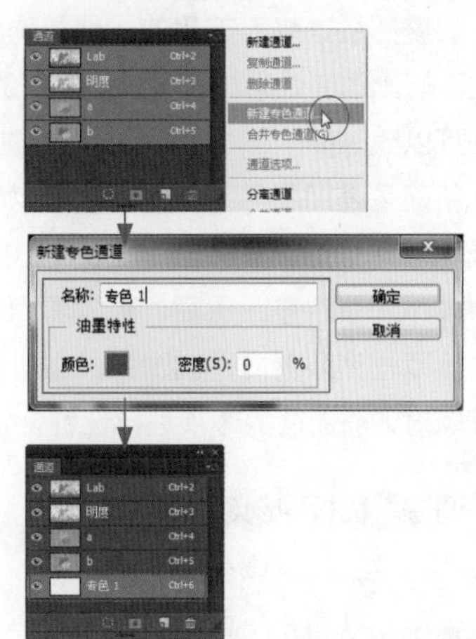

“新建专色通道”对话框中各个选项的功能如下：

❶ **颜色**：可以对专色通道的颜色进行设置，该颜色将影响“通道”面板中专色通道的显示颜色，如右图所示分别为设置不同颜色后，专色通道在图像窗口中的单独显示效果。

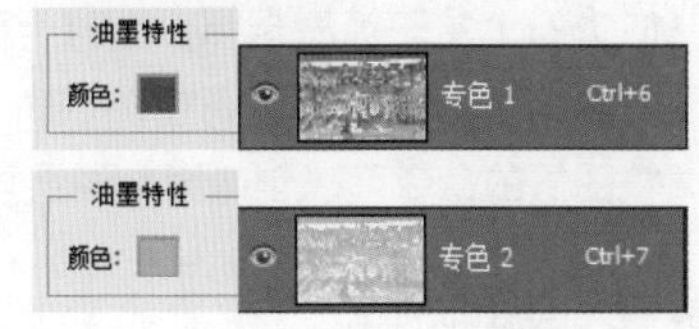

❷ **密度**：用于控制专色在通道中的显示程度，参数越大则其密度就越大，显示的效果就越明显。

在 Photoshop 软件中存有完备的专色油墨列表，只须选择所需要的专色油墨，就会生成与其相应的专色通道。但在处理时，专色通道与原色通道恰好相反，用黑色代表选取，即喷绘油墨，用白色代表不选取，即不喷绘油墨。

TIPS

专色具有准确性，即每一种专色都有其本身固定的色相，所以它解决了印刷中颜色传递准确性的文字。其次，专色具有实地性，专色一般用实地色定义颜色，而无论这种颜色有多浅，也可以给专色加网，以呈现专色的任意深浅色调。此外，专色还具有不透明性，并且可以表现出较宽的色域，专色的色域超出了 RGB、CMYK 的表现色域，所以对于大部分颜色来说使用 CMYK 四色印刷油墨是无法呈现的。

载入通道选区

在“通道”面板中可以载入存储的选区，通过将选区载入图像以重新使用以前存储的选区，在完成修改 Alpha 通道后，也可以将选区载入到图像中。

利用“通道”面板可以通过多种方法将通道载入选区，一种方法是选择需要载入选区的通道，单击“通道”面板底部的“将通道作为选区载入”按钮，如右边的左图所示；一种方法是将包含要载入的选区的通道拖曳到“将通道作为选区载入”按钮上方，如右边的中图所示；另一种方法是在按住 Ctrl 键的同时单击包含要载入的选区的通道，如右边的右图所示。

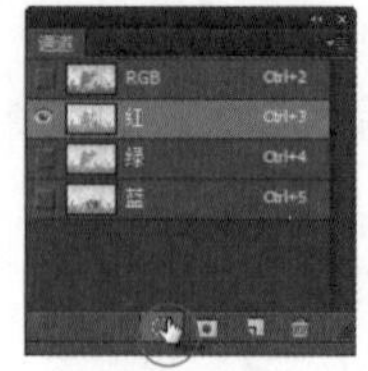

2.1.5 调整命令和填充图层

在 Photoshop 的“图像>调整”菜单命令和“调整”面板中包含了多种不同功能的调整命令，通过它们可以轻松地创建出调整图层，通过调整图层可以对图像的颜色和影调进行调整，但是不会永久改变图像中的像素。颜色或影调的更改位于调整图层和填充图层中，并且对下方的单个或多个图层进行应用。每个调整图层和填充图层都自带一个图层蒙版，可以通过对图层蒙版进行编辑来得到所需的画面效果。

了解调整图层

调整图层是较为常用的一种特殊的图层，利用它可以在图层上改变效果，而不改变原有的图层中的像素值，并且可以随时在“属性”面板中对其进行修改。执行“图层>新建调整图层”菜单命令，可以看到右边左图所示的级联菜单命令，可以创建 16 种不同的调整图层。当为文件中添加调整图层后，可以看到右边的中图所示的效果。双击图层前方的图标，在打开的“属性”面板中可以对调整图层的选项进行设置，如右边的右图所示。

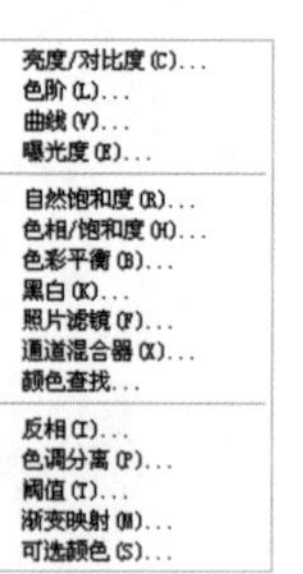

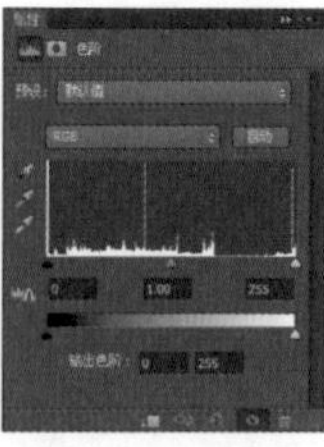

在“调整”面板中创建调整图层

执行“窗口>调整”菜单命令，可以打开“调整”面板，单击“调整”面板中的任意一个按钮，可以快速地创建用于编辑色调或影调的调整图层。此外，单击“调整”面板右上角的扩展按钮，在打开的面板菜单中也包含了面板中所有可创建的调整图层命令，单击相关的创建调整图层的命令可以创建调整图层。

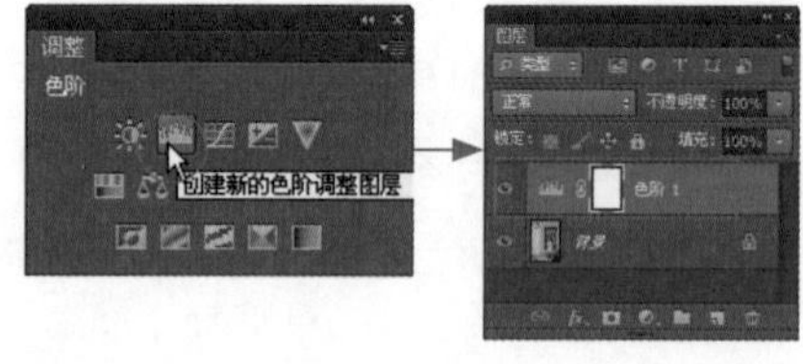

了解填充图层的类型

在“图层”面板中，可以通过添加填充图层来对图像的颜色进行调整。单击“图层”面板下方的“添加新的填充或调整图层”按钮，在弹出的菜单最上方有下图所示的 3 个命令，可以分别进行单一颜色、渐变颜色和图案填充图层的创建。

纯色...
渐变...
图案...

❶ **纯色**：可以创建单一颜色的填充图层，可以在打开的“拾色器”对话框中设置颜色。

❷ **渐变**：可以为图像创建带有渐变线条的填充效果。

❸ **图案**：可以添加一个图案填充图层，将所选择的图案应用到图层中。

当创建了不同的填充图层，在“图层”面板中都将会以单独的图层进行显示。单击填充图层前的图层缩览图，可以打开对应的设置对话框，在其中可以对填充的内容进行设置。右图所示为创建颜色填充图层、渐变填充图层和图案填充图层的显示效果。

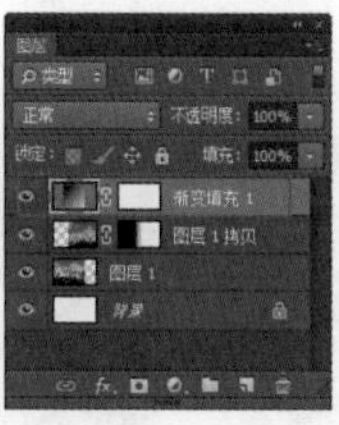

填充图层的编辑

如果要对图像窗口中特定的区域应用填充图层效果，那么需要先创建选区，接着执行“图层>新建填充图层>纯色”菜单命令，在打开的“拾色器（纯色）”对话框中设置颜色填充的颜色，然后单击“确定”按钮，可以看到创建了颜色填充调整图层，再将填充图层的混合模式为“柔光”，在图像窗口中可以看到选区中的图像颜色发生了变化。如下图所示。

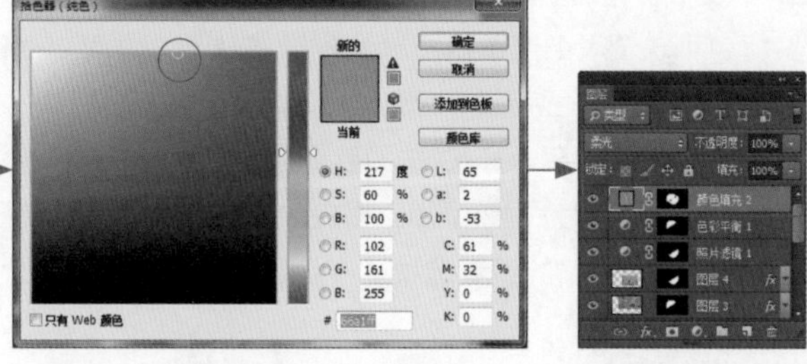

TIPS

编辑“图案填充”图层和“渐变填充”图层的方法与“颜色填充”图层的方法相似，都是通过设置“图案填充”对话框和“渐变填充”对话框来对填充图层中的填充内容进行设置的。由于填充图层默认的效果是按设置为“100%”的不透明度显示，但是为了让图案或者渐变色自然的叠加在图像中，在大部分的编辑中，都需要通过控制填充图层的混合模式和“不透明度”选项来对填充图层的显示进行更改，使其更符合编辑的需要。

2.1.6 滤镜的应用

滤镜是 Photoshop 中制作特殊画面效果最常用的功能之一，通过“滤镜”菜单命令中的各种滤镜命令可以为图像添加上绘画效果、特殊的纹理效果和光效等，由此让原本普通的画面变得更加丰富多彩。

“滤镜库”的使用

在 Photoshop 的“滤镜库”中提供了 6 种不同类型的滤镜，可以在“滤镜库”对话框中进行选择使用。为图像添加一个或多个不同的滤镜，并在该对话框中预览到设置后的滤镜效果，操作非常方便，可以快速地为图像设置出所需的多种特殊画面。

执行“滤镜＞滤镜库”菜单命令，即可打开相应的对话框，在其中可以选择所需的滤镜效果。在“滤镜库”对话框中主要包含了预览框、滤镜组、设置选项和效果图层这 4 个部分。如下图所示。

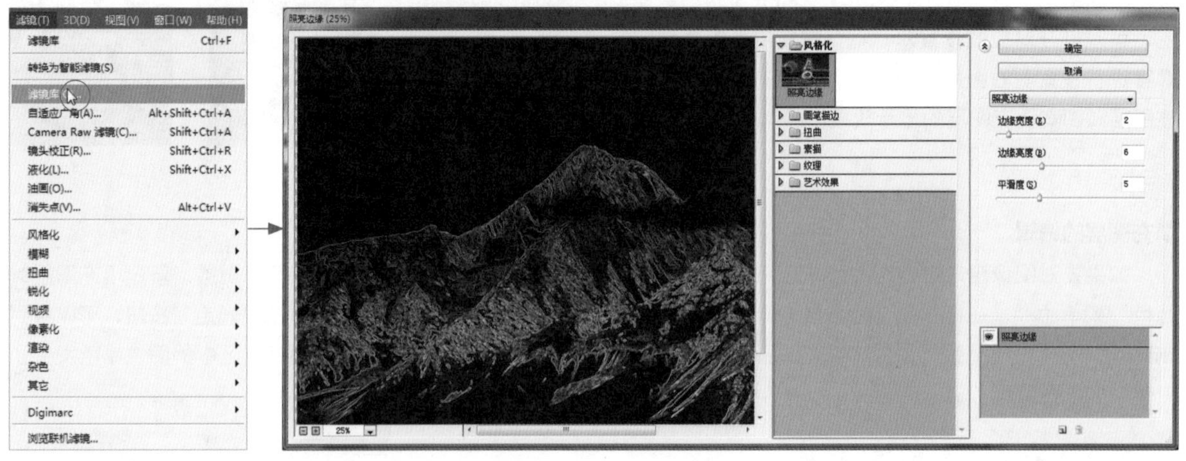

“滤镜库”对话框中各个区域的功能如下：

❶ **预览框**：在预览框中可以查看到当前选择设置的滤镜效果，并可以对图像进行放大或缩小，只需单击预览框下方的加、减按钮即可对图像的大小显示进行缩放，以方便查看效果。

❷ **滤镜组**：单击每个滤镜组前的三角形按钮，可以展开或收起该滤镜组中的滤镜。展开滤镜组后，在需要添加的滤镜上单击，即可将其选中并同时为图像添加上相应的滤镜效果，可以在预览框中查看应用该滤镜所产生的效果。

❸ **设置选项**：选择滤镜后，在右侧的设置选项区中会显示出该滤镜所包含的设置选项，通过对各个选项的设置，可以使滤镜达到满意的效果。

❹ **效果图层**：在“滤镜库”对话框的右下方显示了当前设置滤镜的效果图层，单击效果图层前的👁按钮，可以对效果图层进行隐藏或显示，单击效果图层，在其上方的设置选项中会显示出与所选择滤镜相对应的设置选项。

为画面应用“滤镜库”对话框中的滤镜效果，就要先了解如何添加滤镜效果。例如需要应用“基底凸现”滤镜，可以通过单击“滤镜库”对话框中“素描”滤镜组前面的三角形按钮▶，展开“素描”滤镜组，在其中包含了多种滤镜效果，用鼠标单击“基底凸现”滤镜，即可为图像添加上“基底凸现”滤镜效果。在左侧的预览框中可以查看到应用滤镜后画面的变化，在右侧的设置选项中可以对该滤镜进行设置，如右图所示。

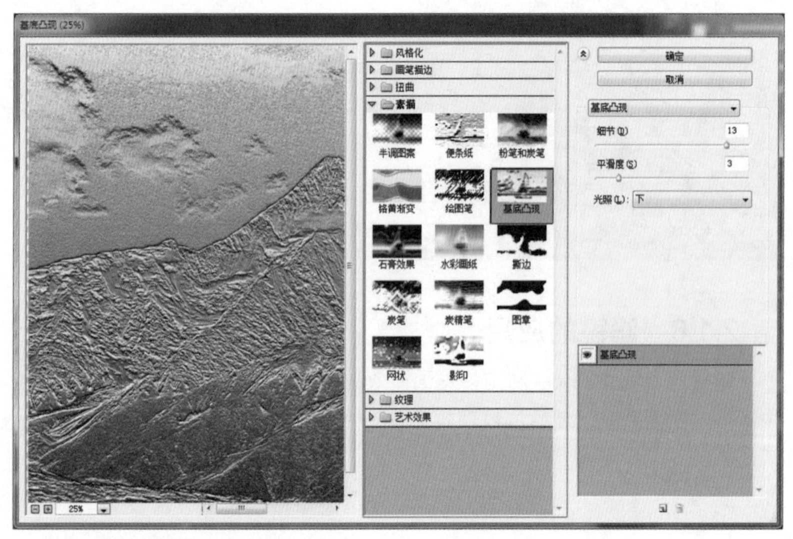

独立滤镜的应用

在 Photoshop 的“滤镜”菜单命令中包含了 6 种特殊的独立滤镜，即“自适应广角”“Camera Raw 滤镜”“镜头校正”“液化”“油画”和“消失点”滤镜，如右图所示。通过这些独立的滤镜，可以对照片的局部进行修饰，以达到满意的画面效果。

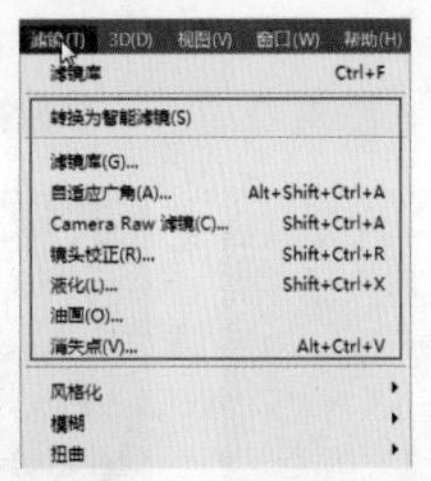

单击选择不同的独立滤镜命令，将打开相应的对话框，在其中会包含很多设置选项，用户可以通过对选项进行不同的设置来达到所需的图像效果。

其他滤镜组中的滤镜

在 Photoshop 中还包含有多个滤镜组，一共分为 9 个大类。通过应用这些不同的滤镜，可以为图像添加不同的画面质感、模糊、锐化和扭曲效果，快速地将图像打造成为特殊的艺术画面，使工作效率提高。

每个滤镜组中的大致功能如下：

❶ **风格化**：该滤镜组通过置换像素并增加图像的对比度，在图像中生成绘画或印象派的效果，在该滤镜组中包含了 8 种滤镜效果。

❷ **模糊**：该滤镜组中的滤镜可以对选区或整个图像进行柔化，产生平滑过渡的效果，还可以去除图像中的杂色、修饰图像或为图像增加动感效果。

❸ **扭曲**：该滤镜组主要用于对图像进行扭曲和 3D 变换，调整图像整体的效果。

❹ **锐化**：该滤镜组中的滤镜可以对图像进行自定义的锐化处理，从而使图像变得清晰。

❺ **视频**：在该滤镜组中包含了“NTSC 颜色”和“逐行”两种滤镜，使用这两个滤镜可以让视频图像与普通图像相互转换。

❻ **像素化**：该滤镜组中的滤镜通过将颜色相似的相邻像素结成色块的方式来重新定义图像，从而产生点状和马赛克等效果。

❼ **渲染**：利用该滤镜组可以在图像中创建云彩图案、光照图案效果等效果。

❽ **杂色**：该滤镜组主要用于为图像添加或移去杂色和带有随机分布的像素，有助于将图像混合到周围的像素中，创建与众不同的纹理效果。

❾ **其它**：该滤镜组中包含了多种滤镜效果，使用这些滤镜可以快速地调整图像的色调反差。

2.1.7 必备的工具

在 Photoshop 中对图像进行处理的过程中，有一些工具较为常用，利用它们可以快速实现某些效果或者操作，例如使用“画笔工具”对图层蒙版进行编辑，通过“仿制图章工具”对图像中的瑕疵进行修复，或者利用“加深工具”、“减淡工具”调整图像中局部图像的颜色。

画笔工具

利用“画笔工具”可以在空白的画布中进行绘画，还可以对已有的图像进行修饰和上色，除此之外，该工具还是常用的图层蒙版的编辑工具，通过使用该工具在蒙版中对灰度图像进行编辑，可以自由地控制图层中图像的显示效果。

在使用“画笔工具”对图层蒙版进行编辑的过程中，前景色的设置会直接影响蒙版编辑的效果，当设置前景色为白色，表示用画笔对图层中的图像进行添加，而黑色的前景色表示减去图层中的图像显示，下图所示为使用白色的“画笔工具”在图层蒙版上绘制后的效果和相关设置。

仿制图章工具

在 Photoshop 中对位图进行编辑的过程中，如果需要对局部的图像进行修饰，可以使用“仿制图章工具”将照片中图像的一部分绘制到同一张照片的另外一部分，或者在具有相同颜色模式的照片之间进行仿制操作，可以移去照片中带有缺陷的部分，让画面的效果更具美感。

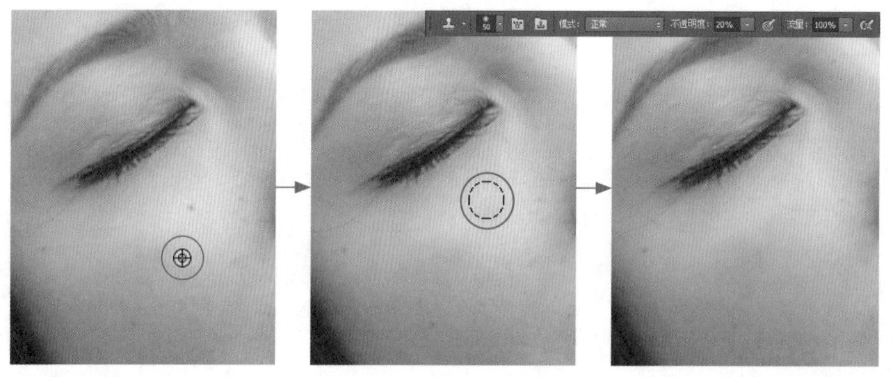

选中工具箱中的“仿制图章工具”，在其选项栏中进行设置，接着在按住 Alt 键的同时在需要仿制的图像周围取样，取样后再使用鼠标在瑕疵上单击，将人物脸部的瑕疵清除，可以看到处理后的人物肌肤变得更加干净，如左图所示。

加深/减淡工具

“加深工具”和“减淡工具”是两个应用效果相反的工具，“加深工具”可以快速地调整照片中特定区域的曝光度和影调，使图像变暗，以表现出图像中的阴影效果。该工具的操作非常简单，只需在图像中进行涂抹就会使图像的亮度降低。

“减淡工具”与“加深工具”的功能刚好相反，“减淡工具”可以提高图像中暗淡部分的亮度，使用该工具在特定的图像区域内进行涂抹，能够让图像的局部影调变得更加明亮。

如下面的左图所示为原图像效果，当使用“加深 / 减淡工具”时，只需在工具的选项栏中设置参数，接着使用鼠标在需要编辑的图像上进行涂抹，即可实现编辑效果，如下面的右图所示为使用“加深工具”编辑后的结果。

2.2 与Illustrator相关的功能

Illustrator是一款用于图形绘制、图像描摹、文字编排等方面的矢量图形制作软件，可以为线稿提供较高的精度和更大的控制范围，下面将着重对软件的常用功能进行讲解。

2.2.1　绘制图形

Illustrator最常用的功能就是使用与Photoshop通用的一组绘图工具和技术来绘制和修改路径，在Illustrator中绘制的路径可以在Photoshop中进行自由地复制和粘贴，接下来将对Illustrator中路径的基础知识和绘制方法、技巧等内容进行讲解。

绘图的基础

使用Illustrator绘制的路径又称为矢量图形，矢量图形是由称作矢量的数学对象定义的直线和曲线构成的。矢量根据图像的几何特征对图像进行描述，用户可以在Illustrator中任意移动或修改矢量图形，而不会丢失细节或影响清晰度，因为矢量图形是与分辨率无关的，对于将在各种输出媒体中按照不同大小使用的图稿，矢量图形是最佳选择。

路径中的元素：

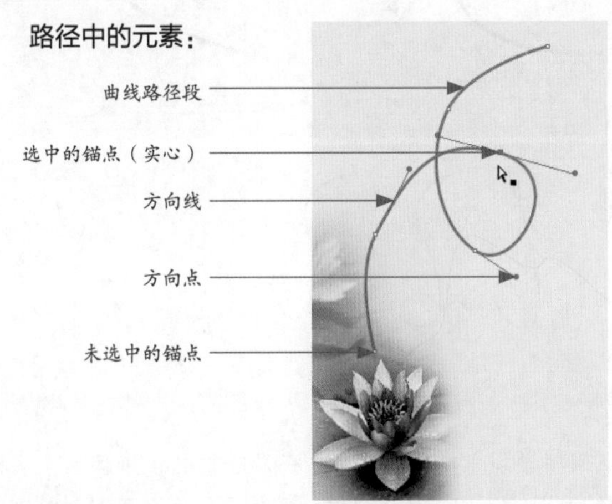

在绘图时，可以使用绘图工具创建被称作路径的线条。路径由一个或多个直线或曲线线段组成，每个线段的起点和终点由锚点标记。路径可以是闭合的，也可以是开放的并具有不同的端点。通过拖动路径的锚点、方向点或路径段本身，可以改变路径的形状。

从左图可以看到，在路径中包含了曲线路径段、选中的锚点、未选中的锚点、方向线、方向点等，通过这些元素进行组合，就形成了完整的路径效果。

路径的锚点：

路径可以具有两种不同类型的锚点，分别为角点锚点和平滑点。在角点锚点中，路径会突然改变方向。在平滑点路径中，路径段连接的路径为连续曲线。我们可以使用角点锚点和平滑点的任意组合来绘制路径。如果绘制的锚点类型有误，还可以随时进行更改。

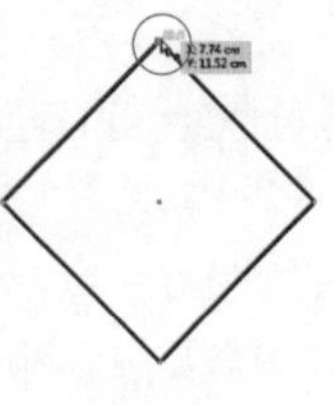
均为直点锚点

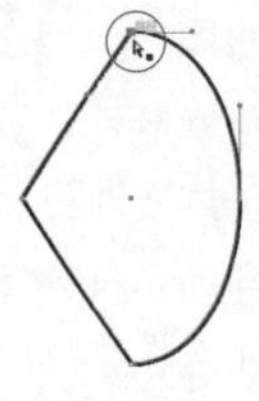
均为平滑点

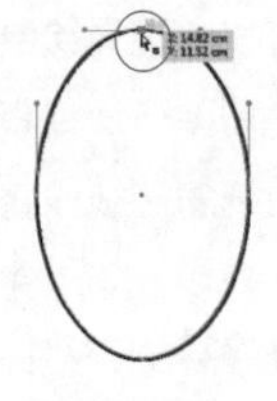
角点与平滑点的组合

路径中的方向线和方向点：

当选择连接曲线段的锚点或选择线段本身时，连接线段的锚点会显示方向线，以及构成的方向手柄。方向线的角度和长度决定曲线段的形状和大小。移动方向点将改变曲线形状，但是方向线不会出现在最终的输出中。

选择一个锚点后，方向线将出现在由该锚点连接的任何曲线段上，如右图所示。

平滑点始终有两条方向线，这两条方向线作为一个直线单元一起移动。当在平滑点上移动方向线时，将同时调整该点两侧的曲线段，以保持该锚点处的连续曲线。

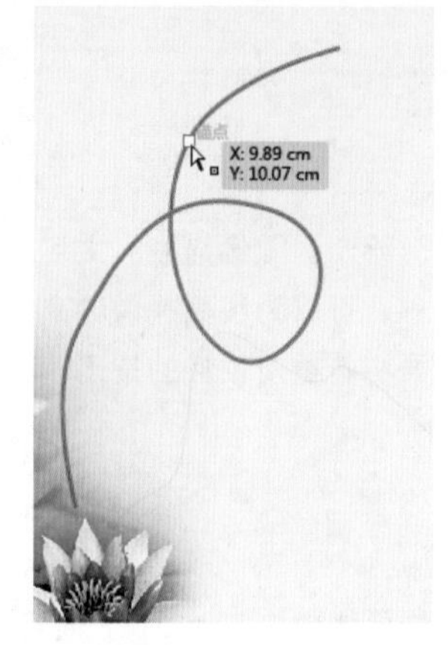

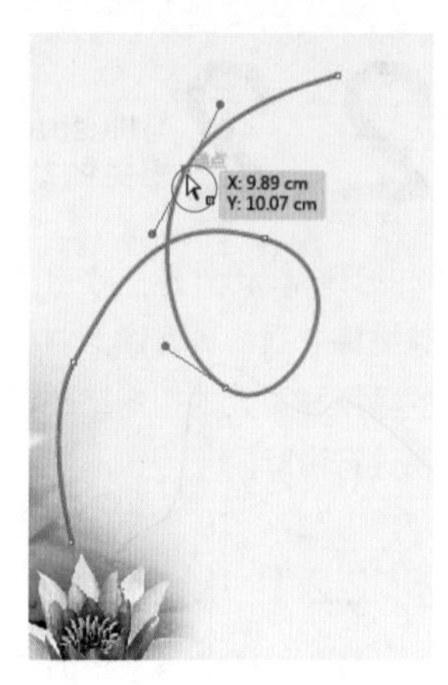

相比之下，角点锚点可以有两条、一条或者没有方向线，具体取决于它分别连接两条、一条或是没有连接曲线段。角点方向线通过使用不同角度来保持拐角，当移动角点上的方向线时，只调整与该方向线位于角点同侧的曲线。

右图所示分别为调整平滑点上的方向线和角点上的方向线的编辑效果。

方向线始终与锚点处的曲线相切，即与半径垂直，每条方向线的角度决定曲线的斜度，每条方向线的长度决定曲线的高度或深度。

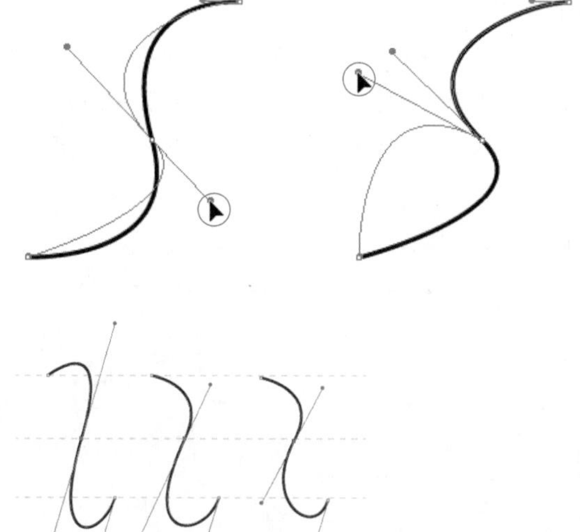

右图所示为移动方向线并调整方向线的大小将更改曲线的斜度，可以看到方向线的改变导致了曲线段的弯曲程度的改变。

在 Illustrator 中，还可以对路径上的元素显示进行控制，通过执行“视图 > 显示边缘”或“视图 > 隐藏边缘”菜单命令，可以显示或隐藏锚点、方向线和方向点。

绘制简单的线段和形状

对 Illustrator 中的路径有一定的概念和理解之后，接下来将学习怎样绘制路径。在 Illustrator 中包含了多种用于绘制路径的工具，有的可以绘制出规则的路径效果，有的可以绘制出自由的曲线。除此之外，还可以对绘制的规则路径使用路径编辑工具进行修改，以获得所需的路径效果。

直线段工具绘制直线段：

当需要一次绘制一条直线段时，可以直接使用“直线段工具”，将鼠标的指针定位到希望线段开始的地方，然后拖动到希望线段终止的地方即可。

在线段开始的地方单击，并指定线的长度和角度，释放鼠标即可完成直线段的绘制。如果要绘制出完全垂直或者完全水平的直线段，那么在绘制的过程中需要按住 Shift 键进行操作，下图所示为绘制水平直线段。

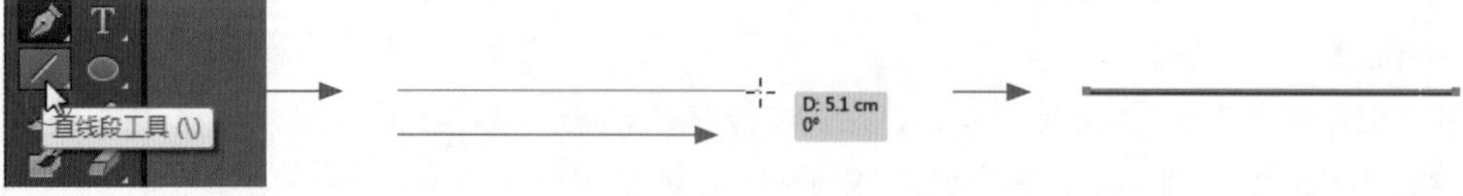

绘制矩形和方形：

选择“矩形工具”或“圆角矩形工具”可以绘制出矩形或方形。要绘制一个矩形，向对角线方向拖动鼠标直到矩形达到所需大小；要绘制方形，在按住 Shift 键的同时向对角线方向拖动鼠标直到达到方形所需大小。

要指定矩形的大小，可以使用这两个工具在画板上单击，在弹出的对话框中设置参数即可，如下图所示。

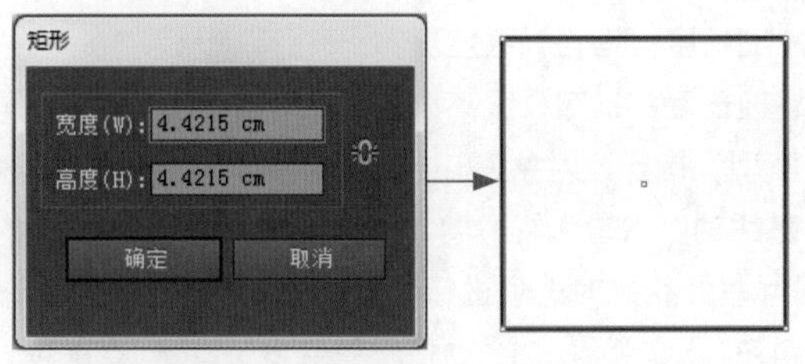

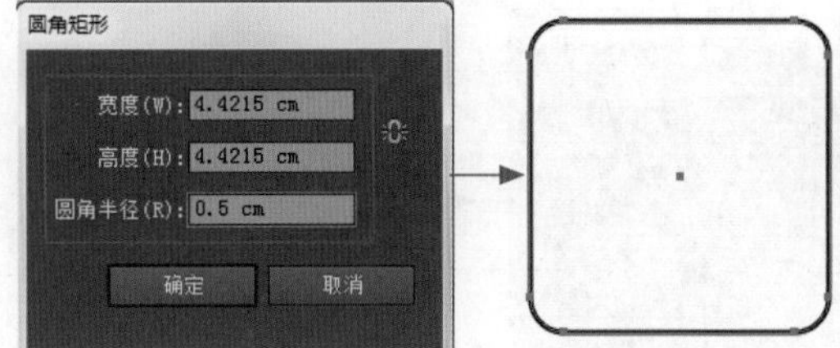

绘制圆形：

选择“椭圆工具”，向对角线方向拖动鼠标直到椭圆达到所需大小。如果要指定圆形的宽度和高度，那么直接使用“椭圆工具”单击鼠标，在下面的左图所示的对话框中指定椭圆的宽度和高度，然后单击“确定”按钮即可。下面的右图所示分别为创建椭圆和正圆形的效果。

要创建正圆，在拖动时按住 Shift 键，或者在“椭圆”对话框中指定尺寸。在输入宽度的数值后，可以在“高度”字样上单击，可以将相同的数值复制到“高度”选项的数值框中。

绘制多边形 / 星形：

绘制多边形的方法与绘制星形的方法类似，都是使用工具单击并拖曳的方式来完成的，不同的是两个工具所设置的选项参数略有不同，下图所示分别为使用“多边形工具”和“星形工具”绘制的效果和选项设置。

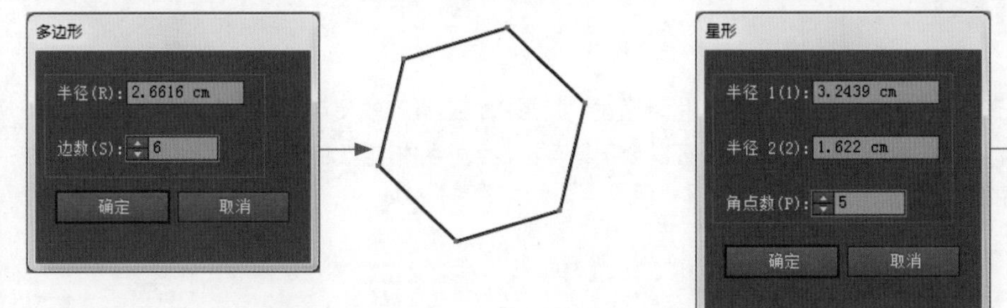

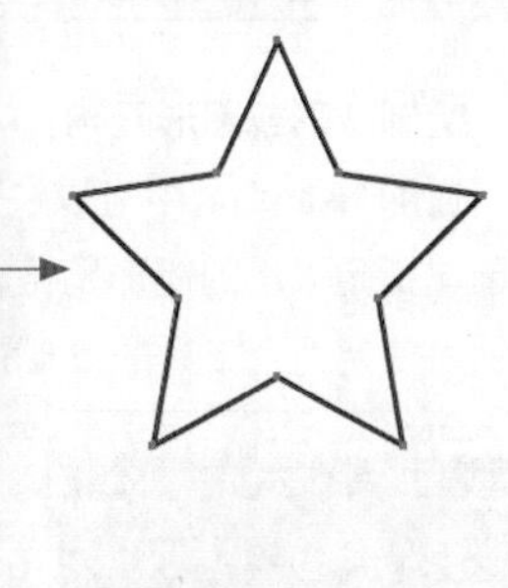

“多边形”对话框中的“半径”选项用于指定多边形每条边的长度，而“边数”选项用于确定多边形的边数，通过“多边形工具”可以绘制所需的任何多边形。

在“星形”对话框中，单击希望星形中心所在的位置。其中的“半径 1”选项用于指定从星形中心到星形最内点的距离，而“半径 2”选项用于指定从星形中心到星形最外点的距离，“角点数”选项用于指定星形所具有的点数。

TIPS

在完成所需图形的绘制后，还可以使用选项栏中的功能对路径进行再次编辑，下图所示为选中图像后选项栏的显示效果。

绘制弧线：

在 Illustrator 中还可以使用“弧线工具”绘制出曲线，使用该工具将指针定位到希望弧线开始的地方，然后将鼠标拖动到希望弧线终止的地方即可完成绘制。同时也可以使用设置进行弧线的绘制，单击希望弧线开始的地方，在对话框中设置选项，并单击“确定”按钮，即可绘制出所需的弧线，如下图所示。

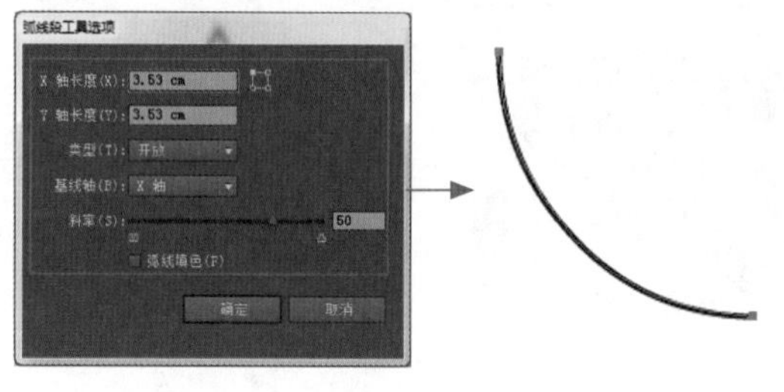

❶**X 轴长度：**指定弧线宽度。

❷**Y 轴长度：**指定弧线高度。

❸ **类型：**指定让对象为开放路径还是封闭路径。

❹ **基线轴：**指定弧线方向，根据沿“*x* 轴”或“*y* 轴”绘制弧线基线，来对选项进行设置。

❺**斜率：**指定弧线斜率的方向，斜率为“0”将创建直线。

❻ **弧线填色：**以当前填充颜色为弧线填色。

绘制螺旋线：

使用“螺旋线工具”可以绘制出指定效果的螺旋线路径，使用该工具进行拖动直到螺旋线达到所需大小即可。下图所示为设置“螺旋线工具”和进行绘制后的路径效果。

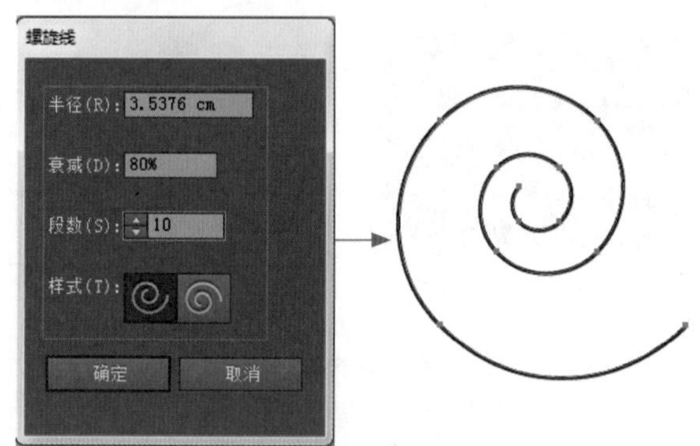

❶ **半径：**用于指定从中心到螺旋线最外点的距离。

❷ **衰减：**该选项用于指定螺旋线的每一螺旋相对于上一螺旋应减少的量。

❸ **线段：**指定螺旋线具有的线段数，螺旋线的每一完整螺旋由 4 条线段组成。

❹ **样式：**该选项后面的按钮用于指定螺旋线方向。

绘制方形或圆形网格：

在 Illustrator 中可以快速绘制矩形网格和极坐标网格，通过“矩形网格工具”的使用可以指定数目的分隔线从而创建指定大小的矩形网格，利用“极坐标网格工具”可以创建具有指定大小和指定数目的分隔线的同心圆。下图所示为使用两个工具的设置和绘制效果。

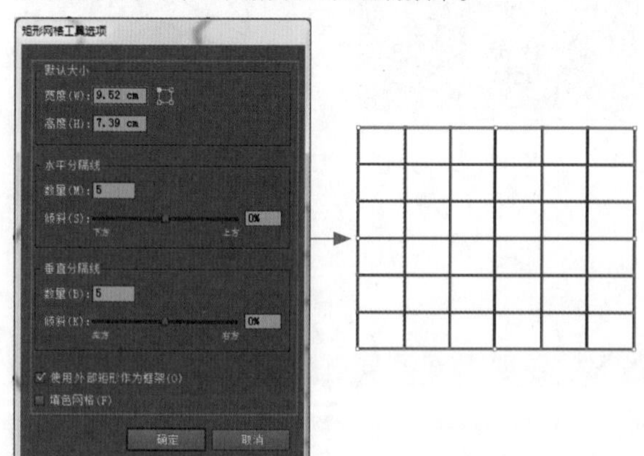

❶ **默认大小：**指定整个网格的宽度和高度。

❷ **水平 / 垂直分隔线：**指定希望在网格顶部和底部或者左侧和右侧之间出现的水平分隔线数量。

❸ **使用外部矩形作为框架：**以单独矩形对象替换顶部、底部、左侧和右侧线段。

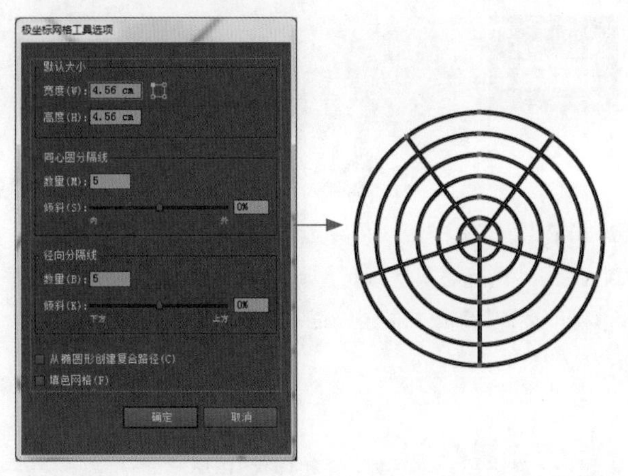

❶ **默认大小**：指定整个网格的宽度和高度。

❷ **同心圆 / 径向分隔线**：指定希望出现在网格中的圆形同心圆或者在网格中心和外围之间出现的分隔线数量。

❸ **从椭圆形创建复合路径**：将同心圆转换为独立复合路径并每隔一个圆进行填色。

编辑路径

在 Illustrator 中除了能够绘制出规则的图形以外，在很多时候还需要对路径进行编辑，以满足设计的需要，这就需要使用到多个路径编辑工具，对路径进行选择、对锚点进行转换或添加、分割路径等。

选择路径、线段和锚点：

在改变路径形状或编辑路径之前，必须选择路径的锚点或线段。如果能够看见这些点，则可以使用“直接选择工具”单击它们以进行选择，在按住 Shift 键的同时并单击可以选择多个锚点。右图所示为使用“直接选择工具”选择锚点的效果。

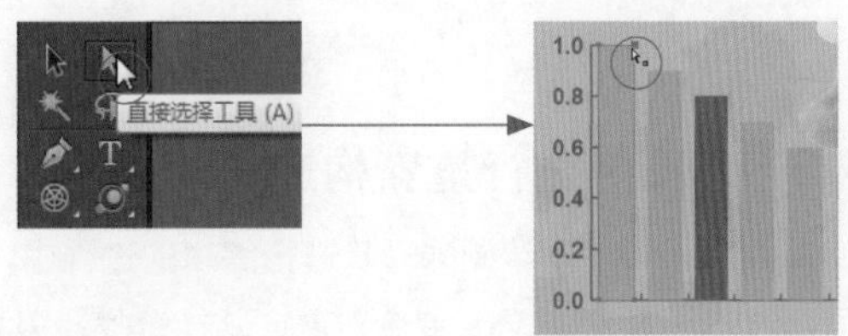

选择“直接选择工具”并在锚点周围拖动边界，按住 Shift 键并在其他锚点周围拖移以将这些锚点选择，确保不选择包含锚点的路径。将“直接选择工具”移动到锚点上方，直到指针显示空心方形，然后单击锚点，按住 Shift 键并单击其他锚点以进行选择。

复制路径：

使用“选择工具”或“直接选择工具”选择路径或线段，然后使用“编辑”菜单命令中的“复制”和“粘贴”命令能够在应用程序内或各个应用程序之间复制和粘贴路径。或者在按住 Alt 键的同时将路径拖动到所需位置，松开鼠标和 Alt 键之后即可快速复制路径。右图所示为使用“选择工具”选择路径后，通过快捷键方式复制的效果。

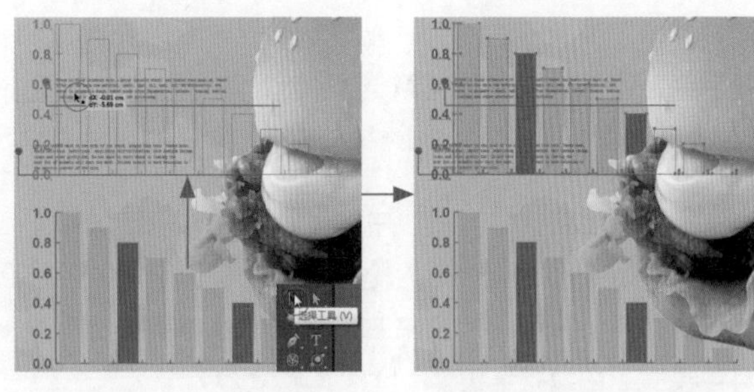

添加和删除锚点：

添加锚点可以增强对路径的控制，也可以扩展开放路径，但最好不要添加多余的点。点数较少的路径更易于编辑、显示和打印，在 Illustrator 中可以通过删除不必要的点来降低路径的复杂性。

在工具箱中包含了用于添加或删除点的 3 个工具，即钢笔工具、添加锚点工具和删除锚点工具，此外在“控制”面板中还有“删除所选锚点”按钮。

默认情况下，当用户将“钢笔工具”定位到选定路径上方时，它会变成“添加锚点工具”；当把“钢笔工具”定位到锚点上方时，它会变成“删除锚点工具”，如右图所示。

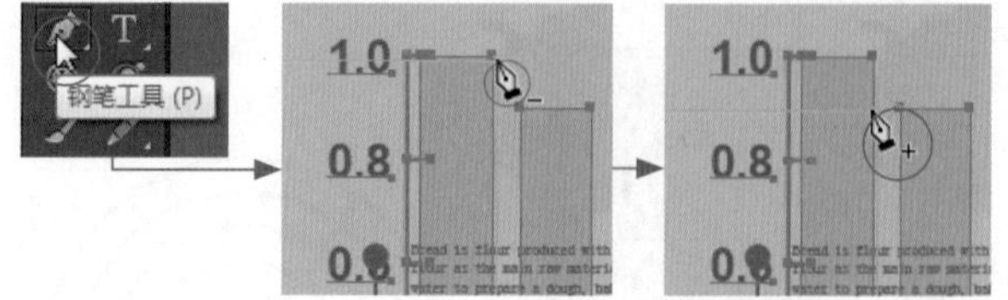

要添加或删除锚点，需要先选择要修改的路径。如果要添加锚点，可以选择“钢笔工具”或“添加锚点工具”，并将指针放置于路径段上，然后单击鼠标；如果要删除锚点，使用“钢笔工具”或“删除锚点工具”，并将指针放置于锚点上，然后单击即可。不要使用 Delete 键或“编辑 > 剪切”和“编辑 > 清除”命令来删除锚点，这些操作会删除该锚点和连接到该锚点的线段。

分割路径

在 Illustrator 中编辑路径时，可以在任意锚点或沿任意线段分割路径。在分割路径时，如果要将封闭路径分割为两个开放路径，必须在路径上的两个位置进行切分。如果只切分封闭路径一次，则会获得一个其中包含间隙的路径。由分割操作生成的任何路径都继承原始路径的路径设置，如描边粗细和填充颜色，描边对齐方式会自动重置为居中。

选择“剪刀工具”并单击要分割路径的位置，在路径段中间分割路径时，两个新端点将重合，并选中其中的一个端点，右图所示为分割路径的操作。

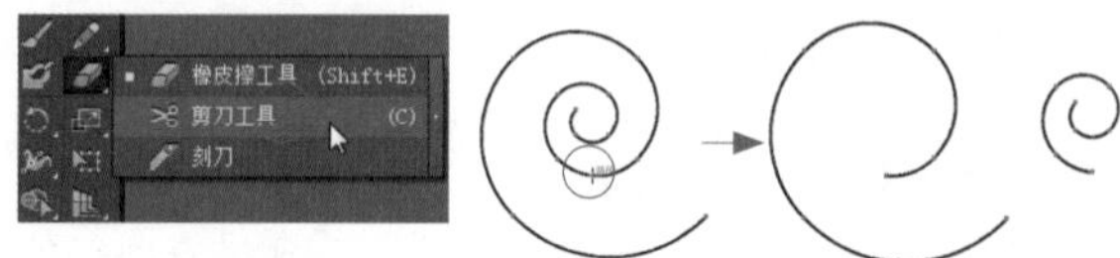

2.2.2 对图形进行重新构造

在 Illustrator 中对所绘制的形状进行编辑的过程中，除了可以使用路径编辑工具对绘制形状的路径进行更改以外，还可以通过创建 3D 对象、混合对象、路径查找器等高级编辑对图形的外观进行重新构造。

路径查找器

在 Illustrator 中最常用同时也是最实用的方式就是使用“路径查找器”面板将对象组合为新形状，将两个或者两个以上的图形进行一定位置和顺序的排列，再利用“路径查找器”面板中的按钮，就可以完成新图形的创建。在默认情况下可以生成路径或复合路径，并且仅在按住 Alt 键时生成复合形状。右图所示为“路径查找器”面板。

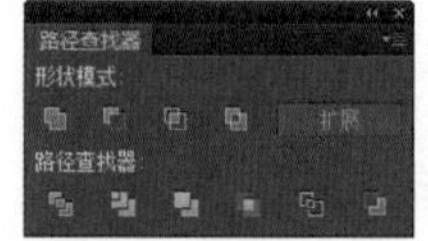

形状模式

在“路径查找器”面板中的“形状模式”选项组中包含了 4 个按钮和一个“扩展”功能，利用其中的“相加”按钮可以描摹所有对象的轮廓，就像它们是单独的、已合并的对象一样，此选项产生的结果形状会采用顶层对象的上色属性。而利用“交集”按钮可以描摹被所有对象重叠的区域轮廓。下图所示分别为原始图形效果和应用这两种模式后的编辑结果。

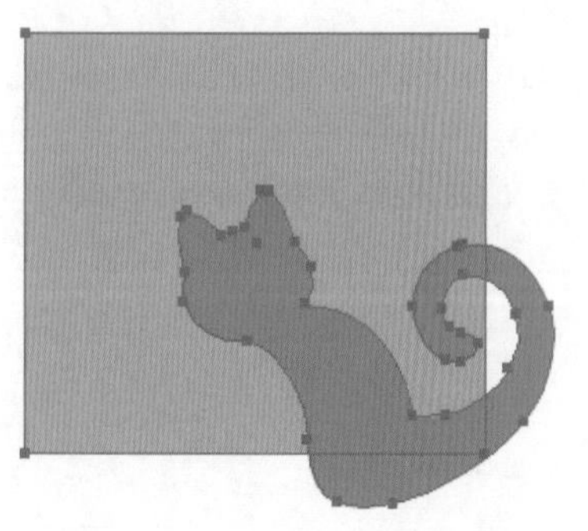

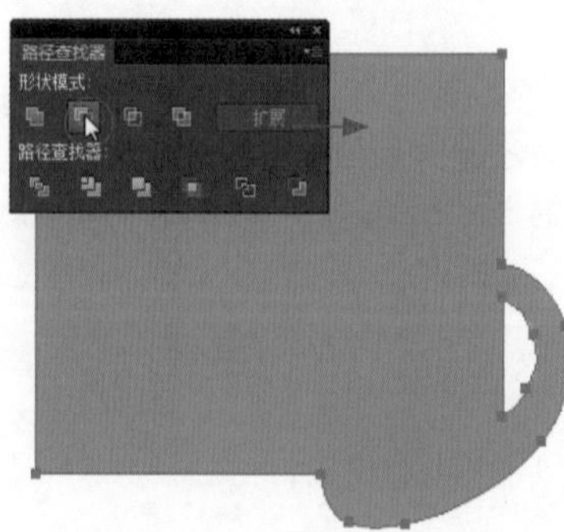

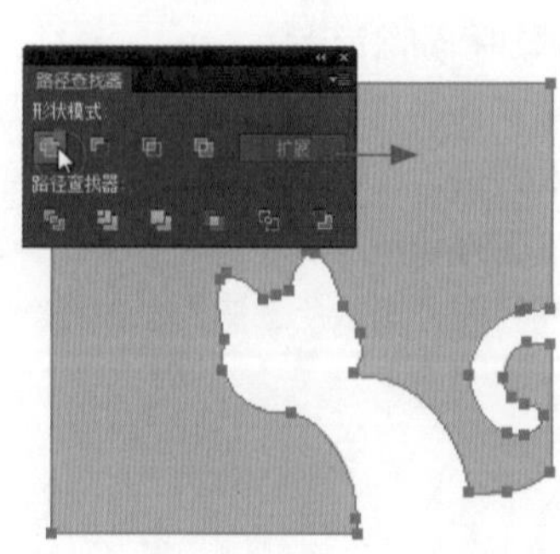

利用“差集”按钮可以描摹对象所有未被重叠的区域，并使重叠区域透明。如果有偶数个对象重叠，则重叠处会变成透明。当有奇数个对象重叠时，重叠的地方则会填充颜色。利用“相减”按钮可以从最后面的对象中减去最前面的对象，应用此按钮可以通过调整堆栈顺序来删除插图中的某些区域。右图所示分别为应用“差集”和“相减”按钮后的效果。

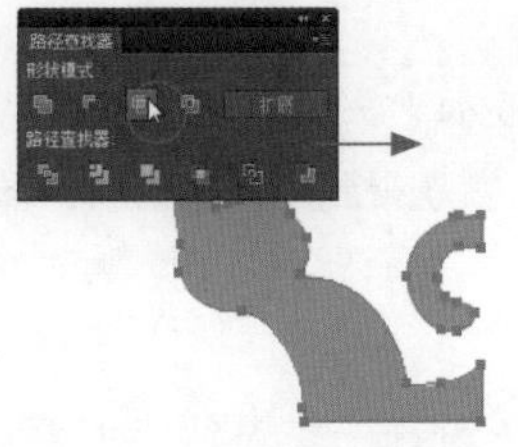

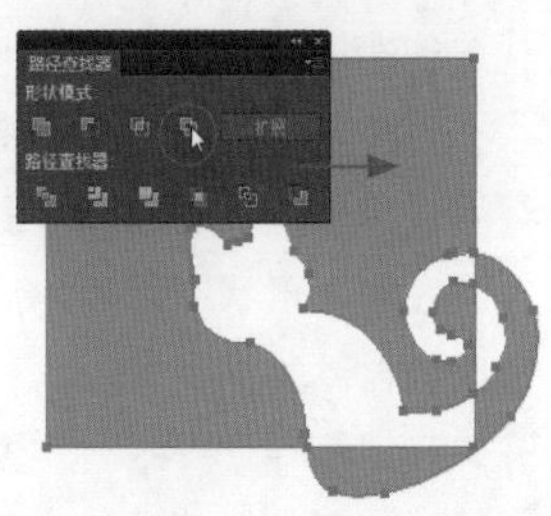

“路径查找器”效果

在“路径查找器”面板最下面一排按钮的功能被具有“路径查找器”效果，只需单击一下某个按钮，即可创建相应的最终形状组合。每个按钮的具体功能如下：

❶ **分割**：将一份图稿分割为作为其构成成分的填充表面。

❷ **修边**：删除已填充对象被隐藏的部分，它会删除所有描边，且不会合并相同颜色的对象。

❸ **合并**：删除已填充对象被隐藏的部分，它会删除所有描边，且会合并具有相同颜色的相邻或重叠的对象。

❹ **裁剪**：将图稿分割为作为其构成成分的填充表面，然后删除图稿中所有落在最上方对象边界之外的部分。

❺ **轮廓**：将对象分割为其组件线段或边缘。

❻ **减去后方对象**：从最前面的对象中减去后面的对象。

“路径查找器”对话框

从“路径查找器”面板菜单中选择“路径查找器选项”命令，可以打开“路径查找器选项”对话框，在其中可以对“路径查找器”中功能的应用进行统一设置，如右图所示。

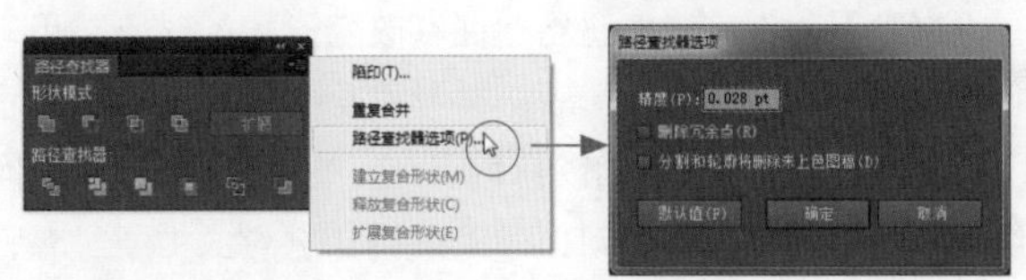

❶ **精度**：可以通过“路径查找器”效果计算对象路径时的精确程度，计算越精确，绘图就越准确，而生成结果路径所需的时间就越长。

❷ **删除冗余点**：单击“路径查找器”按钮可以删除不必要的点。

❸ **分割和轮廓将删除未上色图稿**：单击“分割”或“轮廓”按钮可以删除选定图稿中的所有未填充对象。

复合形状

复合形状是可以编辑的图稿，由两个或多个对象组成，每个对象都分配有一种形状模式。复合形状简化了复杂形状的创建过程，因为用户可以精确地操作每个所含路径的形状模式、堆栈顺序、形状、位置和外观。

复合形状用作编组对象，它在“图层”面板中显示为“复合形状”字样。可以使用“图层”面板来显示、选择和处理复合形状的内容，例如更改其组件的堆叠顺序，还可以使用“直接选择工具”或“编组选择”工具来选择复合形状的组件。

当创建一个复合形状时，此形状会采用“相加”“交集”或“差集”模式中最上层组件的上色和透明度属性，随后可以更改复合形状的上色、样式或透明度属性，如下图所示。当选择整个复合形状的任意部分时，除非在“图层”面板中明确定位某一组件，否则 Illustrator 将自动定位整个复合形状以简化这一过程。

原始形状组合

创建的复合形状

对局部组件进行上色

对整个复合形状填充图案

创建复合形状

创建复合形状是一个由两部分组成的过程：首先需要建立复合形状，其中所有的组件都具有相同的形状模式。然后，将形状模式分配给组件，直至得到所需的形状区域组合为止。

在复合形状中可以包括路径、复合路径、组、其他复合形状、混合、文本、封套和变形，选择的任何开放式路径都会自动关闭。

在“路径查找器”面板中，在按住 Alt 键的同时单击“形状模式”选项组中的按钮，复合形状的每个组件都会被指定为所选择的形状。或者从“路径查找器”面板菜单中选择“建立复合形状”命令，复合形状的每个组件都会被默认指定为“相加”模式，如右图所示。

释放和扩展复合形状

释放复合形状可以将其拆分回单独的对象，单击“路程查找器”面板中的“扩展”按钮，复合形状会保持复合对象的形状，但不能再选择其中的单个组件，如右图所示。

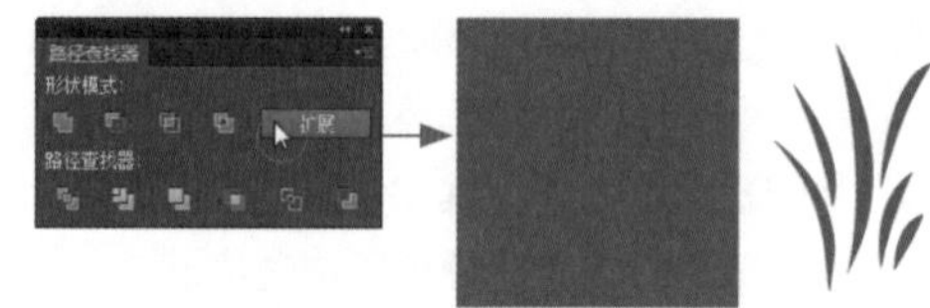

使用封套改变形状

封套是对选定对象进行扭曲和改变形状的对象。用户可以利用画板上的对象来制作封套，或使用预设的变形形状或网络作为封套。除图表、参考线或链接对象以外，可以在任何路径对象上使用封套。

对于已经应用了封套的对象，在“图层”面板中会以“封套”形式列出了封套。在应用了封套之后，用户仍可继续编辑原始对象，还可以随时编辑、删除或扩展封套，并能编辑封套形状或被封套的对象，但不可以同时编辑这两项。下图所示分别为应用网格封套和为其他对象创建封套的编辑效果。

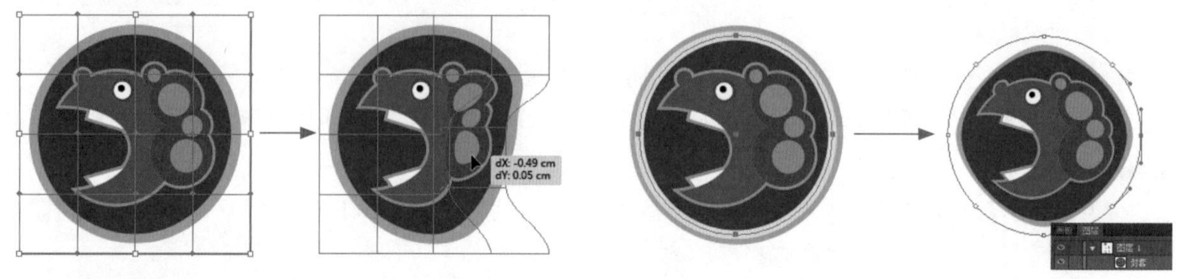

使用封套扭曲对象

在 Illustrator 中可以通过 3 种方式创建封套扭曲对象：一种是“用变形重置”，一种是“用网格重置”，还有一种是“用顶层对象建立”。当用户执行“对象 > 封套扭曲”菜单命令后，在其子命令中可以看到这 3 个命令，每种命令的说明如下：

❶ **用变形重置：**选择一种变形样式以使用封套的预设变形形状。

❷ **用网格重置：**使用封套的矩形网格对对象进行变形。

❸ **用顶层对象建立：**使用一个对象作为封套的形状，对编辑对象进行变形。

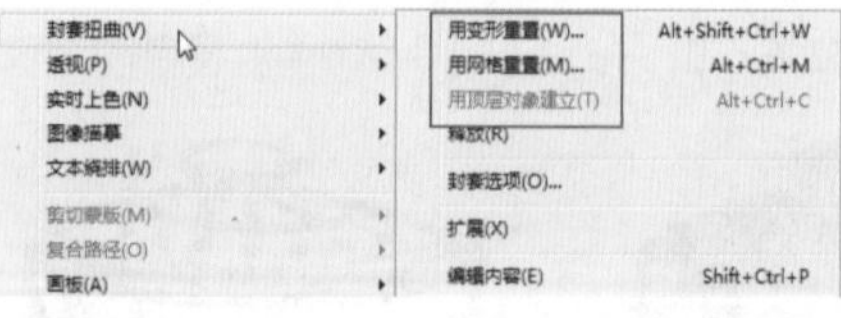

使用“直接选择根据”或“网格工具”拖动封套上的任意锚点，如果要删除网格上的锚点，可以使用“直接选择”或“网格”工具选择该锚点，然后再按 Delete 键即可。如果要向网格添加锚点，可以使用“网格工具”在网格上单击。如果要将描边或填充应用于封套，可以使用“外观”面板来实现。

编辑封套内容

如果要对封套中的形状进行编辑，只需执行“对象 > 封套扭曲 > 编辑内容”菜单命令，即可对封套中的内容进行编辑。如果封套是由编组路径组成的，单击“图层”面板中“封套”项左侧的三角形以查看和定位要编辑的路径，如右图所示。

在修改封套内容时，封套会自动偏移，以使结果和原始内容的中心点对齐。

此外，用户可以通过释放封套或扩展封套的方式来删除封套。释放套封对象可以创建两个单独的对象：保持原始状态的对象和保持封套形状的对象。扩展封套对象的方式可以删除封套，但对象仍保持扭曲的形状。

如果需要释放封套，可以通过执行“对象 > 封套扭曲 > 释放”菜单命令来实现。如果需要扩展封套，可以通过执行“对象 > 封套扭曲 > 扩展”菜单命令来实现。下图所示为“释放”封套的效果。

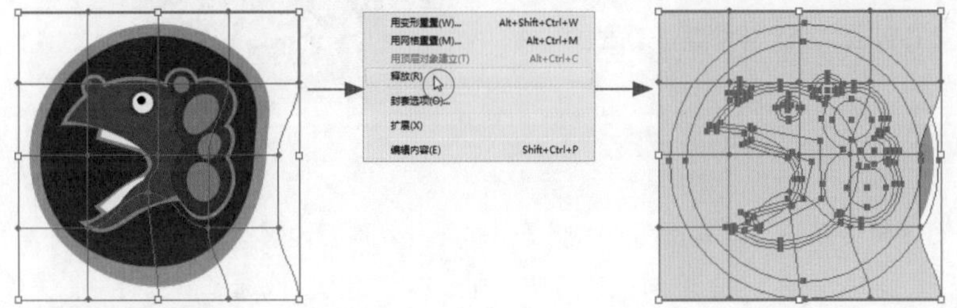

封套选项

封套选项决定应以何种形式扭曲图稿以适合封套。如果要设置封套选项，首先选择封套对象，然后执行“对象 > 封套扭曲 > 封套选项”菜单命令，即可打开“封套选项”对话框，如下图所示。其每个选项的含义如下：

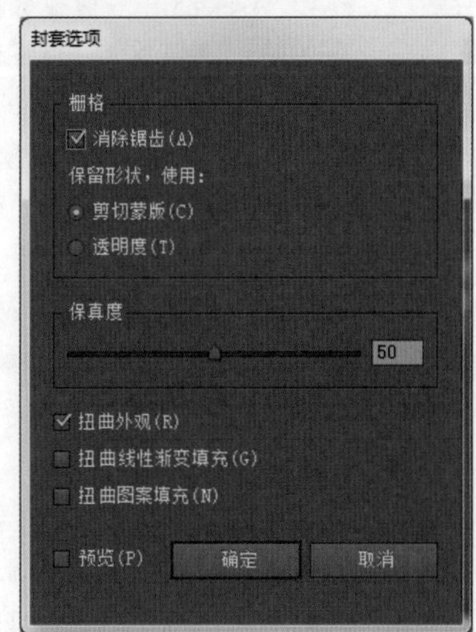

❶ **消除锯齿**：在用封套扭曲对象时，可使用此选项来平滑栅格。取消选择“消除锯齿”复选框的选择可以降低扭曲栅格所需的时间。

❷ **保留形状，使用**：当用非矩形封套扭曲对象时，可以使用此选项指定栅格应以何种形式保留其形状。选择“剪切蒙版”可以在栅格上使用剪切蒙版，或选择“透明度”以对栅格应用 Alpha 通道。

❸ **保真度**：指定要使对象适合封套模型的精确程度。

❹ **扭曲外观**：将对象的形状与其外观属性一起扭曲。

❺ **扭曲线性渐变填充**：将对象的形状与其线性渐变一起扭曲。

❻ **扭曲图案填充**：将对象的形状与其图案属性一起扭曲。

混合对象

混合对象就是在两个对象之间平均分布形状，也可以在两个开放路径之间进行混合，可以在对象之间创建平滑的过渡，或组合颜色和对象的混合，在特定对象形状中创建颜色过渡。

创建混合

使用“混合工具”和“建立”混合命令来创建混合，让两个或多个选定对象之间形成一种自然的颜色和形状的过渡效果。

同时选中两条绘制的曲线，执行“编辑>混合>建立”菜单命令，在画板中可以看到两条曲线的中间显示出来若干条曲线，并且以逐渐变化的色彩排列起来，如右图所示。

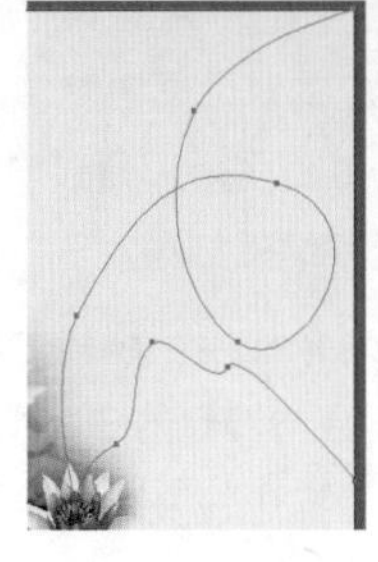

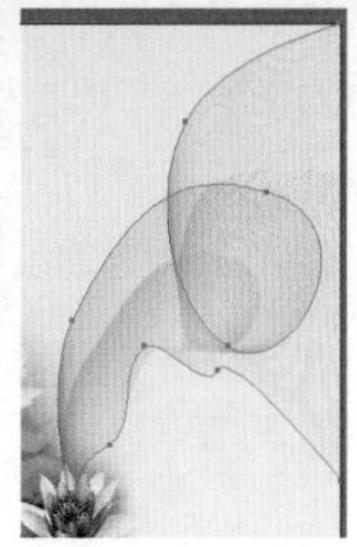

混合选项

通过双击“混合工具”或执行“对象 > 混合 > 混合选项”菜单命令来设置混合选项，打开的“混合选项”对话框如下图所示，其中每个选项的具体作用如下：

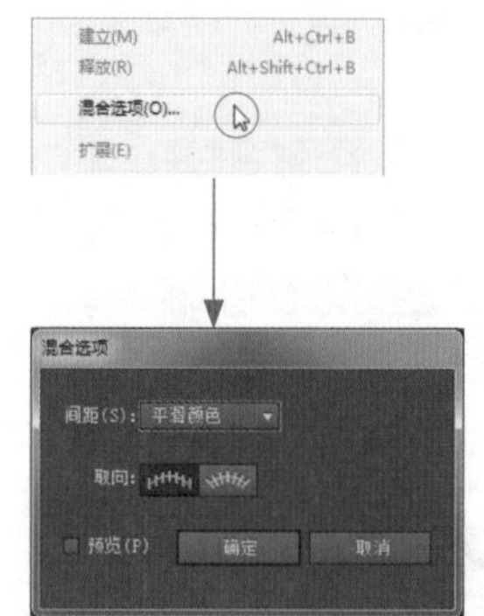

❶ **平滑颜色：**让 Illustrator 自动计算混合的步骤数。如果对象是使用不同的颜色进行填色或描边，则计算出的步骤数将是为实现平滑颜色过渡而取的最佳步骤数。如果对象包含相同的颜色，或包含渐变或图案，则步骤数将根据两个对象定界框边缘之间的最长距离计算得出。

❷ **指定的步骤：**用来控制在混合开始与混合结束之间的步骤数。

❸ **指定的距离：**用来控制混合步骤之间的距离。指定的距离是指从一个对象边缘起到下一个对象相对应边缘之间的距离

❹ **取向：**确定混合对象的方向，其中“对齐页面”使混合垂直于页面的x轴，“对齐路径”使混合垂直于路径。

创建3D对象

利用 3D 效果可以从二维图稿创建三维对象，用户可以通过高光、阴影、旋转及其他属性来控制 3D 对象的外观，还可以将图稿贴到 3D 对象中的每一个表面上。有两种创建 3D 对象的方法，即通过“凸出”或通过“绕转”，另外还可以在三维空间中旋转 2D 或 3D 对象。

通过凸出创建 3D 对象

沿对象的 Z 轴凸出拉伸一个 2D 对象，以增加对象的深度。例如，如果凸出一个 2D 椭圆，它就会变成一个圆柱，通过执行“效果 >3D> 凸出和斜角”菜单命令，在打开的对话框中对选项进行设置，即可创建出 3D 对象，右图所示为使用圆角矩形创建 3D 对象的设置和效果。

位置：设置对象如何旋转以及观看对象的透视角度。

❶ **凸出与斜角：**确定对象的深度以及向对象添加或从对象剪切的任何斜角的延伸。

❷ **表面：**创建各种形式的表面，从暗淡、不加底纹的不光滑表面到平滑、光亮，看起来类似塑料的表面。

❸ **光照：**添加一个或多个光源，调整光源强度、改变对象的底纹颜色，以及围绕对象移动光源以实现生动的效果。

❹ **贴图：**将图稿贴到 3D 对象表面上。

通过绕转创建 3D 对象

围绕全局 y 轴（绕转轴）绕一条路径或剖面，使其作圆周运动，以创建 3D 对象，可以使用“绕转”命令来实现。由于绕转轴是垂直固定的，因此用于绕转的开放或闭合路径应为所需 3D 对象面向正前方时垂直剖面的一半，可以在相应的对话框中旋转 3D 对象。

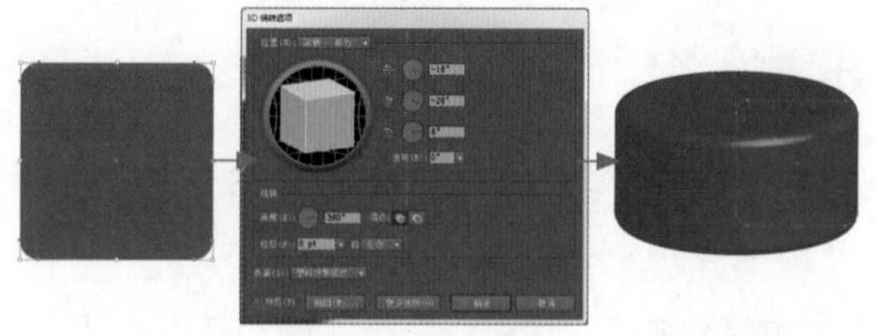

右图所示为使用圆角矩形通过“绕转”的方式进行 3D 对象创建的设置和编辑结果。

对一个或多个对象应用“绕转”效果会使每个对象同时围绕其自身的绕转轴绕转。每个对象都会驻留在其自己的 3D 空间中，而不会与其他的 3D 对象发生交叉。向目标组或图层应用“绕转”效果会使对象围绕一个单一轴绕转。此外，绕转一个不带描边的填充路径要比绕转一个描边路径快得多。

“3D 绕转”对话框中各个选项的作用如下：

❶ **位置**：设置对象如何旋转以及观看对象的透视角度。

❷ **绕转**：确定如何围绕对象扫描路径，使其转入三维之中。

❸ **表面**：创建各种形式的表面，从暗淡、不加底纹的不光滑表面到平滑、光亮，看起来类似塑料的表面。

❹ **光照**：添加一个或多个光源，调整光源强度、改变对象的底纹颜色，以及围绕对象移动光源以实现生动的效果。

❺ **贴图**：将图稿贴到 3D 对象表面上。

2.2.3 描边的设置

在 Illustrator 的图形编辑中，为了让图形呈现的效果更加精致，还可以为所绘制的对象添加上描边效果。在 Illustrator 中可以通过两种不同的方式添加描边：一种是利用“描边”面板添加描边，另外一种是使用“画笔”进行描边。每种方式的介绍如下：

为对象描边

使用“描边”面板可以来指定线条是实线还是虚线，还可以指定虚线顺序、其他虚线调整、描边粗细、描边对齐方式、斜接限制、箭头、宽度配置文件和线条连接的样式及线条端点。可以将描边选项应用于整个对象，也可以使用实时上色组，并为对象内的不同边缘应用不同的描边。

应用描边颜色、宽度或对齐方式

在 Illustrator 中，可以在工具箱中快速为图形添加上描边效果，下图所示为设置描边的颜色和添加描边效果。从“颜色”中选择一种颜色，就可以更改描边的颜色，在“描边”面板中还可以对描边的粗细、端点和边角等进行精细设置。

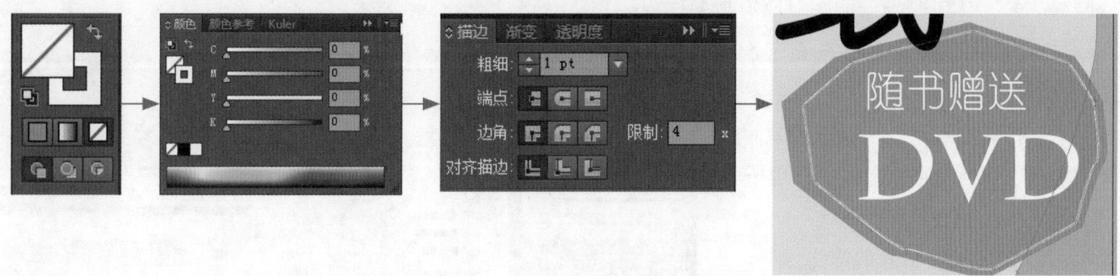

创建虚线

在“描边”面板中单击面板右上角的扩展按钮，在弹出的菜单中选择“显示选项”命令，将该面板中所有的设置显示出来，可以为描边添加上“虚线”效果。

通过编辑对象的描边属性，还可以创建一条点线或虚线，当用户勾选“虚线”复选框以后，就可以在下方的“虚线”和“间隔”数值框中输入所需的数值，对虚线的密度进行设定。右图所示为“描边”面板中的设定和所创建的虚线效果。

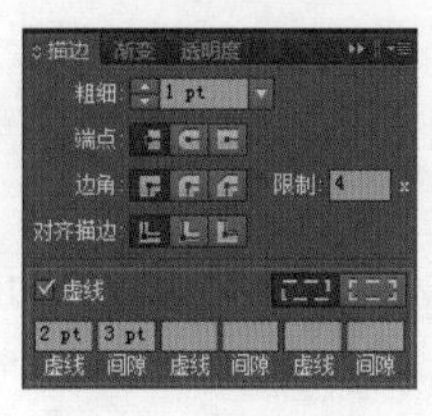

可以通过输入虚线的长度和虚线间的间隙来指定虚线次序，输入的数字会按次序重复，因此只要建立了图案，则无须再一一填写所有数值框。

设置“端点”选项可以更改虚线的端点，其中“平头端点”选项用于创建具有方形端点的虚线；“圆头端点” 选项用于创建具有圆形端点的虚线；“方头端点”选项用于扩展虚线端点右图所示分别为虚线直角上的不同显示方式和端点的不同显示效果。

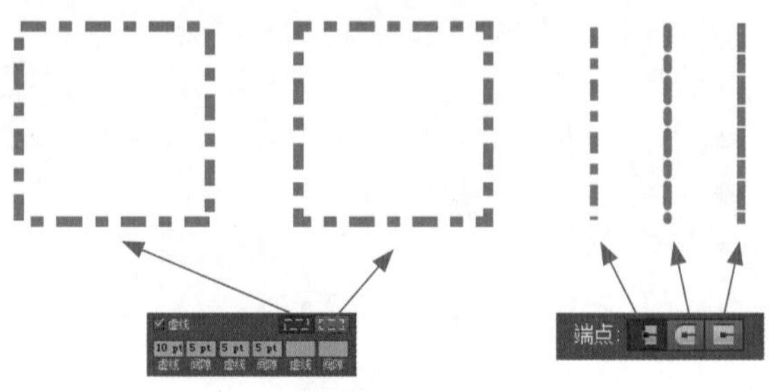

添加箭头

在 Illustrator 中，可以从“描边”面板中访问箭头并关联控制来调整大小。默认箭头在“描边”面板中的“箭头”下拉菜单中提供，使用“描边”面板还可以轻松切换箭头右图所示为添加箭头后的路径虚线描边效果。

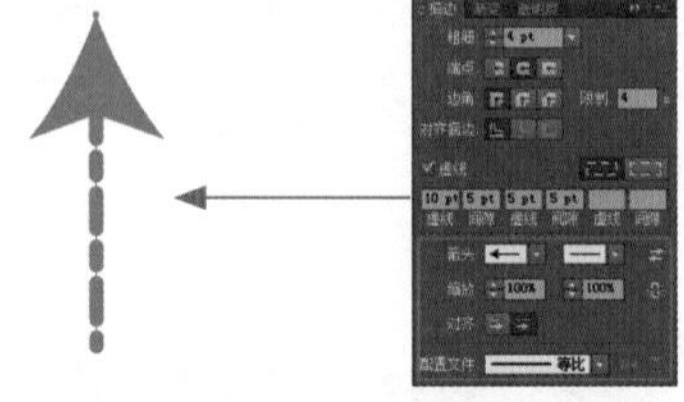

TIPS

在“描边”面板中为绘制的路径进行设置的过程中，如果用户编辑的对象为闭合的路径，那么在添加“箭头”效果之后，路径中起始的箭头和结束的箭头都将在相同的位置，只有开放路径才会让箭头显示在不同位置。

画笔描边

利用 Illustrator 中的画笔可以使路径的外观具有不同的风格，能够将画笔描边应用于现有的路径，也可以使用“画笔工具”在绘制路径的同时应用画笔描边。

Illustrator 中有不同的画笔类型，包括书法、散布、艺术、图案和毛刷。打开“画笔”面板的菜单，在其中可以看到相关的命令，用于打开相应的画笔面板，使用不同的画笔可以实现多种特殊的描边效果。右图所示为使用不同画笔描边路径的效果。

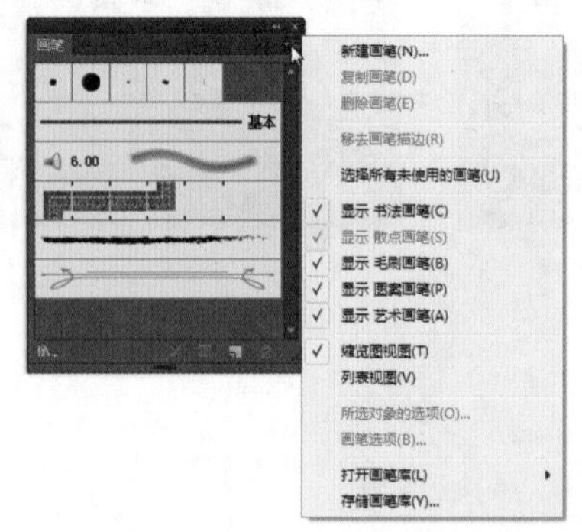

“画笔”面板显示当前文件的画笔。无论何时从画笔库中选择画笔，都会自动将其添加到“画笔”面板中。创建并存储在“画笔”面板中的画笔仅与当前文件相关联。

在 Illustrator 中包含了书法画笔、散布画笔、艺术画笔等多种类型，对于每种画笔都有预设的画笔样式存储在相应的面板中，每种画笔的描述如下：

❶ **书法画笔**：创建的描边类似于使用书法钢笔带拐角的尖所绘制的描边，以及沿路径中心绘制的描边。

❷ **散布画笔**：将一个对象的许多副本沿着路径分布。

❸ **艺术画笔**：沿路径长度均匀拉伸画笔形状（如粗炭笔）或对象形状。

❹ **毛刷画笔**：使用毛刷创建具有自然画笔外观的画笔描边。

❺ **图案画笔**：绘制一种图案，该图案由沿路径重复的各个拼贴组成。

应用画笔描边

在 Illustrator 中可以将画笔描边应用于由任何绘图工具，包括“钢笔工具”“铅笔工具”或基本的形状工具所创建的路径。在选择路径后，从画笔库或者“画笔”面板中选择一种画笔，将画笔拖到路径上。如果所选的路径已经应用了画笔描边，则新画笔将取代旧画笔，如下图所示。

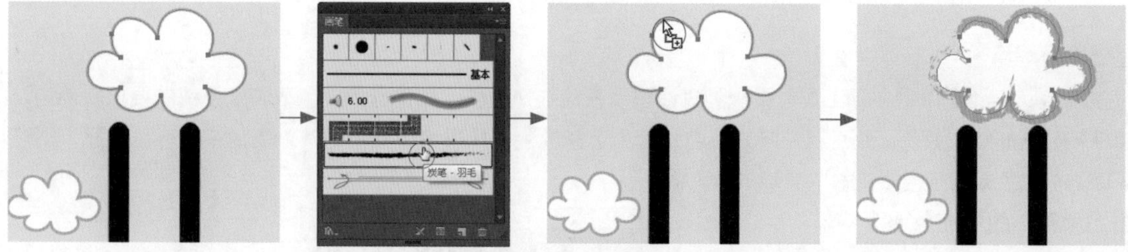

如果想要在给路径应用不同的画笔同时使用带有原始画笔的画笔描边设置，可以在按住 Alt 键的同时单击想要应用的新画笔。

在绘制路径的同时应用画笔描边

在画笔库或“画笔”面板中选择一种画笔，选择“画笔工具”，将指针放在希望画笔描边开始的地方，然后拖动鼠标以绘制路径，随着鼠标的拖移，会出现一条虚线。如果要绘制一条开放路径，在路径形成所需形状时松开鼠标。要绘制封闭形状，在拖移时按住 Alt 键，“画笔工具”将显示一个小圆环，准备将形状封闭时，松开鼠标按键即可完成绘制，此时绘制的路径将自动应用选中的画笔样式进行描边，如下图所示。

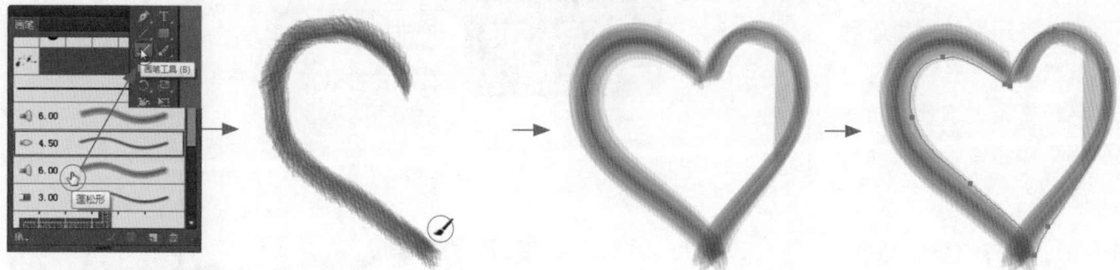

Illustrator 会在使用“画笔工具”绘制时自行设置锚点，锚点的数目取决于路径的长度和复杂度。如果要在完成绘制后调整所绘制路径的形状，需要先选择该路径，然后将“画笔”放在路径上进行拖移，直到获得所需的形状为止。可以使用各种技巧来扩展用画笔绘制的路径，还可以改变现有端点之间的路径形状。

“画笔选项”设置

在 Illustrator 的“画笔”面板中选择不同的画笔，那么当在“画笔”面板中选择“画笔选项”命令后，将会打开不同的“画笔选项”设置对话框，在其中可以对画笔进行精细设置。下图所示分别为“艺术画笔选项”“毛刷画笔选项”和“图案画笔选项”对话框。

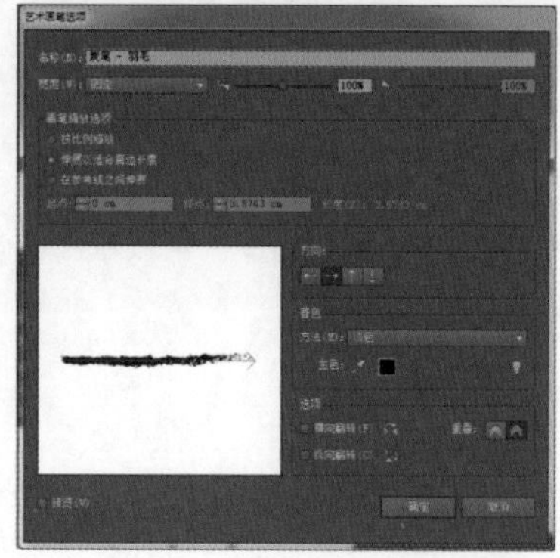

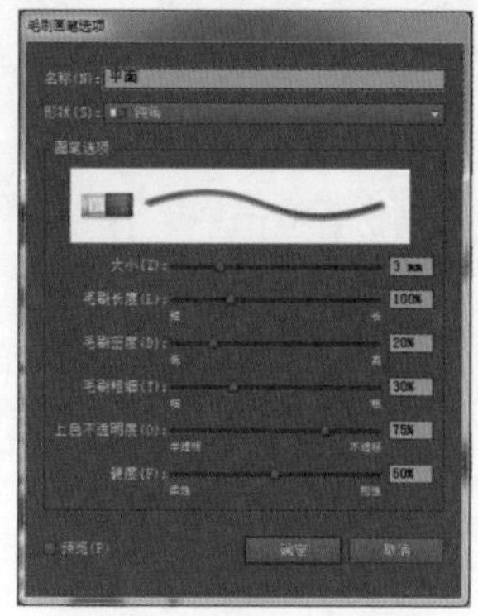

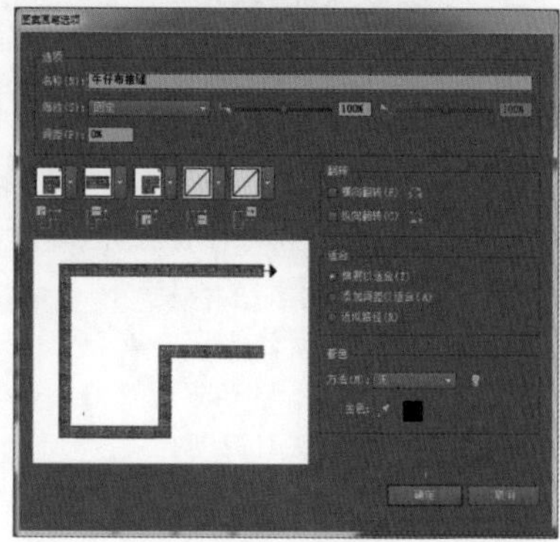

2.2.4 填色工具与面板

对所绘制的图形或者路径进行上色，是一项常见的图形编辑任务，它要求设计者了解有关颜色模型和颜色模式的一些知识。当对图稿应用颜色时，应想着用于发布图稿的最终媒体，以便能够使用正确的颜色模型和颜色定义。通过使用 Illustrator 中功能丰富的上色功能，可以轻松地应用颜色。

颜色的基础设置

通过使用 Illustrator 中的各种工具、面板和对话框为图稿选择颜色，如何选择颜色取决于图稿的要求。例如，如果希望使用公认的特定颜色，则可以从特定的色板库中选择颜色；如果希望颜色与其他图稿中的颜色匹配，则可以使用吸管进行取色或在拾色器中输入准确的颜色值。

双击工具箱中的填充色或者描边色的色块，即可打开“拾色器”对话框，如右图所示。在“拾色器”中可以通过选择色域和色谱、定义颜色值或单击色板的方式，选择对象的填充颜色或描边颜色。

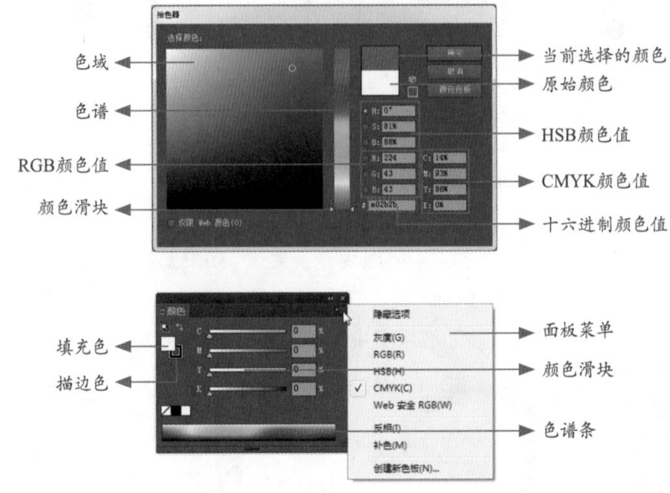

用户可以使用“颜色”面板将颜色应用于对象的填充和描边，还可以编辑和混合颜色。在“颜色”面板中可以使用不同颜色模型显示颜色值。默认情况下，在“颜色”面板中只显示最常用的选项，展开该面板的面板菜单命令可以选择更多功能，如右图所示。

如右图所示的文字，通过“颜色”面板可以看到当前选中文字的颜色为 C40、M70、Y90、K0，无描边色，可以在“颜色”面板通过调整颜色滑块来更改所选中对象的颜色。

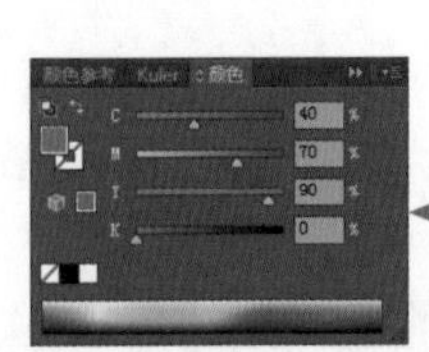

“色板”面板

“色板”是命名的颜色、色调、渐变和图案，与文档相关联的色板出现在“色板”面板中。“色板”面板中的颜色可以单独出现，也可以成组出现，还可以打开来自其他 Illustrator 文档和各种颜色系统的色板库。色板库显示在单独的面板中，不与文档一起存储。

在“色板”面板和色板库面板中包括以下类型的色板：

❶ **印刷色**：印刷色使用 4 种标准印刷色油墨的组合打印，即青色、洋红色、黄色和黑色。

❷ **专色**：专色是预先混合的用于代替或补充 CMYK 四色油墨的油墨，可以根据专色图标或下角的点标识专色色板。

❸ **渐变**：渐变是两个或多个颜色之间，或同一颜色，或者不同颜色的两个或多个色调之间的渐变混合。渐变色可以指定为 CMYK 印刷色、RGB 颜色或专色。将渐变存储为渐变色板时，会保留应用于渐变色标的透明度。

❹ **图案**：图案是带有实色填充或不带填充的重复路径、复合路径和文本。

❺ **无**：“无”色板从对象中删除描边或填色，不能编辑或删除此色板。

❻ **套版色**：套版色色板是内置的色板，可使将利用它填充或描边的对象从 PostScript 打印机进行分色打印。

❼ **颜色组**：颜色组可以包含印刷色、专色和全局印刷色，而不能包含图案、渐变、“无”色板或套版色色板。

使用“色板”面板可以控制所有文档的颜色、渐变和图案，可以命名和存储任意这些项以用于快速操作。当选择的对象的填充或描边包含从“色板”面板应用的颜色、渐变、图案或色调时，所应用的色板将在“色板”面板中突出显示。右图所示是使用“色板”面板中自定义图案后的填色效果。

TIPS

如果需要在“色板”面板中将特定颜色保留在一起时，可以创建一个颜色组，只需单击“新建颜色组”按钮，或从面板菜单中选择“新建颜色组”命令即可。

渐变色的编辑

使用“渐变”面板或“渐变工具”可以应用、创建和修改渐变，使用“渐变”面板中的选项或者使用“渐变工具”，还可以指定色标的数目和位置、颜色显示的角度、椭圆渐变的长宽比以及每种颜色的不透明度。

“渐变”面板：

在“渐变”面板中，“渐变填充”框显示当前的渐变色和渐变类型。单击“渐变填充”框时，将在所选定的对象中填入此渐变。紧靠此框的右侧是“渐变”菜单，此菜单列出可供选择的所有默认渐变和预存渐变。在列表的底部是“存储渐变”按钮，单击该按钮可以将当前渐变设置存储为色板，右图所示为使用“渐变”面板编辑和填充渐变色的效果。

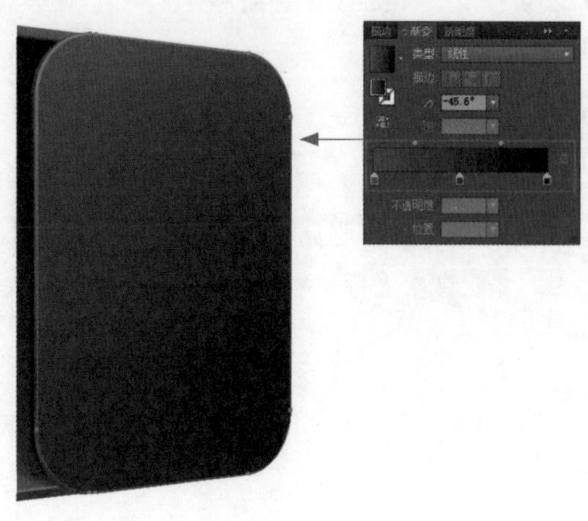

渐变颜色由沿着渐变滑块的一系列色标决定。色标标记渐变从一种颜色到另一种颜色的转换点，由渐变滑块下的方块所标示，这些方块显示了当前指定给每个渐变色标的颜色。使用径向渐变时，最左侧的渐变色标定义了中心点的颜色填充，它呈辐射状向外逐渐过渡到最右侧渐变色标的颜色。

渐变工具

利用“渐变工具”可以用来添加或编辑渐变。在未选中的非渐变填充对象中单击渐变工具时，将使用上次使用的渐变来填充对象。“渐变工具”也提供“渐变”面板所提供的大部分功能。选择渐变填充对象并选择“渐变工具”时，在该对象中将出现一个渐变批注，可以使用这个渐变批注修改线性渐变的角度、位置和范围，或者修改径向渐变的焦点、原点和范围。

双击对象中渐变批注上的渐变色标，可以打开渐变的颜色选项对话框，如右图所示。

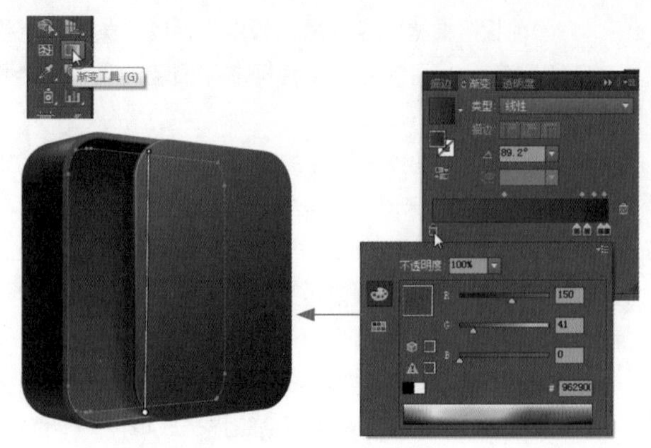

渐变网格

网格对象是一种多色对象，其上的颜色可以沿不同方向顺畅分布并且从一点平滑过渡到另一点。创建网格对象时，将会有多条线交叉穿过对象，这为处理对象上的颜色过渡提供了一种简便方法。通过移动和编辑网格线上的点，可以更改颜色的变化强度，或者更改对象上的着色区域范围。

在两网格线相交处有一种特殊的锚点，称为网格点。网格点以菱形显示，且具有锚点的所有属性，只是增加了接受颜色的功能。用户可以添加、删除以及编辑网格点，或更改与每个网格点相关联的颜色。

在网格中也同样会出现锚点，这些锚点与Illustrator中的任何锚点一样，可以添加、删除、编辑和移动。锚点可以放在任何网格线上，单击一个锚点，然后拖动其方向控制手柄以修改该锚点。

任意4个网格点之间的区域称为网格面片，可以用更改网格点颜色的方法来更改网格面片的颜色。

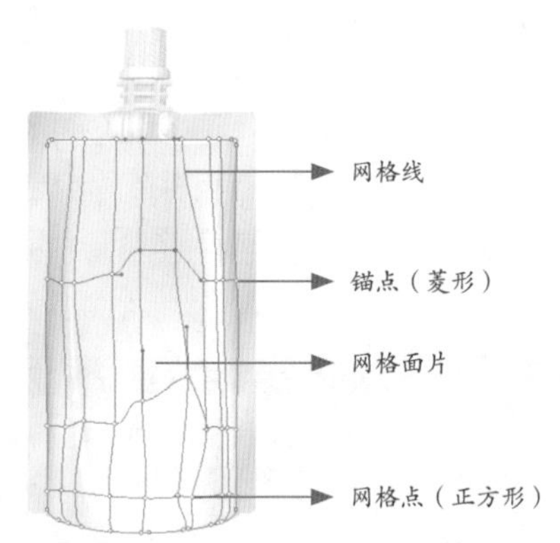

可以使用多种方法来编辑网格对象，如添加、删除和移动网格点，更改网格点和网格面片的颜色，以及将网格对象恢复为常规对象等。

如果要添加网格点，可以选择“网格工具”然后为新网格点选择填充颜色；如果要删除网格点，可以在按住Alt键的同时用“网格工具”单击该网格点；如果要移动网格点，用“网格工具”或“直接选择工具”拖动它，按住Shift键并使用“网格工具”拖动网格点，可以使该网格点保持在网格线上。下图所示分别为改变网格点颜色和移动网格点的操作。

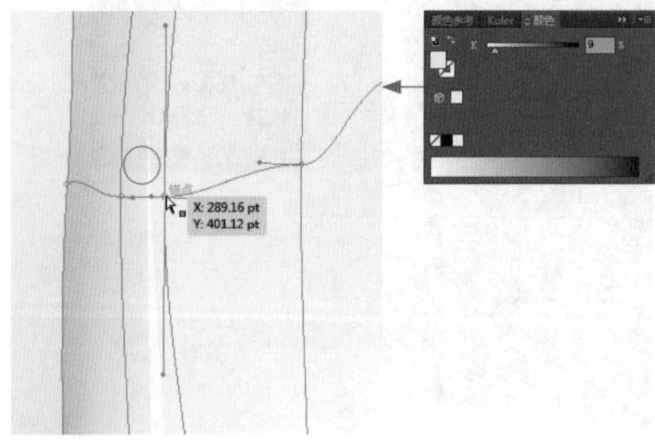

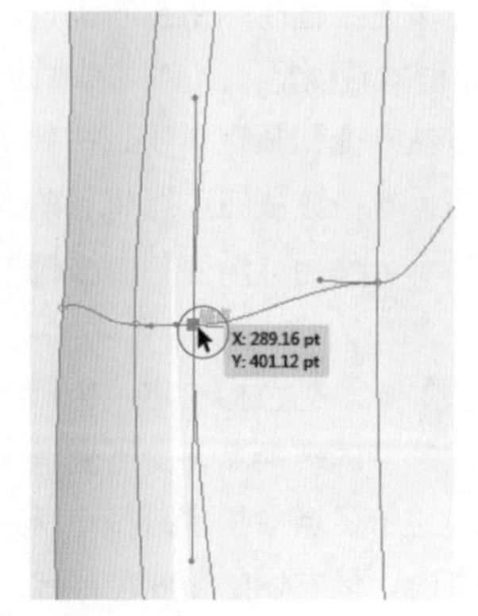

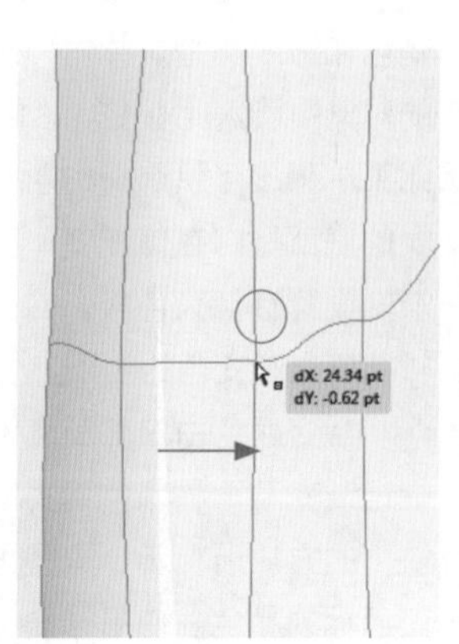

↘ 2.2.5 图表的创建和编辑

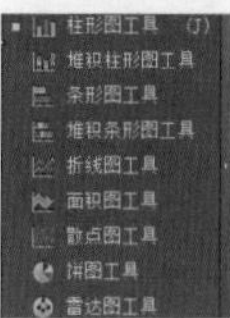

使用图表可以用可视方式交流统计信息，在 Illustrator 中可以创建 9 种不同类型的图表并且可以自定这些图表以满足用户的需要。单击并按住工具箱中的“图表工具”可以查看所能创建的所有不同类型的图表，如右图所示。

创建图表

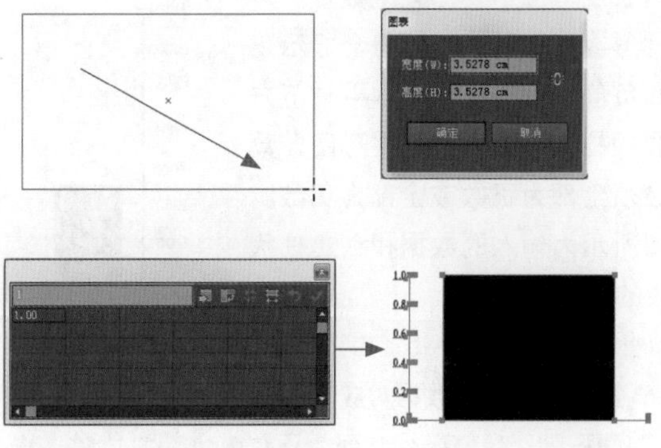

在 Illustrator 中创建一个图表，首先要确定生成的图表类型，接着选择创建图表的工具，同时在之后可以方便地更改图表的类型。接着从希望图表开始的角沿对角线向另一个角拖动，或者单击要创建图表的位置，在打开的对话框中输入图表的宽度和高度，如右图所示。

在打开的“图表数据”对话框中输入图表的数据，如右图所示。图表数据必须按特定的顺序排列，该顺序根据图表类型的不同而变化。在开始输入数据之前，一定要阅读如何在工作表中组织标签和数据组，在完成后单击“应用”按钮或按键盘上的 Enter 键，以创建图表。

输入图表数据

使用“图表数据”对话框可以对图表中的数据进行输入，在使用图表工具确定尺寸之后，会自动开启“图表数据”对话框，除非将其关闭，否则此窗口将保持打开。为现有图表显示“图表数据”对话框，可以使用选择工具选择整个图表，执行“对象 > 图表 > 数据”菜单命令，即可显示当前选中图表的“图表数据”对话框。

在 Illustrator 的“图表数据”对话框中可以直接输入数据，也可以从电子表格应用程序中复制数据，在“图表数据”对话框中，单击需要粘贴数据的左上单元格的单元格，然后执行“编辑 > 粘贴”菜单命令即可。

输入散点图的数据组

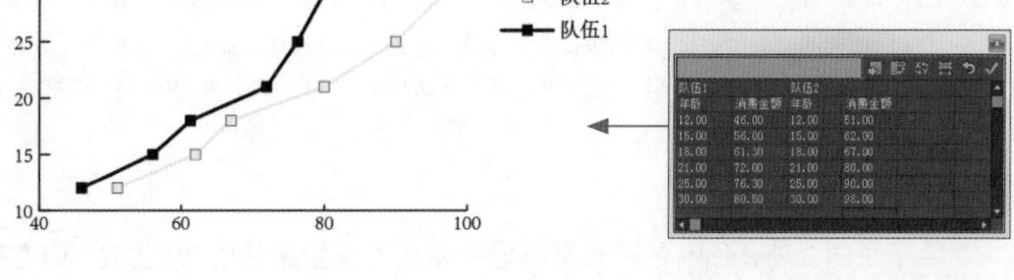

队伍1		队伍2	
年龄	消费金额	年龄	消费金额
12.00	46.00	12.00	51.00
15.00	56.00	15.00	62.00
18.00	61.30	18.00	67.00
21.00	72.00	21.00	80.00
25.00	76.30	25.00	90.00
30.00	80.50	30.00	98.00

散点图与其他类型的图表的不同之处在于两个轴都为测量值，而没有类别。从第一个单元格开始，在沿着工作表顶行的每隔一个的单元格中输入数据组标签，这些标签将在图例中显示，在第一列中输入 y 轴数据，在第 2 列中输入 x 轴数据。右图所示为散点图数据组和创建的图表效果。

输入饼图的数据组

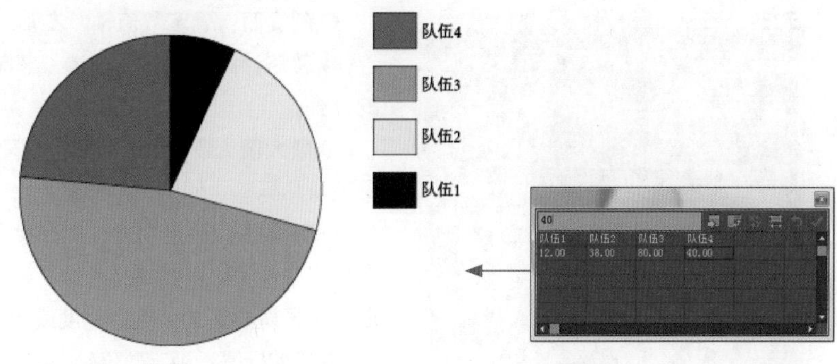

队伍1	队伍2	队伍3	队伍4
12.00	38.00	80.00	40.00

利用 Illustrator 中的饼形图表可以组织与其他图表类似的饼图数据组，但是工作表中的每个数据行都可以生成单独的图表。要创建单一的饼图，只输入一行均为正值或均为负值的数据即可。右图所示为创建一个饼形图表的数据和图表显示效果。

要创建多个饼图，则需要绘制均为正值或均为负值的其他数据行。默认情况下，单独饼图的大小与每个图表数据的总数成比例。

输入柱状图的数据组

在柱形、堆积柱形、条形和堆积条形图图表中，柱形的高度或条形的长度对应于要比较的数量。对于柱形或条形图，可以组合显示正值和负值，负值显示为水平轴下方伸展的柱形；对于堆积柱形图，数字必须全部为正数或全部为负数。右图所示为输入的数据和创建柱状图表的效果。

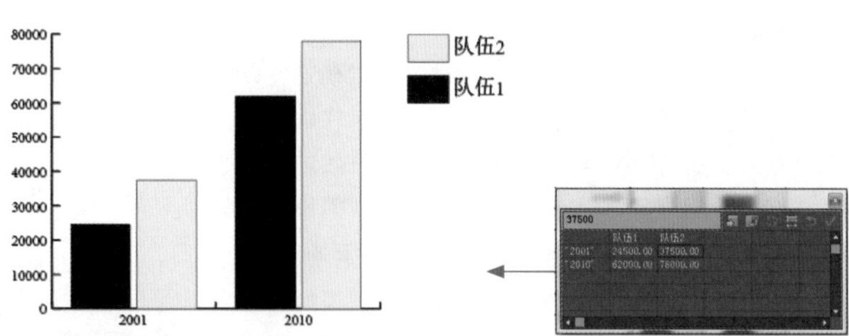

此外，在Illustrator中还包含了其他的图表样式，具体介绍如下：

❶ **折线图**：每列数据对应于折线图中的一条线，可以在折线图中组合显示正值和负值。

❷ **面积图**：数值必须全部为正数或全部为负数，输入的每个数据行都与面积图上的填充区域相对应。面积图将每个列的数值添加到先前的列的总数中。因此，即使面积图和折线图包含相同的数据，它们看起来也明显不同。

❸ **雷达图**：每个数字都被绘制在轴上，并且连接到相同轴的其他数字上，以创建出一个“网”。可以在雷达图中组合显示正值和负值。

更改图表的类型

对于在Illustrator中创建的图表，还可以对其类型进行更换，首先使用“选择工具”将整个图表选中，执行“对象>图表>类型”菜单命令，或者双击工具箱中的图表工具，即可打开右图所示的“图表类型”对话框，在该对话框中单击与所需图表类型相对应的按钮，并对其他的选项进行设置，然后单击“确定”按钮即可。

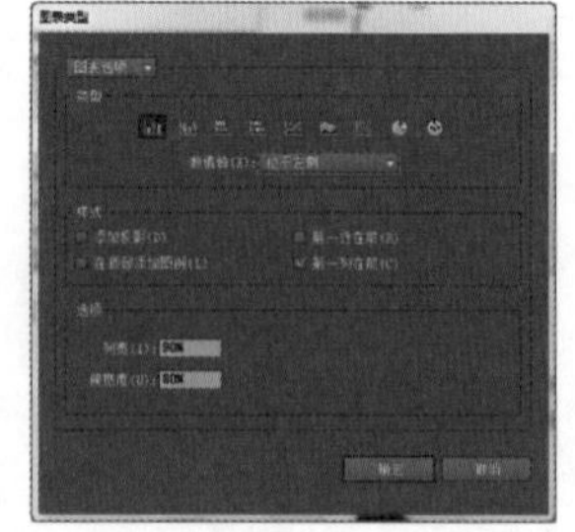

TIPS

一旦用渐变的方式对图表对象进行上色，更改图表类型就会导致意外的结果。要防止不需要的结果，最好直到图表结束再应用渐变，或使用“直接选择工具”选择渐变上色的对象，并用印刷色将这些对象上色，然后重新应用原始渐变。

设置图表的轴的格式

除了饼图之外，所有的图表都有显示图表的测量单位的数值轴，可以选择在图表的一侧显示数值轴或者两侧都显示数值轴。在条形、堆积条形、柱形、堆积柱形、折线和面积图中，也有在图表中定义数据类别的类别轴。

通过“图表类型”对话框中的“数值轴”选项下的设置可以控制在每个轴上显示多少个刻度线，可以改变刻度线的长度，并将前缀和后缀添加到轴上的数字，如下图所示。

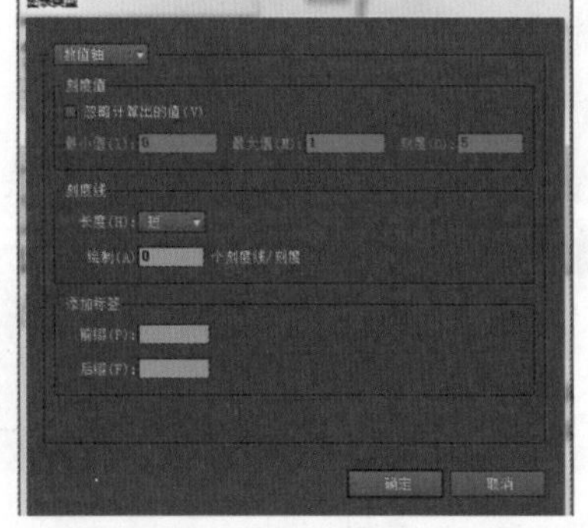

❶ **刻度值**：确定数值轴、左轴、右轴、下轴或上轴上的刻度线的位置。

❷ **忽略计算出的值**：勾选“忽略计算出的值”复选框以手动计算刻度线的位置。

❸ **最大值/最小值/刻度**：创建图表时接受数值设置或者输入最小值、最大值和标签之间的刻度数量。

❹ **刻度线**：确定刻度线的长度和个刻度线/刻度的数量。对于类别轴，选择“在标签之间绘制刻度线”以在标签或列的任意一侧绘制刻度线，或者取消选择将标签或列上的刻度线居中的选项。

❺ **添加标签**：确定数值轴、左轴、右轴、下轴或上轴上的数字的前缀和后缀。

2.2.6　重要的操作功能

在 Illustrator 中除了可以对图形进行编辑、上色，创建图表等操作，还能实现很多特殊效果的制作，例如剪切蒙版的创建，混合模式的应用等，接下来本小节将对这些重要的功能进行讲解。

剪切蒙版

剪切蒙版是一个可以利用其形状遮盖其他图稿的对象，因此在使用剪切蒙版时只能看到蒙版形状内的区域，从效果上来说，就是将图稿裁剪为蒙版的形状。剪切蒙版和所遮盖的对象称为剪切组合。可以通过选择的两个或多个对象，或者一个组，或者是图层中的所有对象来建立剪切组合。

对象级剪切组合在“图层”面板中组合成一组。如果创建图层级剪切组合，则图层顶部的对象会剪切下面的所有对象。对对象级剪切组合执行的所有操作都基于剪切蒙版的边界，而不是未遮盖的边界。在创建对象级的剪切蒙版之后，只能通过使用“图层”面板、“直接选择工具”，或隔离剪切组来选择剪切的内容。下图所示为创建剪切蒙版的操作和效果。

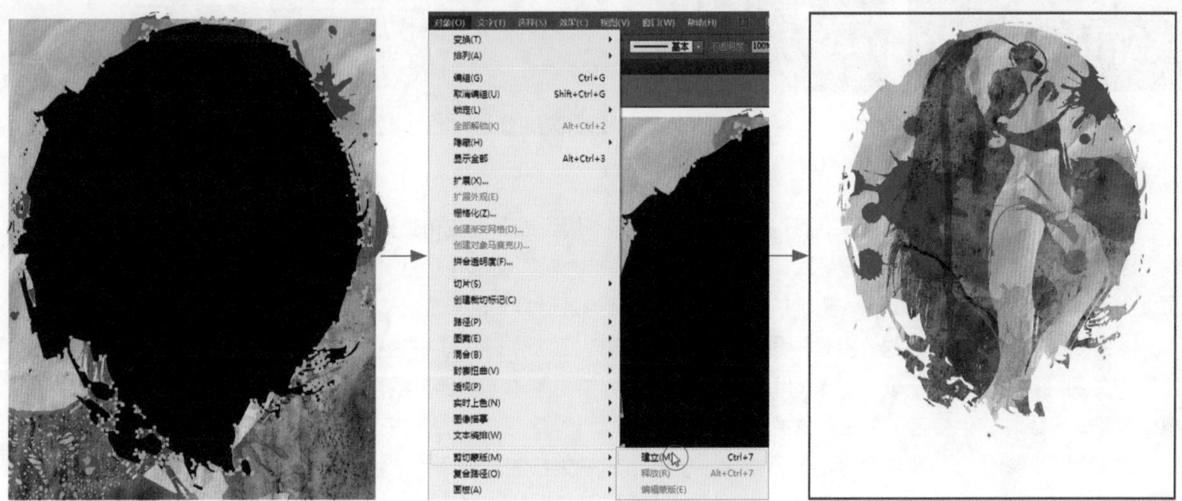

混合模式

通过混合模式可以用不同的方法将对象颜色与底层对象的颜色相混合，当将一种混合模式应用于某一对象时，在此对象的图层或组下方的任何对象上都可以看到混合模式的效果。

选择一个对象或组，如果要更改填充或描边的混合模式，可以在“透明度”面板的弹出式菜单中选择一种混合模式，将混合模式与已定位的图层或组进行隔离，以使下方的对象不受影响。下图所示为应用“变暗”混合模式前后的编辑效果。

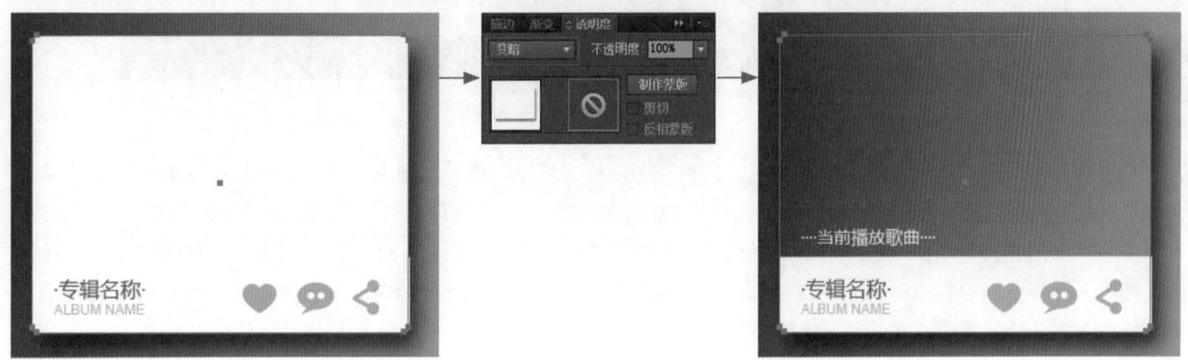

对于“差值”“排除”“色相”“饱和度”“颜色”和“明度”混合模式都不能与专色相混合，而且对于多数混合模式而言，指定为 100% K 的黑色会挖空下方图层中的颜色，因此最好不要使用 100% 黑色，应改为使用 CMYK 值来指定复色黑。

文字的编辑

在 Illustrator 中可以使用“文字工具”、“字符”面板、“段落”面板和“文字”菜单中的命令来对文本进行设置，包括字体的选择、字号的设置、大小写的转换等，下图所示为使用“字符”和“段落”面板编辑文字的相关设置和编辑效果。

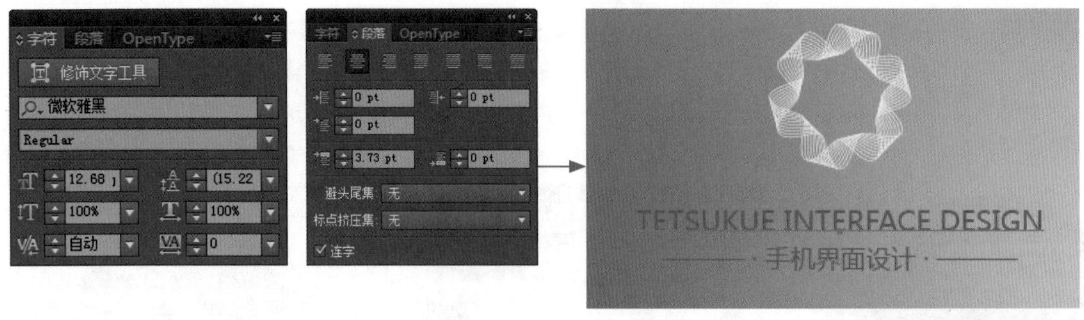

效果的应用

在 Illustrator 中包含各种效果，可以对某个矢量对象、编组或图层应用这些效果，以更改其特征。向对象应用一个效果后，该效果会显示在“外观”面板中。从“外观”面板中，可以编辑、移动、复制、删除该效果或将它存储为图形样式的一部分。

“效果”菜单上半部分的效果是矢量效果，在“外观”面板中，只能将这些效果应用于矢量对象，或者某个位图对象的填色或描边。“效果”菜单下半部分的效果是栅格效果，可以将它们应用于矢量对象或位图对象。

右图所示为“效果”菜单命令的显示效果，下图所示是为绘制对象添加“投影”效果的编辑前后对比。

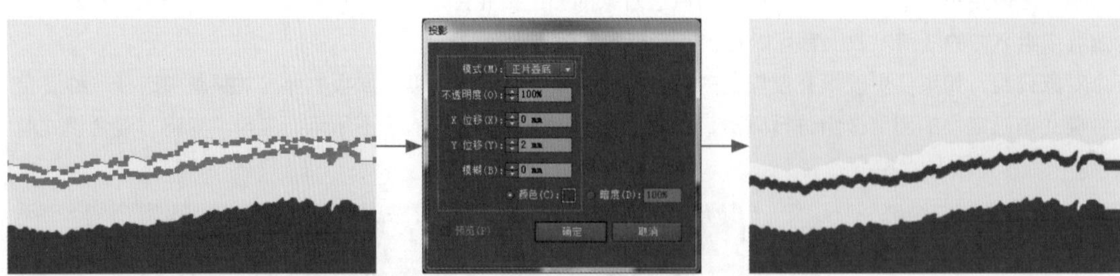

图形样式

图形样式是一组可以反复使用的外观属性。利用图形样式可以快速更改对象的外观，比如可以更改对象的填色和描边颜色、更改其透明度，还可以在一个步骤中应用多种效果。应用图形样式所进行的所有更改都是完全可逆的。

使用“图形样式”面板可以创建、命名和应用外观属性集。创建文档时，此面板会列出一组默认的图形样式。当文档打开并处于当前状态时，随同该文档一起存储的图形样式显示在此面板中。下图所示是为绘制的五星添加上 Illustrator 中自带的图形样式前后对比效果。

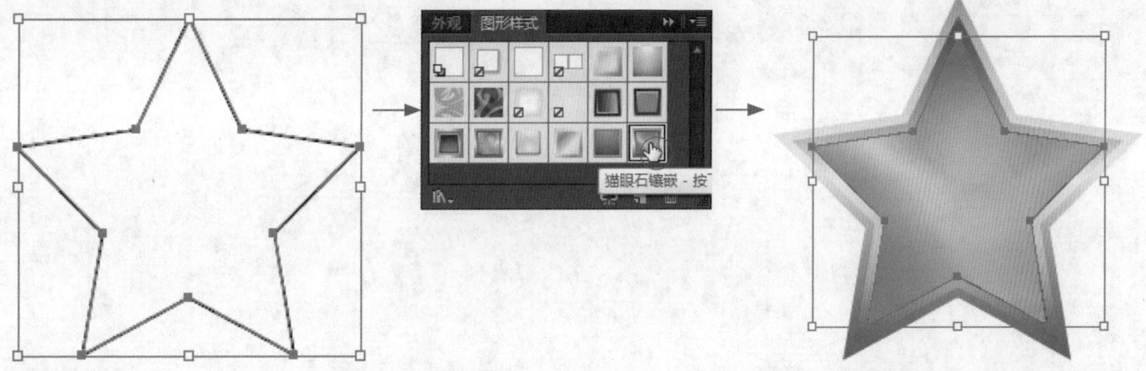

在Illustrator中可以通过向对象应用外观属性来从头开始创建图形，也可以基于其他图形样式来创建图形样式，还可以复制现有图形样式。

想要创建图形样式，先要选择一个对象并对其应用任意外观属性组合，包括填色和描边、效果和透明度设置，接着将缩览图从“外观”面板拖动到“图形样式”面板以存储属性即可，如右图所示。将缩览图拖曳到“图形样式”面板中后，在该面板中将自动显示出当前对象添加的样式效果，即将该图形的设置属性存储在“图形样式”面板中。

软件应用升级篇

MUSIC
Pop music theme dedicated to the most real you
THEME
MUSIC FESTIVAL
MUSIC BY:
DJ EIGHT · DJ FIVE
Look forward to your joining
www.musicpop.com
Join us
JUNE
26

雅

第03章 Photoshop与Illustrator之间创造性的结合方式

在使用Photoshop进行编辑时，有时候需要将编辑的图像移动到Illustrator中以添加矢量的修饰图像。在使用Illustrator绘制矢量图形时，为了让画面内容更加饱满，可能需要为矢量图像添加上位图以丰富画面效果，当遇到这些问题时，就需要将Photoshop与Illustrator之间进行创造性的结合，使得两个软件之间能够在保留文件某些特性的同时进行相互交换式编辑。

通过Photoshop与Illustrator之间进行合理的结合，可以让Photoshop中的AI文件保留路径、图层等信息，也可以让Illustrator中的PSD文件提供文字可编辑性、保留图层蒙版的效果等。下面将具体讲解在Photoshop与Illustrator之间处理对象时的操作方法，以帮助大家掌握相应的转换技巧和设置。

3.1 从Photoshop到Illustrator

将 Photoshop 中的文件转入到 Illustrator 中进行操作，可以有多种办法，但是如果设置不同，每种方法所得到的结果和编辑的范围也是不同的，具体讲解如下。

3.1.1 链接文件

将在 Photoshop 中编辑完成的 PSD 格式的文件添加到 Illustrator 中，可以通过链接的方式进行文件之间的转换。顾名思义，链接文件就是指文件之间存在某种联系，当 PSD 文件添加到 Illustrator 中之后，该图像还是与原始的 PSD 文件存在联系，当原始的 PSD 文件发生存储位置的转移、名称的更改等操作，Illustrator 会发出相应的提示请求，警示用户链接的 PSD 文件已经发生了改变，需要进行及时的处理。

“链接文件”的操作方法

当运行 Illustrator 应用程序之后，执行“文件＞置入”菜单命令，将会打开相应的“置入”对话框，在该对话框中可以选择需要置入的文件，同时在对话框下方会显示出“链接”复选框，勾选该复选框后选择所需的 PSD 文件，单击“确定”按钮即可，操作如右图所示。

单击“置入”对话框中的“确定”按钮后，鼠标指针将显示出当前置入文件的缩览图，双击鼠标，置入的 PSD 文件会使用 Photoshop 中编辑的文件大小对图像进行置入操作，如右图所示。在置入文件之后，可以在画板中看到图像上显示出交叉的对角线，表示该图像为链接图像，同时在软件的选项栏中“嵌入”和“编辑原稿”按钮会处于可用状态，当单击“编辑原稿”按钮后，将开启 Photoshop 应用程序，在其中可以对链接文件的原始 PSD 文件进行编辑。

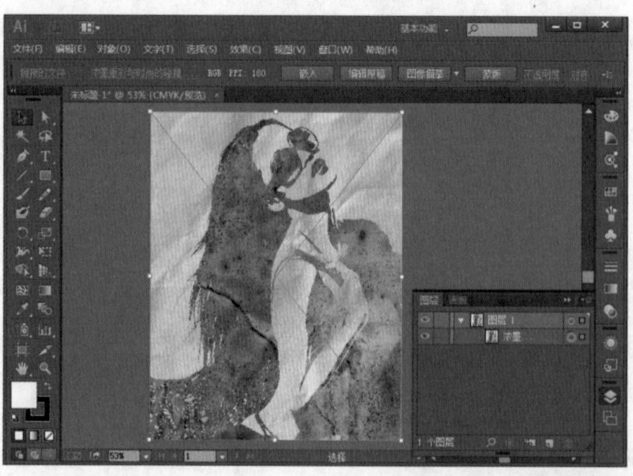

当把 PSD 文件以“链接文件”的方式添加到 Illustrator 中后，执行“窗口＞链接”菜单命令，可以打开右图所示的“链接”面板，在其中可以看到置入的文件名称和文件缩览图。在该面板的下方包含了 5 个按钮，通过它们可以实现“显示链接信息”“重新链接”“转至链接”“更新链接”和“编辑原稿”操作。

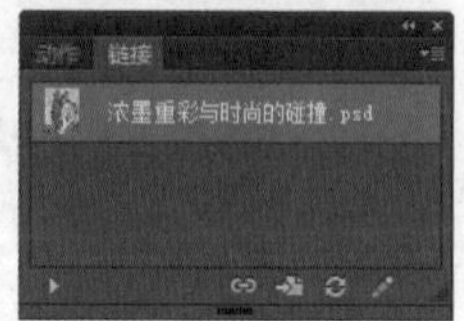

缺失链接后的操作

当链接的原始文件发生存储路径的转移和重命名的情况时，在运行的Illustrator应用程序中会弹出一个提示对话框，告知用户在当前的“链接”面板中缺少某些文件或者链接的文件已被修改，为了正常地对文件进行操作，将询问是否需要更新文件，对话框如右图所示。

当用户单击“否”按钮，那么在Illustrator中的链接文件将会被以图层的方式进行显示，同时该文件不具备链接的功能，用户不可以通过Illustrator中的操作对原始的PSD文件进行处理，也就是说链接的文件与原始文件之间的联系被切断。

如果用户单击“是”按钮，则允许对链接的文件进行更新，此时Illustrator将弹出另外一个提示对话框，如下图所示，让用户选择是使用“替换”的方式对链接文件进行重新链接，还是“忽略”链接文件的可链接性，其不同的操作将会得到不同的编辑结果，具体分析如下。

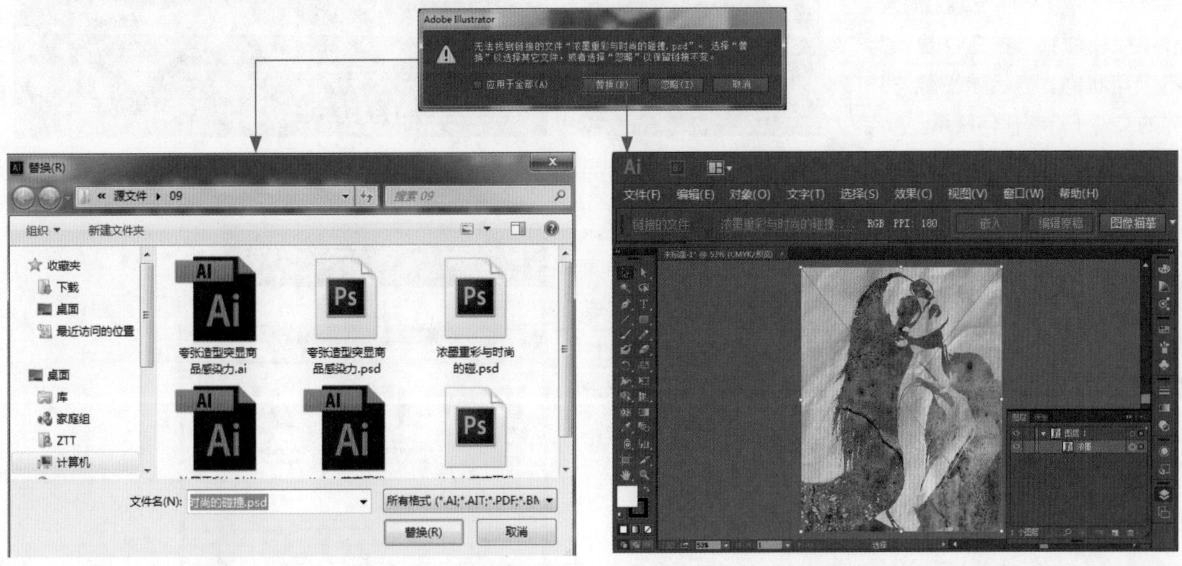

当用户单击“替换”按钮后，将会自动打开上图所示的“替换为”对话框，在其中能够对需要替换的文件进行选择，当用户选择完成后单击“确定”按钮，即可在Illustrator的画板中看到重新替换链接后的效果。当然，用户也可以通过这样的方式对Illustrator中的图像内容进行更改。

当用户单击“忽略”按钮后，Illustrator会自动关闭提示对话框，在画板中仍然会显示出链接文件的图像内容，但是此时的链接文件不再具有可编辑性，即不能保留原始文件中的某些属性，并且在软件的选项栏中，“嵌入”和“编辑原稿”按钮会显示出不可用的状态，代表该图像文件缺失链接，与原始的PSD文件没有任何的联系。

3.1.2　嵌入文件

嵌入文件就是将原始的PSD文件中的图层进行合并，使其拼合到一个单独的图层中，但是用户可以将PSD文件中的文本图层以可编辑的状态添加到Illustrator中。通过“嵌入”操作后的文件与原始的PSD文件不会存在任何的联系，它们只会以PSD文件最终的效果显示在画板中。

嵌入文件的方法

当使用“置入”命令将PSD文件添加到Illustrator中后，在选项栏中单击“嵌入”按钮，即可打开“Photoshop导入选项”对话框，在其中可以看到嵌入文件的缩览图效果，以及多个选项设置，其中默认选中“将图层拼合为单个图像”单选按钮，完成设置后单击“确定”按钮，在Illustrator中可以看到“画板”面板中图像上的两条交叉斜线消失，同时“链接”面板中的图层显示为图像效果，并未显示出相应的文件名称，如下图所示。

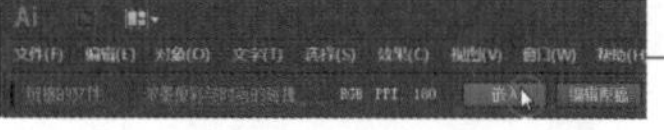

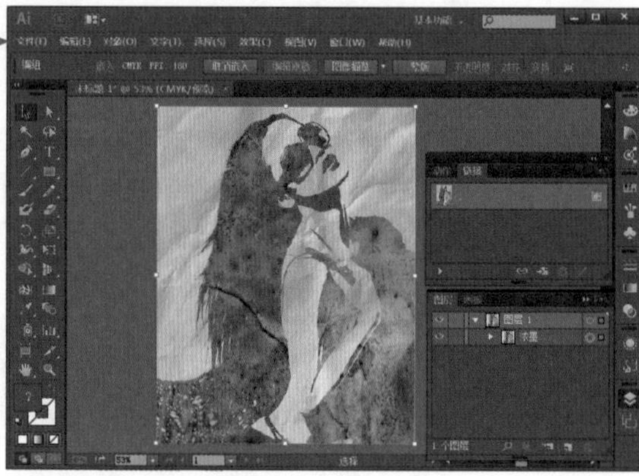

当执行“嵌入”文件操作后，“链接”面板中的“更新链接”和“编辑原稿”按钮将显示为不可用状态，表示该图像与外界的文件不存在任何联系。

取消文件的嵌入操作

当嵌入文件后，Illustrator中的图像将缺失可编辑性，用户如果要对嵌入的操作进行撤销，可以单击选中嵌入的图像，然后单击选项栏中的“取消嵌入”按钮，即可打开“取消嵌入”对话框，在其中可以对嵌入的文件进行重新链接，即将嵌入的文件转换为链接文件。当完成文件的选择后单击“保存”按钮，即可在Illustrator中重新对文件进行链接，增强文件的可编辑性，如右图所示。

3.1.3 保留文本的可编辑性

当添加到Illustrator中的文件中包含了文本信息时，用户还可以根据“Photoshop导入选项”对话框中的设置对文本的可编辑性进行控制，即可在Illustrator中对Photoshop所编辑过的文字进行重新编辑，前提是在Photoshop中的文本图层没有被栅格化处理，其具体的操作如下。

当打开“Photoshop导入选项”对话框后，单击“将图层转换为对象尽可能保留文本的可编辑性”单选按钮，确认设置后，在Illustrator的“图层”面板中可以看到嵌入的文件被分割成了多个图层，其中就包含了可供编辑的文字图层。此外，“链接”面板中也会因为设置发生相应的变化。如右图所示。

当对嵌入的文件保留了文本的可编辑性后，在“图层”面板中选中文字图层，可以看到在文字的下方会显示出一条线，提示该文本具有可编辑性，按Ctrl+T快捷键打开“字符”面板，能够查看到该文本图层中文字的字体、字号等设置，并且在工具箱的色块中还会显示出该文字的填充色，如下面的左图所示。

当使用“文字工具”选中文本图层中的部分文字后，在“字符”面板中还能够对文字的属性进行更改，如下面的右图所示，可以验证此时的文字确实具有最原始的编辑性。

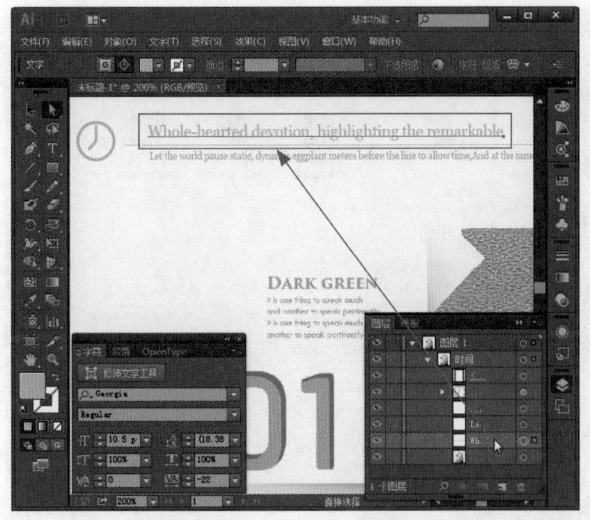

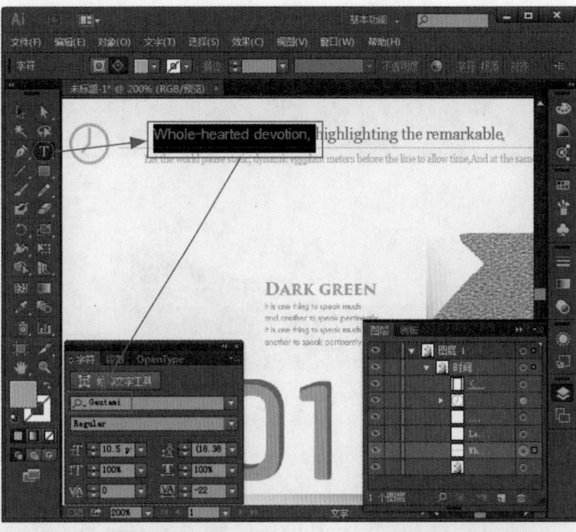

TIPS

当对嵌入的文件使用“保留文本可编辑性”的方式进行操作时，如果在嵌入的PSD文件中包含了形状图层，那么该图层中的形状将会以路径的形式显示在“图层”面板中，可以用路径编辑工具对其进行再次编辑。

3.1.4　导入Photoshop中的图层

如果要在Photoshop中编辑某个图层，或者将某几个图层合并后的图像导入到Illustrator中，可以通过使用“图层复合”功能来对需要导入的图像进行有目的地选择，这样除了可以对导入图像的内容进行挑选以外，还可以控制Illustrator文件的大小。

在Photoshop中创建并查看图层复合

在Photoshop中打开一个包含了多个图层的原始文件，执行“窗口>图层复合”菜单命令，可以看到其中包含了一个名称为“最后的文档状态”的图层复合，将“图层”面板中的部分图层隐藏，接着单击“图层复合”面板下方的“创建新的图层复合”按钮，可以打开“新建图层复合”对话框，在其中可以对新建的图层复合进行命名，并且利用“应用于图层”选项中来控制需要表现在图层复合中的内容，完成设置后单击“确定”按钮，即可在“图层复合”面板中查看到创建的图层复合效果，如下图所示。

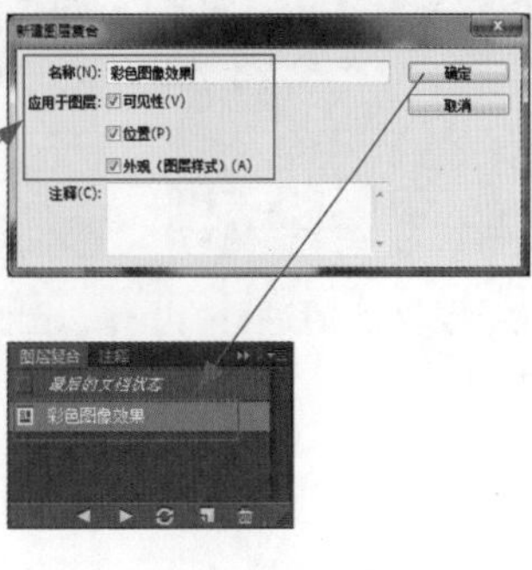

使用上述相同的方法，创建一个名称为“背景底纹”的图层复合，如果用户要对图层复合中的图像效果进行查看，只需单击选定复合图层前面的“图层复合”图标即可，如下面的左图所示。要循环查看所有图层复合，使用面板底部的“上一个”按钮和“下一个”按钮即可。

完成“图层复合”面板中的编辑后，将文件存储为 PSD 或者 TIFF 格式，但是在存储的过程中勾选“存储为”对话框中的“图层”复选框，这样才能将图层复合一并保存到文件中，如下面的右图所示。

在Illustrator中使用“图层复合”功能

在 Photoshop 中完成图层复合的操作之后，就可以在 Illustrator 中对其进行应用了，用户可以随意选择所需的图像效果并将其添加到 Illustrator 中，以便降低文件的存储空间，加快计算机的运行速度。

当在 Illustrator 中需要将文件以“嵌入”的方式添加到文件中时，打开“Photoshop 导入选项”对话框后可以看到在“图层复合”选项的下拉列表中显示出了置入文件所包含的所有“图层复合”，如下左图所示。当用户选择不同的选项，就可以在“预览”区域看到该图层复合中所包含的图像内容，如下面左边的 3 个图所示。

当选择“图层复合”中“最后的文档状态”选项以外的其他选项时，在 Illustrator 的画板中可以看到图像的内容与之前链接文件的图像内容发生了改变，此时显示的将是所选图层复合中的图像效果，如下面的右图所示。展开“图层”面板，在其中可以看到该图层复合在 Photoshop 中所包含的图层信息。

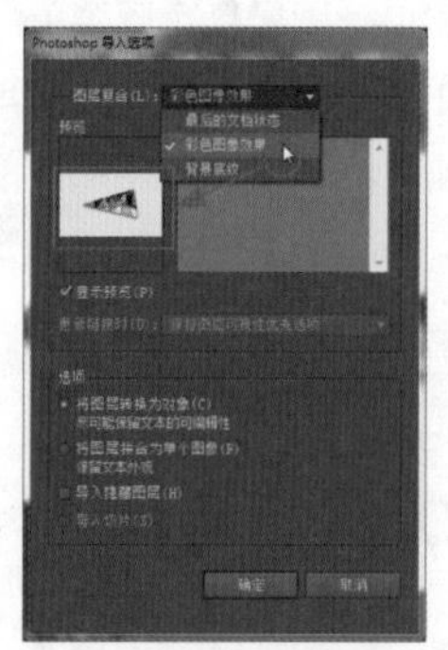

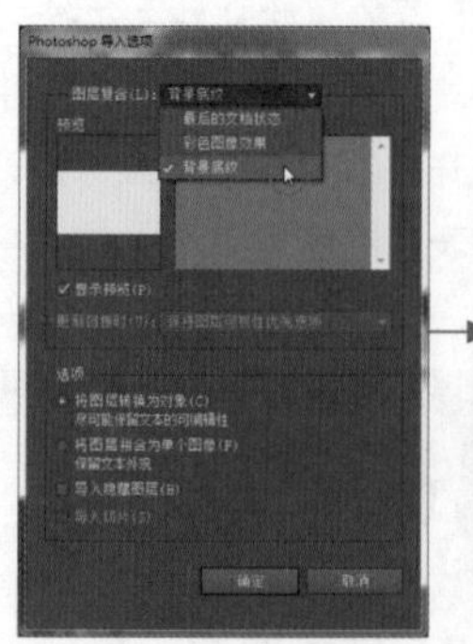

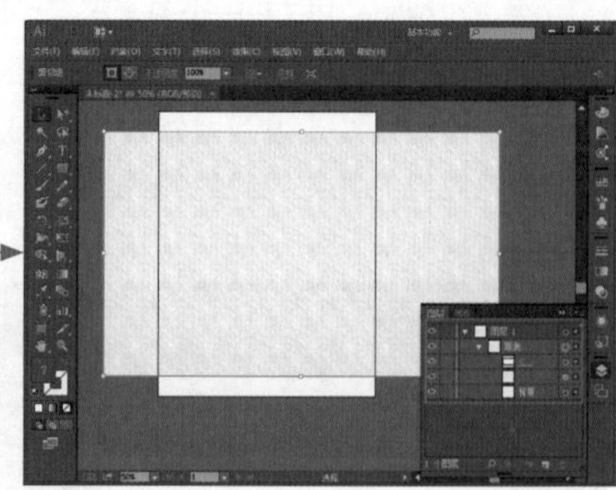

由于图层复合是在文件“嵌入”时进行的操作，因此在图层复合中的图像与原始的文件之间不会产生链接效果，它只能作为独立的图层而存在。

TIPS

当对创建了图层复合的PSD文件或者TIFF文件进行嵌入操作时，选择图层复合的时候可以看到在“Photoshop 导入选项”对话框中包含了一个“注释”显示区域，如右图所示。

“注释”显示区域与Photoshop中创建复合图层的“图层复合选项”对话框是存在必然的联系的，当用户在Photoshop中设置“图层复合选项”对话框时，对当前创建的图层复合进行了一定的阐述，那么在Illustrator中的“Photoshop 导入选项”中选中该图层复合时，就会将相应的注释信息显示出来。

“注释”功能的使用有助于用户直观地查看到该图层复合的一些重要信息，而不必再将原始的PSD文件打开进行查看，可以大幅提高编辑效率。

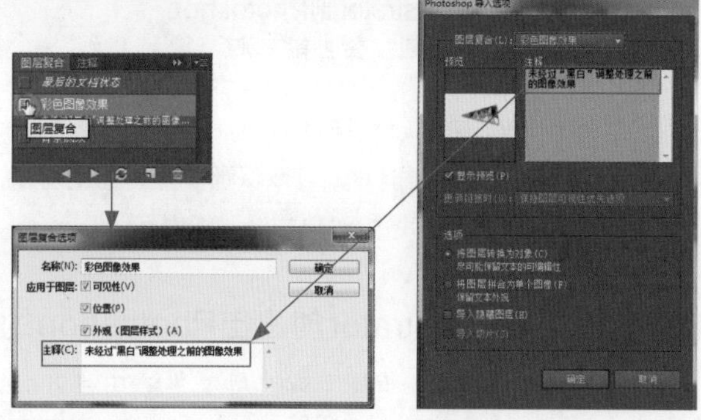

3.1.5 保留Photoshop中蒙版的编辑效果

在Illustrator中还可以将Photoshop所编辑的图层蒙版效果在文件中进行使用和编辑，当用户在Illustrator中嵌入带有图层蒙版的PSD文件时，包含图层蒙版的图像将会以下划线的形式突出显示出来，如右图所示，同时在“链接”面板中可以看到文件中蒙版的缩览图效果，当打开“透明度”面板时，可以在其中看到蒙版的显示，经过对比可以看到Illustrator中的蒙版与Photoshop中的图层蒙版效果是一样的。

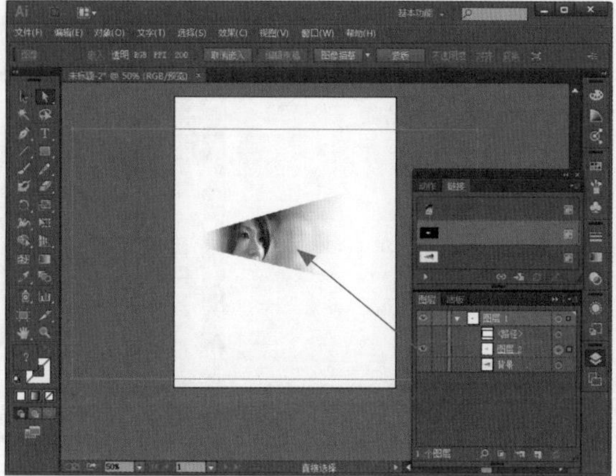

在Illustrator中除了可以将Photoshop所编辑的图层蒙版结果完整地保存下来，还可以对蒙版进行进一步编辑。当单击“透明度”面板中的“释放”按钮后，可以将图层中的图像和蒙版进行分离，此时Illustrator中的“图层”将分割为两个图层，一个为黑白效果的图层蒙版，一个为原始的完整图像效果，具体操作如下图所示。

在Illustrator中释放出来的图层蒙版只是一个灰度的图像效果，是不能被编辑的，而并非是可编辑的路径。如果要将该图像以路径的方式进行操作，那么可以使用“图像描摹”功能，将其转换为可编辑的矢量路径即可。

TIPS

如果对于Photoshop中的图层蒙版已经使用“蒙版”面板中的设置进行了修改，那么当需要在Illustrator中使用这些图层蒙版时，就必要将该蒙版应用到图层上，否则将PSD文件导入到Illustrator中时，Illustrator会无法读取“蒙版”面板中的设置，因此需要将图层蒙版应用到图层中，即进行栅格化处理，从而去除“蒙版”面板中的“浓度”和“羽化”选项的设置。

3.2 从Illustrator到Photoshop 创建智能对象

在 Photoshop 中可以直接将 Illustrator 所编辑的文件创建为智能对象，智能对象可以保证矢量对象的可编辑性，保留矢量数据和原始对象的修改能力。

3.2.1 从Illustrator创建出Photoshop的智能对象

将在 Illustrator 中编辑完成的 AI 文件添加到 Photoshop 中，可以将其转换为智能对象图层，这样能够提高文件的可编辑性。在设计和制作作品的过程中，往往需要将 Illustrator 中绘制完成的矢量对象添加到 Photoshop 中进行加工处理，由于 Illustrator 具有强大的矢量图形编辑功能，因此将矢量图形添加到 Photoshop 中可以将软件之间的功能发挥到极致，并且提高工作的效率。

在 Photoshop 中执行“文件＞置入”菜单命令后选择需要置入的 AI 文件，可以打开“置入 PDF”对话框，在其中对置入的相关信息进行设置，如右图所示。

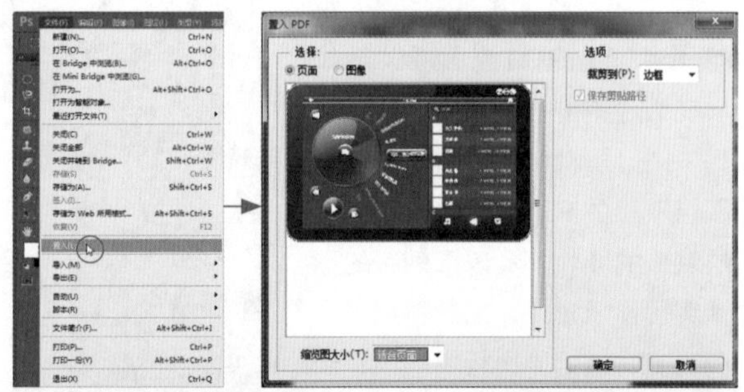

当完成“置入 PDF”对话框的设置后，在 Photoshop 的图像窗口中可以看到置入的文件，此时在图像上会出现对角线。当用户按下键盘上的 Enter 键时，会打开右图所示的提示对话框，提示用户是否确认文件的置入操作，当单击“置入”按钮后，即可完成置入操作，并且在“图层”面板中显示出以 AI 文件名为图层名称的智能对象图层，如右图所示。用户可以根据需要对图层中的图像进行大小的调整。

值得注意的是，在 Photoshop 中置入的智能对象只是一个单独的图层，并不会将 AI 文件中的图层显示在“图层”面板中。

3.2.2 在Photoshop中编辑Illustrator的智能对象

将 AI 文件置入到 Photoshop 中之后，如果想要对置入的智能对象进行编辑，可以直接单击图层缩览图中的智能显示图标，此时将打开一个提示对话框，在其中会显示出关于对智能对象进行修改后的存储问题，用户只需单击“确定”按钮即可。如右图所示。

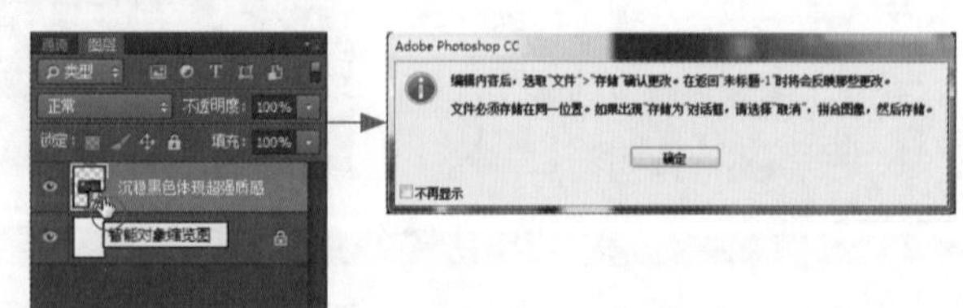

单击提示对话框中的“确定”按钮后，系统将自动运行 Illustrator 应用程序，并且打开“检测到 PDF 修改”对话框，如下图所示。如果在对话框中选择不同的选项，那么在 Illustrator 中进行编辑的结果和对象也是不同的，具体的分析如下。

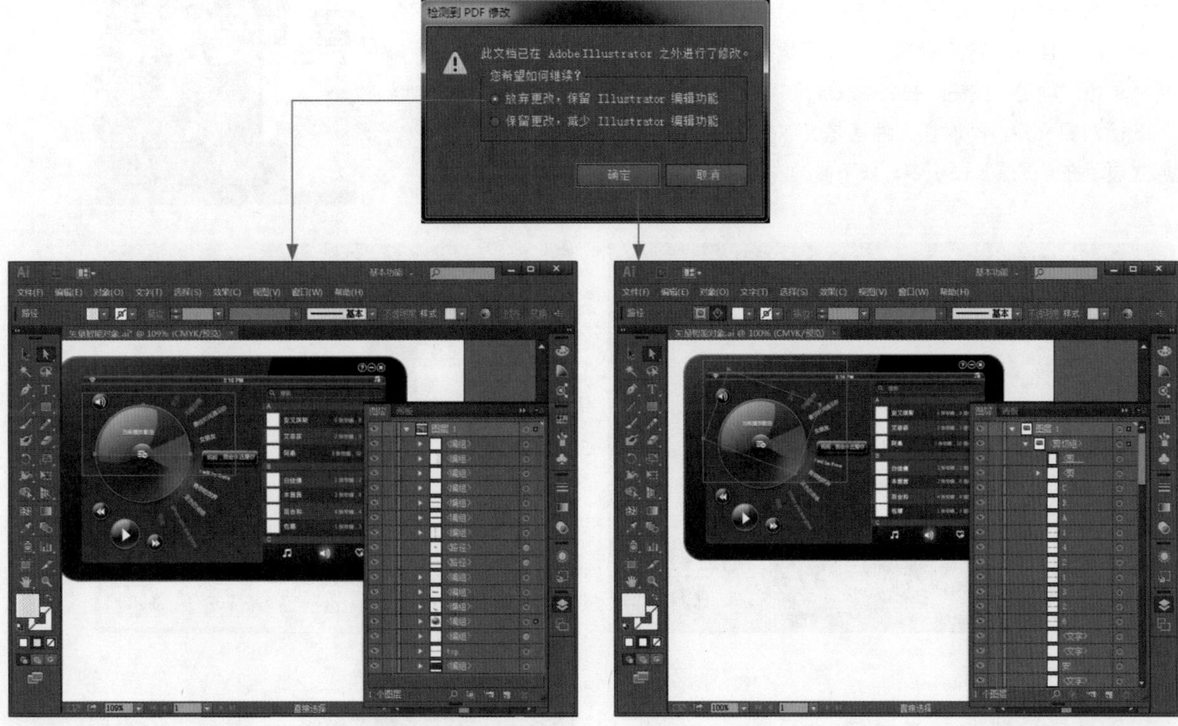

当用户单击“放弃更改，保留 Illustrator 编辑功能”单选按钮时，在 Illustrator 中打开的智能对象会显示出与置入文件相同的属性，即在文件中将保留图形的路径、不透明度和颜色设置等最原始的信息，给予了用户更多的编辑空间。

当用户单击“保留更改，减少 Illustrator 编辑功能”单选按钮时，在 Illustrator 中显示的智能对象文件将会以图像的形式进行表现，即对文字和图形进行位图处理，只保留图层的分离性，此时的图形和文字将不具备可编辑性。

在 Illustrator 中对从 Photoshop 置入的智能对象进行编辑，实际上是对智能对象的副本进行修改，当用户完成编辑并执行“文件>存储”菜单命令后，该智能对象会自动在 Photoshop 中进行更新。在更新智能对象的同时，打开 Photoshop 中的“历史记录”面板，在其中也可以看到相应的文件更新信息，如右图所示。用户可以通过撤销的方式对编辑结果进行控制。

3.2.3 对智能对象进行更多的操作

在 Photoshop 中，除了可以将置入的 AI 智能对象在 Illustrator 中打开并进行编辑以外，还可以在 Photoshop 中完成其他的操作，比如将智能对象文件进行替换、导出智能对象和栅格化智能对象等。

替换智能对象文件

在 Photoshop 中选中置入的智能对象图层，执行“图层>智能对象>替换内容”菜单命令，如右图所示，即可打开如下面的右图所示的“置入”对话框，在其中可以对 PSD 文件中的智能对象文件进行重新选择，确认设置后单击“确定”按钮。在 Photoshop 中将显示出替换后的智能对象文件，同时该文件还是会以智能对象图层的形式显示在“图层”面板中，如下面的左图所示。

导出智能对象

如果要将智能对象图层保存为一个单独的文件，在 Photoshop 中也可以通过简单的方法来实现。只需执行“图层>智能对象>导出内容”菜单命令，即可打开“另存为”对话框，Photoshop 可以根据置入文件的格式对导出的智能对象进行格式安排，当然用户也可以更改导出后的文件格式，确认设置后即可将智能对象转换为单独的文件。如右图所示。

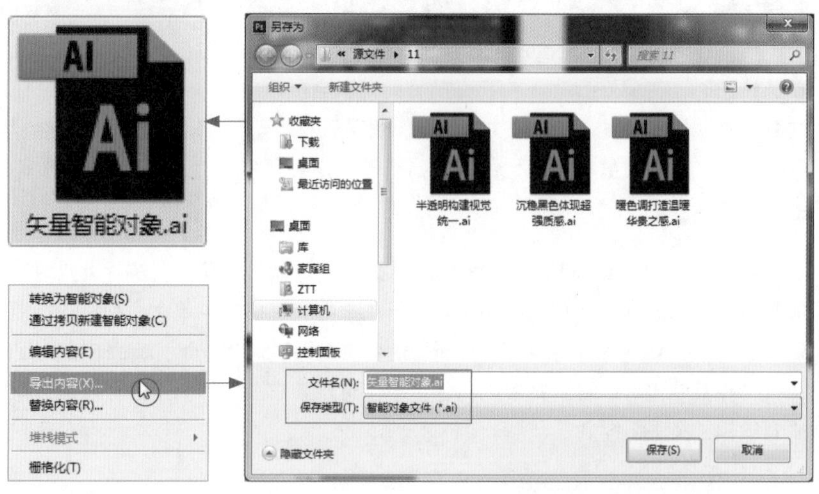

栅格化智能对象

如果要将智能对象图层转换为普通的像素图层，那么可以执行“图层>智能对象>栅格化”菜单命令，即可将智能对象进行栅格化处理。此时在“图层”面板中将看到图层中的智能对象标识消失，同时该图层中的图像与置入文件不会存在任何的联系，也不能在 Illustrator 中进行再次编辑，如右图所示。这样操作的结果可以缩小文件的大小，但是会减少文件的可编辑性。

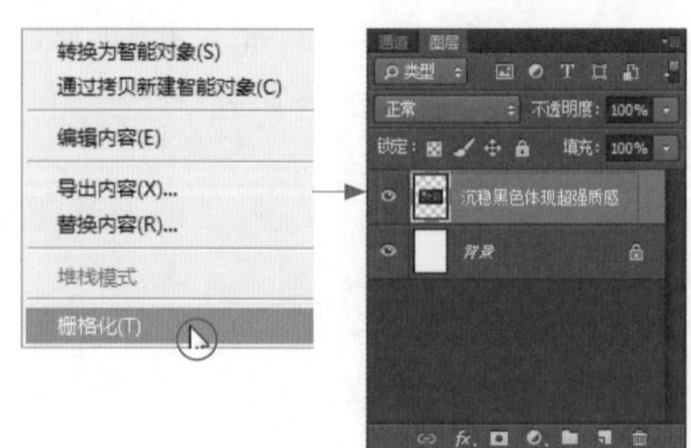

3.3 从Illustrator到Photoshop 创建普通对象

在 Photoshop 中还可以将 Illustrator 所编辑的路径、图形和文字等对象通过不同的方式添加到 Photoshop 中，使之显示为普通对象，从而在 Photoshop 中应用更多的功能进行编辑。

3.3.1 创建像素、路径或形状图层

在 Photoshop 和 Illustrator 中都具有“复制”和“粘贴”功能，由于这两个软件都是 Adobe 公司旗下的，因此在功能上具有一定的共通性，用户可以直接将 Illustrator 所编辑完成的对象，如路径和图形等，直接通过复制、粘贴的方式添加到 Photoshop 中，避免再次制作所带来的多余操作，以提高工作效率。

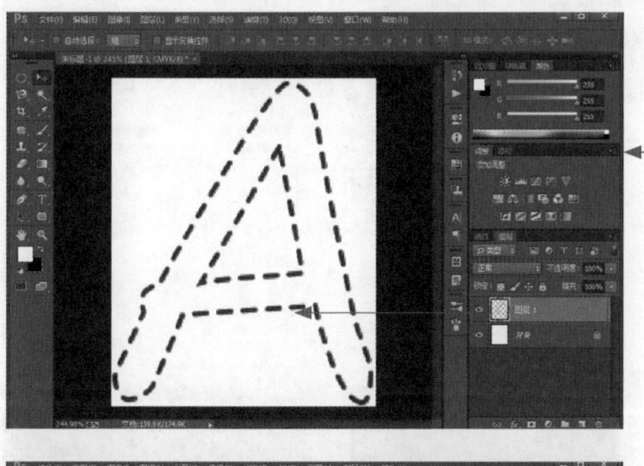

粘贴
粘贴为：
智能对象(O)
像素(X)
路径(P)
形状图层(S)
确定
取消

在 Illustrator 中选择两个路径，执行“编辑>复制”菜单命令，对其进行复制，接着在 Photoshop 中的文件中执行“编辑>粘贴”菜单命令，将打开“粘贴”对话框，在其中可以通过单击单选按钮来对粘贴后的结果进行控制。如上图所示。

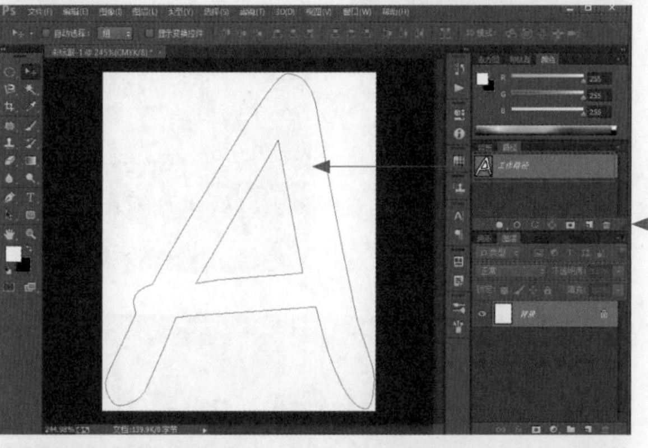

粘贴为像素

当选择“像素”单选按钮时，Photoshop 将会以像素的方式将复制的路径添加到文件中，并自动创建一个普通图层，同时粘贴的路径会显示出与它在 Illustrator 中相同的外观。如左边的上图所示。

粘贴为路径

当选择“路径”单选按钮后，Photoshop 将会以可以编辑的路径对 Illustrator 中的路径进行复制，但是不会保留其描边的效果，同时打开“路径”面板在其中可以看到粘贴后的路径。如左边的中图所示。

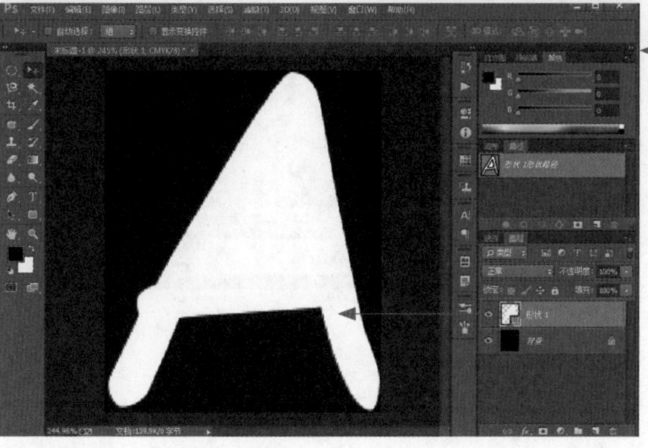

粘贴为形状图层

当选择“形状图层”单选按钮后，Photoshop 将会以形状图层的形式把路径显示在其中，并用白色作为默认的颜色对形状进行填充，同时在“图层”面板中会显示出创建的形状图层。如左边的下图所示。

3.3.2 保留图层并保持文本的可编辑性

为了让 Illustrator 所编辑的文字在 Photoshop 中也能进行更改，可以在将 AI 文件置入 Photoshop 的过程中保留文字图层，并保持文本的可编辑性。值得注意的是，在操作中需要将文本图层在 Illustrator 中放置到一个最高级别的图层中，而不能放在子图层中。如果将文本图层放在 Illustrator 的子图层中，那么在将 AI 文件导出为 PSD 文件格式的时候，这些文字都将被拼合，而不能生成独立的文本图层。

在 Illustrator 中将需要在 Photoshop 中编辑的文字图层放在最高级别的图层中，接着执行“文件>导出”菜单命令，在打开的“导出”对话框中选择文件的格式为 PSD，接着确认设置将 Illustrator 中的图像导出为 PSD 格式，具体操作如下图所示。

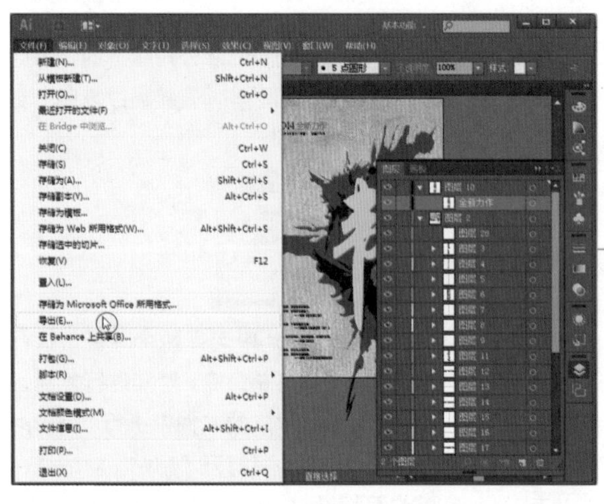

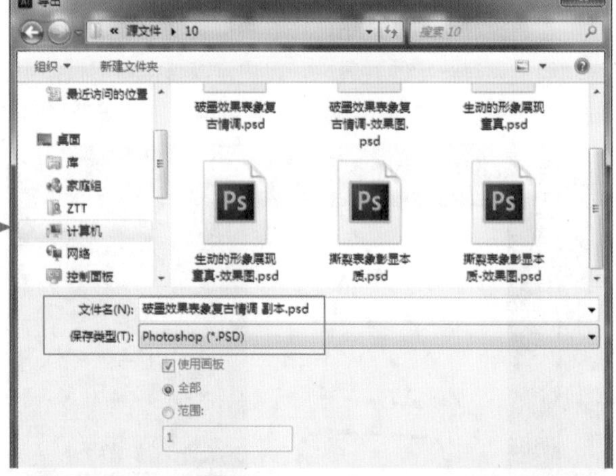

打开“Photoshop 导出选项”对话框，在其中请务必勾选“保留文本可编辑性”复选框，接着单击“确定”按钮，此时将打开提示对话框，在其中告知用户导出的 PSD 文件中某些图层将会被合并，直接单击“确定”按钮，就可以在指定的位置看到导出的 PSD 文件，如右图所示。

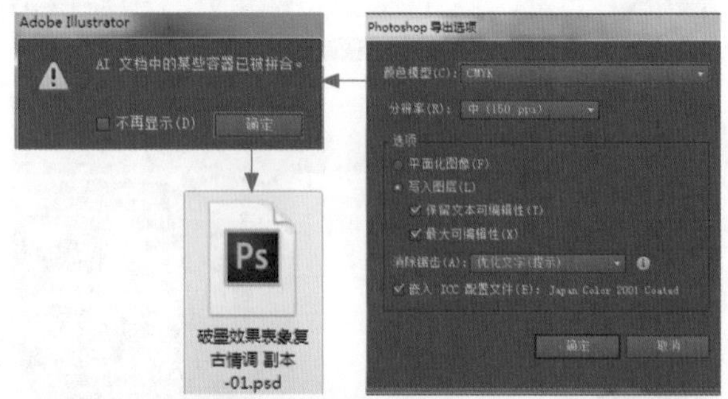

运行 Photoshop 应用程序，在其中将显示导出的 PSD 文件大小，可以看到在该文件中保留了 Illustrator 中相应文本图层的内容，并且以 Illustrator 中相同的名称进行命名。打开“字符”面板后选中该文本图层，在“字符”面板中可以看到文字的相关属性，甚至在 Photoshop 中还会显示出 Illustrator 中文字的消除锯齿选项，这些选项与 Photoshop 中的文本选项都是兼容的，如右图所示。

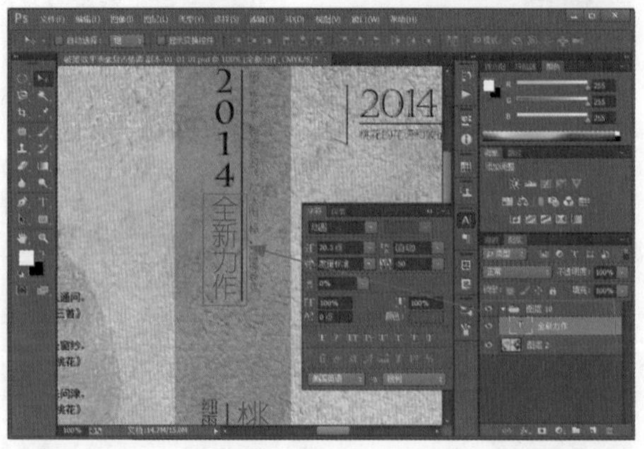

3.3.3　将复合形状导出到Photoshop中

在 Photoshop 中创建复合路径的编辑比在 Illustrator 中创建复合路径的编辑更加复杂，由于复合路径在填充后的效果为复合形状，因此在 Photoshop 中制作复合形状会花费非常多的时间，但是在 Illustrator 中编辑复合路径就会显得非常的简单。为了降低复合形状的编辑难度，在编辑复合形状的过程中可以先在 Illustrator 中将复合路径制作好，接着将其导出到 Photoshop 中，就可以轻松得到所需的复合形状。

在 Illustrator 中完成复合形状的编辑后，选中复合形状后执行“编辑＞复制”菜单命令对其进行复制，如下面的左图所示。

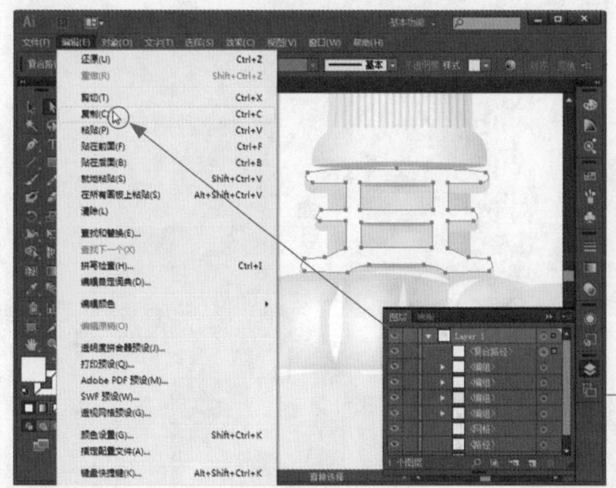

运行 Photoshop 应用程序，创建一个文件后执行“编辑＞粘贴”菜单命令，即可打开“粘贴”对话框，在其中单击选中“形状图层”单选按钮，如下图所示，即可将所复制的复合路径粘贴到当前的 PSD 文件中。

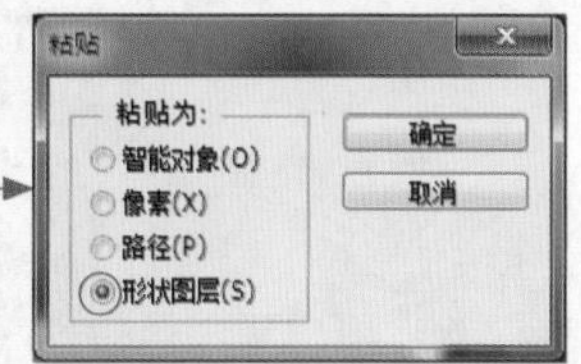

当把复合路径粘贴到 Photoshop 中之后，在“图层”面板中将自动创建一个形状图层，其中显示的路径即为之前复制的路径，并且以黑色进行填充，如下图所示。

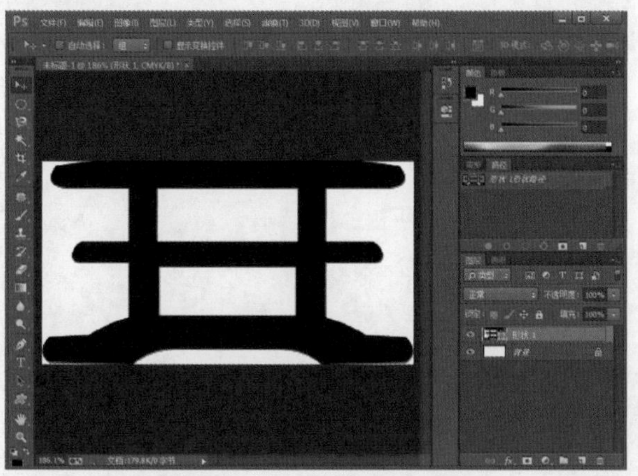

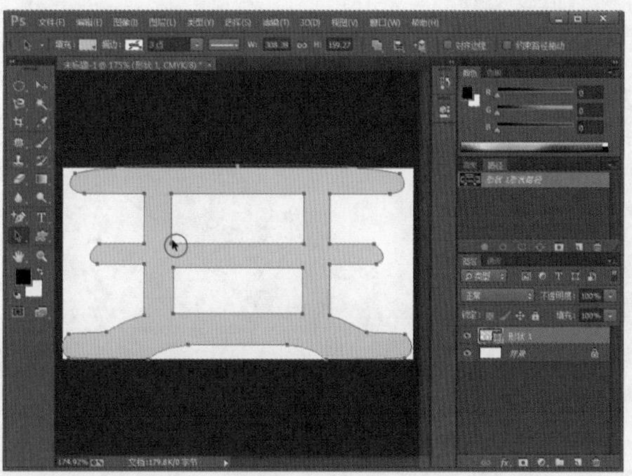

为了更加直观地查看到形状图层中的复合形状，选中路径编辑工具后，在选项栏中将其颜色更改为黄色，并选中“路径选择工具”，此时可以直观地查看到复合形状图层中的锚点，同时在“路径”面板中可以看到复合路径的效果。

TIPS

在 Illustrator 中对复合路径进行复制之前，应该避免在“描边”面板中对复合路径有选项设置，即取消路径的描边设置，因为将复合路径粘贴到 Photoshop 中之后，在 Photoshop 中不会保留形状的描边，例如“虚线”描边后的复合路径。

实例设计演练篇

MUSIC FESTIVAL
MUSIC
Pop music theme dedicated to the most real you
THEME
JOIN US
July
28
OK FORWARD TO YOUR JOINING
MYSIC BY:
EIGHT·DJ FIVE
rward to your joining
musicpop.com

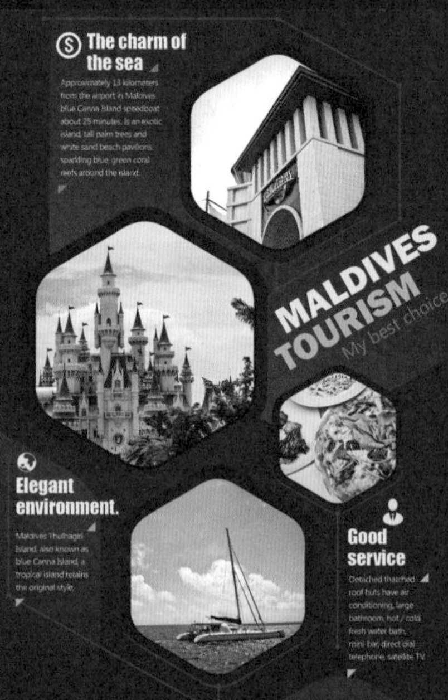

The charm of the sea
Approximately 13 kilometers from the airport in Maldives blue Canna Island speedboat about 25 minutes. Is an exotic island, tall palm trees and white sand beach pavilions, sparkling blue green coral reefs around the island.
MALDIVES
TOURISM
My best choice
Elegant environment.
Maldives Thulhagiri Island, also known as blue Canna Island, a tropical island retains the original style.
Good service
Detached thatched roof huts have air conditioning, large bathroom, hot / cold fresh water bath, mini bar, direct dial telephone, satellite TV.

第04章 杂志广告

杂志广告就是刊登在不同杂志上的商品或者在活动中进行推广宣传的内容。杂志具有比报纸优越得多的可保存性，因而有效时间更长，没有阅读时间的限制。因此需要根据杂志的风格对广告进行设计，吸引读者的目光，提高其阅读兴趣，扩大传播范围。

在本章的案例中包含了3个不同内容的杂志广告，即手表杂志广告、旅游杂志广告和音乐活动杂志广告。其中的手表广告使用较为怀旧的风格进行设计，力争突显出严谨的企业形象和精致的商品形象；旅游广告使用较为密集的板式进行创作，用正六边形对画面进行分割，表现出旅游景点的丰富资源；而音乐杂志广告则使用了倾斜设计元素的方式对画面进行设计，突显出一种动态的美感。

这些广告案例都遵循了相同的原则，那就是设计精良、制作精准，力求让观者体会到高尚的艺术享受。接下来就让我们使用Illustrator和Photoshop来对杂志广告的设计进行制作和学习。

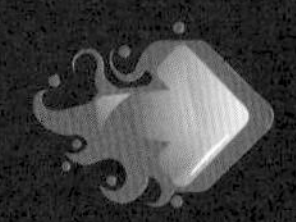

4.1 与杂志广告设计相关

刊登在杂志上的广告称为杂志广告，杂志是视觉媒体中比较重要的一种媒介，它在印刷装帧和版式设计上比报纸精美得多，属于印刷媒体中的“贵族”。

4.1.1 杂志广告的优缺点

杂志广告与其他类型的媒体广告有很大的不同，它会受到杂志风格、专业性和印刷质量的限制，既有优点也有缺点，表 4-1 具体介绍了杂志广告的优缺点。

表4-1 杂志广告的优缺点

	要点概述	具体表现
优点	可重复阅读，广告的有效时间长	杂志是一种可以保存的期刊，重读频率和传阅频率较高，没有阅读时间的限制，所以杂志广告的时效性也就比较长
	发行量大，有固定的读者群	许多杂志都具有广泛的影响，有的甚至有世界性影响。运用这一优势，对全国性的商品或服务进行广告宣传，较易达到理想的广告目标
	图文并茂，印刷精美	采用的纸张比较好，印刷又十分精美，所以杂志广告具有图片清晰、色彩鲜艳的特点，能够最大限度地发挥彩色效果，其表现力和说服力较强
缺点	业针对性太强，读者单一	对于一些专业性的杂志，其读者群有一定范围限制，所以专业性杂志广告的影响面较小，广告效果不是很突出
	制作成本较高	杂志的印刷和装帧都比较精美，这些提高了广告的制作成本

4.1.2 杂志广告设计的四大原则

杂志广告具有很强的商业性，它是商家进行企业形象、产品、服务这些宣传的重要阵地。另外，杂志自身的特点决定了杂志广告的设计原则。

明确诉求对象

杂志具有专业性和阶层性，其读者对象具有不同的知识层次和欣赏习惯，因此杂志广告应该运用更加专业化的设计，明确诉求对象，使广告具有鲜明的针对性和非凡的吸引力。

右图所示为本章中为手表设计的杂志广告，针对高级男士手表的消费人群为事业成功的男士这一特点，因此在该杂志广告的设计中，使用的设计元素较为简约，以求突出男士坚毅、阳刚的形象，通过较少的修饰来表达完整的广告内容，树立品牌的专业性。

讲究版面位置安排

由于杂志的版面相对较小，因此要科学利用版面，必要时不妨制作跨页广告。在杂志中最引人注意的地方是封面、封底，其次是封二、封三，再次是中心插页。在杂志内页广告的设计中，版式的设计主要是版面内文字和图片的关系，它会直接影响广告的识别性和读者的接受程度。

右图所示是为某音乐会设计的杂志广告宣传画面，为了表现出音乐会时尚、潮流的一面，在画面版式的设计中使用向同一方向倾斜的方式安排广告中的设计元素，营造出一种动态的视觉感受，激发读者的兴趣，容易引起人们的注意。

此外，广告中图片与文字的面积比较均衡，使画面的重心平稳，让板式看起来十分的灵活，打造出活泼、动感的氛围。

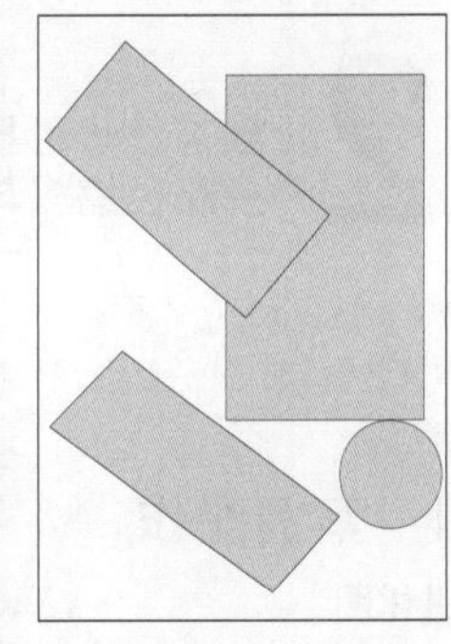

注重图文并茂

由于杂志具有印刷精美、编排细致的特点，因此杂志广告更注重图片的质量、色彩、构图、摄影技巧，以充分表现商品的形象，引人注目，激发读者的消费欲望。

右图所示是为某旅游公司设计的杂志广告的部分截图，从截图中可以看到，针对画面中的景区图片，作者使用了简短精炼的文字进行说明，采用图文并茂的方式对广告中的内容进行表现，以便于读者的阅读和理解。如果整版的内容都是文字时，容易造成读者视觉疲劳，降低其阅读兴趣。

突出广告的艺术特点

由于杂志印刷精美，不管是彩色图片还是黑白图片，都可以保证广告图像的精度和质感，而现代杂志又多以彩色为主，因此在杂志广告创作中要充分利用这一优势，突出广告的艺术特色，提高其欣赏价值。

右图所示是根据手表杂志广告中的设计元素所引申出来的设计效果。在创作的过程中，为了让普通的箭头图形更具艺术表现力，对其进行了多方位的变形和修饰，力求表现出全新的设计感，通过曲折的箭头走向来表达出时间流逝的动态之感， 下图所示为箭头元素创作的过程示意图。

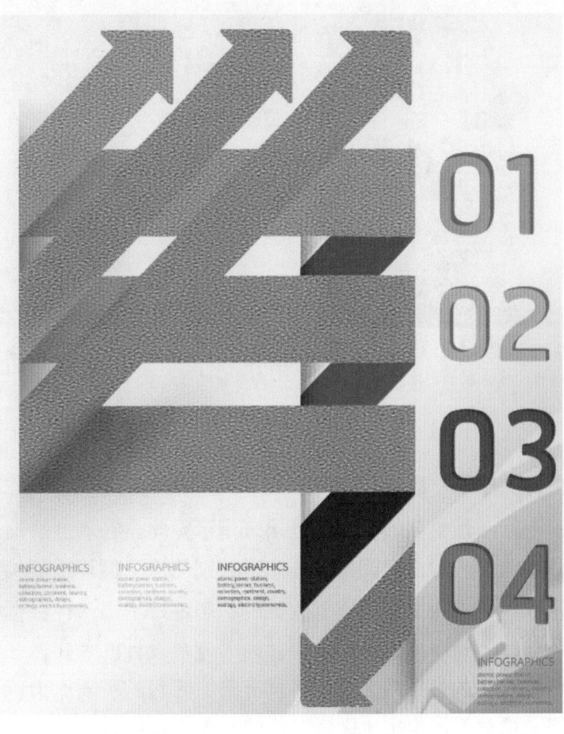

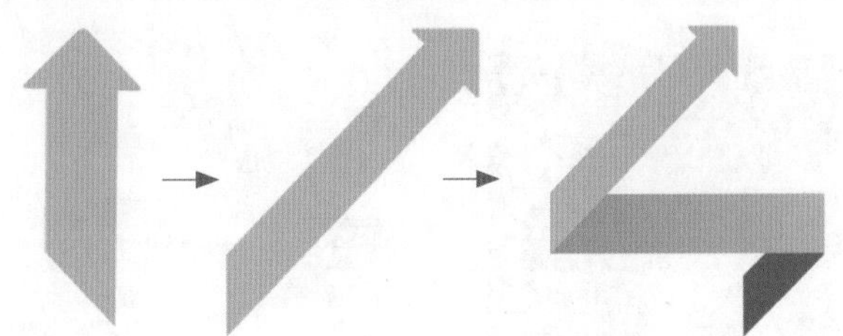

4.2 分散与统一彰显品位——路径编辑与旋转

素　材：随书光盘\素材\04\01.jpg
源文件：随书光盘\源文件\04\分散与统一彰显品位.psd

4.2.1 案例操作

设计思维进化图

本例的设计思路和案例效果如下图所示。

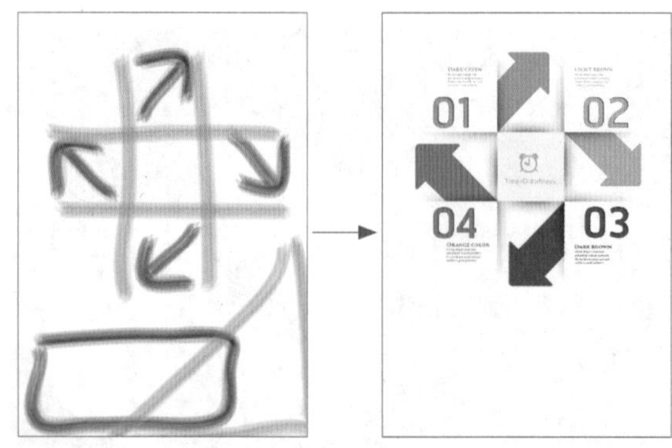

绘制的草图，对画面中的文字和图形进行基础的布局。

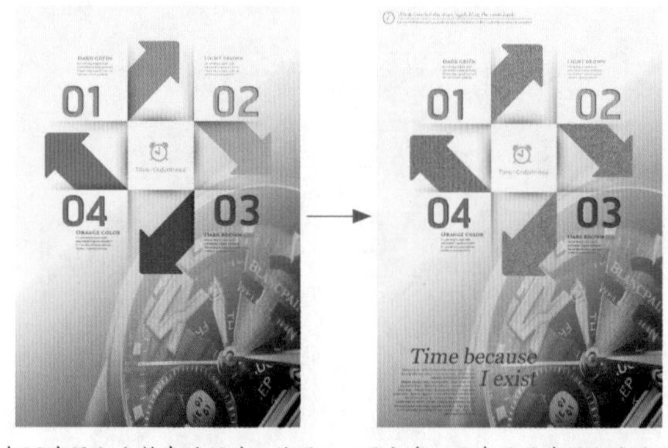

在PS中添加上钟表的照片，使用渐隐的方式显示图像。

用文字工具在画面中添加上主题文字和说明文字。

创作关键字：箭头

箭头最主要的作用就是用来指示方向，在本例的设计中为了表现出时间的紧迫感，特别使用了循环的箭头来表示钟表指针之间你追我赶的状态，升华出一种目标明确、坚持不懈的品牌思想。为了迎合设计的需要，在选择素材的过程中，采用了具有箭头元素的手表作为背景，这样既能突出主题，又能让整个广告的设计元素和谐统一。如右图所示。

带有箭头样式的手表

设计中的箭头元素

色彩搭配秘籍：贝色、暗紫灰

贝色十分明亮，给人一种温暖的感觉，而暗紫灰是一种明度较低的颜色，与贝色的搭配可以获得十分协调的效果。在本例中使用贝色和暗紫灰作为广告背景中的主要色调，呈现出一种厚重和严肃的感觉，在辅助色的使用上采用较为显眼的橘色和灰蓝绿作为点缀，使得箭头的视觉效果更加明显，让画面显得更加生动，具有点题的作用。

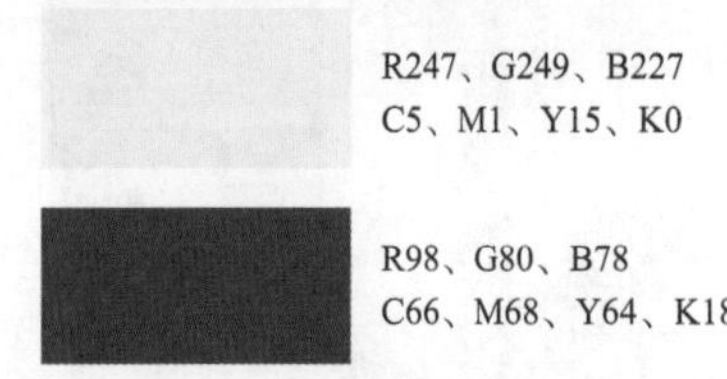

R247、G249、B227
C5、M1、Y15、K0

R98、G80、B78
C66、M68、Y64、K18

软件功能应用提炼

Illustrator 功能应用

❶ 使用“转换锚点工具”和“添加锚点工具”对箭头的路径进行编辑，获得圆角的箭头外形；

❷ 用“旋转工具”对矩形按一定角度进行旋转；

❸ 利用“文字工具”添加说明文字。

Photoshop 功能应用

❶ 使用纯色填充图层为广告的背景进行上色，同时使用“渐变工具”对蒙版进行编辑；

❷ 用“黑白”调整图层将照片转换为双色调效果；

❸ 用图案填充图层为箭头添加上底纹效果。

实例步骤解析

对于本例中的广告制作，在设计的过程中先在 Illustrator 中绘制出箭头，并为绘制的箭头进行复制和修饰，接着在 Photoshop 中制作广告的背景，将绘制的矢量箭头添加到其中，最后添加主题文字和说明文字，具体操作如下：

01 在Illustrator中绘制矢量图形

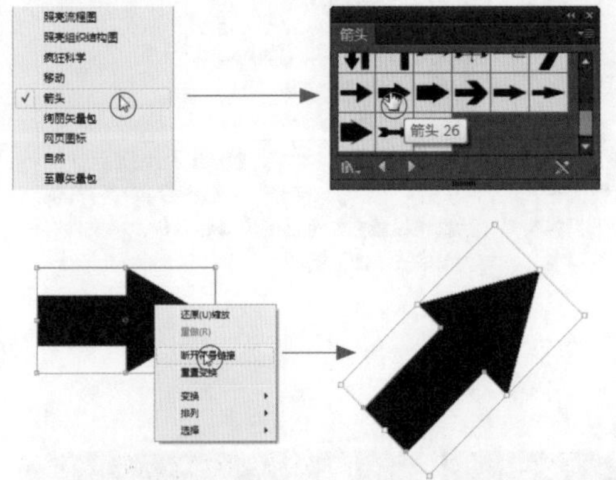

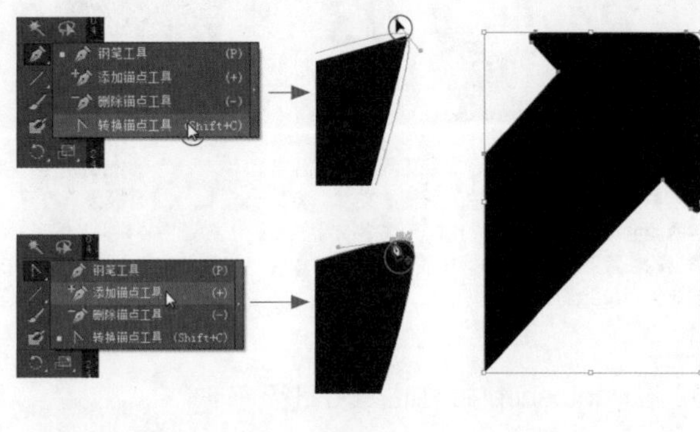

01 添加箭头符号并调整方向 运行Illustrator CC应用程序，新建一个文档，接着在“符号”面板的面板菜单中选择“箭头”命令，打开“箭头”面板，将需要使用的箭头图形拖曳到画板中，并单击鼠标右键，在弹出的右键菜单中选择“断开符号链接”命令，再对箭头符号按一定的角度进行调整。如上图所示。

02 对箭头的尖角进行调整 选择“转换锚点工具”，单击选中箭头最顶端的锚点，拖曳鼠标对锚点进行调整，接着使用“添加锚点工具”，在箭头图形的路径上单击，添加一个锚点，并对锚点的位置进行调整，使用类似的方法对箭头上其他位置的路径进行调整，完善箭头路径的效果。如上图所示。

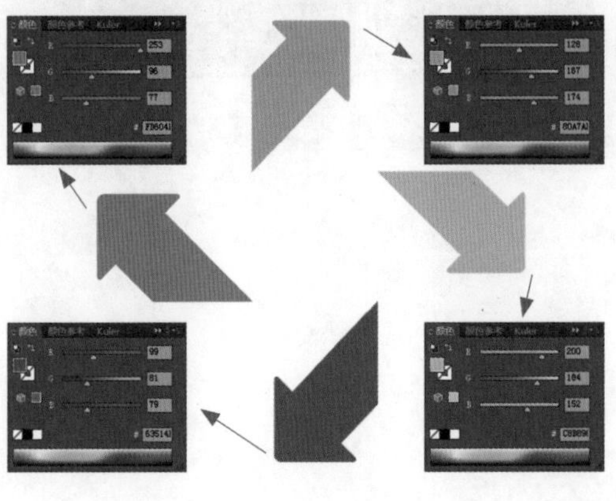

03 复制箭头并填充颜色 选中编辑完成的箭头路径，在按住Alt键的同时单击并拖曳鼠标，对箭头路径进行复制，并按照一定的位置和角度进行调整。打开“颜色”面板，为每个箭头填充上适当的颜色。如左图所示。

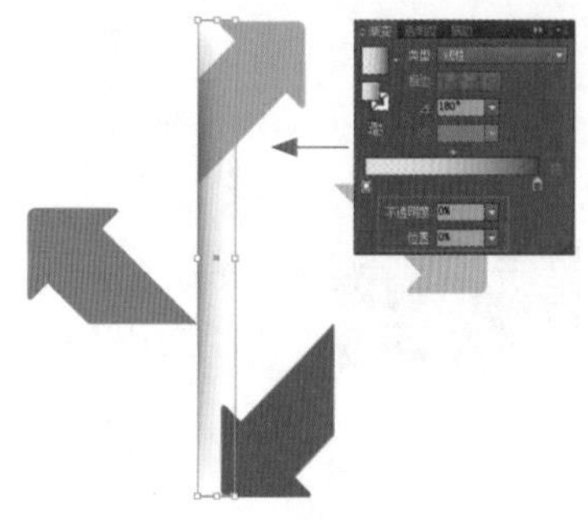

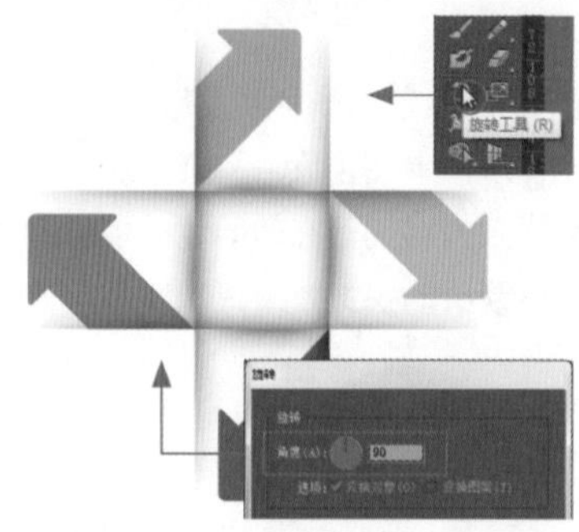

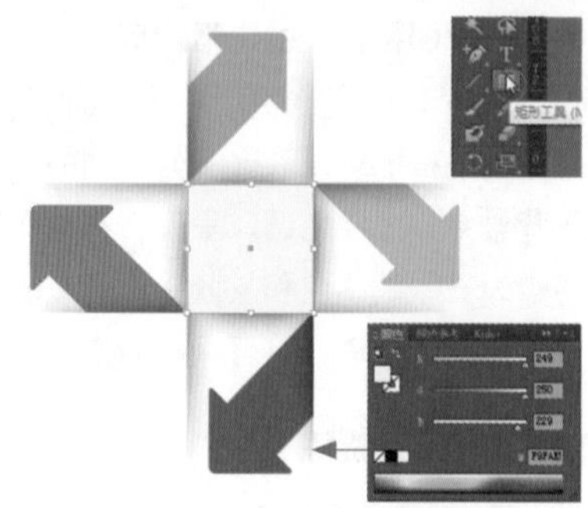

04 **绘制矩形填充渐变色** 选中“矩形工具”，在画板上适当的位置单击并拖曳鼠标，绘制一个矩形，打开“渐变”面板，为矩形填充上适当的渐变色，并将白色方向上的颜色的“不透明度”设置为“0%”。如上图所示。

05 **复制矩形并调整旋转角度** 对编辑完成的矩形条进行复制，选中“旋转工具”，在弹出的“旋转”对话框中对旋转的角度进行设置，对矩形条按一定的角度进行改变，并按照一定的位置进行排列，在画板中可以看到编辑后的效果。如上图所示。

06 **绘制正方形** 选择“矩形工具”，在按住Shift键的同时单击并拖曳鼠标，绘制一个正方形，打开“颜色”面板对正方形的颜色进行设置，不填充描边色。如上图所示。

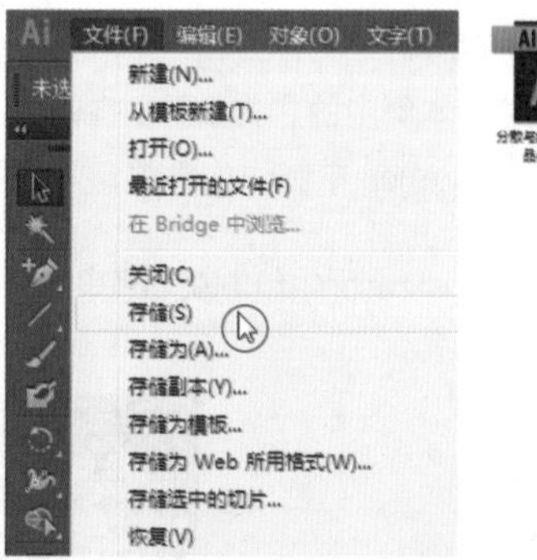

07 **添加文字** 选择“文字工具”，在适当的位置单击然后输入所需的文本，将文字的颜色与箭头的颜色进行统一，并将文字放在适当的位置上，可以在画板中看到添加了文本后的效果。如上图所示。

08 **添加符号和文字** 通过“字符”面板的面板菜单打开“网页图标”面板，在其中选中“警报”图形，将其放在正方形上，接着添加文字，并对图形和文字填充上统一的颜色。如上图所示。

09 **存储文件** 完成所有的编辑后，执行“文件＞存储”菜单命令，在打开的对话框中设置文件存储的位置和名称，将文件存储为AI格式。如上图所示。

02 在Photoshop中添加位图并进行修饰

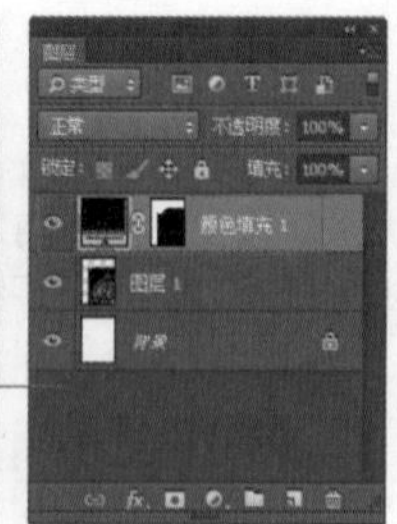

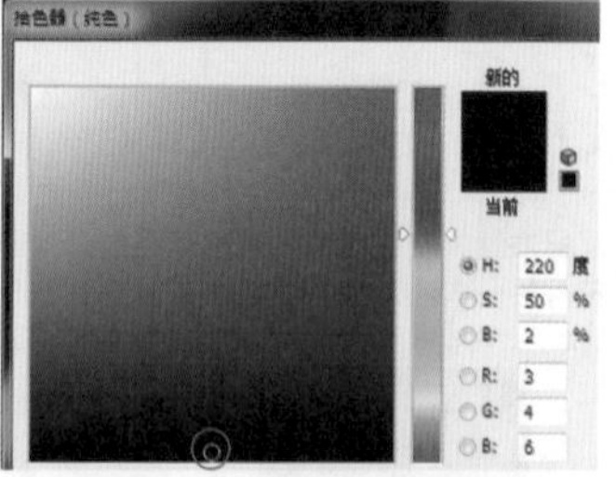

01 **新建文件并添加素材** 在Photoshop中新建一个A4大小的文件，新建图层，得到“图层1”图层，将“随书光盘\素材\04\01.jpg”复制到其中，并适当调整图像的大小和位置。如上图所示。

02 **创建颜色填充图层** 创建颜色填充图层，在打开的“拾色器”中对填充的颜色进行设置，接着设置前景色为黑色，使用设置为白色的“画笔工具”对蒙版进行编辑。如上图所示。

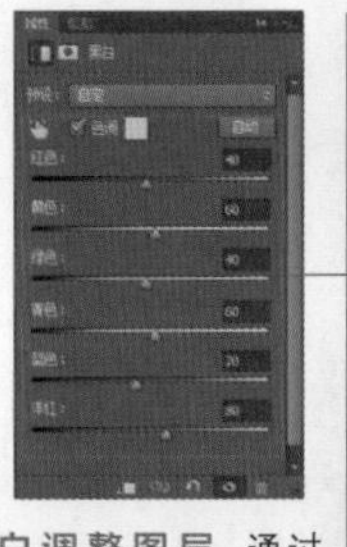

03创建黑白调整图层 通过"调整"面板创建黑白填充图层，在打开的"属性"面板中勾选"色调"复选框，并对下方参数进行设置，将画面处理为双色调的效果。如上图和右图所示。

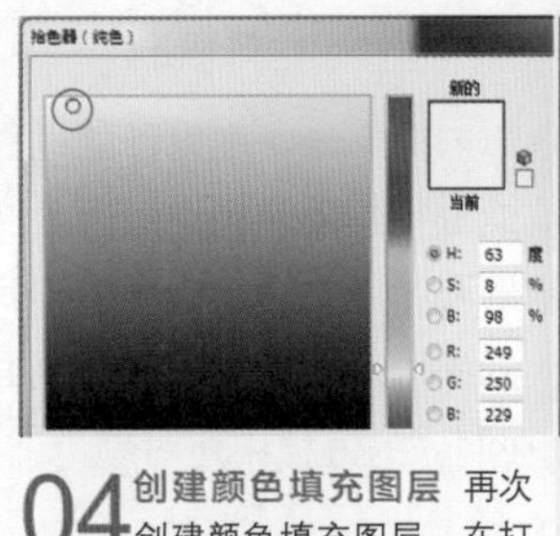

04创建颜色填充图层 再次创建颜色填充图层，在打开的"拾色器"面板中设置颜色，并选中"渐变工具"，设置渐变色为白色到黑色的线性渐变，对填充图层的蒙版进行编辑。如上图和右图所示。

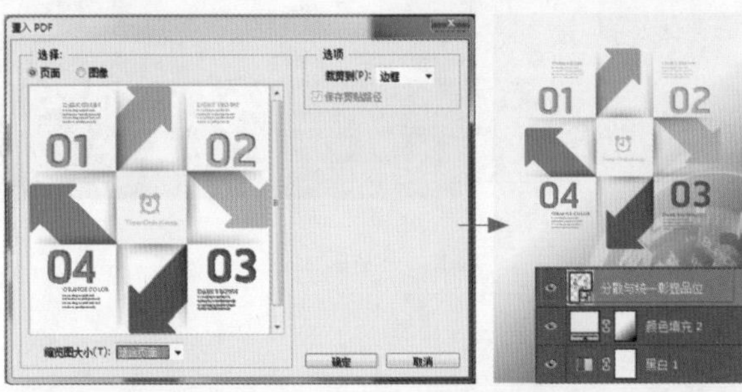

05置入AI文件 执行"文件＞置入"菜单命令，在打开的对话框中选择编辑完成的AI文件，将其置入到当前的PSD文件中，使其成为智能对象图层，并对图层中的图形大小和位置进行调整。如上图所示。

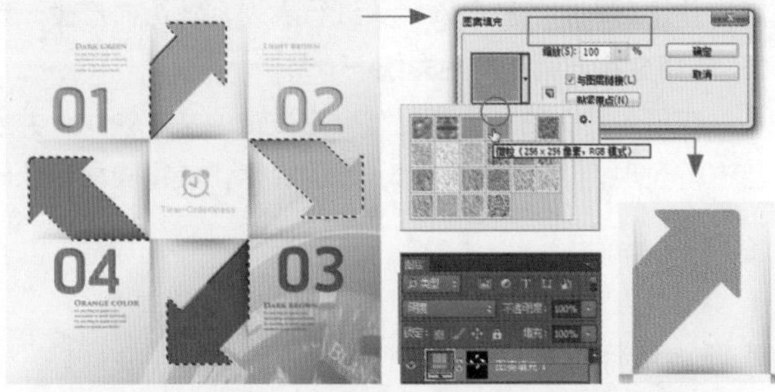

06创建图案填充图层 使用"磁性套索工具"沿着箭头创建选区，将4个箭头都添加到选区中，接着为创建的选区窗口图案填充图层，在打开的"图案填充"对话框中对图案的样式进行设置，然后在"图层"面板中将图案填充图层的混合模式更改为"明度"，将画面放大后，可以看到箭头上叠加上了明显的底纹效果。如上图所示。

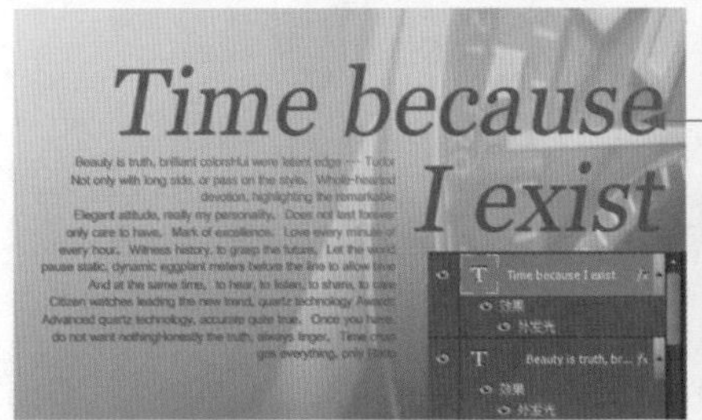

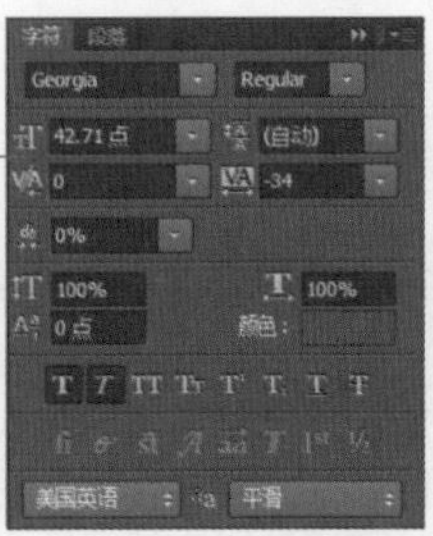
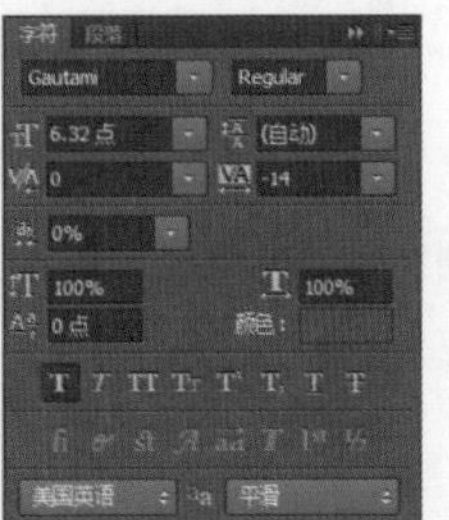
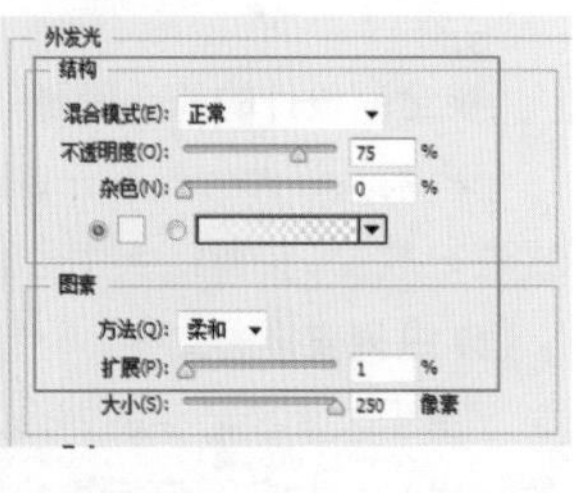

07输入文字并应用"外发光"样式 选中"横排文字工具"，在图像窗口中适当的位置上单击并输入文字，接着打开"字符"面板，对文字的属性进行设置，双击文字图层，在打开的"图层样式"对话框中为文字添加上"外发光"样式，并对相应的选项进行设置，在图像窗口中可以看到添加主题文字的效果。如上图所示。

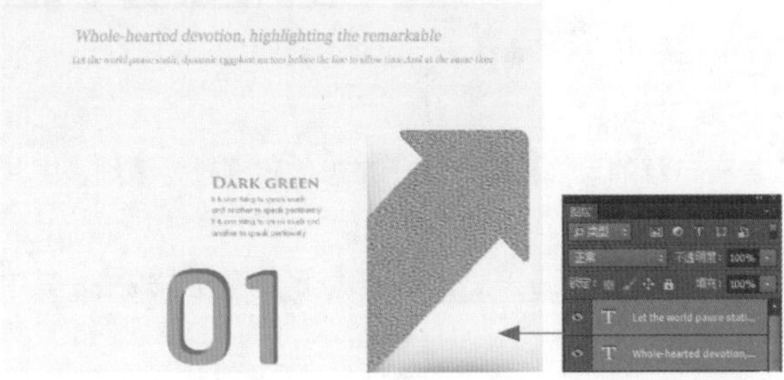

08添加说明文字 再次使用"横排文字工具"在画面的左上角添加上说明文字，分别对两行文字的属性进行设置，并填充上适当的颜色。如上图所示。

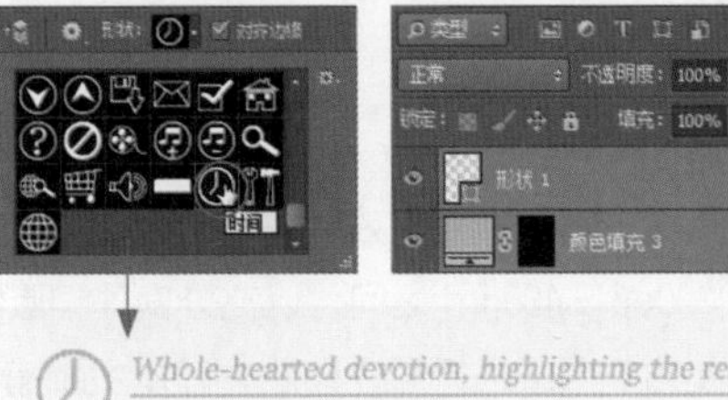

09绘制形状并添加细长矩形条 选择"自定形状工具"，在选项栏中选中"时间"形状，在文字的左侧添加上图形，并填充上适当的颜色，接着使用颜色填充图层添加线条，完成本例的编辑。如上图所示。

4.2.2 对比分析

本例是为某钟表设计的杂志内页广告，在设计的过程中使用了箭头作为主要的设计元素来将时间的流逝进行具象化表现，因此在右图所示的完成效果中可以寻找到多个箭头的图形和图像，为了呈现出不同的视觉效果，在设计元素的安排中通过改变箭头的外形来展现出不同的画面效果。另外，为了让整个画面的色彩和谐统一，在制作的过程中还对颜色进行了有目的地设置，具体说明如下：

❶ 有序的箭头图形

在本例设计的过程中使用 4 个循环的箭头作为画面中最主要的表现对象，并使用不同的颜色对箭头进行表现，让画面产生一定的韵律感。

❷ 将文字与箭头的色彩统一

在每个箭头的附近都配有一定数量的文字说明，并且使用与之相同的颜色进行表现，让设计呈现出一定的规律，使得画面用色和谐、统一。

或许，这样也可以……

在本例的设计中，还可以通过对箭头的外形进行重新设定，制作出全新的画面效果，如右图所示。在画面中仍然可以看到若干个箭头，但是由于对箭头的排列和外形进行了改变，使得设计效果更加阳刚，体现出男式腕表的刚毅线条。

❶ 全新设计的箭头图形

将箭头设计为具有一定弯折角度的效果，在排序的安排中使用平行的方式进行放置，使得箭头图形有序而不凌乱，表现出手表品牌严谨的设计思想。

❷ 纵列安排的文字

由于改变了箭头的外形，因此在文字的安排上也做了相应改变，用纵列的效果添加数字，用横排的效果添加说明文字，给人一种整齐、统一的视觉效果。

4.2.3 知识拓展

杂志广告在设计上与普通的印刷广告类似，但是杂志广告有自身的尺寸要求，由于杂志的印刷较为精细，图片的分辨率必须在 300dpi~400dpi 之间，以充分发挥铜版纸印刷精美的优势。

杂志一般是使用铜版纸进行彩色印刷，开本主要有 32 开、大 32 开、1 6 开、大 16 开、8 开等开本规格，其中大 16 开是国际流行的开本规格。

杂志广告的位置大多在杂志的封面、封二（封面的背面）、封三（封底的背面）、封底、中页、跨页，以及内页里。杂志广告的版面通常有整版、半版、二分之一版、四分之一版、六分之一版等几种，一般以整版广告居多，也有跨页广告，在表 4-2 中对几种杂志广告的普通规格进行了说明。

表 4-2

类别	尽尺寸	出血尺寸	图例
全页	210×285mm	213×291mm	
1/2版	210×142mm	213×145mm	
跨页	420×285mm（中缝需减去3~5mm装订线）	426×291mm（中缝需减去3~5mm装订线）	

在杂志广告的尺寸设定中应该注意，整版规格与杂志页面等大，例如大 16 开杂志广告整版的规格就是 278mm×215mm。另外值得注意的是，杂志大多都是以骑马订的装订形式，所以在设计抛切时，装订线的一边不需留“出面”边，也就是只在杂志下白边和切口的三边留出血。下图所示是在 Illustrator 中设置全页杂志广告的设置参数及创建后的文档效果，可以看到黄色的线条即为出血线。

此外，也有一些杂志广告为了吸引读者眼球而采用三连页、四连页的特殊规格，或者干脆使用异型版面。另外还有一些特别的规格，比如在封面增加折页也取得不错效果，一方面可以使得广告版面空间更大，使杂志的结构形式更为灵活多变，且充满趣味性，另一方面也增加了封面的牢固程度，使之不易翻卷、破损。

要知道，广告是放在杂志页面的正面，不是背面。因此在设计时需要注意，不要将主要文字信息安排在靠近装订线的边上，那样会造成广告信息不能完整地展现，从而影响广告的效果。

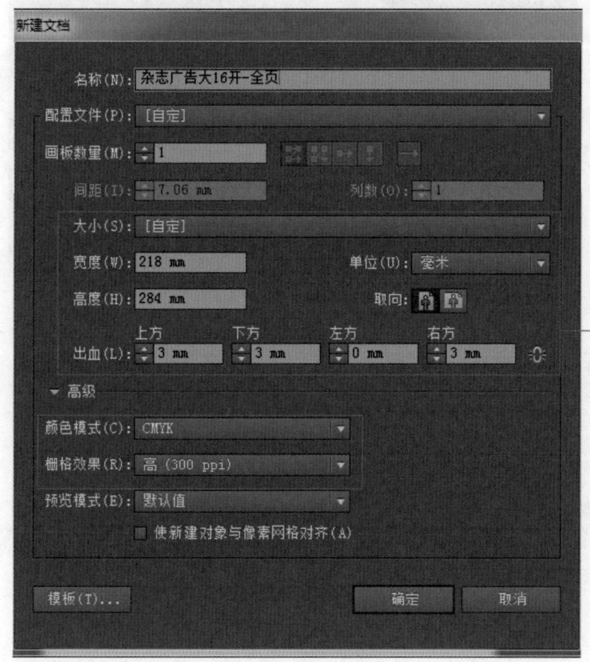

4.3 图形修饰让画面更具吸引力——魔棒工具

素　材：随书光盘\素材\04\02、03、04、05.jpg

源文件：随书光盘\源文件\04\图形修饰让画面更具吸引力.psd

4.3.1 案例操作

设计思维进化图

本例的设计思路和最终效果如下图所示。

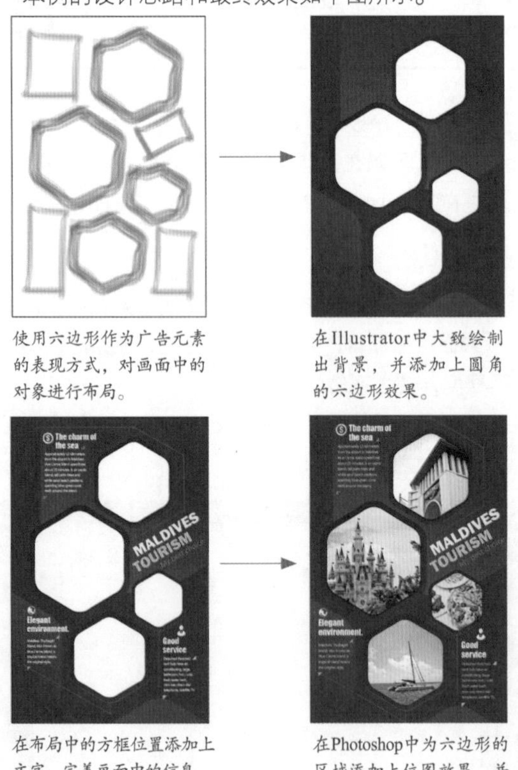

使用六边形作为广告元素的表现方式，对画面中的对象进行布局。

在Illustrator中大致绘制出背景，并添加上圆角的六边形效果。

在布局中的方框位置添加上文字，完善画面中的信息。

在Photoshop中为六边形的区域添加上位图效果，并对照片进行调色处理。

创作关键字：六边形

在神奇的自然界创造出了很多神奇的图形，六边形就是其中一种，例如蜂巢、雪花、龟壳上的图案等，都是由六边形组成的。它由于造型稳固、面积大而在设计应用中受到广泛青睐。在本例的设计中，为了使得画面呈现出灵活、生动的视觉效果，在设计元素的选择上就使用了圆角正六边形进行创作。

本例是为某旅游公司设计的海岛宣传广告，在设计的初期借助蜂巢的外形进行构思，将海岛的照片以圆角六边形的外形进行显示，通过有规律的排列和灵活应用，让画面展示出一种富有变化的效果，体现出创作者的新意。同时使用与六边形相互平行的线条进行修饰，避免画面的单调和平淡感，给人赏心悦目的感觉。

在安排广告中的旅游景点图片时，使用圆角的六边形对照片进行裁剪，通过不同大小的六边形来让画面显得更加的生动、活泼。如左图所示。

在广告的修饰线条中，使用较细线段来对画面进行美化，这些线条都是与六边形的某一条边相互平行的，使得六边形与线条之间的表现更加协调。

色彩搭配秘籍：午夜蓝、贝色

午夜蓝是一种介于黑色和蓝色之间的颜色，明度较低，使用这种颜色与明度较高的贝色进行搭配，可以使得画面中色彩对比增强。在本例的设计中使用午夜蓝作为广告背景的主要色调，用贝色作为画面中文字的颜色，可以使得文字的表现更加突出，同时在照片的编辑过程中将午夜蓝调整为偏黄的效果，使其与贝色形成同类色，具有统一色调的作用。除了这两种主要的颜色之外，在本例的色彩搭配上还使用了多种辅助色，但是这些颜色都只占据很小的面积，不会对画面整个的色调产生影响，避免了广告中的色彩太多而显得凌乱。

R38、G47、B59
C87、M80、Y64、K41

R241、G237、B209
C7、M6、Y22、K0

软件功能应用提炼

Illustrator 功能应用

❶ 使用“星形工具”绘制五角星，通过对路径进行调整而得到圆角的六边形效果；

❷ 通过“路径查找器”面板中的“交集”来对圆角六边形进行剪切，制作出广告的背景；

❸ 使用“文字工具”添加上主题文字和说明文字。

Photoshop 功能应用

❶ 使用“魔棒工具”创建选区；

❷ 通过选区创建图层蒙版，对照片进行有目的地显示，使其呈现出圆角矩形效果；

❸ 使用“色阶”对照片的影调进行调整；

❹ 通过“照片滤镜”将照片调整为偏黄的效果。

实例步骤解析

在本例的制作过程中，先在 Illustrator 中使用“矩形工具”“星形工具”和“路径查找器”等对广告的整体元素进行绘制，接着在 Photoshop 中通过图层蒙版方式对照片进行区域显示，并对照片进行调色处理。

01 在Illustrator中对版式进行布局

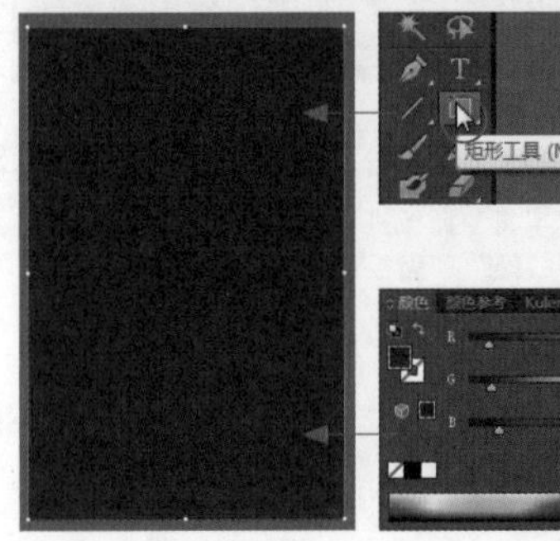

01 绘制矩形　创建一个AI文件，选中“矩形工具”，绘制一个与画板一样大小的矩形，并打开“颜色”面板设置填充色，无描边色。如左图所示。

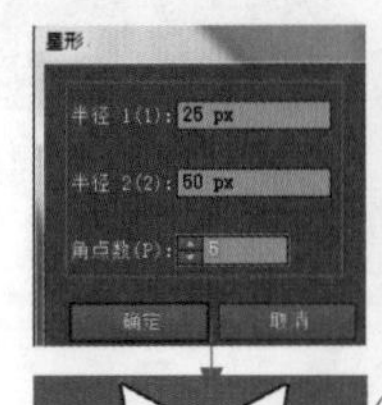

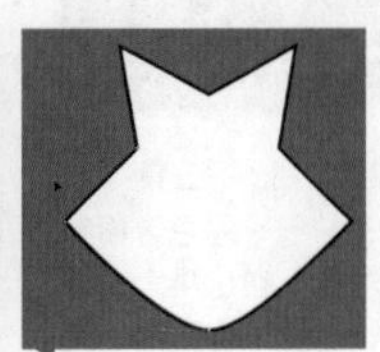

02 绘制星形并调整锚点　选中“星形工具”绘制一个五角星，接着使用“直接选择工具”“转换锚点工具”等路径编辑工具对星形的路径进行更改。如左图和上图所示。

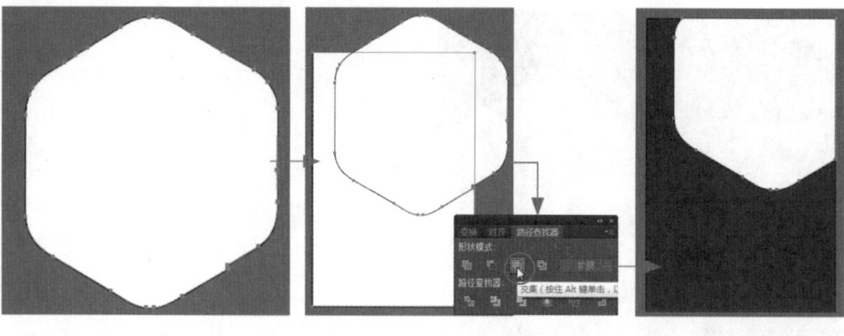

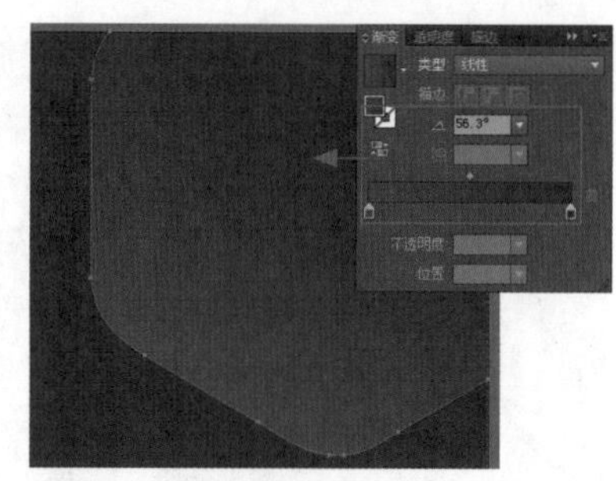

03 绘制圆角多边形并进行裁切　将星形路径转换为圆角的六边形效果，接着另外绘制一个矩形，同时选中矩形和圆角六边形，打开“路径查找器”面板，在其中单击“交集”按钮，对路径进行剪切，得到一个新的路径，将该路径放在矩形的右上方，在画板中可以看到编辑后的路径效果。如上图所示。

04 填充渐变色　为剪切后得到的路径填充上R53、G66、B75到R39、B46、B60的线性渐变色，调整渐变色的角度为56.3°，并取消该路径的描边色。如上图所示。

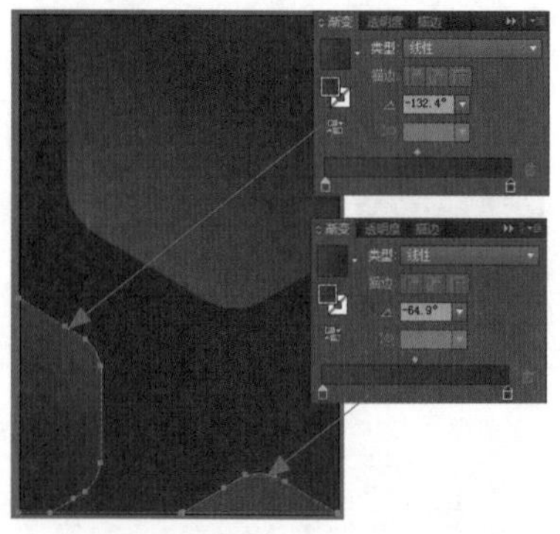

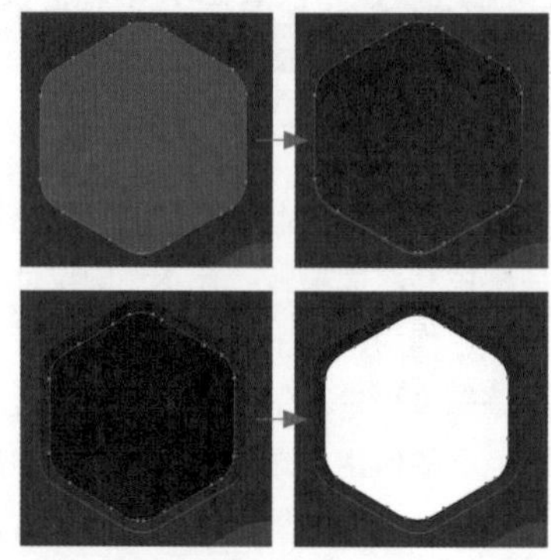

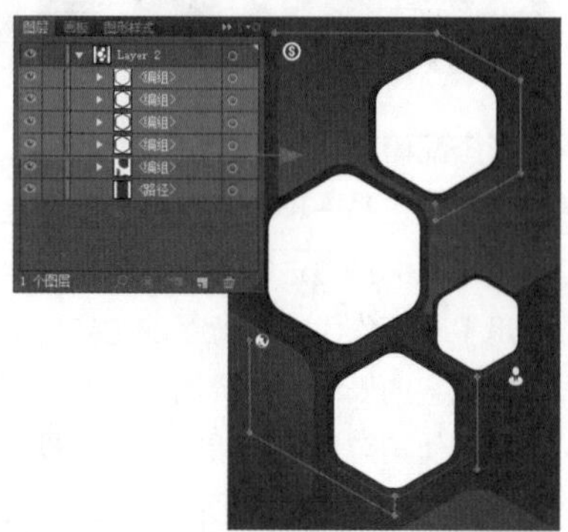

05 编辑其他的多边形　使用与前面两个步骤相同的方法，得到另外两个新的路径，打开“渐变”面板，为其填充上渐变色，并更改渐变色的角度。如上图所示。

06 复制圆角多边形并更改填色　再次绘制一个圆角多边形，并对圆角六边形进行多次复制，调整每个圆角六边形的大小和位置，并对每个六边形填充上适当的颜色。将几个六边形重叠在一起，为最上方的一个圆角六边形填充上白色，在画板面板中可以看到编辑后的效果，最后对编辑后的图形进行编组。如上图所示。

07 复制编辑完成的圆角多边形　对编辑完成的圆角六边形进行复制，适当调整六边形编组图形的大小，并将其放在画面中适当的位置上，在画板中可以看到编辑后的效果。如上图所示。

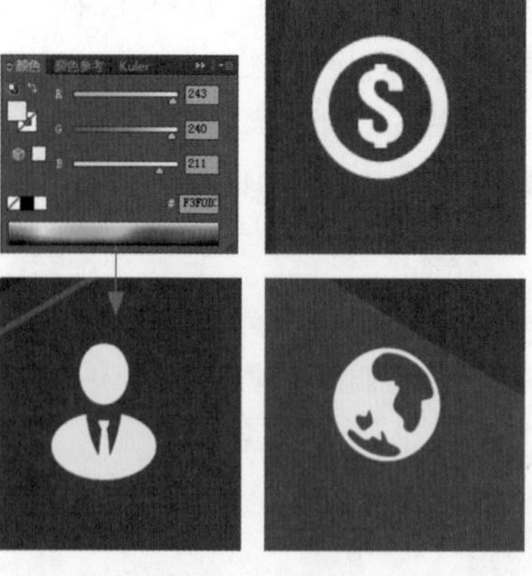

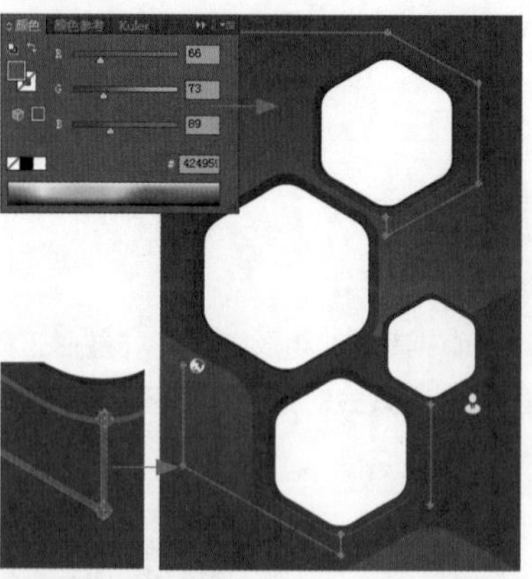

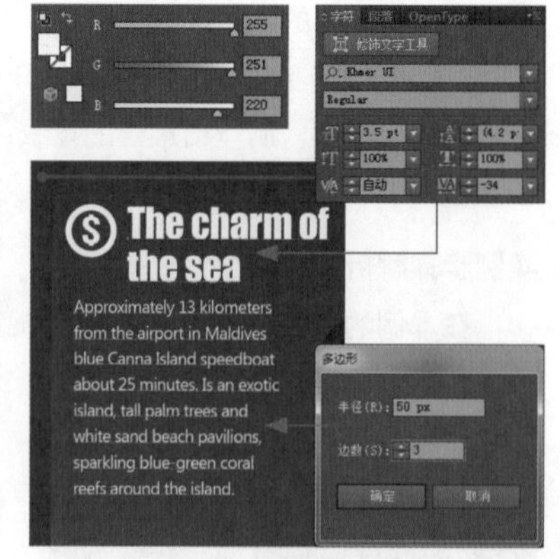

08 绘制商业图标　使用“钢笔工具”绘制修饰的指示符号，打开“颜色”面板填充上适当的颜色，无描边色。在这里大家也可以根据自身的喜好进行绘制，或者直接使用素材进行编辑。如上图所示。

09 绘制折线图形　使用“椭圆工具”和“矩形工具”绘制画面上的折线，接着打开“颜色”面板为图形填充上适当的颜色，在画板中可以看到编辑后的效果。如上图所示。

10 输入文字　选择“文字工具”，在适当的位置单击后输入所需的文字，打开“字符”面板进行文字的属性设置，最后打开“颜色”面板设置文字的填充色。如上图所示。

11 输入其他的文字 使用相同的设置和填充色，在其他位置上输入相应的说明文字，使画面中的内容变得更加丰富，在画板中可以看到编辑的效果。如上图所示。

12 添加主题文字 选择“文字工具”，在适当的位置单击并输入主题文字，接着打开“字符”面板设置属性，为文字填充上适当的颜色，最后对角度进行调整。如上图所示。

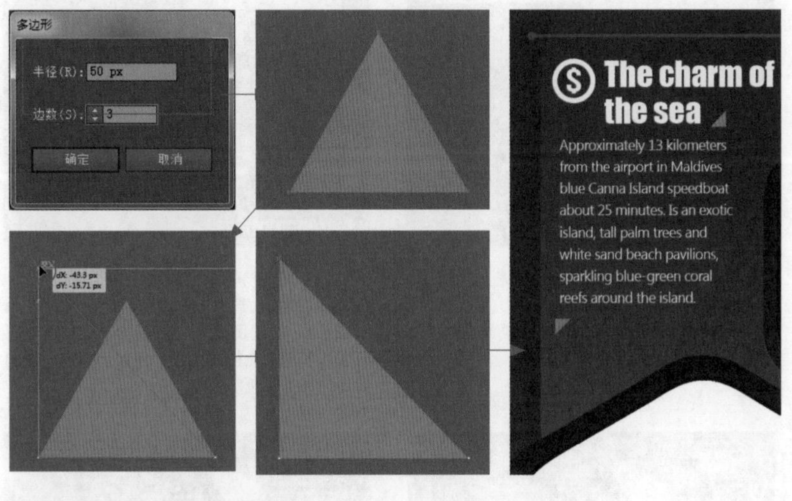

13 绘制直角三角形 选择“多边形工具”，绘制一个三角形，接着使用“直接选择工具”单击并拖曳其中一个锚点，将等边三角形调整为等腰直角三角形，并填充上适当的颜色，将编辑完成的三角形放在文字周围适当的位置上。如左图所示。

02 存储文件并导入Photoshop中

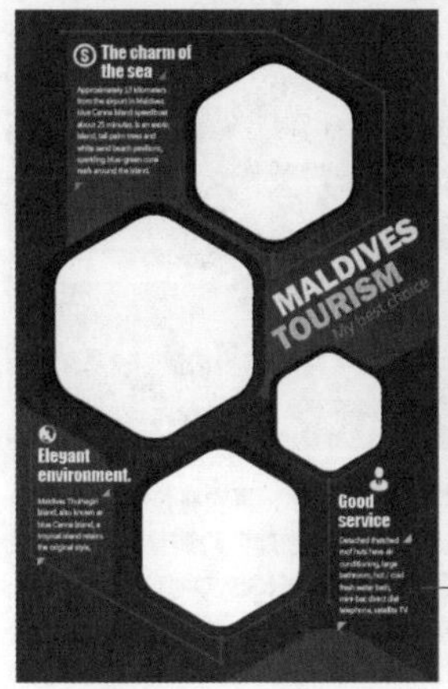

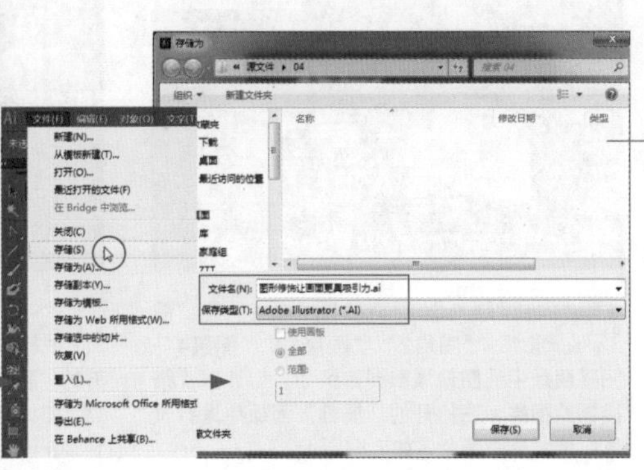

图形修饰让画面更具吸引力.ai

01 存储文件为AI格式 使用编辑完成的等腰直角三角形为画面中的文字进行修饰，完善画面的内容，接着执行“文件>存储”菜单命令，在打开的“存储为”对话框中对文件的名称、格式和路径进行设置，完成后单击“保存”按钮，将文件存储为AI格式。如左图所示。

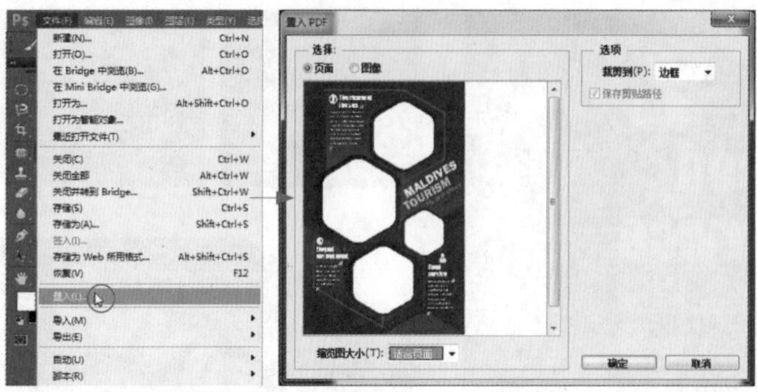

02新建文档置入文件 新建一个PSD文件，执行“文件＞置入”菜单命令，在打开的“置入PDF”对话框中对置入文件进行设置，接着单击“确定”按钮，将编辑完成的AI文件置入到PSD文件中。如上图所示。

03调整文件的大小 对置入的文件进行大小的调整，并使其铺满整个图像窗口，在“图层”面板中可以看到该文件以智能图层进行显示。如上图所示。

03 在Photoshop中添加照片并调色

01添加素材文件 新建图层，得到“图层1”图层，将“随书光盘\素材\04\02.jpg”复制到其中，按下Ctrl+T快捷键，接着调整文件的大小和位置，在图像窗口中可以看到添加素材后的效果。如上图所示。

02创建选区 将“图层1”图层隐藏起来，使用“魔棒工具”在白色的区域上单击，将其添加到选区中，在图像窗口中可以看到创建的选区效果。如上图所示。

03编辑图层蒙版 选中“图层1”图层，并将其显示出来，使用创建的选区为“图层1”中的图像添加上图层蒙版，接着断开蒙版和图层之间的链接，以便于图像内容的显示。如上图所示。

04添加其他的位图 使用相同的方法，将随书光盘\素材\04\03、04、05.jpg也添加到PSD文件中，并分别为其添加上图层蒙版，在图像窗口中可以看到编辑后的效果。如上图所示。

05利用照片滤镜更改照片颜色 将“图层1”“图层2”“图层3”“图层4”图层蒙版中的图像添加到选区中，创建照片路径调整图层，在打开的“属性”面板中进行设置，调整画面颜色。如上图所示。

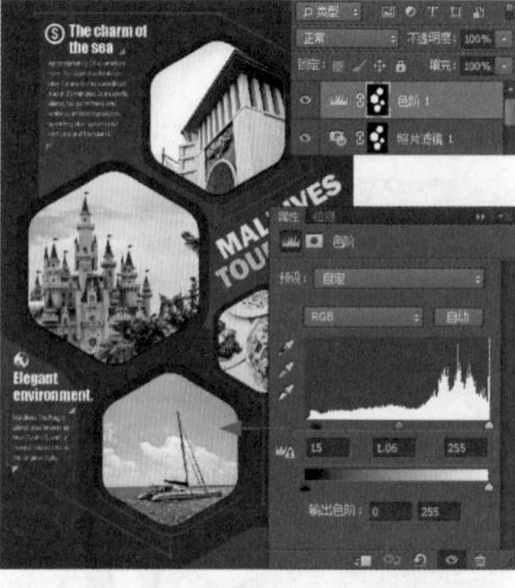

06调整照片的影调 再次将位图照片添加到选区中，接着创建色阶调整图层，在打开的“属性”面板中设置RGB选项下的色阶值分别为15、1.06、255，对位图的影调进行调整。在图像窗口中可以看到本例最终的编辑效果，如上图所示。

4.3.2 对比分析

在本例的设计之初对画面的布局进行了大致规划，但是如果在实际的操作和编辑过程中对整个创作思想了解不够深入，就会出现一些制作上的失误，同时导致广告最终的呈现效果不理想。

在本例的设计中，如果对整个画面中的反向感不能很好地进行把握，同时色彩的搭配不能与预期的相互吻合，就有可能出现右图所示的制作效果，出现的具体问题如下：

❶ 主题文字的方向

文字进行横向排列，与设计中的六边形方向有所冲突，使得画面产生反向杂乱。

❷ 单一的背景色

单一的背景色使得画面的表现显得太过单调，呈现出平淡的感觉，缺乏表现力。

❸ 严重偏蓝的照片

照片的颜色与画面背景的颜色相似，不能很好地进行展示，削弱了旅游景区的表现。

或许，这样设计会更好……

❶ 内容丰富的背景

使用圆角六边形的部分图形作为背景修饰图案，并使用渐变色的方式使其呈现出一定的层次，可以增加背景的内容，使其变得丰富，突显出广告设计的精致感。如右图所示。

❷ 倾斜的主题文字

将主题文字进行倾斜放置，使其与上方和下方的六边形形成平衡的效果，有助于文字的表现，同时让整个画面的方向感增强。

❸ 色彩协调的照片

将照片的颜色调整为略微偏黄的效果，使其与设计中主要使用的贝色形成同类色，减少画面中的配色，让颜色搭配更加协调、统一。

↘ 4.3.3 知识拓展

在 Photoshop 中对需要处理的区域进行选区的创建，是利用 Photoshop 进行编辑图像过程进行最基础的操作。本例在创建蒙版之前，使用的是“魔棒工具”来创建选区，接下来就对该工具的具体使用方法进行讲解。

使用 Photoshop 中的“魔棒工具”可以对一定色彩容差范围内的颜色进行选取，由于本例中的前期制作是在 Illustrator 中完成的，在绘制图形的过程中使用的是纯色填充，因此在 Photoshop 中对照片进行固定的抠取过程中，使用“魔棒工具”是最快捷、最省时的操作。

在Photoshop的工具箱中选择“魔棒工具”之后，在其选项栏中可以看到下图所示的设置。通过对这些选项的设置，可以完成选区的添加、减少、边缘羽化等操作。

❶ **取样大小：**该选项用于控制取样区域的大小，在下拉列表中包含了多个选项。

❷ **容差：**确定所选像素的色彩范围，以像素为单位输入一个值，范围介于 0~255 之间。如果该值较低，则会选择与所单击像素非常相似的少数几种颜色；如果该值较高，则会选择范围更广的颜色。

❸ **消除锯齿：**创建边缘较平滑的选区。

❹ **连续：**只选择使用相同颜色的邻近区域，否则将会选择整个图像中使用相同颜色的所有像素。

❺ **对所有图层取样：**使用所有可见图层中的数据选择颜色，否则“魔棒工具”将只从当前图层中选择颜色。

设置不同的容差值，可以对选区的大小及精确度进行控制。右图所示分别为设置不同“容差”后的选区效果，可以看到其参数越大，选取的区域就越大。

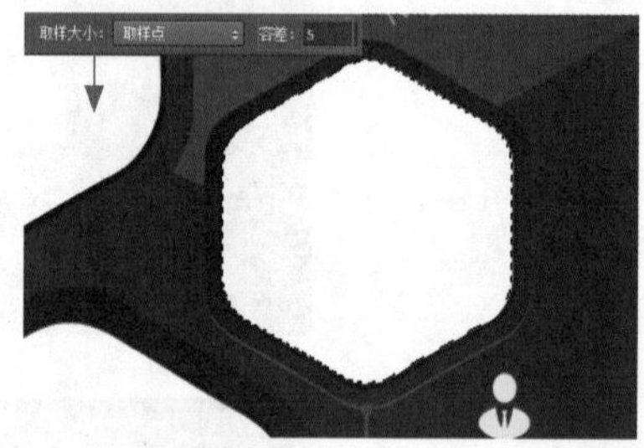

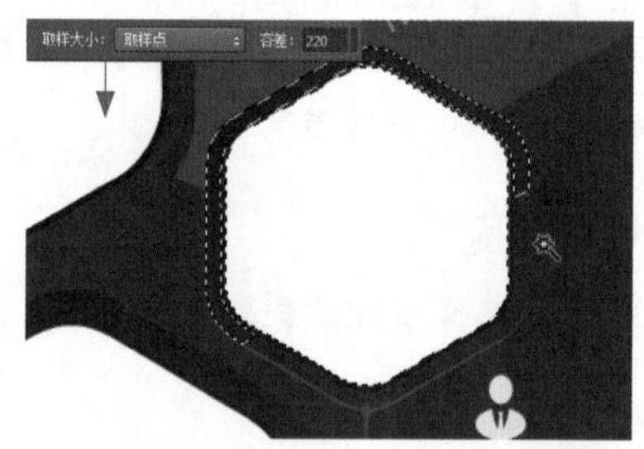

“魔棒工具”中的“连续”选项用于控制选区的连续性，如果已勾选“连续”复选框，则容差范围内的所有相邻像素都被选中，否则将选中容差范围内的所有像素。以本例中的图像为例，当使用“魔棒工具”在白色的区域单击，如果勾选“连续”复选框，那么图像中所有包含白色的图像都将被添加到选区中；如果没有勾选“连续”复选框，那么只有单击点附近的白色图像被添加到选区中，如下图所示。

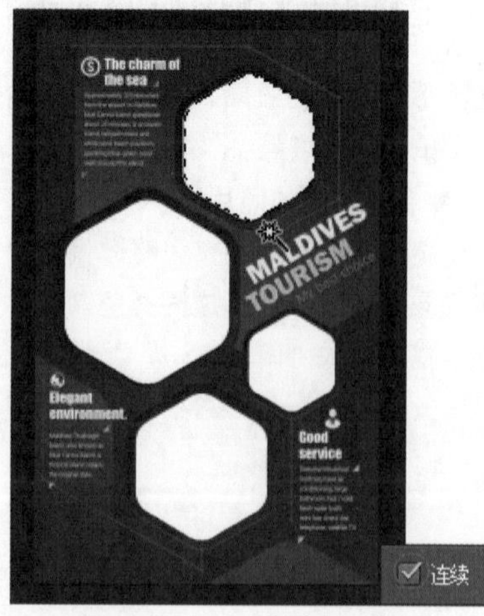

TIPS

“魔棒工具”不能在位图模式的图像或 32 位 / 通道的图像上使用，只能在 CMYK、RGB 和 Lab 等颜色模式下的图像上使用。

4.4 用倾斜感支撑主题——渐变网格填充

素　材：随书光盘\素材\04\06.jpg
源文件：随书光盘\源文件\04\用倾斜感支撑主题.psd

4.4.1 案例操作

设计思维进化图

设计思路和案例最终效果如下图所示。

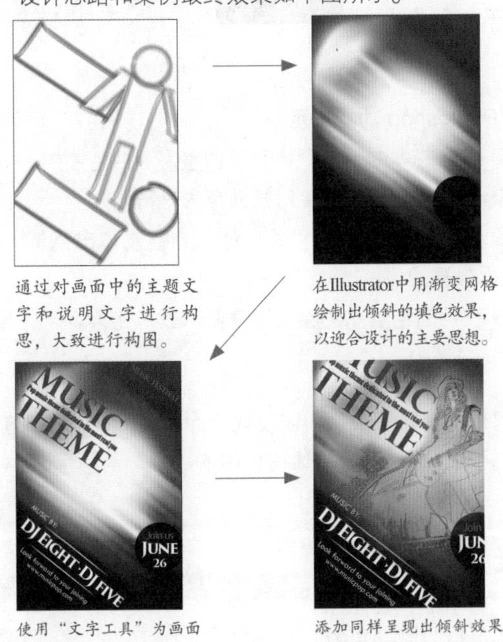

通过对画面中的主题文字和说明文字进行构思，大致进行构图。

在Illustrator中用渐变网格绘制出倾斜的填色效果，以迎合设计的主要思想。

使用"文字工具"为画面添加文字，并对其按一定角度进行倾斜。

添加同样呈现出倾斜效果的人物，完善画面的整体表现。

创作关键字：不稳定的倾斜感

在设计制作中，倾斜对象的使用较为广泛，倾斜的对象可以为画面营造出一种不稳定的感觉，同时营造出叛逆、前卫的氛围。本例是为流行音乐活动所制作的杂志广告，为了体现出音乐活动中时尚、动感的节奏，在设计的过程中将主题文字和背景进行倾斜设计，打造出一种动态的视觉效果，并清楚地传达出活动主题，通过令人震惊的霓虹灯梯度的对角线，配合文字和人物轮廓使设计脱颖而出。如下图所示。

在本例的设计中使用同一方向的倾斜角度作为文字的表现，打造出一定的不稳定感。

对人物照片也进行一定倾斜角度的倾斜，让画面表现更加的统一。

色彩搭配秘籍：红紫色、暗蓝紫、黑色

红紫色和暗蓝紫都是属于紫色系中的颜色，这两种颜色都具有优雅的感觉。在本例的设计中主要使用了红紫色、暗蓝紫和黑色，通过一定的渐变形式为画面中的对象进行上色，使其表现出一定的过渡效果。由于本例是为音乐活动设计的杂志广告，为了突显出音乐活动的时尚艺术气息，使用较为女性色彩的紫色系作为主要颜色，可以让整体配色呈现出舒畅和协调的感觉，同时增强观赏者的认同感。如右图所示。

在实际的配色中还使用了不同明度和纯度的紫色进行了过渡和变化，增强了画面的层次感，给人以和谐的印象，确保画面配色的统一性。

R182、G0、B122
C30、M100、Y10、K0

R30、G17、B78
C98、M98、Y60、K22

R0、G0、B0
C100、M100、Y100、K100

软件功能应用详解

Illustrator 功能应用

❶ 使用“矩形工具”绘制矩形，通过“网格工具”为矩形添加上渐变网格效果；

❷ 用“直接选择工具”选中部分渐变网格中的锚点，为渐变网格进行局部填色；

❸ 使用混合模式将绘制的渐变网格矩形进行叠加。

Photoshop 功能应用

❶ 通过“黑白”命令将照片调整为黑白色效果；

❷ 使用“反相”命令对画面色彩进行翻转；

❸ 通过混合模式和“最小值”滤镜制作出钢笔勾勒的画面效果；

❹ 使用颜色填充图层对图像显示进行完善。

实例步骤解析

在本例的制作过程中，最重要的编辑内容就是背景中渐变网格的编辑和上色，以及在Photoshop中制作钢笔勾勒效果，将这两部分的操作完成后，再对图像进行叠加，就可以轻松完成制作，具体操作如下：

01 在Illustrator中使用渐变网格制作背景

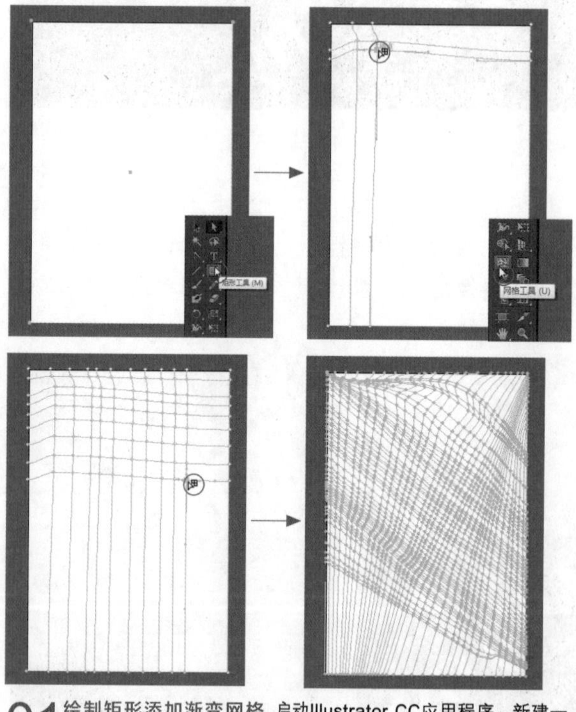

01 绘制矩形添加渐变网格 启动Illustrator CC应用程序，新建一个文档，使用“矩形工具”绘制一个与画板一样大小的矩形，接着选择“网格工具”，在适当的位置上单击，为矩形添加上渐变网格，并使用“直接选择工具”对网格的外形进行设置。如上图所示。

TIPS

在按住Shift键的同时使用“直接选择工具”在渐变网格上单击，可以连续选中多个不相邻的渐变网格区域。如下图所示。

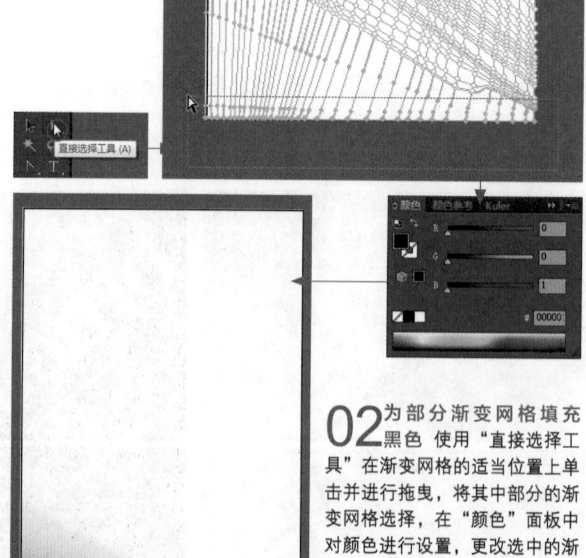

02 为部分渐变网格填充黑色 使用“直接选择工具”在渐变网格的适当位置上单击并进行拖曳，将其中部分的渐变网格选择，在“颜色”面板中对颜色进行设置，更改选中的渐变网格的颜色，在画板中可以看到编辑的效果。如上左图和上图所示。

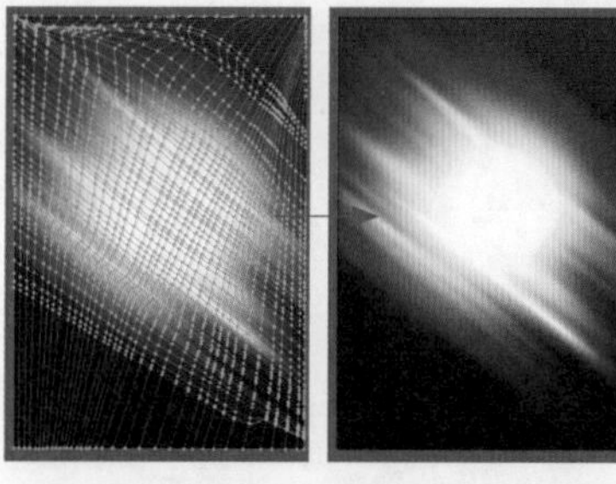

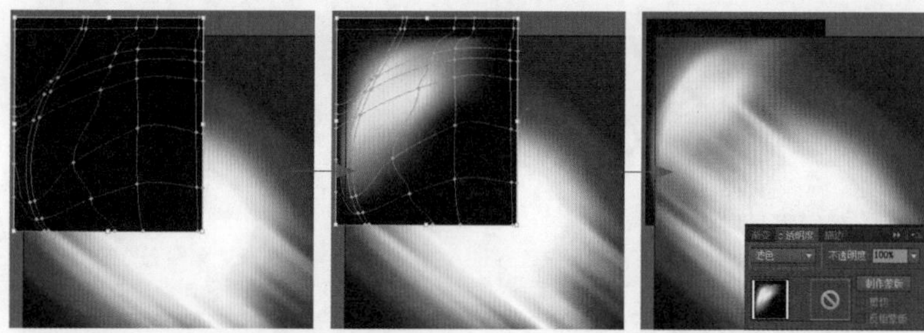

03 为其他的渐变网格填色 使用与步骤02相同的方法，在矩形的渐变网格上选中部分渐变网格锚点，并打开“颜色”面板对网格进行矩形填色，在填色的过程中需要将渐变网格的颜色填充为与设定的色彩搭配颜色相一致的紫色系颜色，在画板中可以看到渐变网格填色后的效果。如上图所示。

04 添加渐变网格并调整混合模式 选中“矩形工具”，绘制一个矩形，接着用“网格工具”创建渐变网格效果，并对网格添加上适当的颜色，然后在“透明度”面板中将混合模式更改为“滤色”，让画面左上角显示出白色的光照效果。如上图所示。

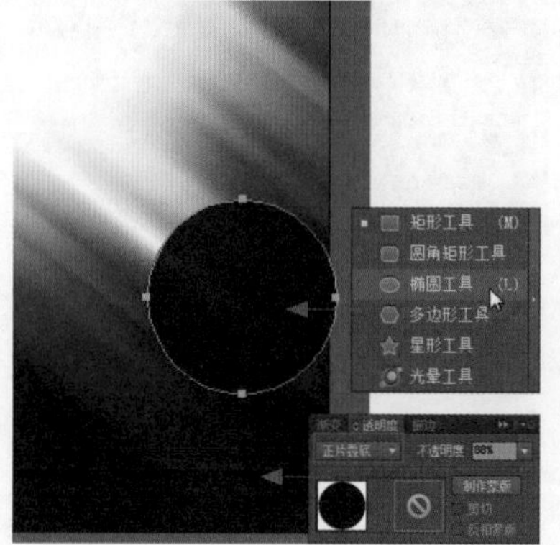

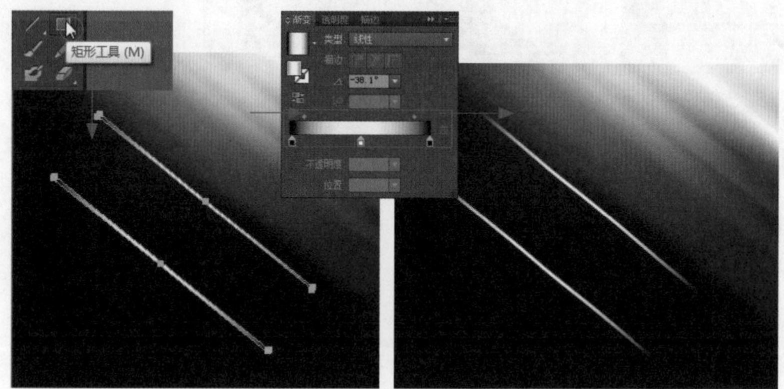

05 绘制圆形 选中工具箱中的“椭圆工具”，在按住Shift键的同时，在适当的位置上单击并拖曳鼠标，绘制一个正圆形，接着为该圆形填充上黑色，无描边色，并打开“透明度”面板进行设置。如上图所示。

06 绘制矩形并填充渐变色 选中“矩形工具”，在适当的位置上绘制矩形并调整，打开“渐变”面板为矩形条填充上适当的渐变色效果，接着将矩形进行旋转，并放在画面上适当的位置上，在画板中可以看到编辑后的效果。如上图所示。

02 添加文字完善画面内容

01 添加说明文字 选中“文字工具”，在画板中单击并输入适当的文字，填充上白色，无描边色，接着打开“字符”面板设置文字属性，并对文字按一定角度进行旋转。如上图所示。

02 添加主题文字 使用“文字工具”输入主题文字，打开“字符”面板对文字的属性进行设置，并根据需要对文字按一定角度进行旋转。如上图所示。

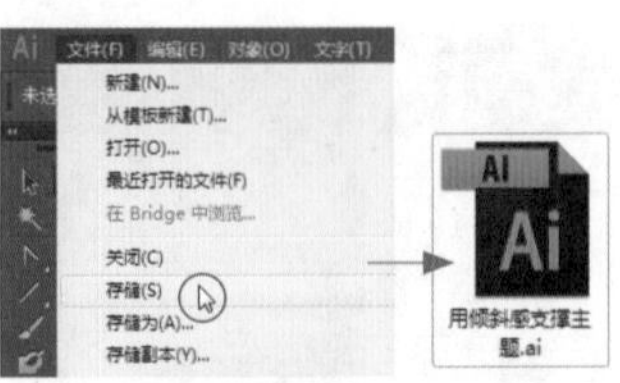

03 创建轮廓 选中文字，单击鼠标右键，在弹出的菜单命令中选中“创建轮廓”命令，将文字转换为路径，在画板中可以看到文字四周显示出密集的锚点效果。如上图所示。

04 为文字填充渐变色 打开“渐变”面板，在其中设置径向渐变效果，为在上一步骤中创建的文字路径填充上径向的渐变色，使其呈现出丰富的色彩。如上图所示。

05 存储文件为AI格式 完成文字的编辑后，执行“文件＞存储”菜单命令，在打开的对话框中设置文件的名称和路径，将文件存储为AI格式。

03 在Photoshop中制作钢笔绘图效果

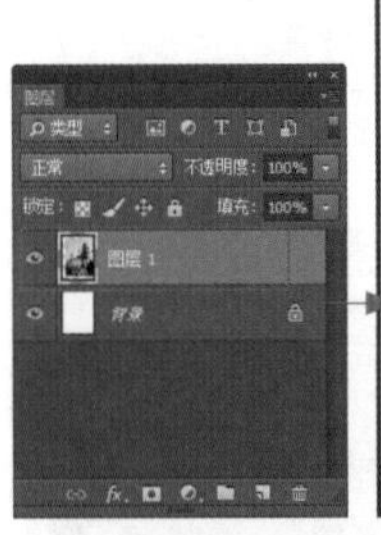

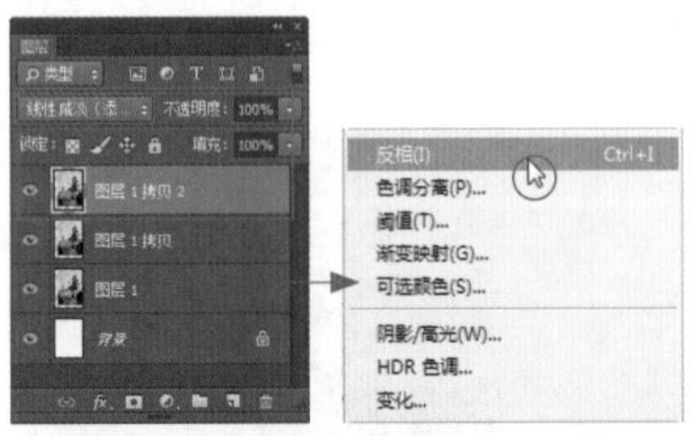

01 添加素材文件 新建一个PSD文件，新建图层，得到“图层1”图层，将“随书光盘\素材\04\06.jpg”文件复制到其中，并适当调整文件的大小和位置。如上图所示。

02 将照片转换为黑白色 复制“图层1”图层，得到“图层1拷贝”图层，执行“图像＞调整＞去色”菜单命令，将彩色的图像转换为黑白的显示效果。如上图所示。

03 设置混合模式并反相 复制图层，得到“图层1拷贝2”图层，设置该图层的混合模式为“线性减淡（添加）”，执行“图像＞调整＞反相”命令，可以看到图像窗口中的图像几乎为全白。如上图所示。

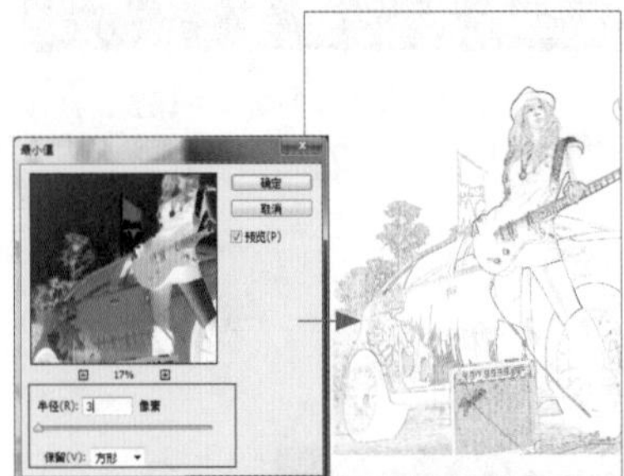

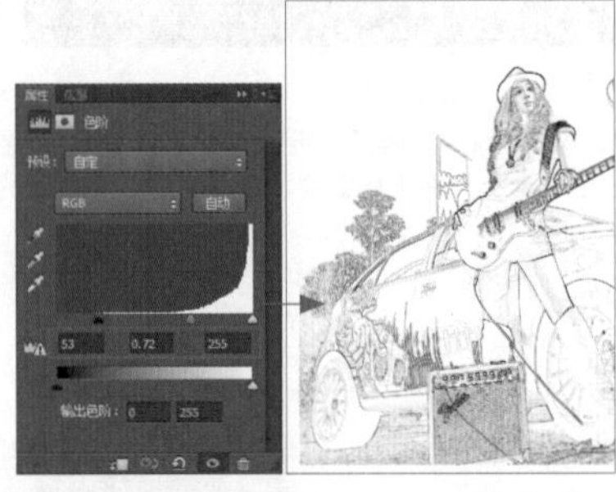

04 应用“最小值”滤镜 选中“图层1拷贝2”图层，执行“滤镜＞其他＞最小值”菜单命令，在打开的对话框中设置“半径”选项为“3像素”，在图像窗口中可以看到清晰的图像边缘效果。如上图所示。

05 使用色阶加强线条显示 创建色阶调整图层，在打开的“属性”面板中设置RGB选项下的色阶值分别为53、0.72、255，对全图的色阶进行调整，加强画面中线条的显示。如上图所示。

06 合并可见图层 按下Ctrl+Shift+Alt+E快捷键，盖印所有的可见图层，得到“图层2”图层，并且在“图层”面板中将该图层的混合模式更改为“强光”。如上图所示。

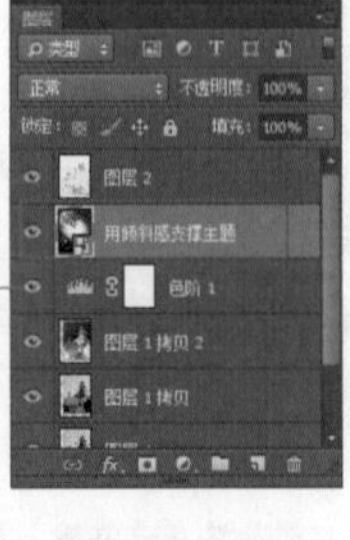

07 置入AI文件 执行“文件＞置入”菜单命令，在打开的对话框中选中编辑完成的AI文件，并在“置入PDF”对话框中进行设置，最后单击“确定”按钮。如上图所示。

08 调整文件大小 将AI文件置入到PSD文件中，得到一个智能对象图层，将该图层拖曳到“图层2”的下方，并适当调整图层的位置和大小。如上图所示。

09 编辑图层蒙版　为“图层2”图层添加上图层蒙版，将该图层的蒙版填充为黑色，使用设置为白色的“画笔工具”对蒙版进行编辑，在图像窗口中可以看到编辑后的效果。如上图所示。

10 编辑颜色填充图层　创建颜色填充图层，在打开的“拾色器”对话框中设置填充色，并且将颜色填充图层拖曳到智能对象图层的上方，再对颜色填充图层的蒙版进行编辑。在图像窗口中可以看到本例最终的编辑效果。如上图所示。

4.4.2　对比分析

右图所示为本例中的设计效果，可以看到画面中无论是主题文字、说明文字，还是人物勾勒画像，都是按照一定的方向进行倾斜处理，这样的设计可以给画面营造出一种动感，体现出活泼、时尚的感觉。

或许，这样也可以……

本例在设计的过程中依循倾斜的设计方向，将文字和画面色彩都按照一定的方向进行倾斜，但是在实际的创作过程中还可以将画面进行反向，按照相反的方向进行设计，并且重新对画面进行配色，也能获得不错的效果。如右图所示。

❶ 全新的色彩搭配

绿色可以传递出青春洋溢、健康活力的气息，在重新设计的过程中使用绿色系进行配色，可以突显出音乐活动健康向上的氛围，展示出阳光、积极的音乐主题思想。

❷ 倾斜的文字设计

根据画面中的设计元素，将背景中的色彩倾斜方向和文字的倾斜方向进行更改，与原案例的倾斜方向相反，同样可以营造出动感。

❸ 添加更多的设计元素

在设计的过程中使用更多的设计元素对文字进行修饰，使得画面中的内容更加丰富，呈现出精致的画面效果，提高广告的品质。

4.4.3 知识拓展

如果要在 Illustrator 中绘制出颜色丰富的矢量图形，渐变网格的使用是必不可少的，那么如何更加快捷、更科学地创建渐变网格？又是如何对渐变网格进行进一步精细编辑呢？接下来就让我们一起来学习。

使用规则的网格点图案来创建网格对象

在 Illustrator 中通过“创建渐变网格”命令可以使用规则的网格点图案来创建对象。选择需要使用渐变网格上色的对象，然后执行“对象 > 创建渐变网格”菜单命令，即可打开“创建渐变网格”对话框，在其中包含了多个选项设置，可以对渐变网格的排列进行有规律地控制。如右图所示。

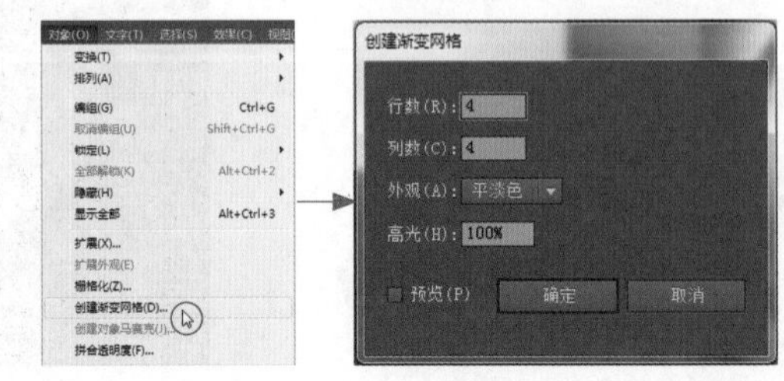

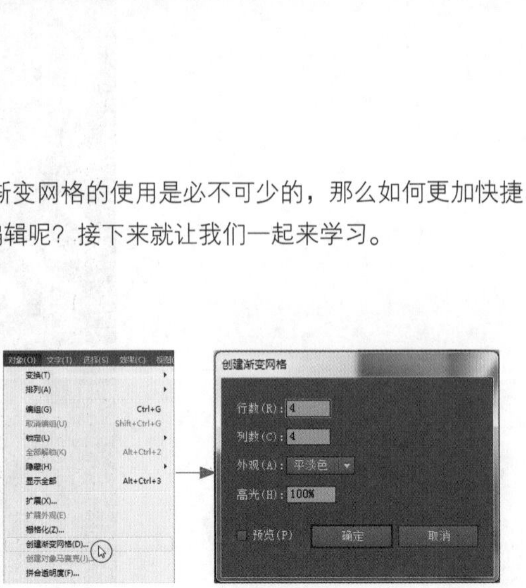

❶ **行数 / 列数**：用于控制渐变网格 X 轴和 Y 轴方向上的渐变网格数量，直接输入参数即可完成设置。

❷ **无层次**：利用“外观”选项下拉列表中的“无层次”选项可以在表面上均匀应用对象的原始颜色，从而导致没有高光。

❸ **至中心**：利用“外观”选项下拉列表中的“至中心”选项可以在对象中心创建高光。

❹ **至边缘**：利用“外观”选项下拉列表中的“至边缘”选项可以在对象边缘创建高光。

❺ **高光**：用于控制网格点填充高光效果的数量，设置为“100%”可将最大白色高光应用于对象，设置为“0%”则不会在对象中应用任何白色高光。

使用不同的渐变网格外观可以得到不同的渐变网格填充效果，下图所示分别为对原始图形填色及 3 种不同外观下的填色效果及设置。

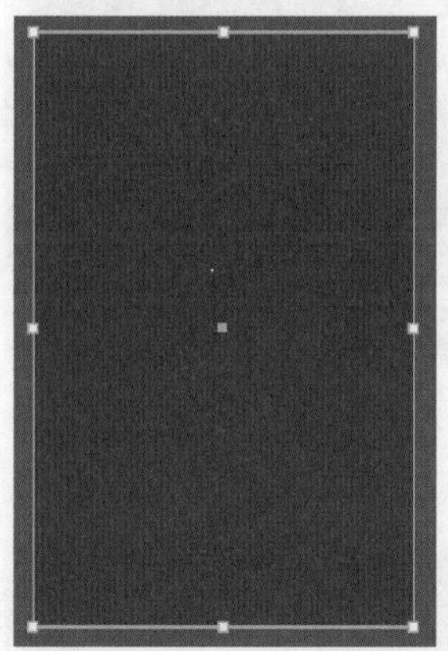

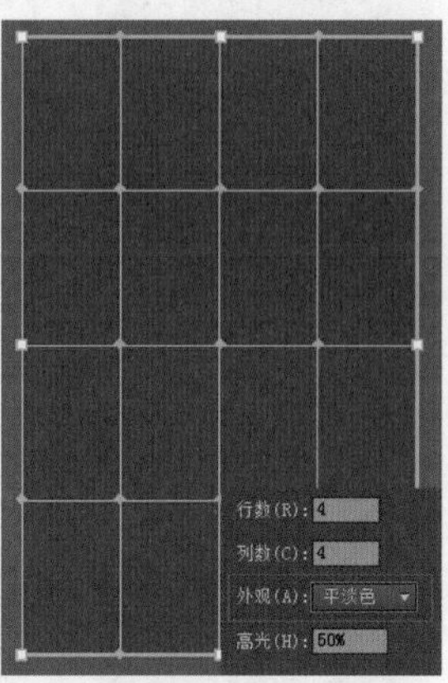

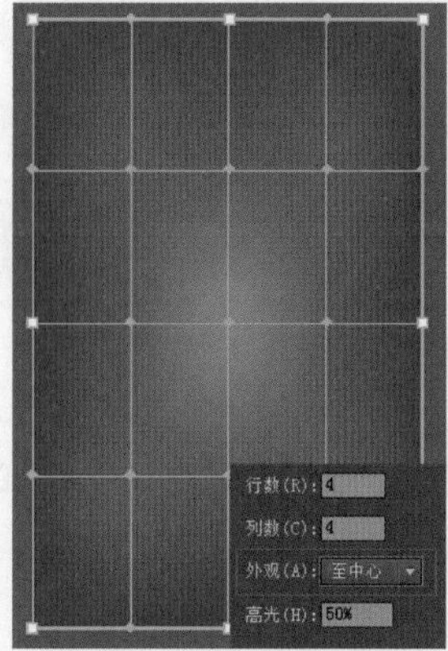

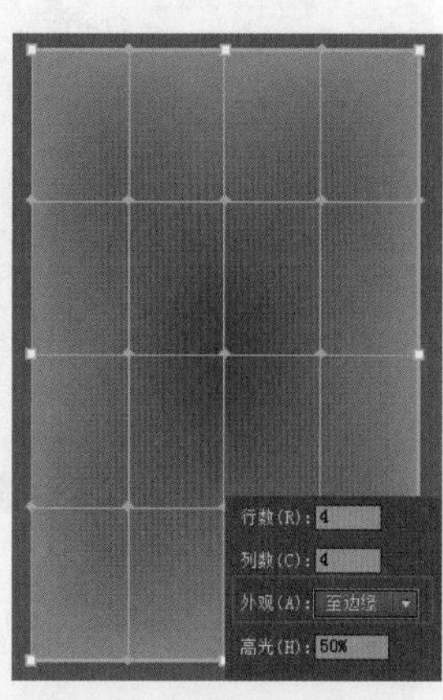

将网格对象转换为路径对象

选择网格对象，执行“对象 > 路径 > 偏移路径”菜单命令，在打开的对话框中设置“位移”选项为“0px”，即可将网格对象转换为一个网格对象和一个路径对象，如下图所示。这样可以快速得到与网格对象相同轮廓的路径图形。如右图所示。

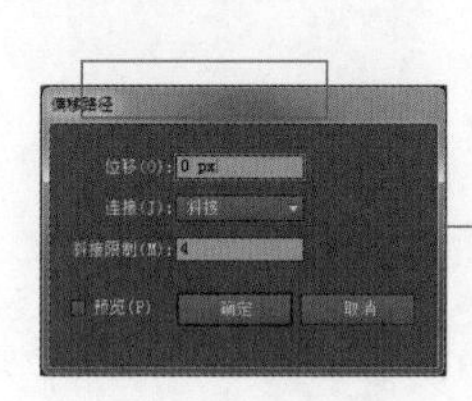

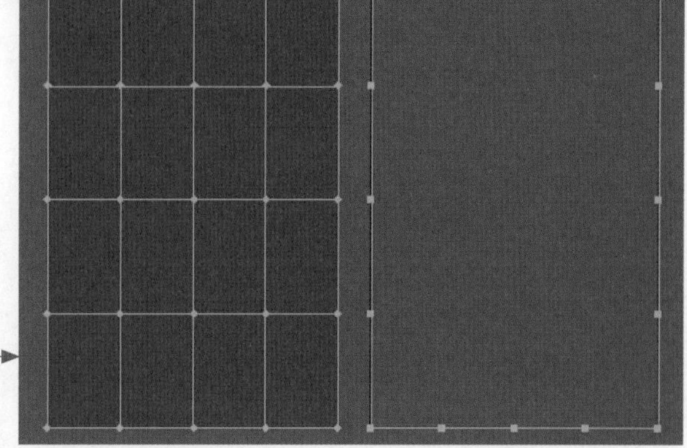

设置渐变网格的透明度

对于 Illustrator 中的渐变网格，可以通过“透明度”面板中的设置来控制渐变网格中局部区域的不透明度，并且可以指定单个网格节点的透明度和不透明度值。

选择一个或多个网格节点或面片，在“透明度”面板中设置“不透明”，右图所示为将网格面片的不透明度设置为为“10%”的效果，可以看到网格面片所映射的区域形成了半透明的效果。

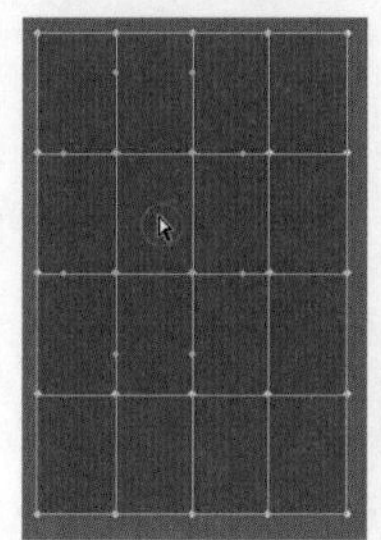

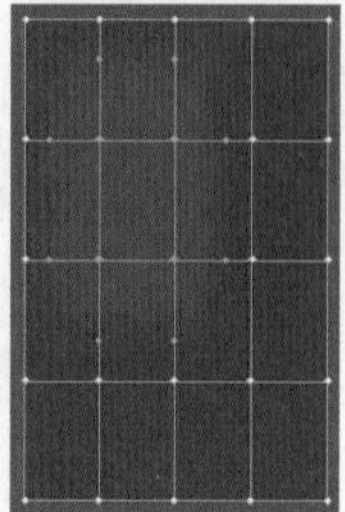

TIPS

如果将包含网格对象的文件保存为旧版 Illustrator 格式或 EPS，或者是 PDF 格式，那么在文件中将自动创建一个不透明度蒙版来保留网格对象的透明度。

将渐变填充转换为网格填充

在 Illustrator 中还可以将渐变填充的图形转换为网格填充效果，转换后的网格效果取决于渐变填充的类型，不同的渐变填充所创建的渐变网格是有区别的。

选择渐变填充的图形，然后执行“对象 > 扩展”菜单命令，在打开的“扩展”对话框中单击选中“渐变网格”单选按钮，确认设置后可以将所选对象转换为具有渐变形状的网格对象，下图所示为将径向渐变图形转换为网格填充后的效果。

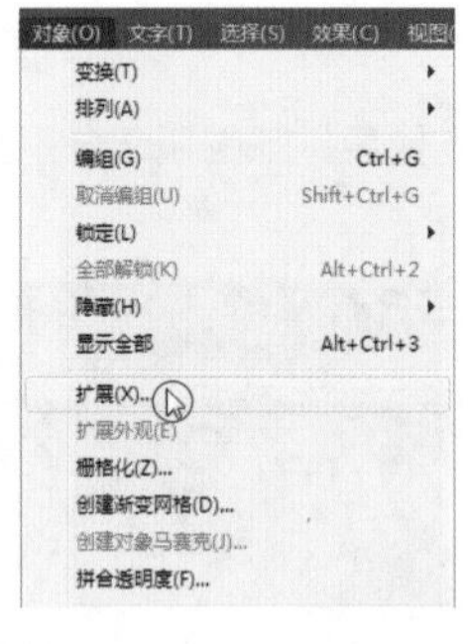

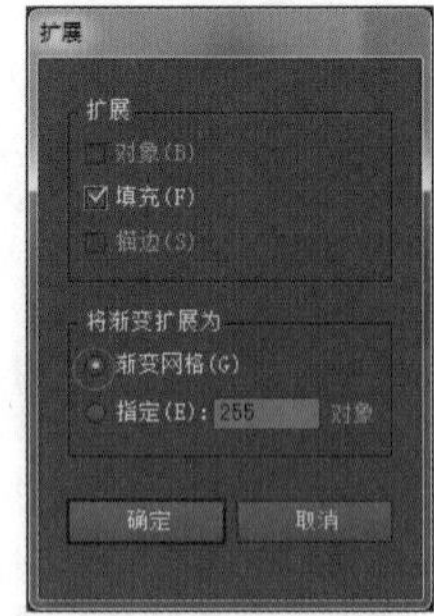

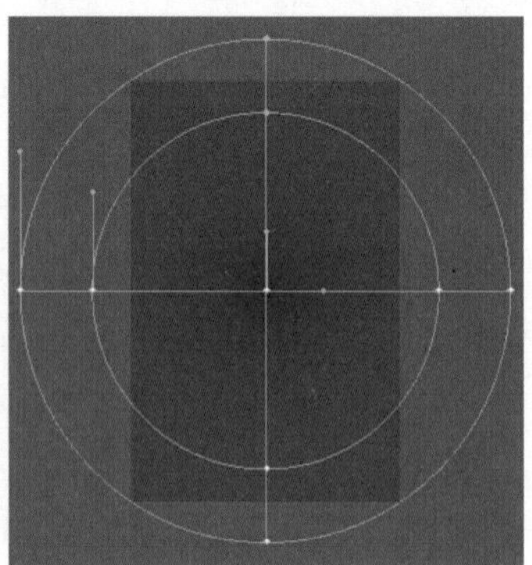

由于在 Illustrator 中将渐变填充对象转换为网格填充对象的过程中，渐变网格的点是自动生成的，径向渐变生成圆形的渐变网格，而线性渐变生成平行线渐变网格，因此对转换后的渐变网格外观影响最大的就是渐变填充中渐变的角度和渐变中参与的颜色，颜色越多，则渐变网格就越丰富。右图所示为线性渐变转换为网格对象的效果。

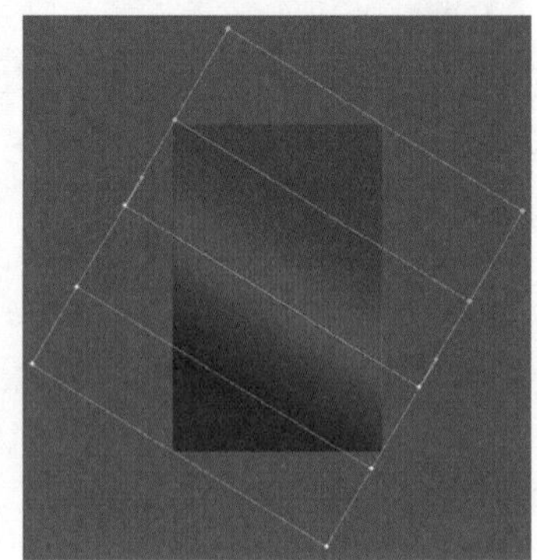

课后练习

在前面的内容中，我们对杂志广告的优缺点和相关的设计原则进行了讲解，同时通过具体的案例来让读者更深刻地理解杂志广告的设计，接下来将利用两个练习使大家对杂志广告的制作和设计有进一步认识。

习题01：房产杂志广告

素　材：随书光盘\课后练习\素材\04\01.jpg
源文件：随书光盘\课后练习\源文件\04\房产杂志广告.psd

杂志广告的目的就是使用直接有效的照片对商品进行表现，使其产生引人入胜的效果。而房产杂志广告的目的就是对所销售的楼盘进行宣传，比如下图所示的房产杂志广告，就是通过简约的图形和文字来对在售楼盘进行推广的。

❶ 将照片制作成双色调的效果；

❷ 在 Illustrator 中使用“钢笔工具”绘制出楼房的剪影，并分别填充上不同的颜色；

❸ 向画面中添加文字，完善画面内容。

习题02：女装杂志广告

素　材：随书光盘\课后练习\素材\04\02、03.jpg
源文件：随书光盘\课后练习\源文件\04\女装杂志广告.psd

服装杂志广告是以宣传、推广服装为主要目的，最终希望提高销售量，以达到盈利的目标。一个设计优秀的杂志广告可以为品牌起到很好的包装和宣传效果，右图所示为某品牌女装设计的杂志广告，利用图形对画面进行修饰，使设计元素完美地融合在一起，提升画面的观赏性和设计感。

❶ 绘制出矢量的形状背景；

❷ 通过混合模式将照片叠加到画面中，如下图和右图所示。

PITPOURRI

Feelings of flowers

HOME

PRODUCT

PROOBICT

PITPOURRI

LAVENDER

PITPOURRI

Feel the fragrance of flowers

LAVENDER

Website brief

key product recommendation

Service Instructions

Attention needs

Need to ask

@ 2013-2020

第 05 章

网页设计

随着时代步伐的前进，设计的理念也在逐渐变化，互联网的迅速发展，让网站建设成为其中一个重要课题。本章通过对网站设计原则进行分析，旨在找出适合时代发展的网站设计方法与理念，并通过3个不同设计风格的网页来进行讲解，让读者掌握与网页设计相关的操作和技巧。

在本章的案例中，第一个案例是为女性网站设计首页效果，采用虚实结合及比喻的方式对网站的主题进行表现，让设计诉求更加明确；第二个案例是为外语学习网站制作的首页效果，其中利用立体的三角形作为主要设计元素，用三角形突破、动感的特点作为暗喻，使其与网站的主要思想相互辉映；第三个案例制作的是精油品牌的网站首页，利用无彩色和有彩色的方式突出主体对象，并使用较为清新的自然色彩来表现产品的环保和原生态理念。案例中每个效果都具有很强的扩展性，接下来就让我们一起来学习吧。

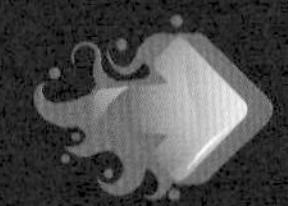

5.1 与网页设计相关

网页设计是一种建立在新型媒体之上的新型设计。它具有很强的视觉效果、互动性、互操作性以及受众面广等其他媒体所不具有的特点，它是区别于报刊、影视的一个新媒体。

5.1.1 网页设计四要素

要呈现出成功的网页设计作品，那么必须对网页的设计风格、网站的框架布局等方面的设计要素进行定位，安排好设计画面中的主要对象，然后再进行加工和修饰，如下图所示。接下来通过具体的分析来对网页设计中需要掌握的四个要素进行讲解。

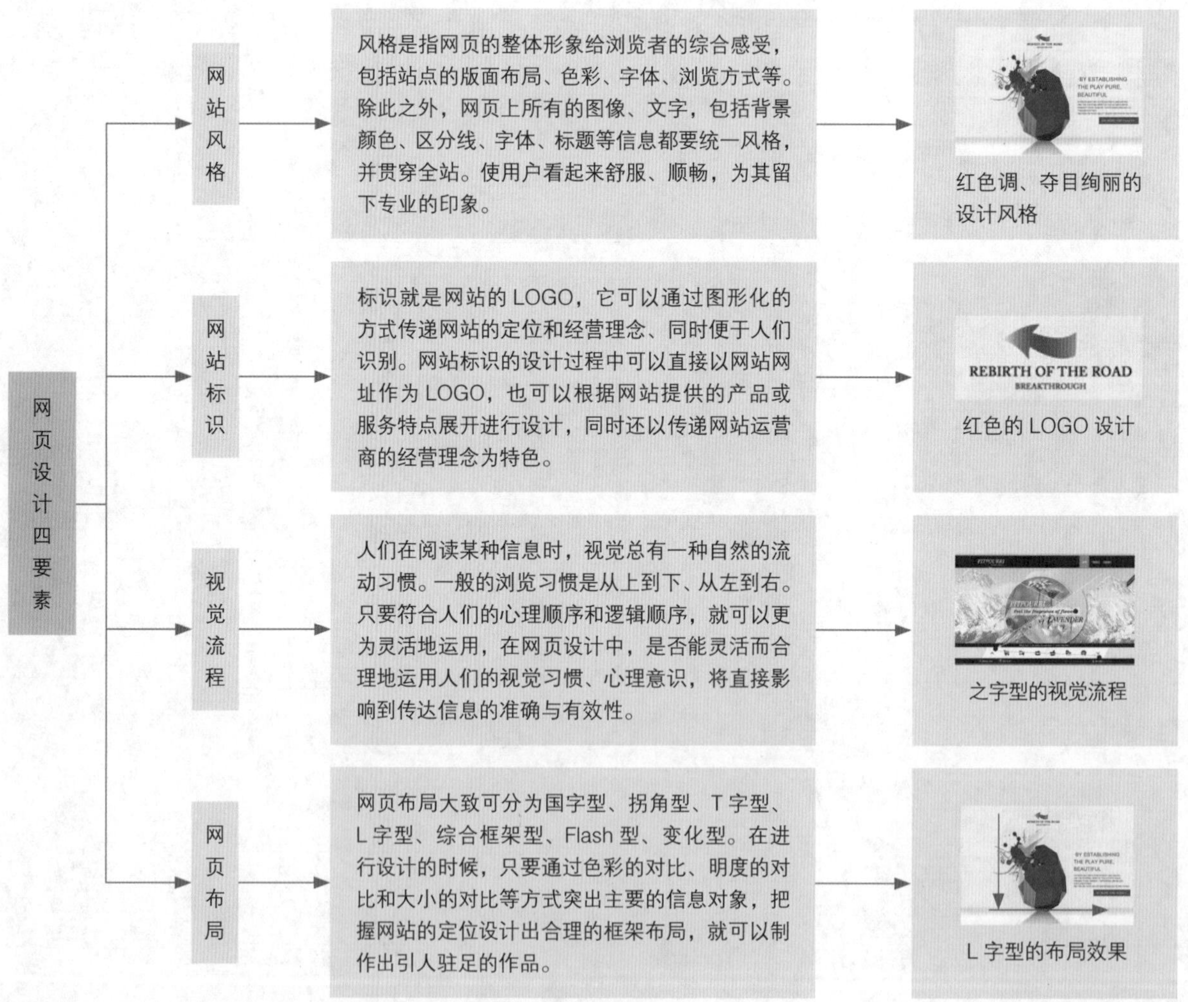

5.1.2　网页设计的四大技巧

在进行网页设计时会遇到很多的问题，设计师通常要扮演多种角色，并且需要掌握构建有效实用的网站布局的知识。掌握一些必备的技巧是创作一个完美网页的捷径，接下来就通过几个重要的技巧介绍，使大家了解在网页设计中需要注意的几个问题。

优化图片

学习如何通过选择正确的格式来优化网页图片，并确保文件大小在可行的范围之内是足够小的。图片文件的大小会影响网页的加载时间，过长的加载时间是有可能把用户“赶走”的。

在网页设计完成后优化图片，可以获得更好的页面加载速度，通常在Photoshop中可以将设计完成的作品存储为Web所需的格式，对作品中的色彩和尺寸进行控制，右图所示为在Photoshop中的编辑效果。

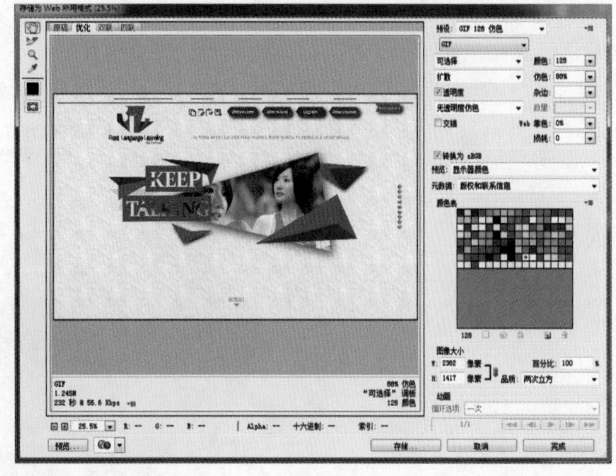

导航条是最重要的组成部分

一个网站最重要的部分就是整个网站的导航，如果没有导航的方向指示，无论在哪个页面中，都会发生浏览者“卡”在某个页面而离不开的状况。导航条的摆放位置、风格、可用性和网页易读性，这些都是在制作导航设计时所需要考虑的。导航条最主要的目标就是网站导航，尽可能减少浏览操作，努力而让用户顺利找到想要浏览的内容。

使用易于阅读的字体

虽然可以用于设计创作的字体有成千上万种，并且风格各异，但是有效的、能利用的只是一小部分，因此在设计的过程中应当坚持使用网页安全字体。在较大段落文字的安排中，需要保持字体的一致性，确保标题与段落的内容看起来有所不同。通过使用空白、调整行高、字体大小和字母间距属性，让用户轻松愉快地阅读内容。

右图所示为本章案例的文字效果，从中可以看出，为了表现出不同区域文字的功能性，以及文字之间的主次关系，在设计的过程中使用了不同的字体和不同的色彩以进行表现。

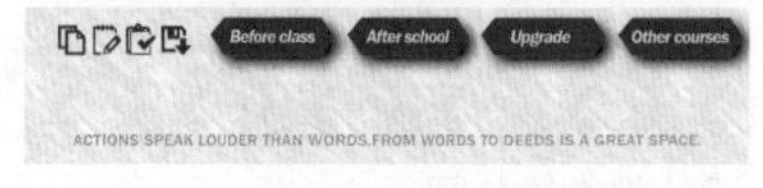

充分掌握色彩的无障碍性

除了以上两点，在设计的过程中还需要注重主要色彩的重要性。由于在网页中肯定会存在文字元素，在设计中应该尽量使用高对比度的效果进行表现。需要指出的是，黑色文字在白色背景中的显示比使用高对比度色彩后的表现更为理想。如右图所示，橙色背景上的灰色文字会令眼睛感到紧张，影响了它的可读性和阅读舒适度。

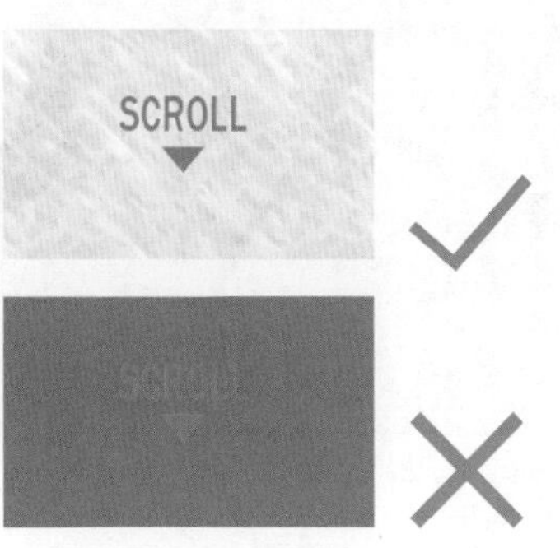

5.2 利用创意画面吸引眼球——符号库

素　材：随书光盘\素材\05\01.jpg
源文件：随书光盘\源文件\05\利用创意画面吸引眼球.psd

本例的效果如下图所示。

5.2.1 案例操作

设计思维进化图

下图所示为本例的设计思路。

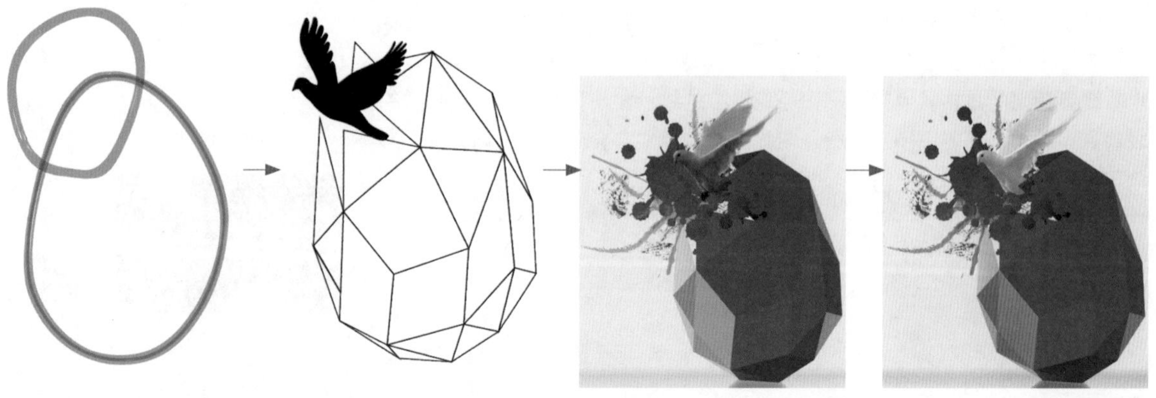

绘制的草图，对画面进行构图。

绘制画面中的线条，对图像进行细化。

为形状进行初步上色，添加上修饰的位图。

调整局部和整体的颜色和影调，增强画面层次。

创作关键字：虚实结合

为了表现出飞鸟破茧而出的瞬间爆发力，本例采用虚实结合的方式对画面进行表现。利用矢量图像代表蛋壳的坚硬，用喷射的修饰图像表现迸发后的绚丽场景，用实体的飞鸟位图塑造出努力飞翔的鸟儿形象。这种一虚一实的表现，描绘出飞鸟惊艳的瞬间，展现出对未来美好世界的向往。如右图所示。

真实的飞鸟形象

虚构的蛋壳外形

色彩搭配秘籍：玫红色、浅灰色

玫红色中浓重的红色融入了些许的紫色，象征着富足和尊贵，给人一种外柔内刚的感受。本例中使用玫红色作为蛋壳和修饰花纹的主色调，表现出一种坚韧与柔和相互融合的感觉，并使用浅灰色进行搭配，缓解了玫红色这种强烈的色彩冲击力，对整个画面的颜色进行了调和，使得设计主题更加突出。

R22、G299、B82
C22、M99、Y53、K0

R244、G244、B244
C5、M4、Y4、K0

软件功能应用提炼

Illustrator 功能应用

❶ 用“钢笔工具”绘制出蛋壳各个区域的形状；

❷ 用“斑点画笔工具”和“画笔工具”绘制出自然飘逸的线条和喷溅的墨点；

❸ 用“渐变工具”为蛋壳形状填充上多变的色彩。

Photoshop 功能应用

❶ 用“磁性套索工具”抠取飞鸟的图像；

❷ 利用“图层蒙版”将素材中多余的图像遮蔽；

❸ 通过调整命令对各区域图像进行调色处理；

❹ 用“横排文字工具”添加文本信息。

实例步骤解析

本例在实际的制作中先使用 Illustrator 中的功能来绘制蛋壳和喷射的形状，然后在 Photoshop 中添加上飞鸟的位图图像，最后添加上文字，并使用调整命令对画面中的局部和整体进行影调和色调的调整。

01 在Illustrator中绘制蛋壳的外形

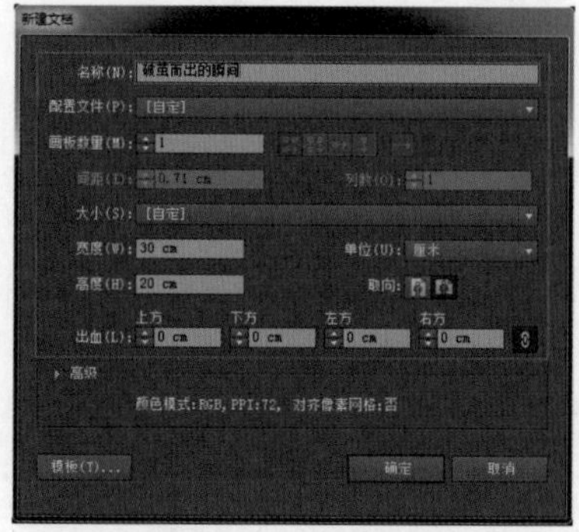

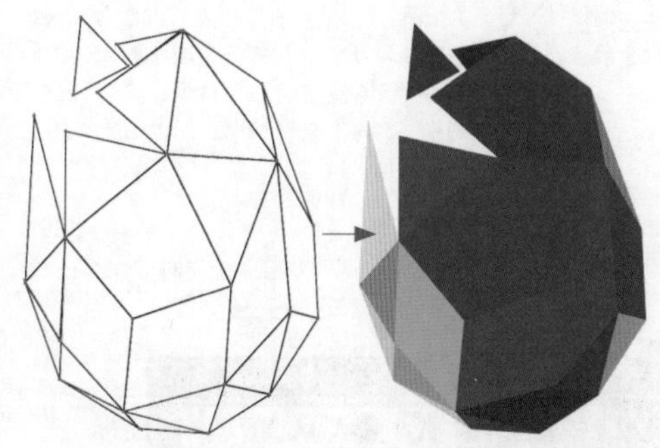

01 在Illustrator中创建新的文件 启动Illustrator CC应用程序，执行“文件>新建”菜单命令，在打开的“新建文件”对话框中对选项进行设置，调整其“宽度”为"30cm"，“高度”为"20cm"，取向为“横向”，完成设置后单击“确定”按钮，在Illustrator中创建一个空白的文件。如上图所示。

02 绘制蛋壳并进行基础上色 选择工具箱中的“钢笔工具”，在画板中适当的位置单击以添加一个锚点，移动鼠标再次单击添加另外一个锚点，用这样的方式绘制出蛋壳的外形，并通过“颜色”面板为不同的蛋壳形状填充上不同程度的玫红色，让蛋壳显示出一定的层次感。如上图所示。

TIPS

在 Illustrator 的“新建文件”对话框中的“高级”选项组中还可以对文件的“颜色模式”“栅格效果”和“预览模式”进行设置，以调整文件中的某些编辑功能。

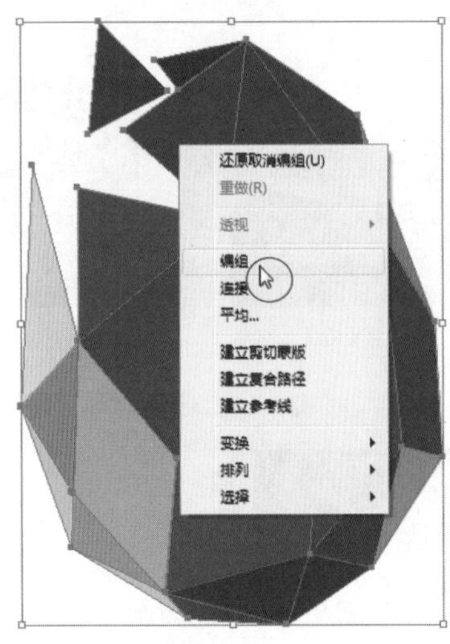

03编组路径 完成蛋壳的上色后，使用工具箱中的“选择工具”将所有的蛋壳形状选中，单击鼠标右键，在弹出的菜单中选择“编组”，将蛋壳归纳到一个组中。如上图所示。

04使用“符号”面板中预设的污点形状 打开“符号”面板，单击面板右上方的扩展按钮，执行“打开符号库>污点矢量包”菜单命令，打开“污点矢量包”面板，选择其中的“污点矢量包11”，将其拖曳到画板中，并适当调整形状的大小。单击鼠标右键，在弹出的菜单命令中选择“断开符号链接”命令，使其断开与“符号”面板的链接状态。如上图所示。

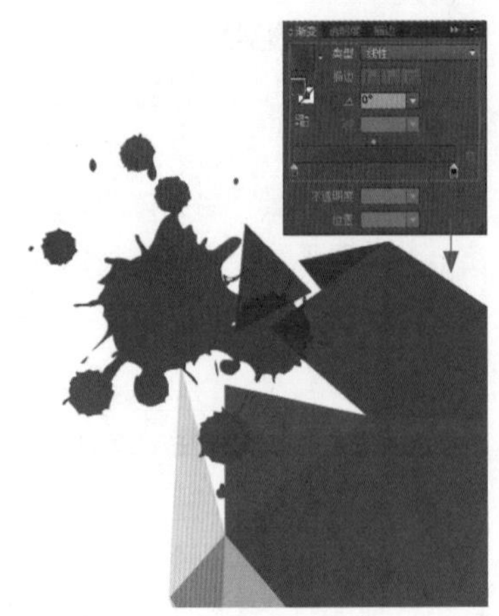

05使用“渐变”面板上色 选中上一步中添加的形状，打开“渐变”面板，在其中设置R212、G0、B94到R42、G0、B1的线性渐变色，并双击选中右侧的色块，设置该点的“不透明度”选项为“70%”，清除描边的颜色，在画板中可以看到编辑的效果。如上图所示。

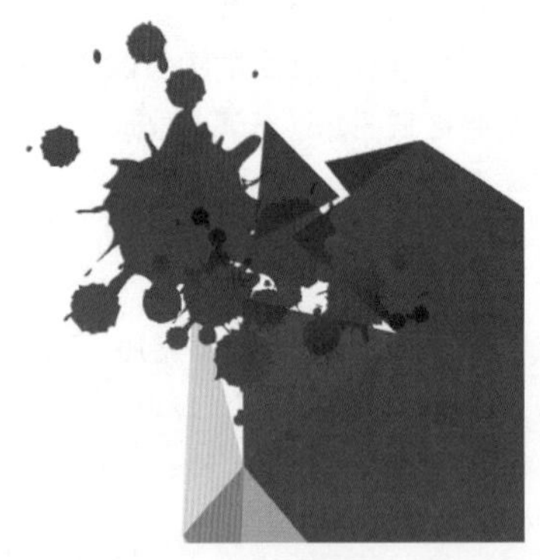

06复制形状 选中编辑的形状，按Ctrl+C快捷键进行复制，再按Ctrl+V快捷键进行粘贴，并对复制的形状进行大小和位置的调整。如上图所示。

07用“画笔工具”进行绘制 选中工具箱中的“画笔工具”，在“画笔”面板中的扩展菜单中执行“打开画笔库>艺术效果>艺术效果_粉笔炭笔铅笔”命令，在打开的面板中选中“炭笔”进行绘制。如上图所示。

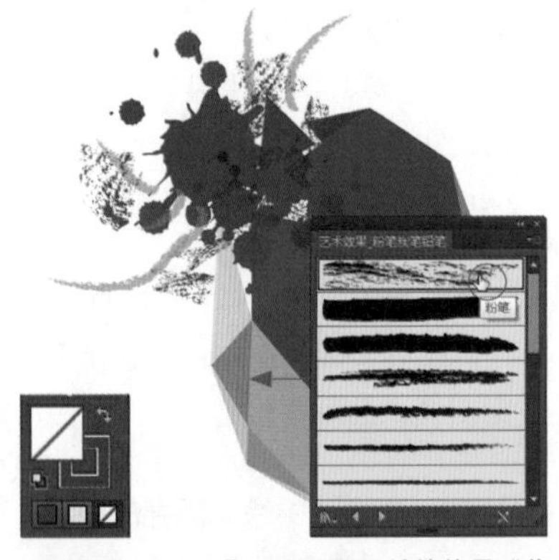

08用“粉笔”画笔绘制 继续使用“艺术效果_粉笔炭笔铅笔”面板中的画笔样式进行绘制，选中其中的“粉笔”，并在工具箱中对描边的颜色进行设置，将填充色设置为“无”，在画板中适当的位置描绘即可，并且在画板中可以实时预览到绘制的效果。如上图所示。

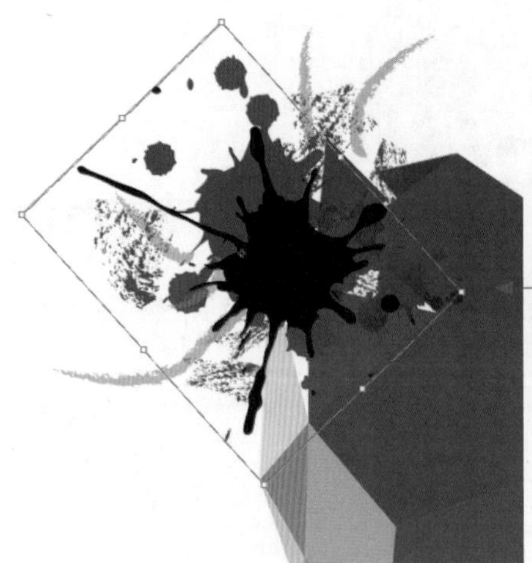

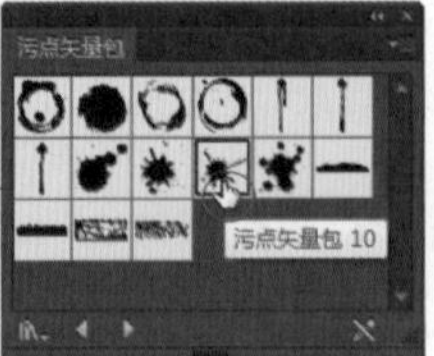

09添加污点图形 在之前打开的“污点矢量包”中选中“污点矢量包10”符号样式，将其拖曳到画板中适当的位置，并调整其角度，在画板中可以看到编辑的效果。如左图所示。

TIPS

为了对符号的大小和角度进行编辑，需要使用“选择工具”对图形进行选取，该工具可以让对象周围显示变换框。

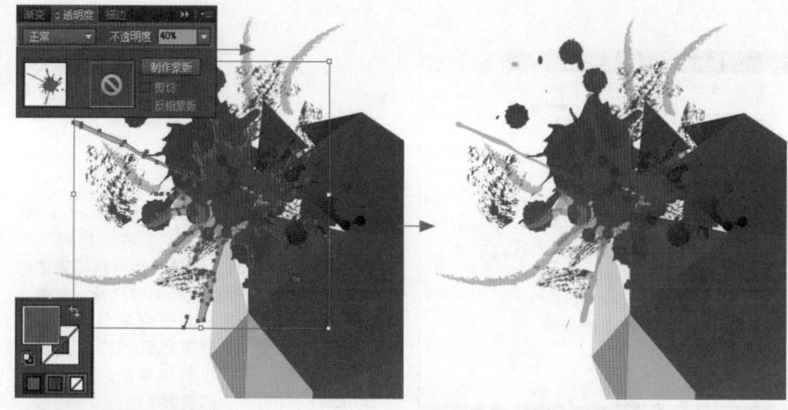

10 编辑形状的颜色和不透明度 取消“污点矢量包10”与“符号”面板的链接，在工具箱中双击填充色色块，在打开的对话框中设置填充色为R237、G30、B121，接着打开“透明度”面板，在其中设置“不透明度”选项为“40%”，在画板中可以看到该形状显示出半透明的效果。如左图所示。

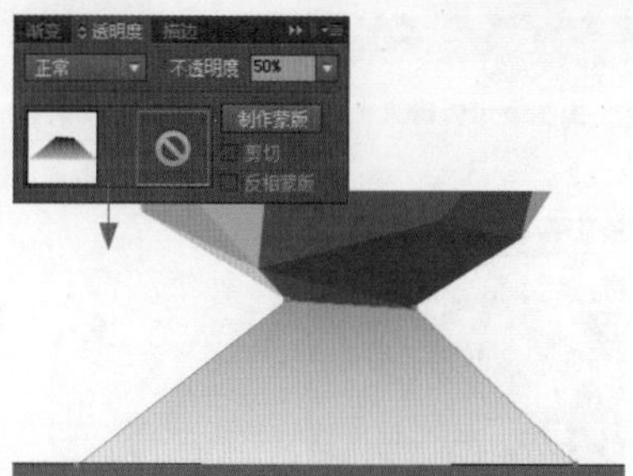

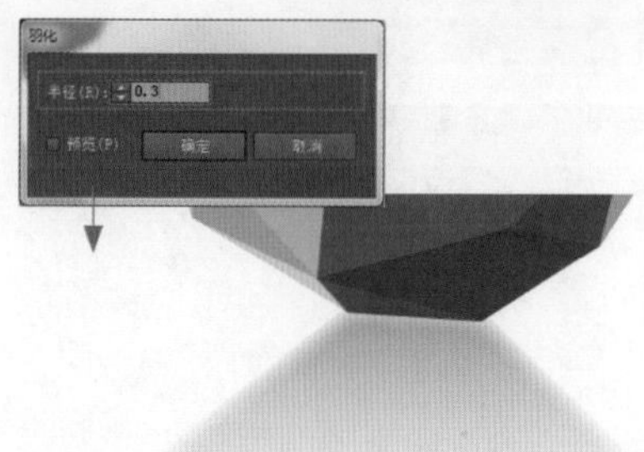

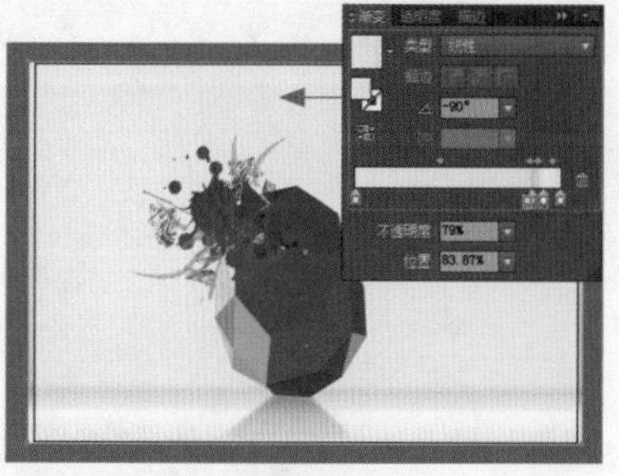

11 绘制阴影 选择工具箱中的“钢笔工具”，在蛋壳的下面位置绘制出阴影的形状，并在“透明度”面板中设置“不透明度”选项的参数为“50%”。如上图所示。

12 羽化阴影效果 选中阴影形状，执行“效果 > 风格化 > 羽化”菜单命令，在打开的“羽化”对话框中设置“半径”选项为“0.3”，完成设置后单击“确定”按钮，在画板中可以看到编辑的羽化效果。如上图所示。

13 编辑背景渐变效果 使用“矩形工具”绘制一个背景矩形，将其置于最底层，打开“渐变”面板，在其中对渐变色进行设置，调整“类型”为“线性”，并将其中的部分渐变滑块的“不透明度”降低，调整“渐变的角度”为“-90°”，在画板中可以看到编辑后的效果。如上图所示。

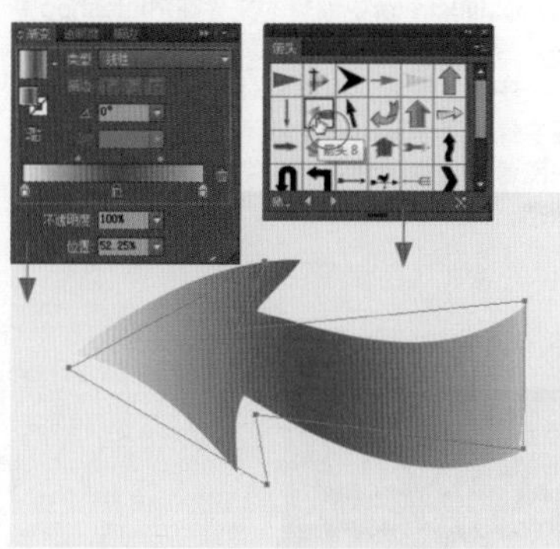

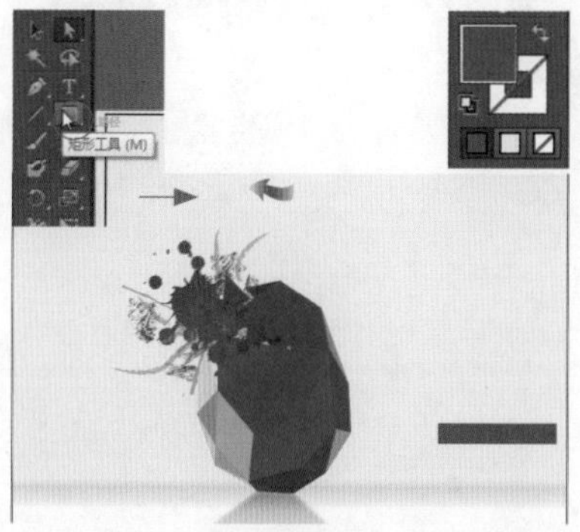

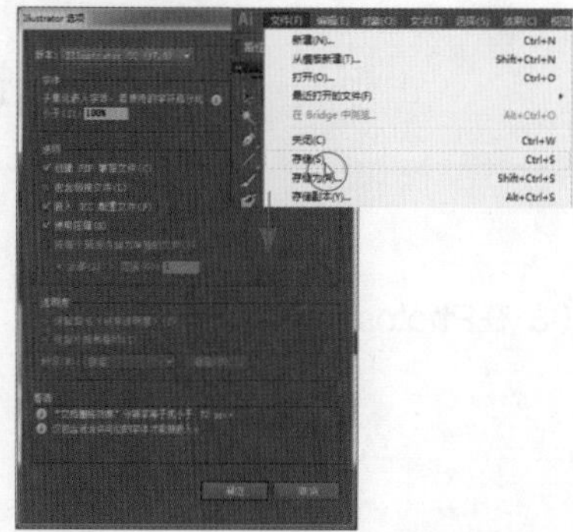

14 添加箭头符号 打开“符号”面板，单击面板右上方的扩展按钮，执行“打开符号库 > 箭头”菜单命令，打开“箭头”面板，在其中选择“箭头8”符号，将其拖曳到画板中，并断开与符号的链接。打开“渐变”面板对箭头的颜色进行设置，适当调整箭头的大小，放在画板的中上方位置。如上图所示。

15 绘制矩形 选择工具箱中的“矩形工具”，在画板中单击并拖曳绘制出矩形条，双击工具箱下方的填充色色块，在打开的“拾色器”对话框中设置填充的颜色为R196、G29、B86，完成设置后将矩形条放在画面的右侧，在画板中可以看到编辑的效果。如上图所示。

16 设置Illustrator中的存储选项 完成矩形的编辑后，可以使用“直接选择工具”对形状进行细微调整，确认编辑后执行“文件 > 存储”菜单命令，在打开的“Illustrator选项”对话框中对“选项”选项组中的设置进行编辑，完成设置后单击“确定”按钮。将编辑的文件存储为“破茧而出的瞬间.ai”文件，并指定存储在计算机中相应的位置，完成Illustrator中的编辑。如上图所示。

02 转入到Photoshop中进行相关设置

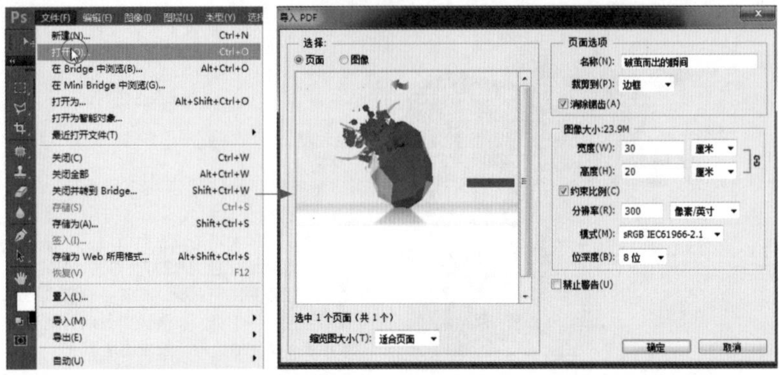

01 执行“打开”命令 运行Photoshop应用程序，执行“文件 > 打开”菜单命令，在打开的对话框中选中编辑完成的AI文件，将其在Photoshop中打开。在弹出的“导入PDF”文件对话框中可以看到文件相关的属性，不对其做任何修改，直接单击“确定”按钮，将编辑的矢量图像在Photoshop中打开。如左图所示。

TIPS

在“导入 PDF”对话框中对“图像大小”选项组中的设置将直接影响到 Photoshop 的运行速度，过大的图像可以带来良好的预览效果，但同时也会让软件运行变慢。

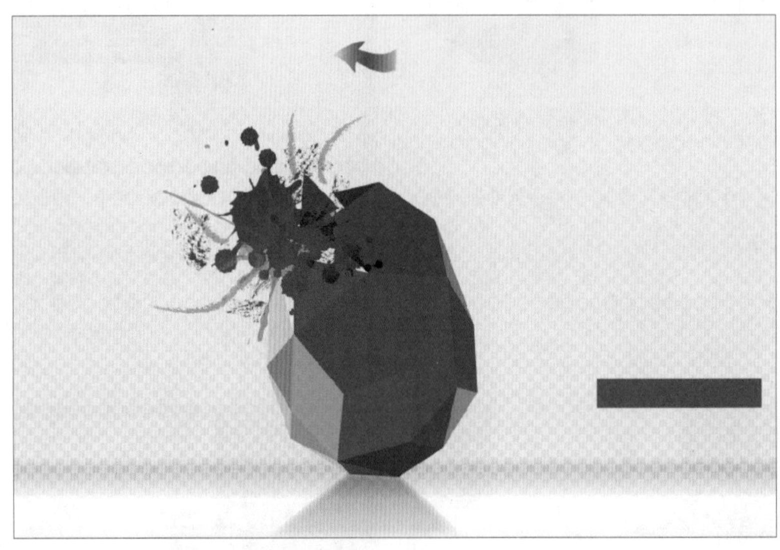

02 在Photoshop中查看图像 将Illustrator中编辑的文件在Photoshop中打开后，可以在“图层”面板中看到只包含了一个图层，即置入的智能对象图层，并且该图层中保留了Illustrator中的不透明度属性，可以在图像窗口中看到背景图像中半透明度的显示状态。如上图和左图所示。

03 在Photoshop中添加飞鸟的形象

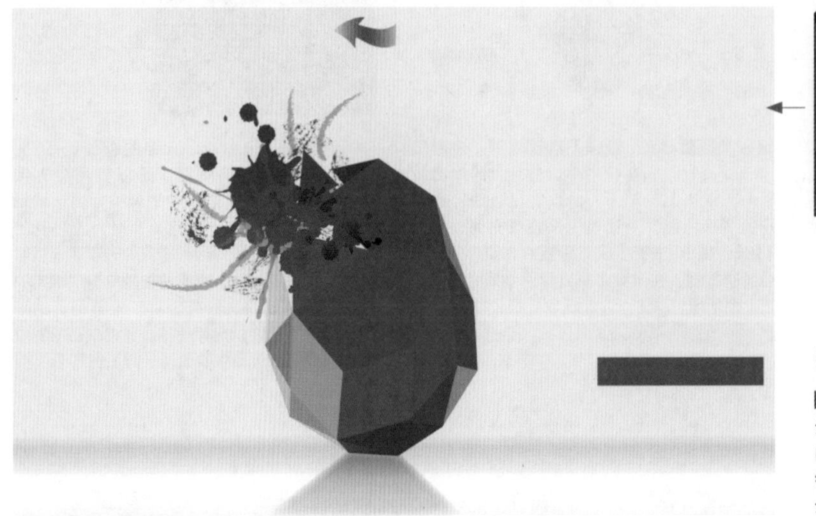

01 添加背景颜色 单击“图层”面板下方“添加新的填充和调整图层”按钮，在弹出的菜单中选择“纯色”命令，打开“拾色器”对话框，在该对话框中设置填充的颜色为白色，完成设置后单击“确定”按钮，在“图层”面板中将颜色填充图层调整到最底层。如上图和左图所示。

02 添加飞鸟素材及编辑图层蒙版　在“图层”面板中创建新图层，得到“图层1”图层，打开“随书光盘\素材\05\01.jpg”，将飞鸟的素材复制到“图层2”图层中。选择工具箱中的“磁性套索工具”将飞鸟选取出来，并为“图层1”图层添加上图层蒙版，使用设置为白色的“柔边圆”画笔编辑图层蒙版。对飞鸟的边缘图像进行处理，使其呈现出自然的过渡效果。如上图所示。

03 调整飞鸟的位置　按Ctrl+T快捷键，显示出自由变换框，对自由变换框的角度和大小进行编辑，然后将飞鸟放在修饰花纹的上面。将前景色设置为黑色，对“图层1”的图层蒙版进行编辑，只将飞鸟的部分显示为白色，其余的显示为黑色，完成对飞鸟形象的添加操作。如上图所示。

04 调整飞鸟的影调　在按住Alt键的同时单击“图层2”图层的蒙版缩览图，将飞鸟创建为选区，为选区创建色阶调整图层，在打开的“属性”面板中将RGB选项下的色阶滑块设置到0、1.93、213的位置，对飞鸟的图像进行影调调整。

05 调整飞鸟的颜色　将飞鸟的图像创建为选区，为未选取区域创建色彩平衡调整图层，在打开的“属性”面板中将“中间调”选项下的色阶值分别设置为“+19、0、+32”，调整飞鸟的颜色，使其显示出略微偏蓝的效果。如上图所示。

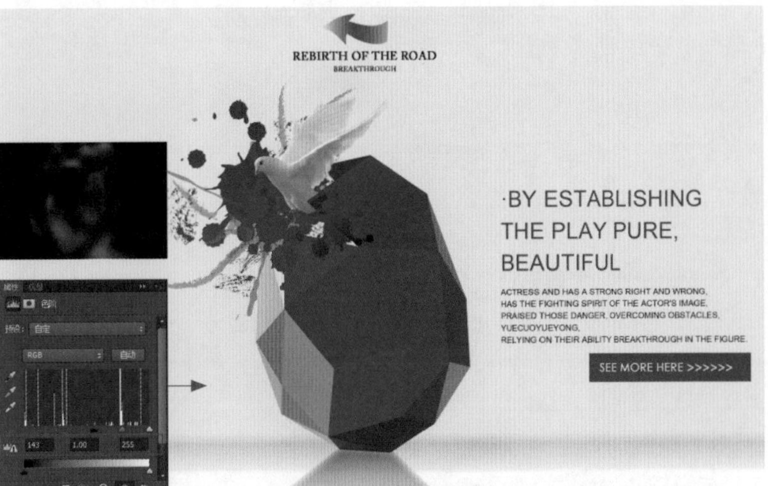

06 添加文字　选择工具箱中的“横排文字工具”，在图像窗口中适当的位置单击，输入所需的文字。打开“字符”面板，对文字的字体、间距和颜色等进行设定，丰富画面的内容。在“图层”面板中可以看到添加的文字图层效果。如上图所示。

07 编辑色阶修饰暗部　通过“调整”面板创建色阶调整图层，在打开的“属性”面板中将RGB选项下的色阶滑块设置到“143、1.00、255”的位置。接着将该调整图层的蒙版填充上黑色，并设置前景色为白色，使用“不透明度”为“1%”的“柔边圆”画笔对蒙版进行编辑，为画面中添加阴影，增强画面的整体层次感。如上图所示。

08 **提高画面中的颜色浓度并调整色调** 创建自然饱和度调整图层，在打开的“属性”面板中设置“自然饱和度”为“+100”，然后创建色彩平衡调整图层，在打开的面板中将“中间调”选项下的色阶值分别设置为“+10、-10、+14”。接着使用黑色的“画笔工具”对这两个调整图层的蒙版进行编辑，隐藏对飞鸟图像的编辑，完成本例的制作。如上图和右图所示。

5.2.2 对比分析

在设计的过程中，设计元素位置、大小的变化等，都会影响最后的编辑效果。对于本例中的网页导航，通过对其中的元素进行细微调整，就能够得到不一样的效果，具体分析如下：

本例是为某整容机构设计的网站首页，画面中用身形优美、羽毛洁白的飞鸽表现破茧而出的消费者，用华丽的蛋壳来代表该机构，使用虚实结合及比喻的方式表达该机构的服务内容。下图所示为本例的设计效果，在创作的过程中也可以对设计中的元素进行适当修改和调整，用另外一种板式来对画面进行表现，也可以得到一幅令人满意的作品。

❶ 将设计元素居中

将网站首页中的设计元素进行居中显示，可以更好地突出该对象，让观赏者的视线更加集中，左侧适当留白可以起到烘托气氛的作用。

❷ 将文字放在右侧

当浏览者完成对图像的浏览后，视线会向右移动从而查看文字的内容，符合大部分人的阅读习惯。

或许，这样也可以……

❶ 放大设计元素的显示

将设计元素放大，使其占据画面右侧的全部位置，将文字和设计元素进行分开显示，这样的板式可以让画面显得更加整齐、真切。如右图所示。

❷ 将颜色加深

适当将设计元素的颜色加深，降低其明度，让飞鸽图像与矢量图形之间的反差增大，有利于图像信息的传递，增强画面的层次。

❸ 添加修饰元素

添加修饰元素来表现破茧而出时所产生的细小裂痕，可以增强画面中主体对象的动感，让表现力更加突出。

❹ 将文字放在左侧

将文字放在左侧，使得画面中的设计元素和文字占据整个画面，可以让画面内容更加丰富。

↘ 5.2.3　知识拓展

在 Illustrator 中包含了多种预设的符号，在设计中可以重复使用这些符号。每个符号都链接到“符号”面板中的符号或符号库，使用预设的符号可节省用户在设计中的时间并显著减小文件大小。

Illustrator 中使用“符号”面板来管理文档的符号，执行“窗口＞符号”菜单命令，即可打开“符号”面板，如右图所示。在“符号”面板中包含多种预设符号，可以从符号库或创建的符号库中添加符号。

符号库

“符号库”是预设符号的集合，当用户打开“符号库”时，它将显示在新面板中，而不是“符号”面板。用户可以在“符号库”中选择、排序和查看项目，其操作与在“符号”面板中的操作一样。但是，不能在符号库中添加、删除或编辑项目，右边的上图所示为“符号”面板菜单中“打开符号库”命令下的子命令。

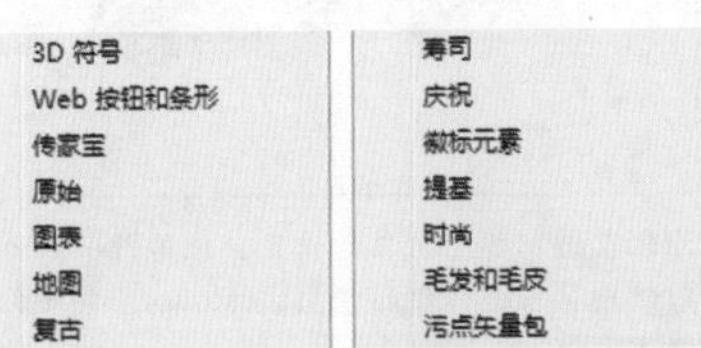

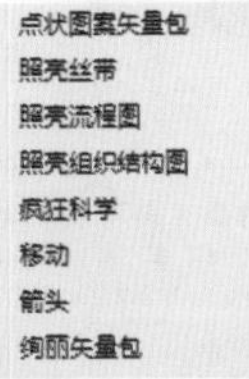

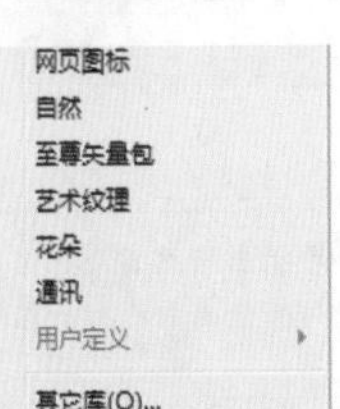

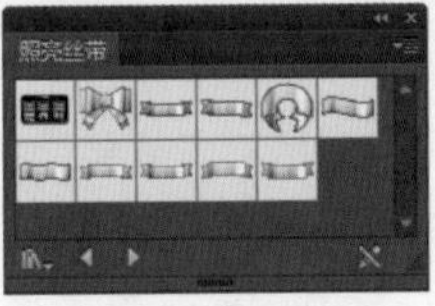

当用户选择“照亮丝带”命令后，该符号库中的符号会以独立的面板进行显示，而不会依附在“符号”面板中存在。如左图所示。

添加符号并进行编辑

由于“符号”面板中或者“符号库”中的符号都与 Illustrator 存在一定的关联，当用户把符号拖曳到画板中进行使用时，该符号会被一个方框框起来，不会显示其中的锚点效果，也不能使用“路径编辑工具”对其进行编辑，同时也不能进行颜色更改。在“外观”面板中会显示出该对象对符号，但是可以在“透明度”面板中对其不透明度参数进行控制。

如下图所示，将“污点矢量包”符号库面板中的符号拖曳到画板中，可以在“外观”面板中看到符号显示效果。如果要对符号进行进一步的编辑，可以用右键鼠标单击符号，在弹出的菜单中选择“断开符号链接”命令，将符号转换为矢量图形，再在“渐变”面板中对其色彩进行更改即可。对于某些应用了图层样式的符号，在将其断开链接后，还可以在“外观”面板中查到到相应的图层样式。

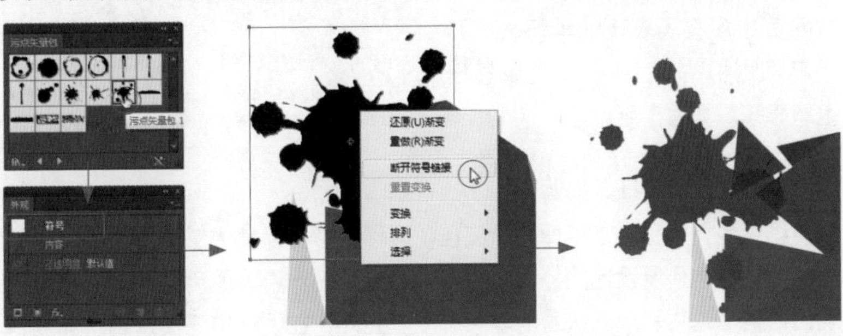

5.3 图形在网页中的突出表现——黑白调整图层

素　材：随书光盘\素材\05\02、03.jpg

源文件：随书光盘\源文件\05\图形在网页中的突出表现.ai

5.3.1 案例操作

设计思维进化图

本例的设计思路如下图所示。

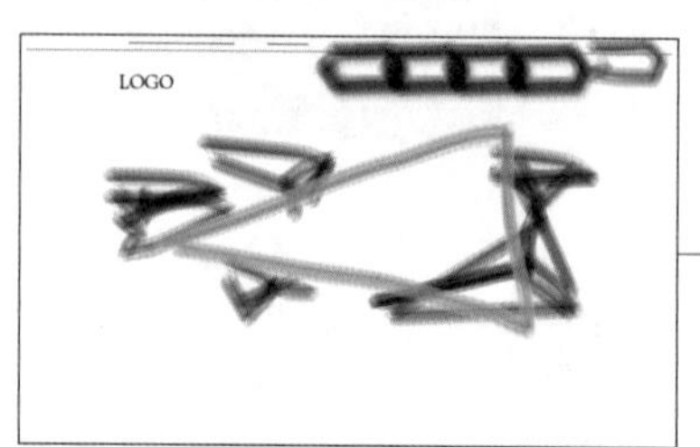

绘制出网站首页中主要图形的位置和形状，并对整个画面进行一定的布局。

分配草图中各个元素的位置，使用Photoshop对位图背景进行编辑，用Illustrator绘制出修饰图形。

通过Illustrator中的“文字工具”为网页添加上文字，并使用“网页图标”面板中的图标对网页进行完善。

创作关键字：立体三角形

三角形是设计中较为常见的几何形状，它可以被水平、垂直或倾斜地放置，不同的三角形可能产生不同的视觉效果，比如平放的三角形具有稳固、庄重的视觉效果；如果将三角形倒置，则呈现种不稳定的状态。因此，在实际的运用中必须考虑到三角形的放置角度。

本例中所使用的三角形均带有一定倾斜角度，由于该设计的主题为外语学习网站，采用立体的三角形可以增强画面的活泼性，与学习中勇于突破自我的思想相互衬托。由于三角形又包含了灵巧的含义，与网页中所要表表现的学习态度和学习思路相贴合，由此更能彰显出主题思想。如右图所示。

对于网页的主题文字使用镂空的方式进行表现，与设计中的立体相关联，并将三角形作为修饰安排在主题文字的周围，使画面元素更加统一。

将网页中的人物位图以三角形的方式进行展示，通过添加阴影来让照片呈现出立体的效果，在四周添加上立体的三角形，映射出设计中的主要元素。

色彩搭配秘籍：绯红、品蓝

绯红色，也称之为艳丽的深红色，这种色彩容易使人感受到大胆、勇敢的感觉，在本例所设计的外语学习网站的首页制作中，使用这种颜色可以表现出语言学习中勇敢、执着的学习态度。此外，在设计中还使用到了品蓝，这种颜色具有冷静、深沉的特质，表达出理智与权威的感觉，可以突显出该外语学习机构的专业性。在设计的过程中将绯红和品蓝这两种具有强烈反差的色彩进行组合，增强了画面的视觉冲击力，如右图所示。除此之外画面基本以黑白色为主，这样的设计更能突出主体，不会让画面中的颜色显得繁杂。

R221、G37、B66
C7、M95、Y65、K0

R55、G81、B156
C85、M71、Y7、K0

软件功能应用详解

Photoshop 功能应用

❶ 使用“图案填充”图层添加背景中的底纹，并使用“不透明度”控制底纹的显示效果；

❷ 通过图层蒙版对照片的显示进行控制；

❸ 用黑白调整图层将彩色照片转换为黑白效果；

❹ 使用“模糊工具”柔化人物的肌肤。

Illustrator 功能应用

❶ 用“直线段工具”绘制画册内页中的线段；

❷ 使用“钢笔工具”绘制出网页中的修饰图形；

❸ 通过“网页图标”面板中的预设图标为网页添加上所需的图标样式；

❹ 使用“路径查找器”创建镂空文字效果。

实例步骤解析

本例在实际的编辑过程中，先在Photoshop中制作出背景图像中的底纹，通过调整图层对画面进行修饰，然后在Illustrator中绘制修饰的形状，用“文字工具”输入文字信息，完善网页的内容表现。

01 在Photoshop中制作网站首页的背景

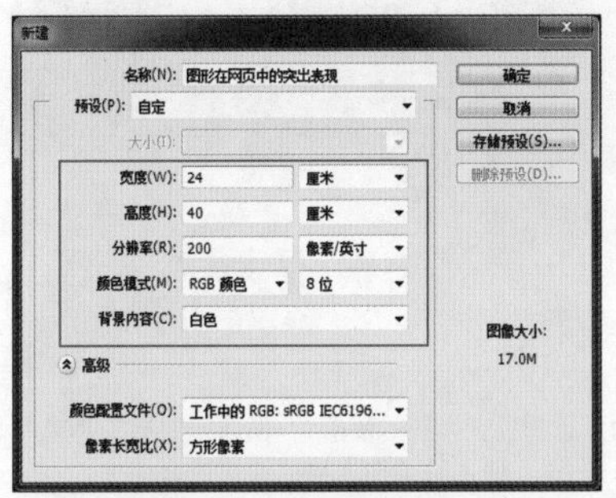

01 新建文档　运行Photoshop CC，执行“文件＞新建”菜单命令，在打开的“新建”对话框中对选项进行设置，创建文档后对画布进行90°旋转。如上图所示。

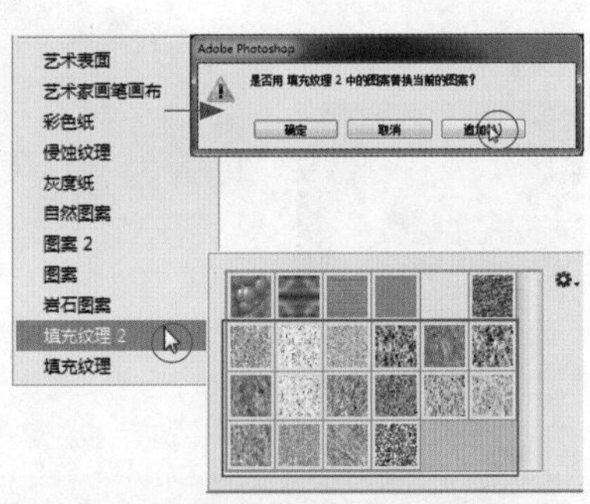

02 载入图案　创建图案填充图层，在打开的对话框中单击图案选择器右侧的扩展按钮，在打开的菜单中选择“填充纹理2”命令，在弹出的对话框中单击“追加”按钮，载入预设的图案。如上图所示。

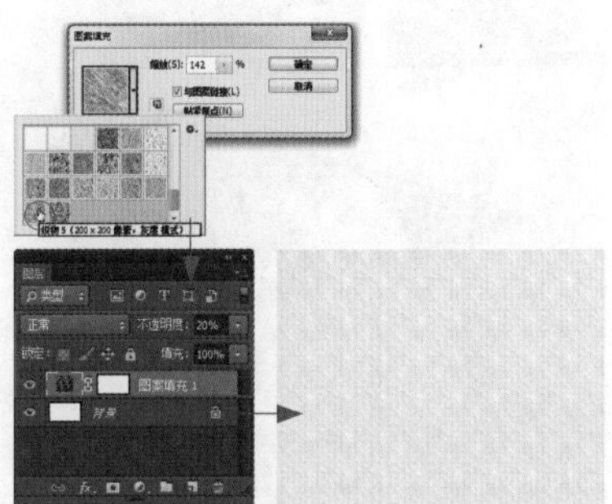

03 编辑图案填充图层　在载入的纹理中选择“织物5”纹理，接着设置“缩放”选项为“142%”，并勾选“与图层链接”复选框，完成设置后单击“确定”按钮，并在“图层”面板中将“图案填充1”图层的“不透明度”设置为“20%”，在图像窗口中可以看到画面的背景中出现了淡淡的纹理效果。如上图所示。

04 添加素材　新建图层，得到“图层1”，打开“随书光盘\素材\05\02.jpg”素材文件，将该照片复制到“图层1”图层中，并适当调整其大小和位置。如上图所示。

05 添加图层蒙版　选中工具箱中的“多边形套索工具”创建选区，接着为“图层1”图层添加图层蒙版，断开蒙版和图层之间的链接，调整图层中图像的显示。如左图所示。

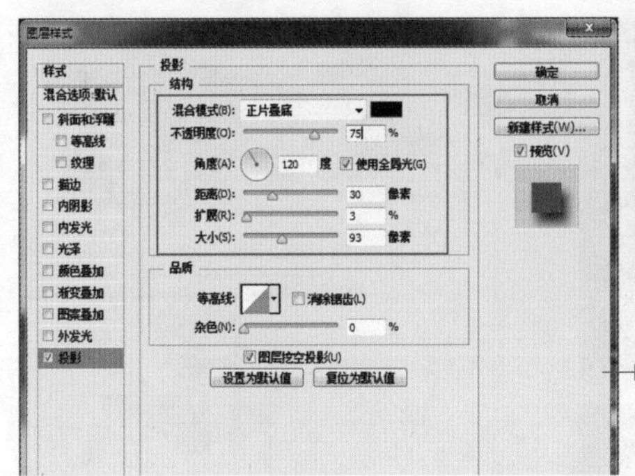

06 添加“投影”图层样式　双击“图层1”，打开“图层样式”对话框，在对话框的左侧勾选“投影”复选框，在“投影”选项组中设置“不透明度”为”75%“，“距离”为“30像素”，“扩展”选项为“3%”，“大小”选项为“93像素”。完成设置后单击“确定”按钮，为该图层添加上阴影效果，在图像窗口中可以看到编辑后的效果。如上图所示。

07 添加素材照片　使用与“图层1”中素材相似的编辑方式，将“随书光盘\素材\05\03.jpg”素材添加到创建的“图层2”图层中，并为其添加上图层蒙版，对图像的显示进行编辑。如上图所示。

08 **创建黑白调整图层** 将“图层1”图层蒙版中的图像载入选区，为选区创建黑白调整图层，在打开的“属性”面板中对各个选项的参数进行调整，将照片调整为黑白色。如上图所示。

09 **使用“模糊工具”柔化细节** 合并所有的可见图层，得到“图层3”图层，选择工具箱中的“模糊工具”，在该工具的选项栏中进行设置，使用鼠标在人物的脸部进行涂抹，柔化人物的肌肤。如上图所示。

02 在Illustrator中绘制修饰图形

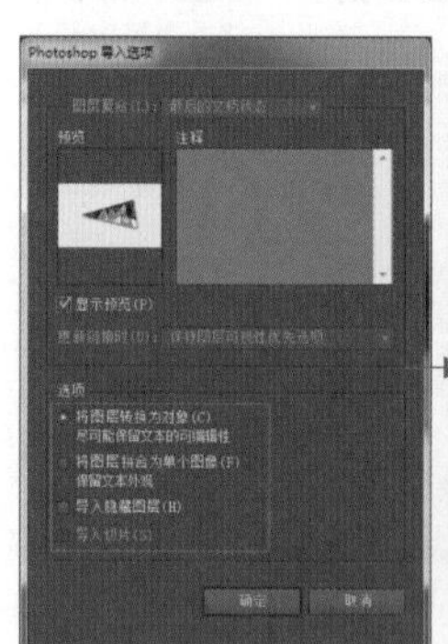

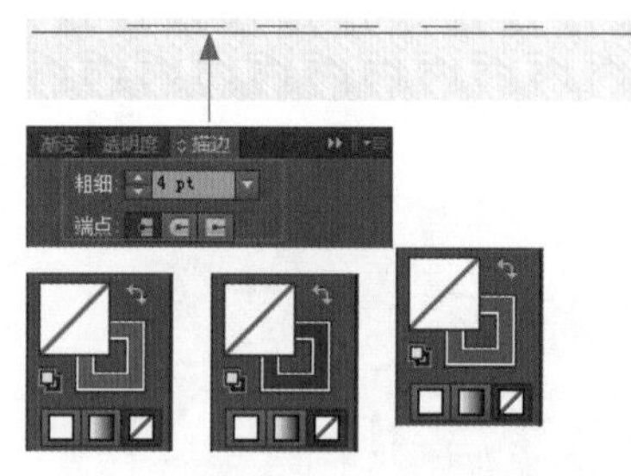

01 **打开文件** 在Photoshop中完成文件的编辑后对文件进行保存，接着运行Illustrator CC应用程序，执行“文件＞打开”菜单命令，在打开的对话框中进行设置，将编辑的位图在Illustrator的画板中打开。如上图所示。

02 **绘制直线段** 选中工具箱中的“直线段工具”，在位置的上方绘制直线段，并使用恰当的颜色作为其各自的描边色，无填充色。接着打开“描边”面板，在其中设置描边的“粗细”为4pt，在面板中可以看到绘制后的效果。如上图所示。

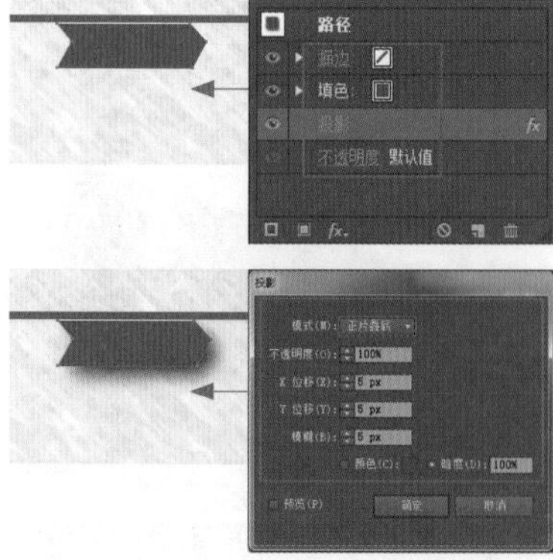

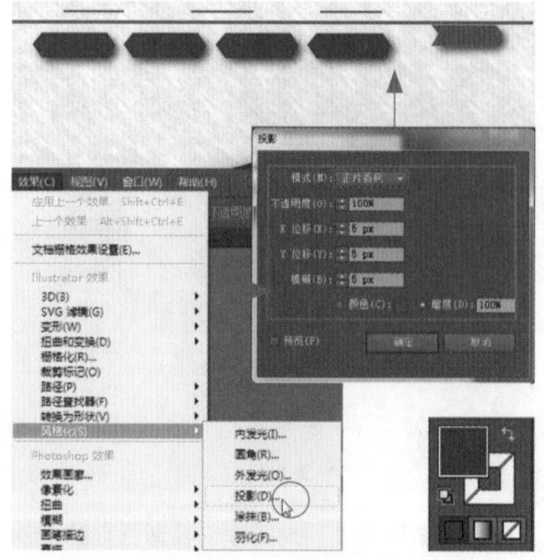

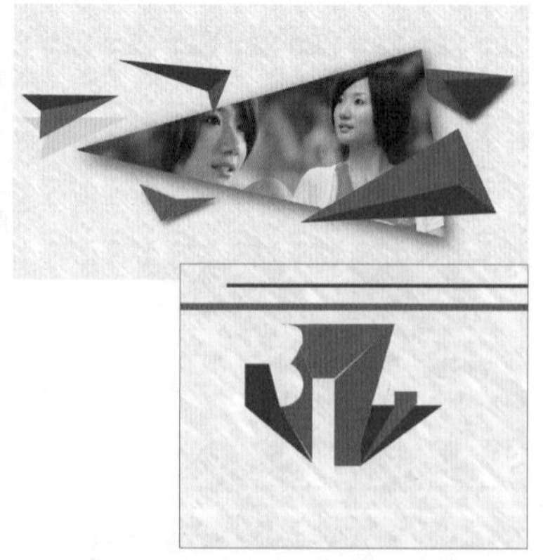

03 **绘制图形** 选择工具箱中的“钢笔工具”，在画板中适当的位置绘制出所需的图形并填充上颜色。执行“效果＞风格化＞投影”菜单命令，在打开的“投影”对话框中对选项进行设置，为所绘制的图形添加投影效果。如上图所示。

04 **绘制图形并进行复制** 使用“钢笔工具”绘制出网页上方的按钮形状，填充上深蓝色。执行“效果＞风格化＞投影”菜单命令，在打开的“投影”对话框中对选项进行设置，为所绘制的按钮添加投影效果。如上图所示。

05 **绘制其他的图形** 使用与步骤03、04类似的方法，通过“钢笔工具”绘制网页中其他的形状，并填充上适当的颜色，调整形状之间的排列，让网页效果更加丰富。如上图所示。

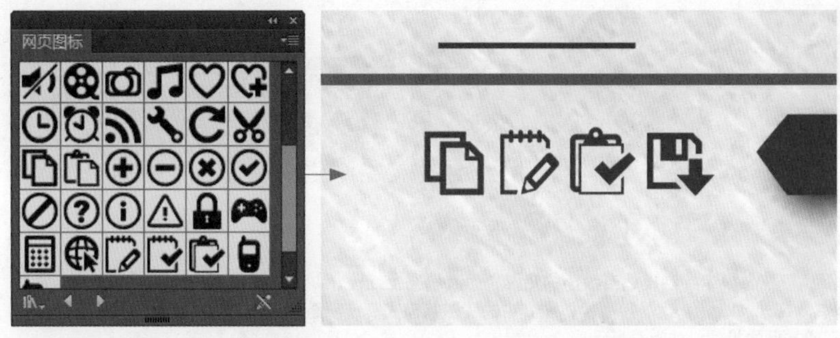

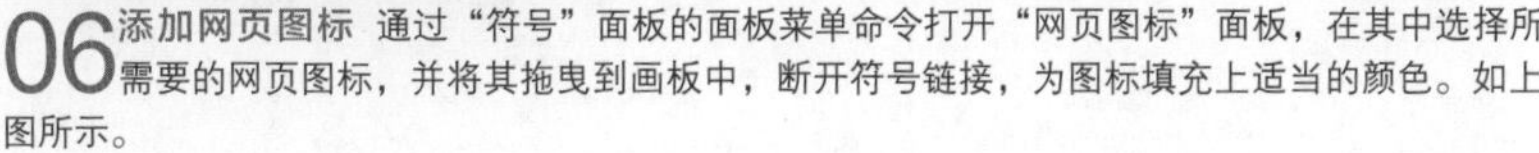

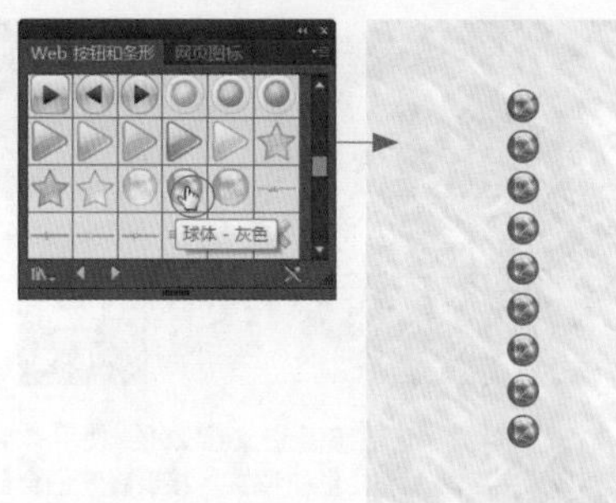

06 添加网页图标 通过“符号”面板的面板菜单命令打开“网页图标”面板，在其中选择所需要的网页图标，并将其拖曳到画板中，断开符号链接，为图标填充上适当的颜色。如上图所示。

07 添加按钮图形 通过“符号”面板的面板菜单命令打开“Web按钮和条形”面板，在其中选择所需要的按钮，并将其拖曳到画板中，断开符号链接，为按钮填充上适当的颜色。如上图所示。

03 在Illustrator中添加文本

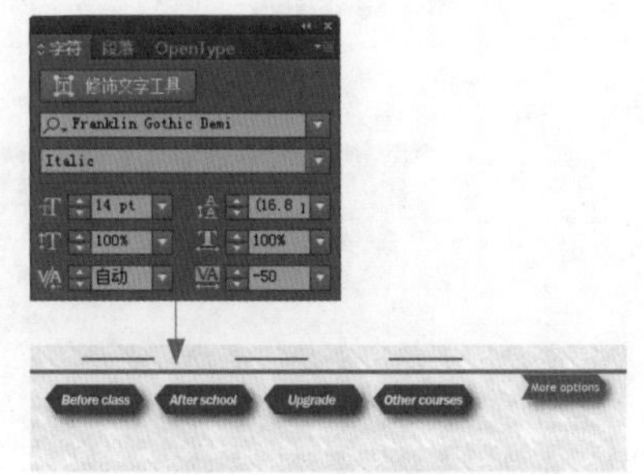

01 添加网页名称 选择工具箱中的“文字工具”，在网页的LOGO下方单击，输入网页的名称，并打开“字符”面板对文字的字体、字号和字间距等属性进行设置。使用“文字工具”选中其中的部分文字，在工具箱中的前景色色块中对个别字母的颜色进行调整，在画板中可以看到编辑的效果。

02 为按钮添加上文字 继续使用“文字工具”为网页上的按钮添加上文字，打开“字符”面板，对文字的字体、字号和字间距等属性进行设置，调整文字的位置，在画板中可以看到编辑的效果。如上图所示。

03 添加网页介绍文字 依照前面添加和编辑文字的方法，为网页添加上说明文字，并在网页的下方添加上“SCROLL”的字样，再使用“钢笔工具”绘制出箭头的图形，在画板中可以看到编辑后的效果。如上图所示。

04 输入广告语 使用“文字工具”在适当的位置单击并输入网页中的广告语，在“字符”面板中对文字的字号、字体、字间距等文字属性进行设置，在画板中可以看到添加文字后的效果。如上图所示。

05 创建轮廓 用鼠标右键单击添加的广告语单词，在弹出的菜单中选择“创建轮廓”菜单命令，将文字转换为矢量的可编辑的路径，在画板中可以看到在文字四周出现了多个锚点。如上图所示。

06 **编辑图形制作镂空文字效果** 使用“矩形工具”在画板中绘制出适当大小的矩形，为其填充上红色，并将其调整到文字路径的下方，调整文字路径和矩形的位置。接着将它们全部选中，打开“路径查找器”面板，在其中的“形状模式”选项组中单击“减去顶层”按钮，创建复合路径，制作出镂空文字效果，调整图形的位置，完成本例的编辑。如上图所示。

5.3.2 对比分析

在设计的过程中，设计元素的大小、位置和色彩的改变，可能会让设计产生另外一种效果，这种结果同样可以表现出设计思想，可以让设计的效果更加灵活，具体展示和分析如下。

右图所示为本例中的设计效果，在其中可以看到画面中主要的设计元素在画面的中间位置，并且两边都有一定的留白，能够让浏览者的视线集中到中间的区域。此外，网站首页中主要使用的两种颜色，即绯红和品蓝，完全符合设计中用色精简的设计原则。同时这两种颜色为具有强烈反差效果的对比色，可以让画面更具视觉冲击力，使所要表现的对象更突出。

或许，这样也可以……

为了让网站首页中的设计元素更加突出，可以在制作的过程中将设计元素放大，使其占据画面的大部分区域，这样能够让浏览者更加直观地查看到网页中的主要内容。此外，可以将设计中所使用的绯红色改为橘色和绯红的渐变色，增强颜色的表现力，让色彩更加丰富，这样的设计也会给人耳目一新的感觉，具体效果如右图所示。

❶ 使用渐变色代替绯红

将设计中所使用的单一的绯红色用渐变色进行替代，可以让网页中的色彩更加丰富，渐变色的添加能够让画面的动感增强，表现出一定的韵律。同时橘色与绯红的渐变属于较为暖色的色彩，与冷色调的品蓝具有较大的反差，即用对比色来提高视觉冲击力。

❷ 将设计中的主要元素放大

本例原始的设计效果是将设计中的元素调整为画面的四分之一大小，这样能够让浏览者的视线集中，但是如果将设计中的元素放大，也可以达到吸引观赏者注意力的目的，这样能够让表现对象更加清晰、突出。

5.3.3 知识拓展

在使用Photoshop对图像进行编辑的过程中，经常需要将彩色的照片转换为黑色或者双色调的效果，那么“黑白”调整命令无疑是最佳的选择，它可以在不破坏原图像色彩的前提下改变图像的颜色显示。

通过“黑白”调整命令可以让将彩色图像转换为灰度图像，但是在编辑的过程中，可以对照片中各种颜色的转换程度进行完全控制，即对各种颜色的明暗进行调整。还可以利用“色调”为灰度的图像进行着色，打造出双色调的画面效果。

在使用“黑白”命令的过程中，如果执行“图像>调整>黑白”命令，将直接把效果应用到当前图层中，对图像图层进行直接调整并扔掉图像信息。如果直接单击“调整”面板中的“黑白”按钮，创建的效果将以单独的图层存在，并且可以随时进行再次调整。下图所示为在本例中创建黑白调整图层前后的编辑效果。

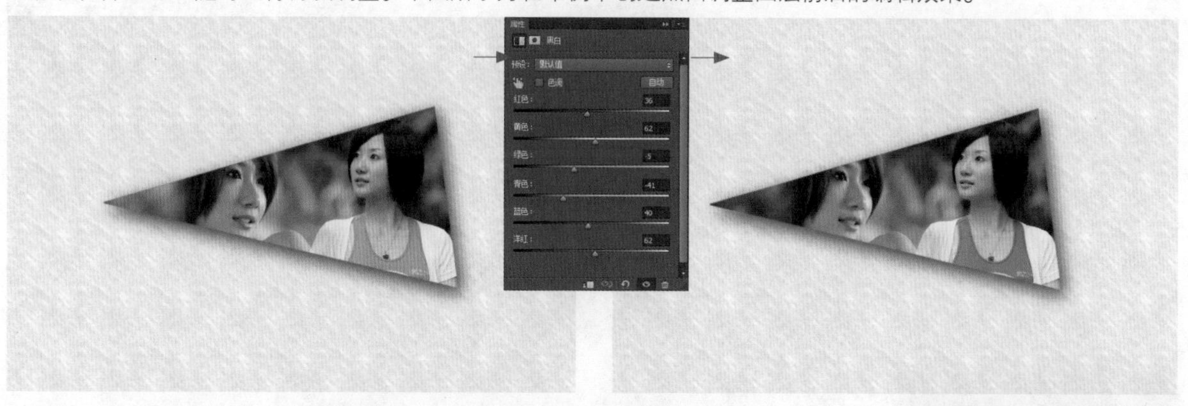

在“黑白”对话框中的颜色滑块，用于调整图像中特定颜色的灰色调，将滑块向左拖动或向右拖动分别可以使图像的原色的灰色调变暗或变亮。

在“黑白”对话框的“预设”下拉列表中包含了多种预设的黑白效果，根据需要可以在其中选择所需要的效果将其直接应用到图层中。在选择预设效果的同时，对话框中的颜色滑块将发生相应的变化。

单击“预设”选项后面的下三角形按钮，可以展开其下拉列表，在其中包含了“蓝色滤镜”“高对比度蓝色滤镜”“高对比度红色滤镜”和“中灰密度”等12种预设的黑白效果，如右图所示。此外，如果对颜色滑块进行自由调整，在“预设”选项中将自动显示出“自定”。

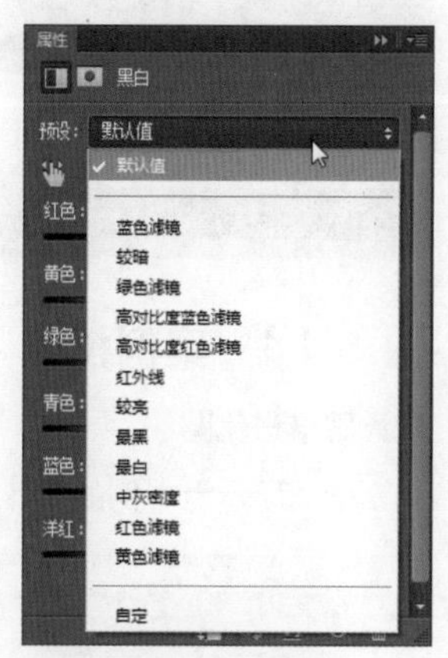

“黑白”调整命令除了可以将彩色的照片转换为灰度图像以外，其中的“色调”功能可以将彩色照片制作成双色调的效果。“黑白”命令中的“色调”是通过调整附加颜色的饱和度和色相，以及特定颜色的明暗来控制画面效果的，并且不会影响照片的颜色模式。

为勾选“色调”复选框后，在后面的色块后面单击，接着在打开的“拾色器”对话框中对双色调图像的颜色进行设置，最后调整各个颜色的明亮度。如右图所示。

5.4 突出功能性的网页效果——图像色调调整

素　材：随书光盘\素材\05\04、05、06.jpg
源文件：随书光盘\源文件\05\突出功能性的网页效果.ai

5.4.1 案例操作

设计思维进化图

下图所示为本例的设计思路。

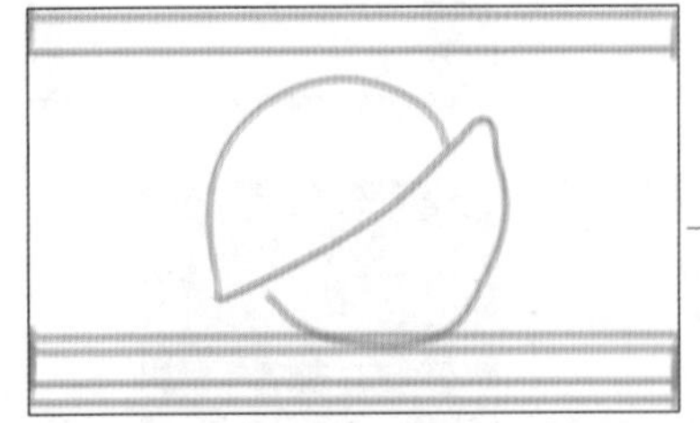

通过绘制草图，对网站首页中主要对象的形状和大小进行安排，大致表现出网页中的布局效果。

在Photoshop中通过蒙版和黑白调整图层对网页中的主要对象进行表现，并使用Illustrator绘制导航条。

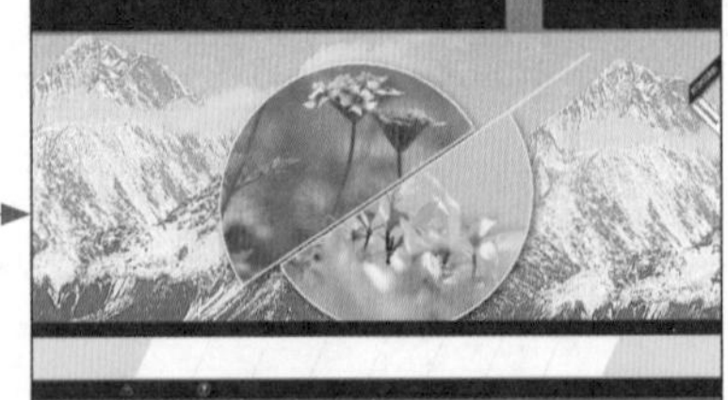

使用Illustrator中的“文字工具”为网页添加上文本，并通过“网页图标”面板编辑图标效果。

创作关键字：无彩与有彩色的结合

在对色彩进行分类的过程中可以分为有彩色和无彩色，即黑白色和其他颜色。绚丽的色彩变化能够带给观赏者美的感受，但是同时也会使人眼花缭乱。黑色和白色可以带给人以轻松的感觉，也是规避色彩繁杂的有效方法。在本例的设计中使用黑白色与有彩色结合的方式，将背景中的颜色处理为黑白色，用丁香紫和嫩绿色作为画面中主体对象的颜色，从单一的黑白色中突显出主体的色彩，从而增强了画面的层次感，让主次关系更加的清晰，增加画面的视觉冲击力。

在设计背景的过程中，将主要的花卉图像以较为鲜艳的颜色进行表现，而作为陪衬的背景图像却以黑白的形式进行处理，增大两者之间的反差，让主次更加明显。如上图所示。

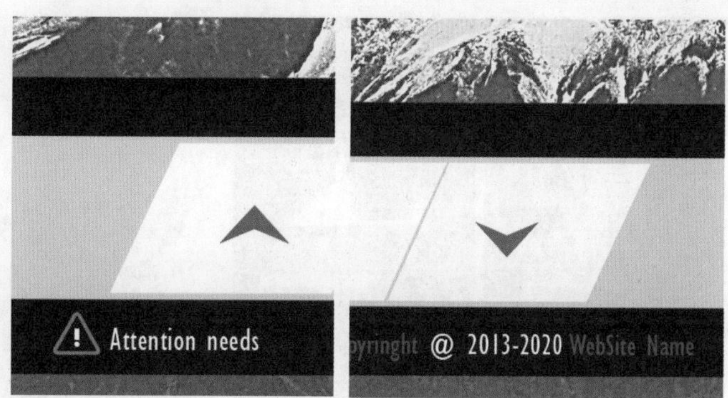

在网页文字和网页图标的制作过程中，通过使用白色和墨绿色对文字进行表现，由于底色的矩形为黑色，因此其中的白色和绿色就显得非常突出。用有彩色和无彩色的对比来表现其中的主次关系，使其与设计的主旨相一致。如上图所示。

色彩搭配秘籍：丁香紫、嫩绿色、黑色

丁香紫来源于丁香花的颜色，这种颜色散发着浪漫柔美的气息，给人一种清纯的印象。嫩绿色是明亮偏黄的绿色，给人清新鲜美、朝气蓬勃的感觉。丁香紫和嫩绿色都是大自然中较为常见的颜色，由于本例中设计的内容为精油品牌网站的首页，因此使用这两种颜色作为画面中心图像的色彩可以表现出该公司产品的环保性和天然性。如右图所示。

除此之外，画面中大部分的颜色均为黑白色，这样可以让主要的花卉图像更加突出。在表现背景的过程中使用黑白色的雪山作为底纹，能够突显出该品牌的权威性。

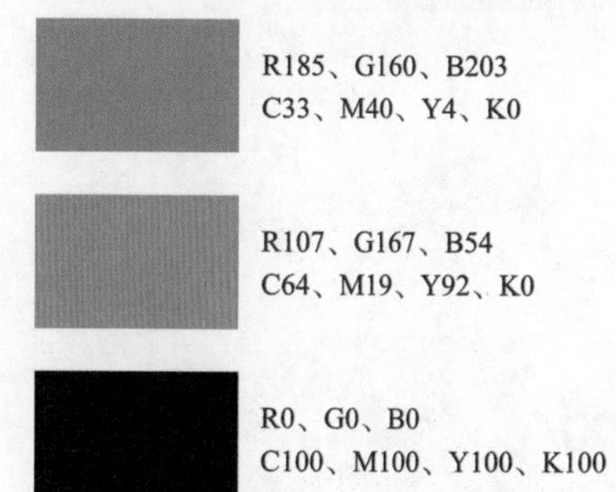

软件功能应用详解

Photoshop 功能应用

❶ 使用黑白调整图层将背景处理成黑白色；

❷ 通过“图层蒙版”控制花卉的显示效果；

❸ 用“照片滤镜”和“色彩平衡”对花卉照片的颜色进行调整；

❹ 用“USM 锐化”滤镜对背景进行锐化处理。

Illustrator 功能应用

❶ 使用“矩形工具”绘制网页中的修饰方框；

❷ 用“描边”面板中的设置对绘制的直线段进行粗细和端点的设置；

❸ 使用“投影”命令为绘制的图形添加上阴影；

❹ 用“文字工具”添加网页上的说明文字。

实例步骤解析

在本例的制作过程中，先使用 Photoshop 中的蒙版和调整图层对网页中的位图进行编辑，接着在 Illustrator 中绘制出网页中的修饰图形，并添加上所需的文字。最后通过“网页图标”面板添加图标，丰富画面的表现。

01 在Photoshop中编辑位图照片

01 添加素材文件并编辑图层蒙版 运行 Photoshop CC 应用程序，在其中创建一个新的文档，在“图层”面板中新建图层，得到“图层1”图层，将“随书光盘\素材\05\04.jpg”素材文件复制到其中。接着对“图层1”图层进行复制，得到“图层1拷贝”图层，适当调整该图层中图像的大小和位置，创建图层蒙版，使用“渐变工具”对蒙版进行编辑，使其产生自然过渡。如左图所示。

02 创建黑白、色阶调整图层 创建黑白调整图层，在打开的“属性”面板中对选项进行设置，将画面调整为黑白显示效果。接着创建色阶调整图层，分别设置RGB选项下的色阶值为“7、1.28、219”，对画面中的影调进行调整。如上图所示。

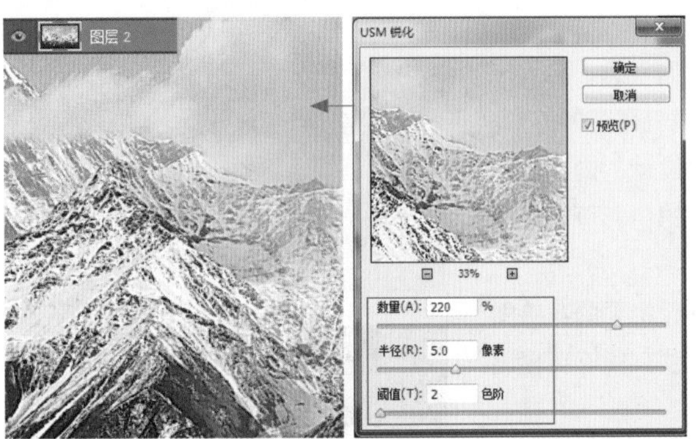

03 应用“USM锐化”滤镜 所有的可见图层，得到“图层2”图层。执行“滤镜＞锐化＞USM锐化”菜单命令，在打开的对话框中设置参数，对画面进行锐化处理，使其更加清晰。如上图所示。

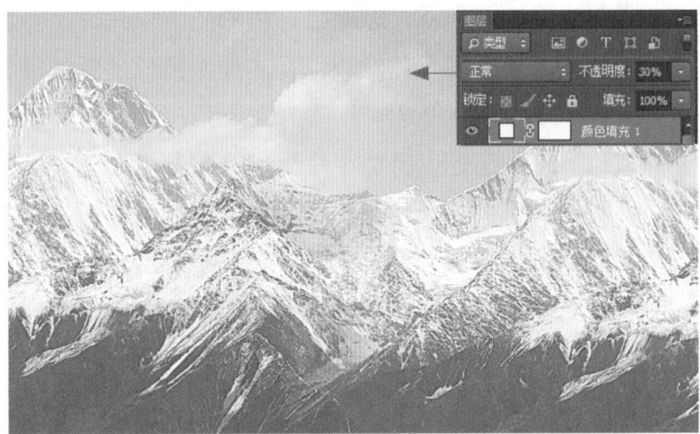

04 创建纯色填充图层 创建颜色填充图层，在打开的“拾色器”对话框中设置填充色为白色，接着在“图层”面板中设置该图层的“不透明度”为“30%”，在图像窗口中可以看到编辑的效果。如上图所示。

05 添加花卉素材并创建蒙版 将“随书光盘\素材\05\05.jpg”素材添加到创建的“图层3”图层中，并为其添加上图层蒙版，断开蒙版和图层之间的链接，对图像的显示进行编辑，在图像窗口中可以看到编辑后的效果。如上图所示。

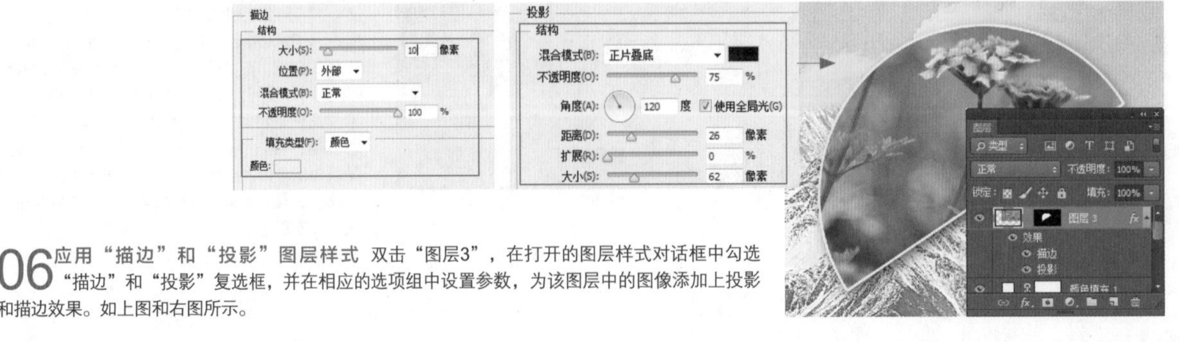

06 应用“描边”和“投影”图层样式 双击“图层3”，在打开的图层样式对话框中勾选“描边”和“投影”复选框，并在相应的选项组中设置参数，为该图层中的图像添加上投影和描边效果。如上图和右图所示。

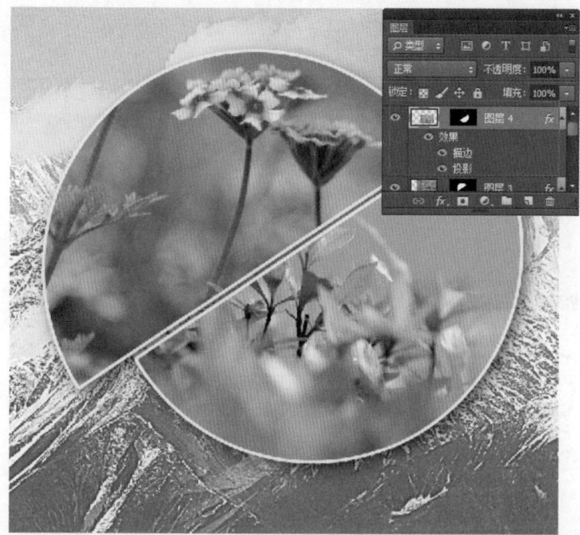

07 添加并编辑其他的花卉素材　使用类似的方法，将“随书光盘\素材\05\06.jpg”素材添加到创建的“图层4”图层中，并对该图层中图像的蒙版进行编辑。接着将“图层3”中的图层样式复制粘贴到“图层4”中，应用与“图层3”中相同的“描边”和“投影”样式，在图像窗口中可以看到编辑的效果。如上图所示。

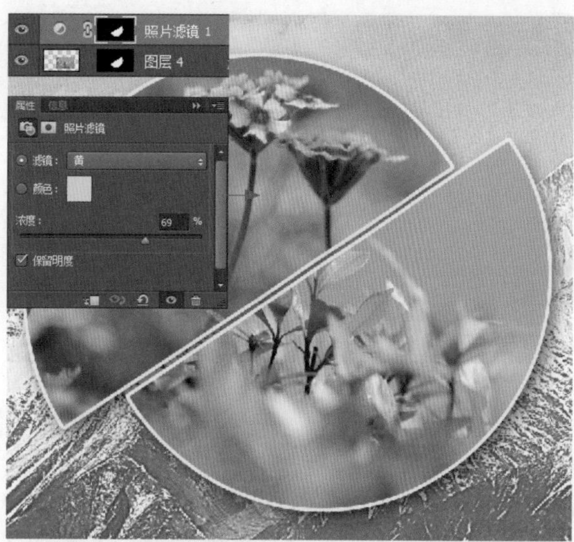

08 创建照片滤镜图层　将“图层4”图层蒙版中的图像载入到选区，为选区创建照片滤镜调整图层，在打开的“属性”面板中选择“滤镜”选项下拉列表中的“黄”选项，接着将“浓度”选项的滑块调整到“69%”的位置，调整花卉图像的颜色。如上图所示。

09 用色彩平衡调整花卉色彩　将“图层3”图层蒙版中的图像载入到选区，为选区创建色彩平衡调整图层，在打开的“属性”面板中将“中间调”选项下的色阶值分别调整为“+46、- 45、+71”，对“图层3”图层中的花卉图像颜色进行调整，在图像窗口中可以看到编辑后的效果。如上图所示。

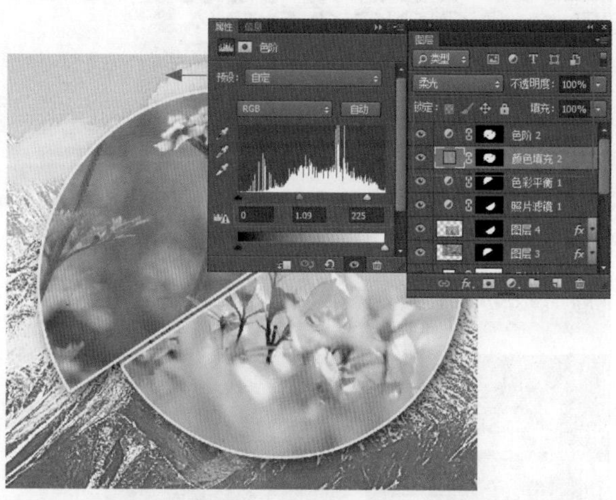

10 创建纯色填充图层和色阶调整图层　将“图层3”和“图层4”图层蒙版中的图像载入到选区，为其创建颜色填充图层，设置填充色为R102、G161、B255，并将颜色填充图层的混合模式设置为“柔光”。然后将颜色填充图层蒙版中的图像载入选区，创建色阶调整图层，在打开的面板中将RGB选项下的色阶滑块分别设置到“0、1.09、255”的位置，对影调进行调整。如上图所示。

02 在Illustrator中添加修饰图形

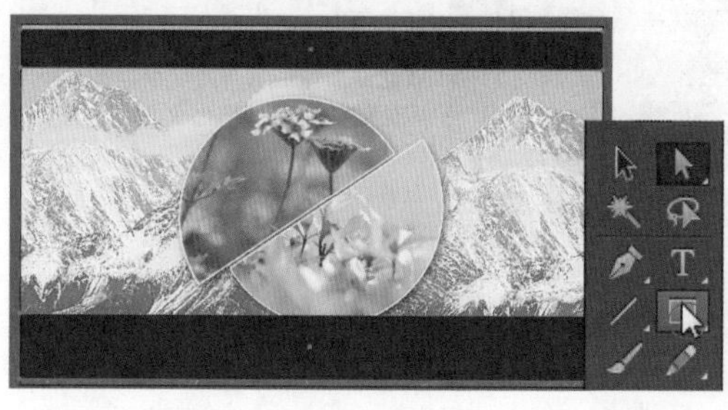

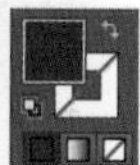

01 绘制矩形　在Photoshop中完成文件的编辑后，将其存储为PhotoshopD格式，接着运行Illustrator CC，将文件在画板中打开，选择工具箱中的“矩形工具”，绘制所需的矩形并为其填充上适当的颜色。如左图所示。

02 绘制修饰的矩形块 继续使用“矩形工具”，在画板中的上方和下方位置继续绘制矩形，分别填充上适当的颜色，并调整矩形的位置，在画板中可以看到绘制的矩形效果。如上图所示。

03 绘制修饰图形和线段 选择工具箱中的“钢笔工具”，在画板的下方绘制出所需的菱形，为其填充上白色，无描边色。接着使用“直线段工具”在花卉照片的半圆位置绘制出线段，并填充上浅灰色的描边色，无填充色。打开“描边”面板对线段的粗细和端点进行调整，在画板中可以看到绘制完成后的效果。如上图所示。

04 添加网页上的图标 通过“符号”面板的面板菜单命令打开“网页图标”面板，在其中选择所需的网页图标，并将其拖曳到画板中，断开符号链接，然后将图标按一定的位置进行排列，最后为图标填充上适当的颜色。如左图和上图所示。

03 添加文字完善网页中的内容

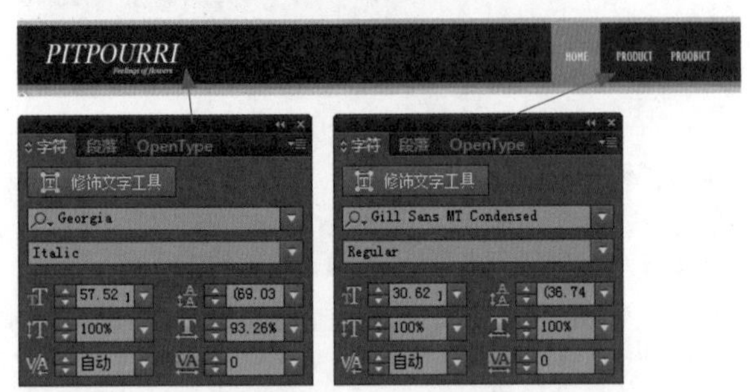

01 输入网页上方的文字 选择工具箱中的“文字工具”，在网页的上方单击并输入所需的网页名称和按钮上的文字，接着打开“字符”面板，分别为文字设置不同的字体、字号，并调整文字的填充色为白色，在画板中可以看到编辑的效果。如上图所示。

02 添加具有一定透明效果的矩形 选择工具箱中的“矩形工具”，在花卉图像的上方单击并拖曳鼠标，绘制一个矩形，为其填充上白色，无描边色。接着打开“透明度”面板，在其中设置“不透明度”选项为“60%”，让矩形呈现出一定的不透明度效果，使其显示出下方的图像，在画板中可以看到编辑后的效果。如上图所示。

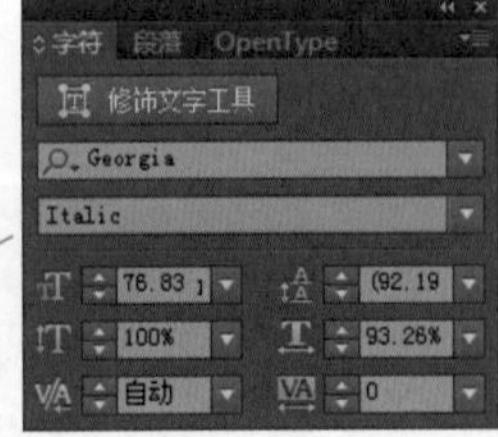

03 添加网页的主题文字 选择工具箱中的“文字工具”，在花卉图像上适当的位置单击，并输入所需的文字以作为网页的主题。打开“字符”面板，对文字的属性进行设置，调整文字的填充色为黑色和白色，在画板中可以看到编辑后的文字效果。如左图所示。

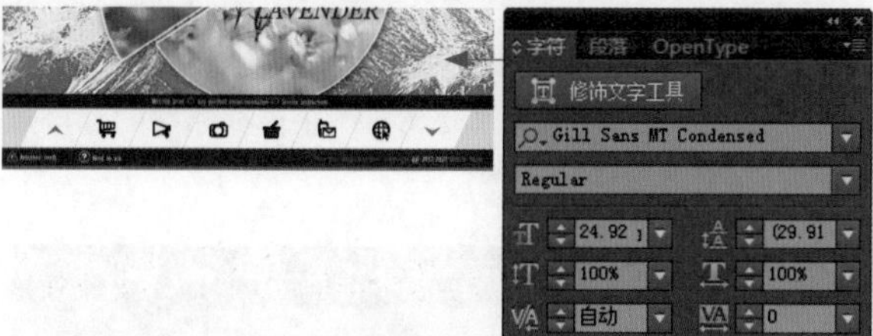

04 **输入网页上的说明文本** 接下来为网页添加上说明文本，将其放在网页的下方，适当调整每段文本的大小和位置，在打开的“字符”面板中对文字的字体进行设置，在画板中可以看到编辑后的文本效果。如上图所示。

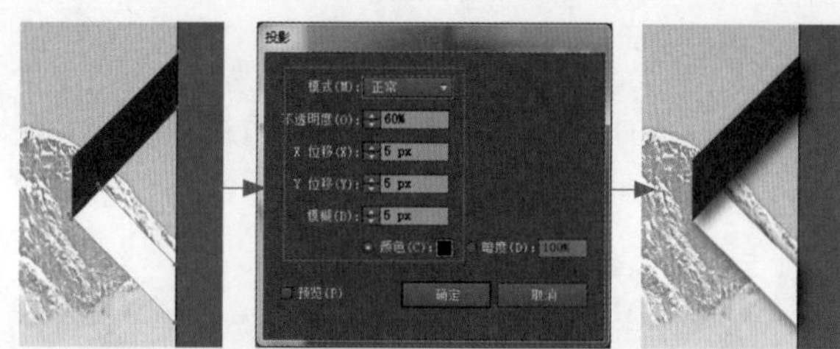

05 **绘制右侧的修饰图形** 使用“钢笔工具”在网页的右侧绘制出修饰图形，填充上黑色和白色，执行“效果>风格化>投影”菜单命令，在打开的对话框中对选项进行设置，为绘制的图形添加上阴影效果。如上图所示。

06 **为修饰图形添加文字** 选择工具箱中的“文字工具”，在适当位置单击并输入文字，接着打开“字符”面板对文字的属性进行设置，为文字填充上适当的颜色。使用“选择工具”选中文字，对文字的角度进行调整，将其放在修饰图形的上方，在画板中可以看到编辑后的效果，完成本例的制作。如左图所示。

5.4.2　对比分析

在设计的过程中，如果画面的色彩安排不当或所使用的文字字体不适合，可能会让制作出来的结果产生较大的偏差，因此在设计和制作之前应该对全局元素安排和色彩应用进行统筹规划，这样才能设计出满意的作品。

下图所示的页面是根据“设计思维进化图”中的草图所设计出来的作品，由于在制作的过程中没有考虑到色彩搭配、文字编排和网站元素的表现等方面的问题，使得制作出来的效果差强人意。

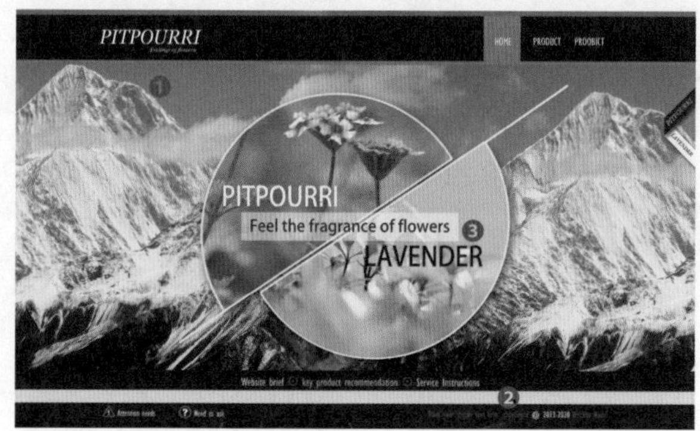

❶ 过多的色彩

将背景中的照片以彩色的形式进行表现，使得画面整体的颜色偏多，显得繁杂，不能突显出网站首页中的主要对象。

❷ 欠缺网站应有的图标

在网站首页的设计和制作中，大部分都会标识出应有的图标，而使用留白的图形占据图标的位置，则使得整个画面的信息不够丰富。

❸ 文字与设计元素表现不统一

花卉照片是以倾斜的方式进行表现，因此在编辑文字的过程中，为了让设计元素与文字表现一致，最好使用斜体文字。

或许，这样设计会更好……

下图所示的页面为本例制作的最终效果，通过对背景中的颜色进行更改，以及改变文字的字体和添加图标等操作，让整个画面显得更具设计感。

❶ 用黑白的背景

将背景色用黑白的形式进行表现，减少画面中的色彩数量，可以让主要的花卉图像更加突出。

❷ 倾斜的字体

倾斜的文字与花卉照片的表现形式一致，使得文字与图像更加和谐。

❸ 必要的网页图标指示

通过必要的网页图标指示，让浏览者可以更加轻松地对网页进行浏览、操作。

5.4.3　知识拓展

随着互联网的高速发展，网站设计变得层出不穷，那么怎么才能让浏览者在网页上停留更多的时间呢？接下来将通过对人们的浏览习惯进行研究，以探索出更加适合网页布局的设计效果。

在网络用户通览一个网站页面的过程中，人们的视线常常会沿着一个“之”字形进行移动，而如果用户的视线是沿着一条水平线移动时，此时的视线轨迹就像在 Z 形布局里一样，那么浏览者就会很专注在这条视线上的对象。但是，由于初次预览网站的 90% 的用户都不会很仔细地去关注网站页面的很多细节，因此为了让设计的网页作品给人更加深刻的印象，在设计的过程中就可以按照这个视线轨迹规律来安排主要元素。

用户初次浏览的目的究竟是什么呢？就是在最初扫视页面时，捕捉到尽可能多的信息。如果我们以某种方式“制定”这种浏览模式，应该就能够得到更多访问者的关注，通过观察大量网站的热图，我得出了一个共通的趋势。

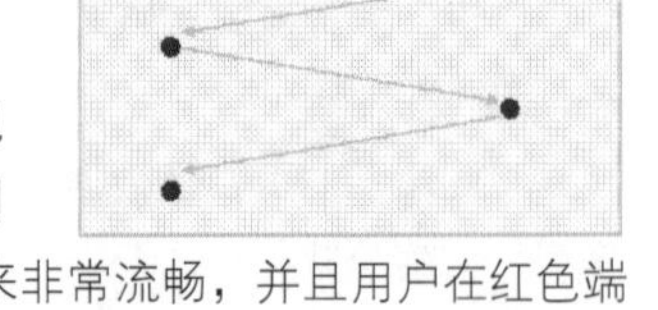

从右图中可以发现，观看者可以毫不费劲就能看到那些红点。奇怪的是，就经验看来，相比于斜线而言，我们的视线能更轻易地跟随水平线移动——因为我们都是沿着直线阅读的。

当某个用户不是很专注地对网页进行浏览，那么他的视觉流向很自然地就会呈现出“之”字形。除非网页中有对比度更高或者更重要的设计元素的“召唤”，那么浏览者的视线就将会遵循右图中的浏览模式。此外，还可以看出这种视线的走向看起来非常流畅，并且用户在红色端点停留的时间会相比其他区域的停留时间更长。

在浏览类似布局的网页中，在浏览者的大脑里面会对这些红色的停留点快速生成快照，从而产生深刻的印象。而如果设计中在这些红色的点上放置更多的重要信息内容，那么用户的大脑就会自然地吸收更多的关键信息，并将这些内容串联起来，形成独立的整合信息。

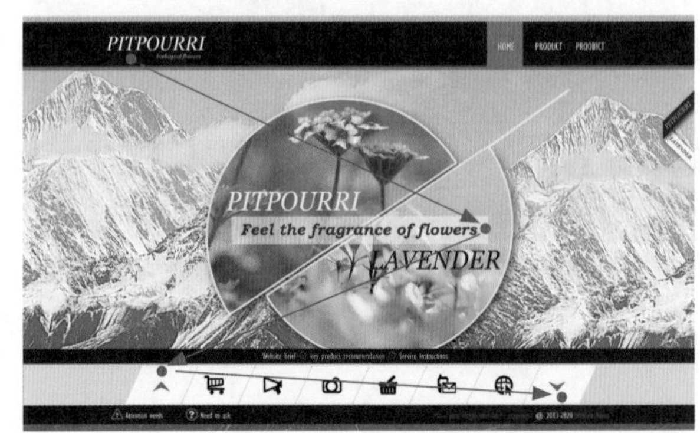

右图所示为本例中设计的网站首页效果，在设计的过程中将网站的 LOGO、网站标题、网站服务内容等信息放在视线地各个聚焦点上，通过视线移动进行连接，能够很快地让浏览者了解到该网站的主要销售信息和服务内容，对网站的宣传起到了推动的作用。

课后练习

对于网站的界面设计，应当简单直观、交互性强，易于操作和使用。为了最大限度地发挥其作用，对于不同内容信息的网页设计中，其设计的风格应当与主题对象的风格一致，才能创作出和谐的界面效果。

习题01：数码产品网页设计

素　材：随书光盘\课后练习\素材\05\01、02、03.jpg
源文件：随书光盘\课后练习\源文件\05\数码产品网页设计.psd

网页设计中布局是关键，右图所示的数码产品网页设计，在创作的过程中就先对页面进行了合理的布局，根据布局来对每个设计元素进行修饰，以达到良好的视觉效果。

❶ 绘制出网页的大致布局；

❷ 绘制丝带对页面进行修饰；

❸ 添加图片装修画面效果；

❹ 输入文字完善网页内容。

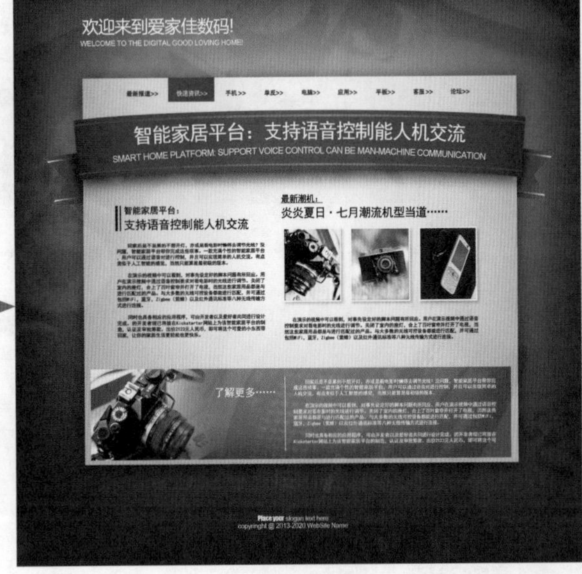

习题02：家居销售网页设计

素　材：随书光盘\课后练习\素材\05\04、05.jpg
源文件：随书光盘\课后练习\源文件\05\家居销售网页设计.psd

家居销售网页设计要根据家居的风格来对整个页面进行创作。右图所示为简约风格的家居商品网站，在配色上使用了浅色调的白色，通过增强层次、添加点缀色的方式来体现出一定的生机和活力，让设计富有生命力。

❶ 绘制出网页的大致板块；

❷ 添加图片丰富网页内容，如下图所示。并使用图层样式对其进行修饰；

❸ 添加文字完善网页的内容。

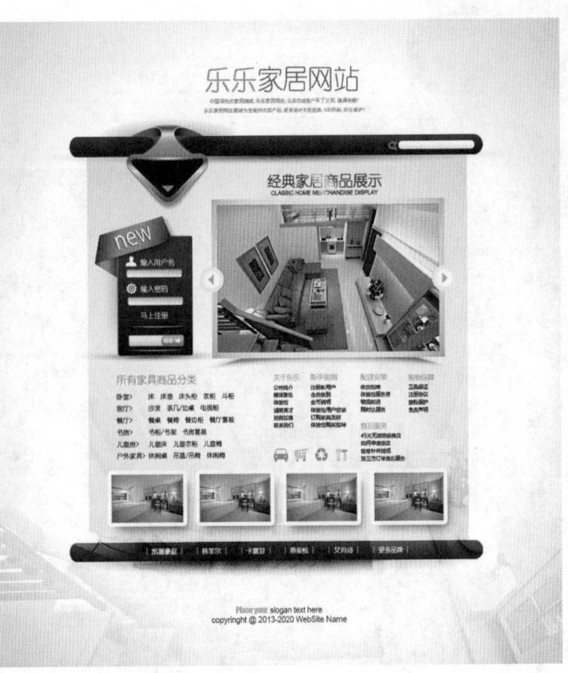

SPEED·VELOCITY
RATE·PACE·CAREER
TEMPO·QUICKNESS
OUR OWN ACTIONS ARE OUR SECURITY,NOT OTHERS' JUDGEMENTS.
A MAN OF WORDS AND NOT DEEDS IS LIKE A GARDEN FULL OF WEEDS.
A MAN IS NOT GOOD OR BAD FOR ONE ACTION. A MAN APT TO PROMISE IS APT TO FORGET.
A MAN THAT BREAKS HIS WORD,BIDS OTHERS TO BE FALSE TO HIM.
EASSIER SAID THAN DONE. THE GREATEST TALKERS ARE ALWAYS THE LEAST DOERS.
THE PROOF OF THE PUDDING IS IN THE EATING. PRIDE GOES BEFORE A FALL.
PRIDE GOES BEFORE DESTRUCTION.

Fougere scent cooked athletic Warmth mysterious oriental flavor
Natural flavor with citrus fruit
Warmth MYSTERIOUS
Flower
Optimal
The
Lotus

第06章
海报招贴

海报是一种信息传递的艺术化表现，是一种大众化的宣传工具。海报又称招贴画，是贴在街头墙上，或挂在橱窗里的大幅画作，以其醒目的画面吸引路人的注意，达到宣传主体对象的目的。

在本章的编排中安排了3种不同类型的海报，包括汽车宣传海报、香水招贴设计和汉堡包宣传海报。这3张海报使用不同的布局和配色进行表现，具有很像的扩展性，但是由于所要表达的对象和传递的信息不同，因此在设计的过程中，设计元素编排的侧重点也不一样。

为了表现出汽车本身的特点，在汽车海报中进行了抽象化处理；在香水招贴中使用了具象化的方式设计画面中的元素；而在汉堡包海报为了表现出汉堡包的健康和历史，使用了较为直观的图表进行展示。因此，在实际的创作中需要根据实际的表现对象来安排设计内容，接下来就让我们进入海报招贴设计和制作的学习中吧。

6.1 与海报招贴设计相关

海报招贴分布在各个街道、影剧院、展览会、商业闹市区、车站、码头、公园等公共场所，是广告艺术中比较大众化的一种体裁，用来完成一定的宣传和告知任务。

6.1.1 海报招贴的概念

“海报招贴”按其字义解释，“招”是指吸引注意，“贴”是张贴，即“为招引注意而进行张贴”。而“海报”是国内的一种叫法，招贴的英文为 poster，意指张贴于纸板、墙、大木板或车辆上的印刷广告，或以其他方式展示的印刷广告，它是户外广告的主要形式，也是广告种类中的最古老形式之一。

据说在我国清朝时期有外国人以海船载洋货于我国沿海码头停泊，并将“招贴”张贴于码头沿街各个醒目之处，以促销其船货，沿海居民称这种“招贴”为海报，依此而发展，以后凡是类似海报目的及其他有传递消息作用的张贴物都被称之为“海报招贴”。

6.1.2 海报招贴的种类

海报招贴按照功能应用的不同，大致可以分为商业类海报、文化类海报、电影宣传类海报和公益类海报等。通过表 6-1 对每种类型的海报特点和设计要领进行介绍，帮助大家快速掌握不同类型海报设计的要点，便于正确把握海报设计方向、风格和内容。

表 6-1 不同类型海报的介绍

类型	概述	设计要领
商业类海报	商业类海报是指宣传商品或商业服务的商业广告性海报	对于商业类海报的设计，要恰当地配合产品的格调和受众对象
文化类海报	文化类海报是指各种社会文娱活动及各类展览的宣传海报，种类较多	需要了解展览和活动的内容才能运用恰当的方法表现其内容和风格
电影宣传类海报	电影宣传类海报主要是起到吸引观众注意、刺激电影票房收入的作用	了解电影的主要内容、风格和元素等，以电影内容为主要基调进行设计
公益类海报	公益类海报有特定的教育意义，注重思想宣传，弘扬奉献、共同进步的精神	在设计中应当体现出一定的思想性，传递出健康的思想和进步精神
店内装饰海报	店内装饰海报通常应用于营业店面内，用于店内装饰和宣传等用途	需要考虑到店内的整体风格、色调及营业的内容，力求与环境相融
招商类海报	招商类海报通常以商业宣传为目的，采用引人注目的视觉效果达到宣传某种商品或服务的目的	应明确其商业主题，同时在文案的应用上要注意突出重点，不宜太花哨
展览型海报	主要用于展览会的宣传，常分布于街道、影剧院、展览会、商业闹市区、车站、码头、公园等公共场所，具有传播信息的作用	注意艺术表现力的创造，需要使用较明显的设计对比方式来产生较好的远视效果

6.1.3 海报招贴的四大主要功能

当海报招贴直接为实用功能服务时，在根本上依赖于其使用价值。海报招贴不是商品本身，它介于应用艺术和纯粹艺术之间，能借助纯粹艺术的表现手段塑造形象，在表现广告主题的深度和增加艺术魅力、审美效果方面，其作用十分出色。

海报招贴的形式依附于各种功能，由其功能所决定。虽然海报招贴可以分为多种不同的类型，但是它们都具有最基本的功能，即信息的传播、提高竞争力、刺激购买力和传递美的感受这四大主要的功能，如下图所示。

海报招贴四大主要功能

- 信息的传播 → 传播信息是海报招贴最基本、最重要的功能，特别是招商类的海报招贴，其传播信息的功能首先表现在对商品的性能、规格、质量、技术、特点等进行说明。招贴作为一种有效的广告形式，可以充当传递商品信息的角色，使消费者和生产者都可以节约时间，并及时解决各种需求问题。 → 本章海报中展示的汽车形象
- 提高竞争力 → 当今企业与企业之间的竞争，首先是产品内在质量的竞争，其次就是广告宣传方面的竞争。随着科技水平的不断提高，各企业越来越重视广告方面的竞争。招贴作为广告宣传的一种有效媒体，可以用来树立企业的良好形象，提高产品的知名度，开拓市场，促进销售，有利于企业竞争。 → 用图表增强说服力，提高认同感
- 刺激购买力 → 消费者在某些需求是处于潜在状态之中的，不对其进行刺激，就不可能有消费者的购买行动。招贴作为刺激潜在需求的有力武器，其作用不可忽视。中国是一个消费群体庞大的大市场，消费需求上一个微小的变化，都会对企业有着不可低估的巨大影响。 → 鲜美的食物刺激消费者的食欲
- 传递美的感受 → 海报招贴是通过一种软性的说服，而不是以某种强制性来说教的。首先招贴的内容应使读者感到愉悦，继之诱导并使其接受招贴宣传的意向，因此海报招贴都极讲究审美效果。一是海报招贴的形式生动活泼，图文并茂，易于引起消费者注意；二是广告语经艺术处理，一般言简意赅，因而易于记忆，易于形成牢固印象；三是海报招贴通常都是以软性感化的方式来进行说服，在心理上消费者易被其意念同化。 → 海报中利用曲线来展示形式美

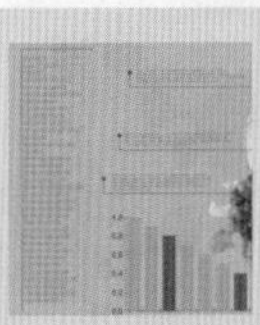

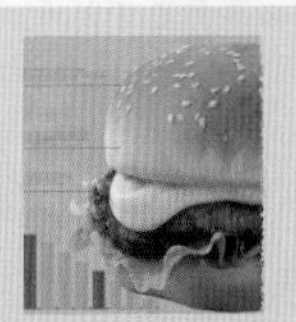

6.2 抽象元素在海报中的体现——路径查找器

素　材：随书光盘\素材\06\01.jpg

源文件：随书光盘\源文件\06\抽象元素在海报中的体现.psd

6.2.1 案例操作

设计思维进化图

本例的设计思路如下图所示。

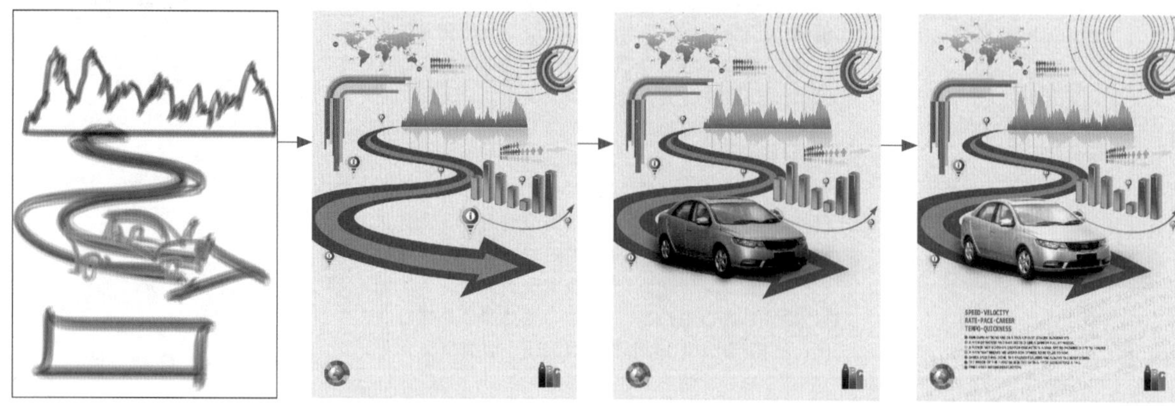

对海报的画面进行布局，安排设计元素的比例和位置。

在Illustrator中使用多种工具和命令对海报中的矢量元素进行绘制。

在Photoshop中添加汽车的位图，并为汽车下方添加上投影效果。

使用调整图层对汽车的位图进行颜色和影调的调整，完善画面。

创作关键字：具体事物抽象化

所谓抽象是在创作思维中探求的隐藏在视觉背后的潜在规律，通过一些类似的图形或者图像对具体事物进行表现。本例是为某汽车品牌制作的海报，为了突显出广告中的汽车形象，在设计的过程中只将汽车进行真实显示，而将其余的辅助背景使用图表和图形等进行表现，这样的设计方式可以让画面展示出一种独特的视觉效果，同时更能突显出商品的形象。由于该车型是针对年轻的消费群体，用抽象化的设计方式对海报的内容进行设定，更能迎合年轻人青春、自由的心态。如下图所示。

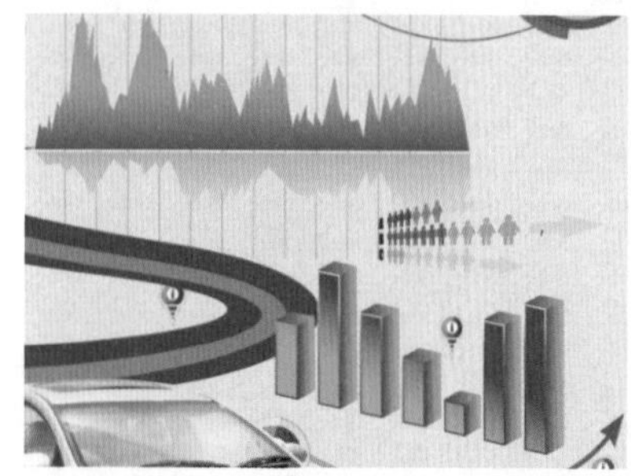

在设计制作的过程中将现实生活中的高山用抽象的方式进行表现，使用与群山外形的图表代替。

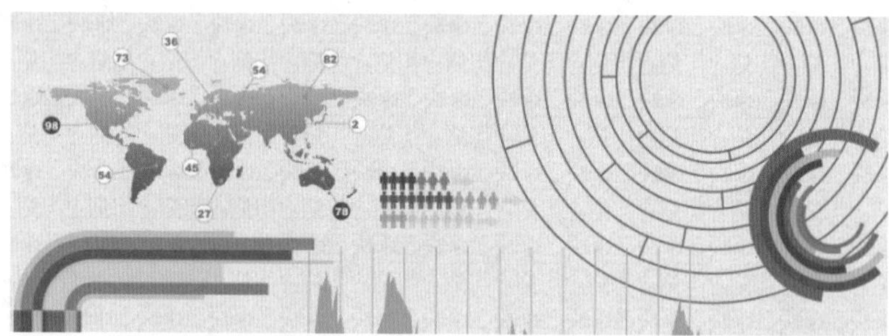

除了高山以外，海报中右上角的圆环所表示的是现实中太阳及阳光的形象，并使用地图的图形来表示云朵。除此之外，海报中还使用有指示作用的箭头作为画面的道路，这些表现方法都是抽象的形式。

色彩搭配秘籍：尼罗蓝、深青灰、肤色、橘红色

尼罗蓝具有蓝色的知性特质，容易引人产生联想；深青灰给人沉稳安静的印象，具有很强的可塑性；肤色具有柔和的色调，容易让人产生亲近感；橘红色是欢喜的色彩，可以激发热情和振奋精神。如右图所示。本例的设计中就是采用了这 4 种颜色作为搭配进行创作的，这 4 种颜色中有两种为冷色调，两种为暖色调。冷暖色的搭配可以营造出较强的视觉冲击力，同时不同明度和纯度的同类色进行搭配设计，可以增强设计元素的层次，呈现出一定的立体感。通过这 4 种颜色之间的协调搭配，可以突显出案例中汽车品牌的时尚性，传递出年轻、活力的感觉，更容易赢得年轻消费者的喜爱。

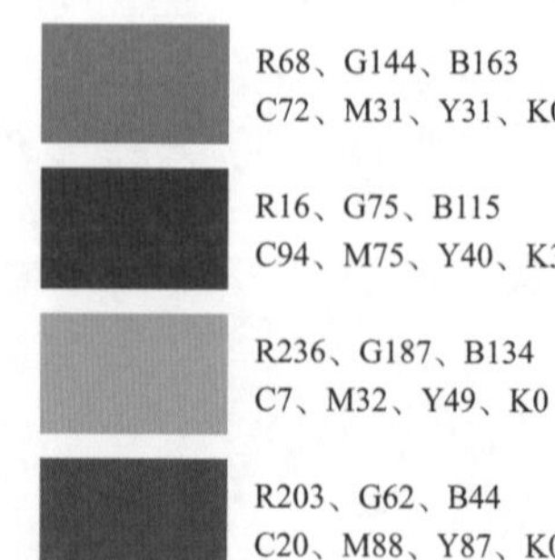

软件功能应用提炼

Illustrator 功能应用

❶ 使用“椭圆工具”和“直线段工具”绘制圆环；

❷ 通过“路径查找器”面板的使用制作出四分之一圆环的效果；

❸ 使用“钢笔工具”绘制海报中的设计元素。

Photoshop 功能应用

❶ 使用“图层蒙版”将汽车位图进行局部显示；

❷ 用“可选颜色”“色彩平衡”和“照片滤镜”对汽车的颜色进行调整；

❸ 用“色阶”和“亮度/对比度”调整汽车的亮度。

实例步骤解析

在本例的制作过程中最重要的两点就是海报中设计元素的绘制和汽车位图的添加，在具体的制作中先在Illustrator中绘制设计元素，接着在Photoshop中添加汽车位图，并调整汽车的颜色和影调，具体操作如下。

01 在Illustrator中绘制矢量图形

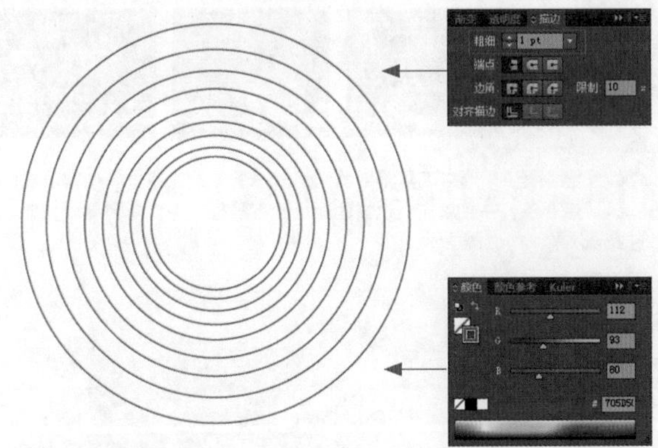

01 **绘制圆形** 启动Illustrator CC应用程序，新建一个文档，选择“椭圆工具”绘制圆形，为其填充上适当的描边色，无填充色，并设置描边的粗细为“1pt”。如上图所示。

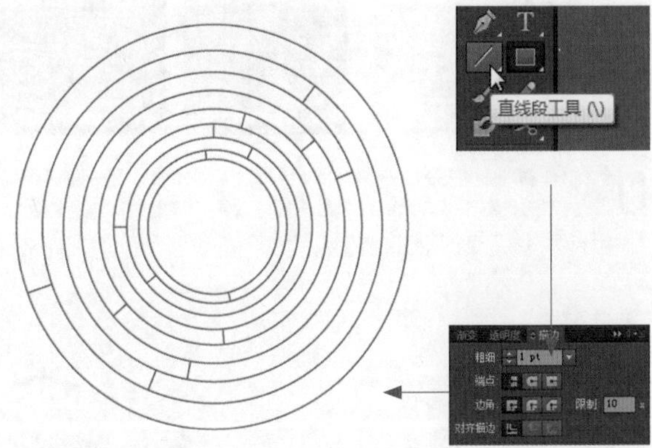

02 **绘制线段** 选择“直线段工具”，在圆环上绘制若干个线段，并填充上适当的描边色，设置描边的粗细为“1pt”，在画板中可以看到绘制完成的效果。如上图所示。

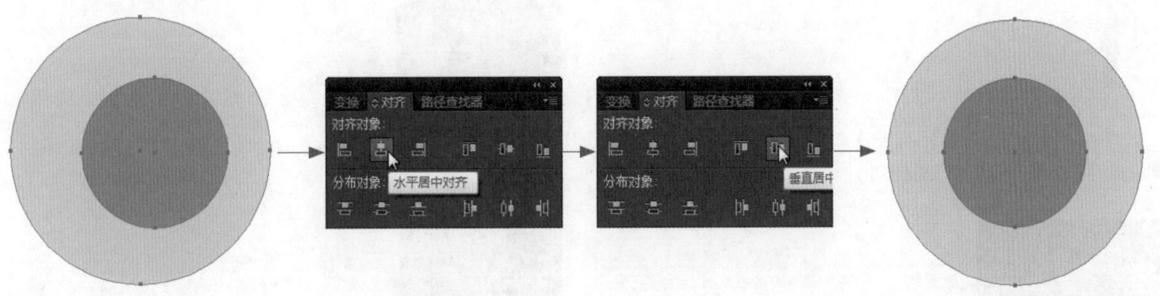

03 **绘制两个圆形并进行对齐** 使用“椭圆工具”绘制两个正圆形，分别填充上两种颜色，打开“对齐”面板，依次单击“水平居中对齐”按钮和“垂直居中对齐”按钮，对两个圆形的排列位置进行更改。在画板中可以看到两个圆形的圆心均在同一个点上，属于完全居中的对齐显示状态。如上图所示。

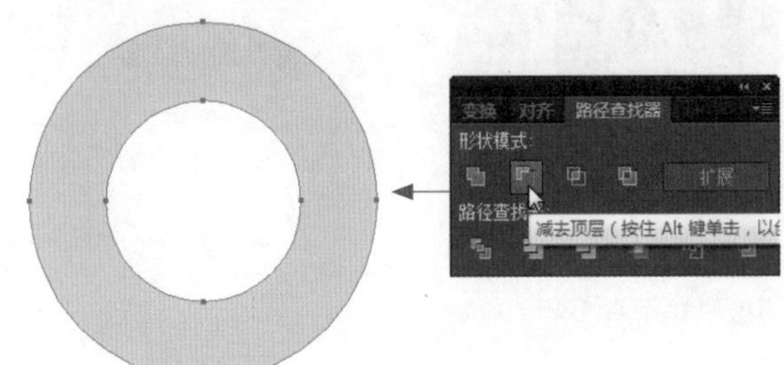

04 **制作圆环图形** 同时选中两个圆形，单击“路径查找器”面板中的“减去顶层”按钮，对圆形进行剪切处理，在画板中可以看到编辑后得到一个圆环效果的图形。如左图所示。

05 **制作半圆环图形** 使用“矩形工具”绘制一个矩形，放在适当的位置，同时选中矩形和圆环，单击“路径查找器”面板中的“减去顶层”按钮，得到一个半圆环的图形效果。如上图所示。

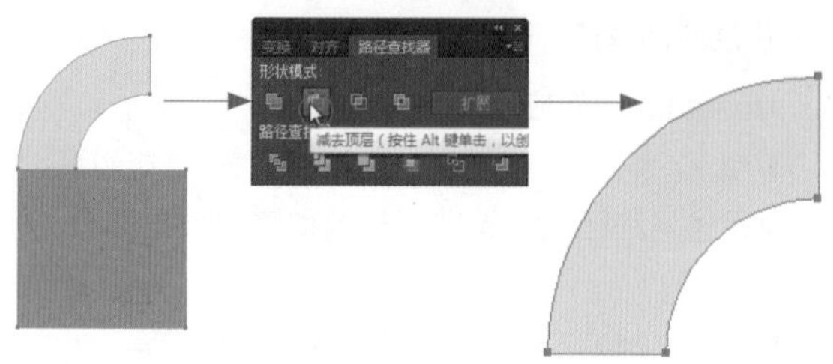

06 **制作四分一圆环** 再绘制一个矩形，放在适当的位置，同时选中矩形和半圆环，单击“路径查找器”面板中的“减去顶层”按钮，得到一个四分之一圆环的图形效果。如上图所示。

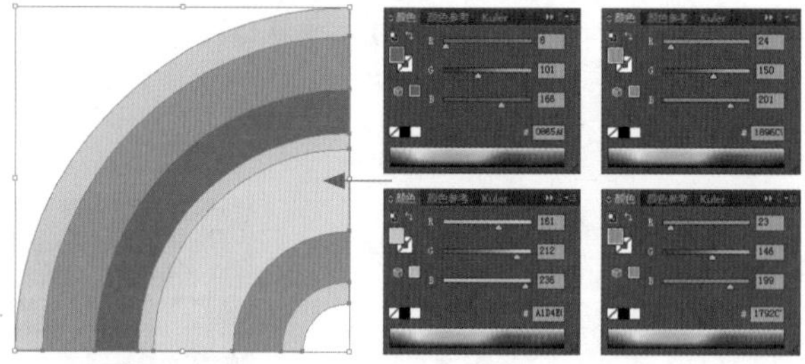

07 **制作其他的四分之一圆环** 使用与前面制作四分之一圆环相同的方法，制作出其余的四分之一圆环效果，接着对其进行适当排列，并分别填充上不同的颜色，无描边色。如上图所示。

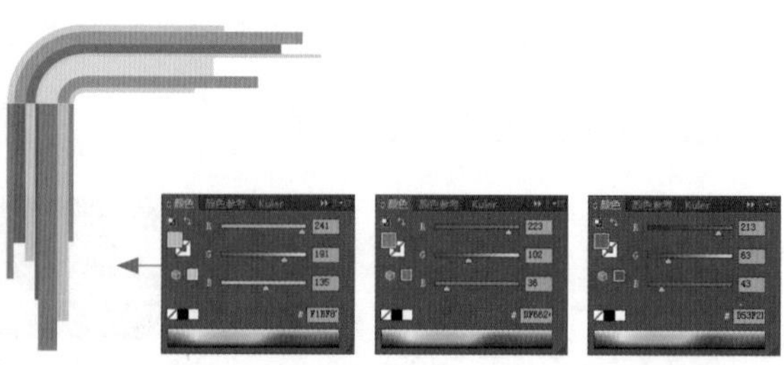

08 **绘制矩形** 选中工具箱中的“矩形工具”，在适当的位置绘制出矩形条，并且填充上适当的颜色，在画板中可以看到编辑完成后的图形效果。如上图所示。

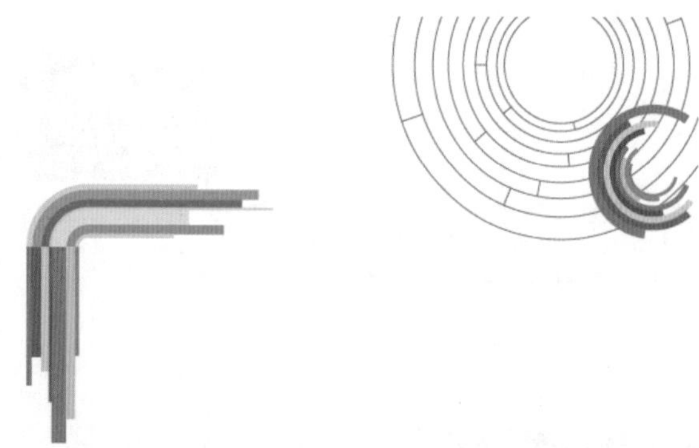

09 **绘制其他的圆环** 使用与前面创建半圆环的方法，编辑出更多的圆环效果，并且按照一定的位置和顺序进行排列，并对前面编辑完成的图形进行布局。如上图所示。

10 **绘制地图** 通过添加素材的方式或者直接使用“钢笔工具”绘制的方式绘制出地图的路径，并打开“渐变”面板，为其填充上适当的渐变色。如上图所示。

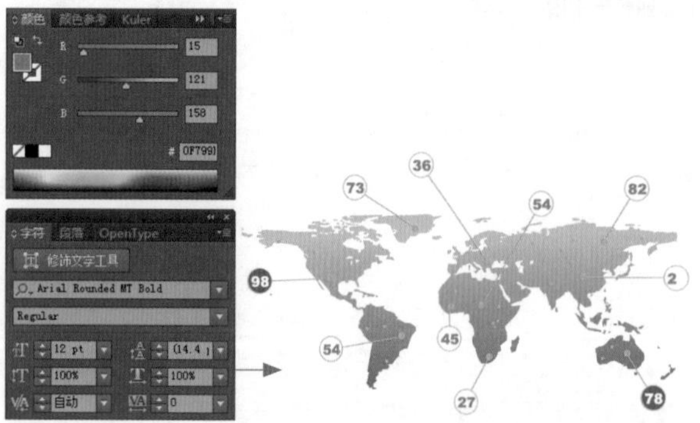

11 **添加指示和文字** 使用“直线段工具”“椭圆工具”“文字工具”为地图添加上指示图标，并打开“字符”面板设置文字属性，打开“颜色”面板设置颜色。如上图所示。

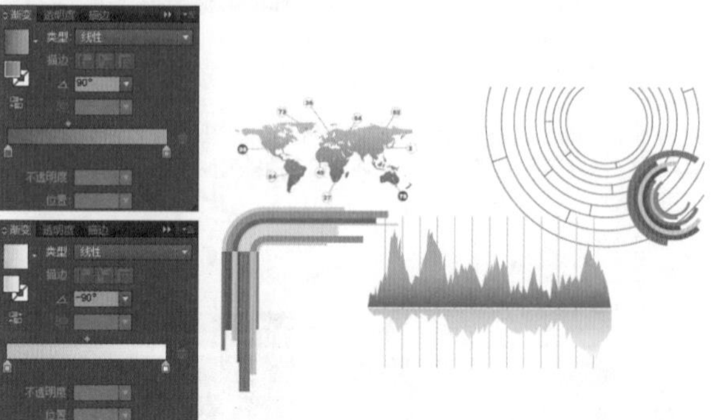

12 **绘制图表** 使用“钢笔工具”和“直线段工具”绘制出任意走向的图表效果，并打开“渐变”面板设置填充的渐变色，在画板中可以看到编辑后的效果。如上图所示。

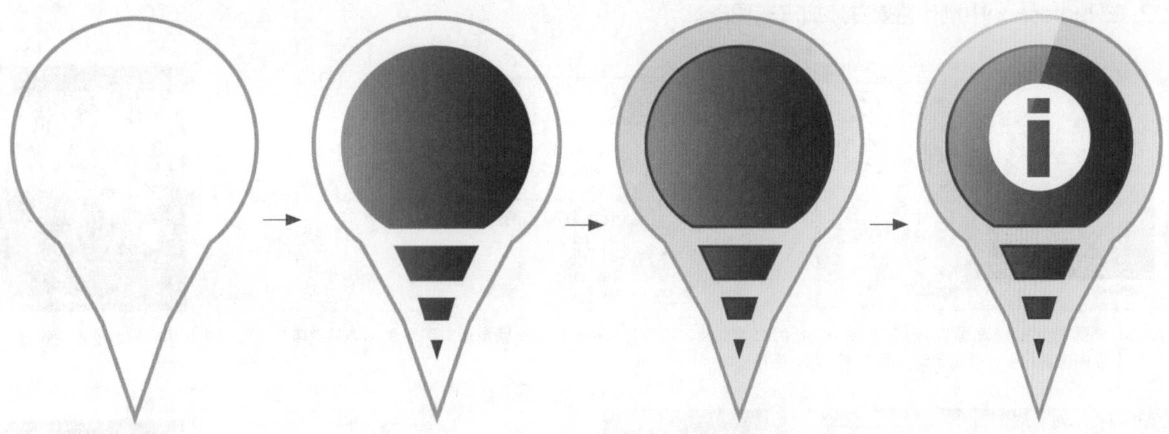

13 绘制地标图形　参照上图所示的绘制顺序，绘制出地标的图形，为绘制的每个局部图形填充上适当的颜色，并对绘制完成的地标图形进行编组处理。

14 复制地标图形　对绘制完成的地标图形进行复制，调整复制后的地标图形的大小，将地标图形放在画面中适当的位置上，在画板中可以看到编辑后的效果。如上图所示。

15 绘制道路　使用“钢笔工具”在画板中适当的位置上绘制箭头，将其作为道路，接着打开“颜色”面板为其设置适当的填充色，无描边色。如上图所示。

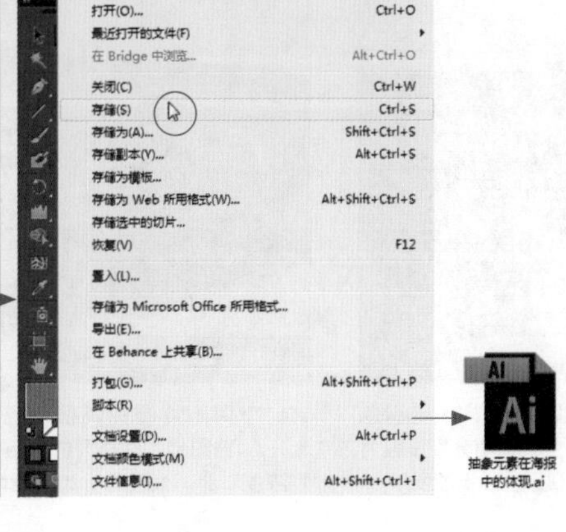

16 完善绘图并存储文件　对画面中的内容进行完善，接着执行“文件＞存储”菜单命令，在打开的对话框中设置文件存储的位置、格式和文件名称，将编辑完成的文件存储为AI格式。如左图所示。

02 在Photoshop中制作背景并添加汽车图像

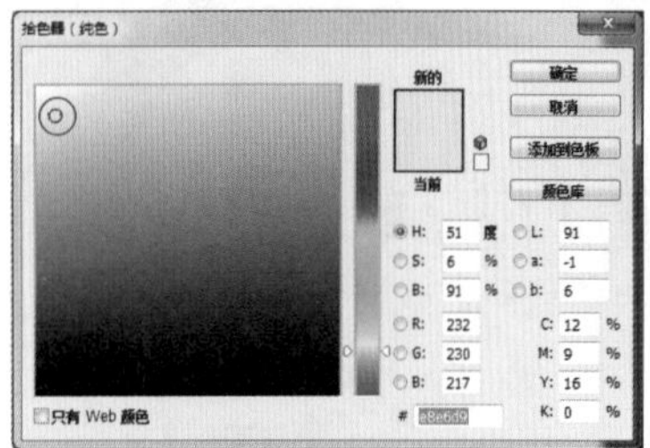

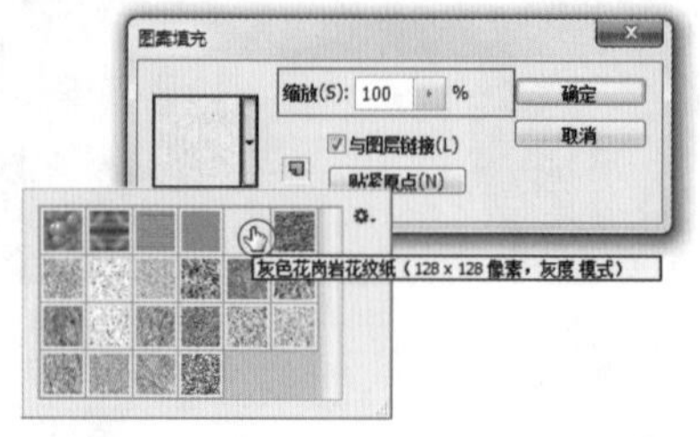

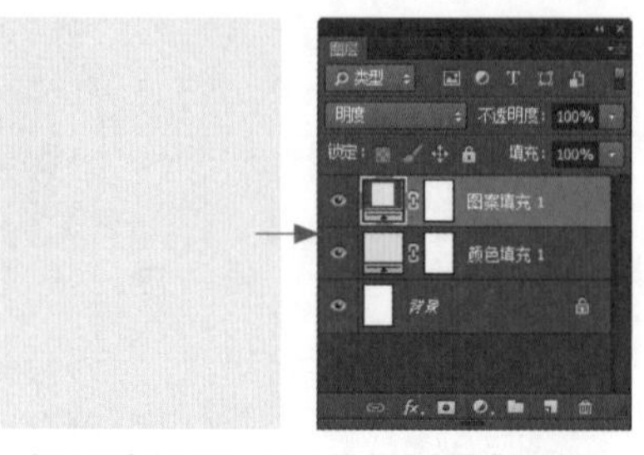

01 创建纯色和图案填充图层 创建一个新的PSD文件，接着在其中创建一个颜色填充图层和一个图案填充图层，并对相应的选项进行设置，在图像窗口中可以看到背景的变化。如上图所示。

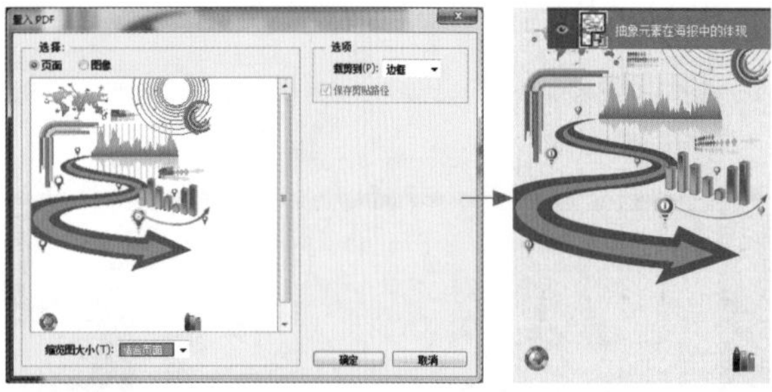

02 置入AI文件 执行“文件>置入”菜单命令，在打开的对话框中选择编辑完成的AI文件，将其置入到PSD文件中，得到一个智能对象图层，接着对文件的大小和位置进行设置。如上图所示。

03 添加汽车素材并抠取图像 新建图层，得到“图层1”图层，将“随书光盘\素材\06\01.jpg”复制到其中，适当调整文件的大小和位置。使用“磁性套索工具”将汽车勾选出来，接着为“图层1”图层添加图层蒙版，把多余的图像遮盖起来，在图像窗口中可以看到编辑完成的图像效果。如上图所示。

04 添加阴影效果 创建颜色填充图层，设置填充色为黑色，将该图层拖曳到“图层1”图层的下方，接着使用“画笔工具”对图层蒙版进行编辑，为汽车添加上阴影效果，可以看到编辑后的效果更立体。如上图所示。

05 用色彩平衡调整颜色 将“图层1”的图层蒙版添加到选区，创建色彩平衡调整图层，在打开的“属性”面板中将“中间调”选项下的色阶值分别设置为“-26、+12、+44”。如上图所示。

06 用可选颜色调整颜色 再次将汽车添加到选区中，创建可选颜色调整图层，在打开的面板中将“黄色”选项下的色阶值分别设置为“+11%、+3%、-100%、-2%”，调整局部的黄色显示。如上图所示。

07 用照片滤镜调整颜色 将汽车添加到选区中，创建照片滤镜调整图层，在打开的面板中设置“滤镜”为“冷却滤镜（82）”，“浓度”为“10%”。如上图所示。

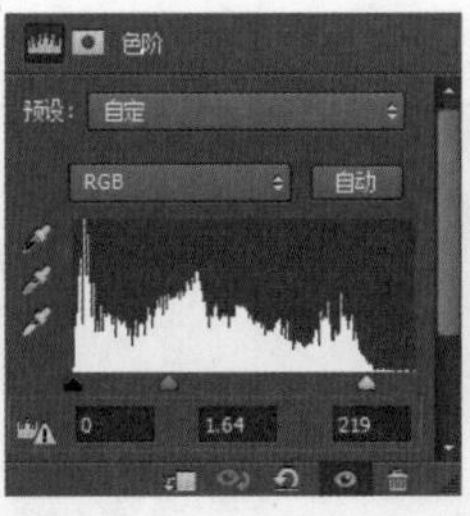

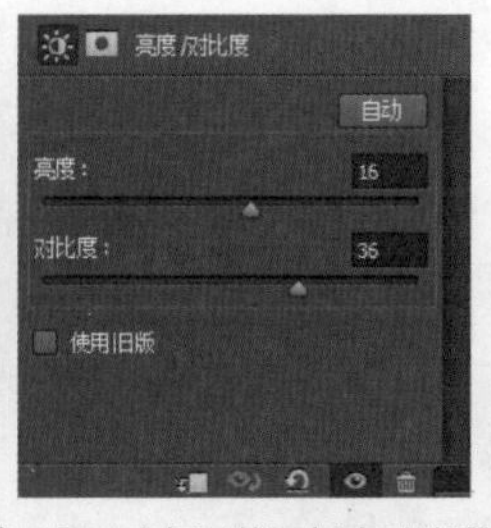

08 调整汽车素材的影调 再次将汽车添加到选区中，分别创建色阶和亮度/对比度调整图层，在打开的面板中对选项进行设置，将汽车调亮，在图像窗口中可以看到编辑的效果。如上图所示。

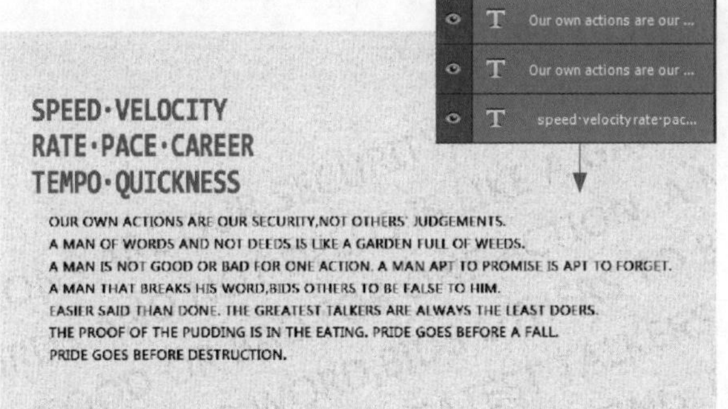

09 输入文字 选中“横排文字工具”，在适当的位置单击并输入文字，打开“字符”面板对文字的属性进行设置，完善画面的内容。如上图所示。

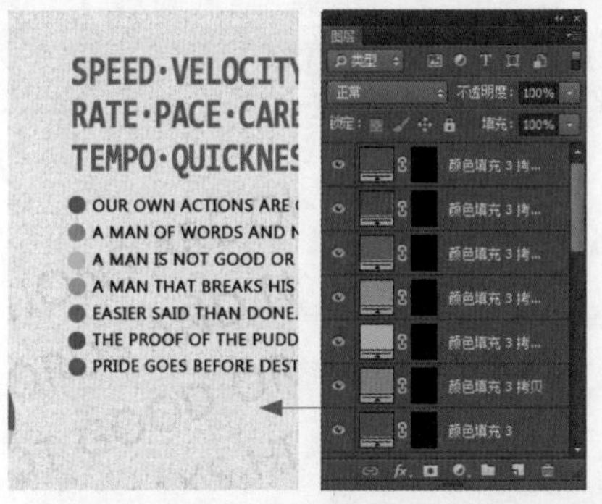

10 用颜色填充图层制作彩色圆点 使用“椭圆选框工具”创建选区，接着创建颜色填充图层，并设置填充的颜色。接着对创建的颜色填充图层进行复制，更改填充色，将圆形的图形作为修饰放在文字的前面，在图像窗口中可以看到本例最终的编辑效果。如上图所示。

6.2.2 对比分析

本例是为汽车设计的海报效果，如右图所示，在其中可以看到丰富的设计元素和搭配和谐的色彩。

本例设计的要点就是将具体的事物抽象化，在设计的过程中除了使用本例中的配色和设计元素以外，还可以自由发挥想象，根据个人喜好进行制作，同样可以获得满意的效果。

❶ 丰富的设计元素

在海报的背景中包含了多个不同外形的设计元素，这些元素分别代表不同的事物，如太阳、云朵、道路和群山等，都是使用外形之间的相似性来对事物进行表现的。

❷ 统一的色彩搭配

使用冷暖色调进行搭配，通过不同明度和纯度的同类色系的颜色来增强画面的层次，由此带来一种动感、活泼的快感，突出汽车品牌的主题思想。

或许，这样也可以……

在具体的设计中，读者还可以发挥自己的想象，对画面中的元素进行创作，更改配色，得到不同的画面效果，右图所示为新创作后的结果。

❶ 全新的设计元素

在新的创作中使用全新的设计元素对画面中的对象进行表现，但是一定要遵循外形相似的要求，这些才能让抽象化的表现更加准确。

❷ 协调的色彩搭配

在配色的过程中使用红色、黑色和灰色进行搭配，其中黑色和灰色为无彩色，而红色为有彩色，这样的搭配可以显示出较高的品质，与汽车这种较为高端的消费商品形象相互吻合。

❸ 底纹设计让画面更精致

在新的设计中使用细小的弯曲线条作为底纹，这样设计完成的结果比使用单一的背景色更显精致，可以避免海报背景过于单一、呆板，提高画面的美感。

6.2.3 知识拓展

在进行海报招贴设计之前，根据海报的功能和用途，需要对海报的尺寸进行设置。此外，根据海报的设计内容，还需要根据视觉中心和构图法则对海报内容进行定义，接下来就让我们一起来了解一下。

海报的尺寸

海报的尺寸有一定的标准，对于不同的类型的海报，其尺寸的要求也是不同的。通过下面的介绍来对不同类型的海报尺寸进行讲解，帮助我们在设计之前把握好文件的尺寸大小，以节约印刷成本。

一般海报尺寸大小（普通海报的尺寸）：

❶42cm×57cm（宽 × 高）；❷57cm×84cm（宽 × 高）

商业类海报尺寸：

❶50cm×70cm（宽 × 高）；❷57cm×84cm（宽 × 高）

电影宣传类海报尺寸：

❶50cm×70cm（宽 × 高）；❷57cm×84cm（宽 × 高）；❸78cm×100cm（宽 × 高）

招聘海报尺寸：

90cm×120cm（宽 × 高）

海报设计中的视觉中心和构图法则

为了将海报招贴中的主要信息快速传达给观赏者，加深海报给人的印象，在设计海报招贴的过程中还需要注意设计元素的位置摆放，并合理运用构图法则，这些都是有规律可循的。在海报招贴设计中，最常用的构图法就九宫格构图和黄金分割点构图，具体说明如下：

九宫格构图：

在对视觉中心进行定义的设计中，最常见的方法就是九宫格构图法。这种构图就是用 4 条直线分纵，横向将画面分割为 9 份，取其中心的 4 个临近点为构图最佳点。也就是最容易使视线集中的点。这种构图法称为九宫格构图法，如右图所示。

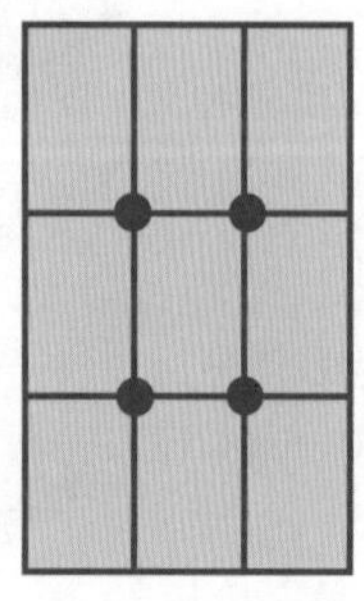

右图所示的设计元素基本都是以九宫格进行精确划分，让画面显得平稳且主次得当。

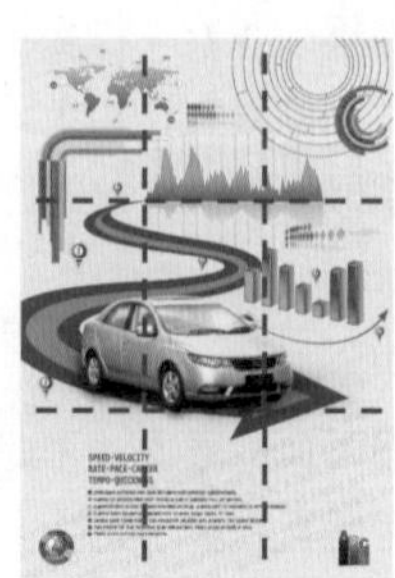

黄金分割构图：

在海报招贴设计中，将横向及纵向尺寸按照1 ：0.618的比例进行双份划分，取其中心的1个临近点作为构图最佳的点，这种构图方式就称之为黄金分割构图法，如右图所示。

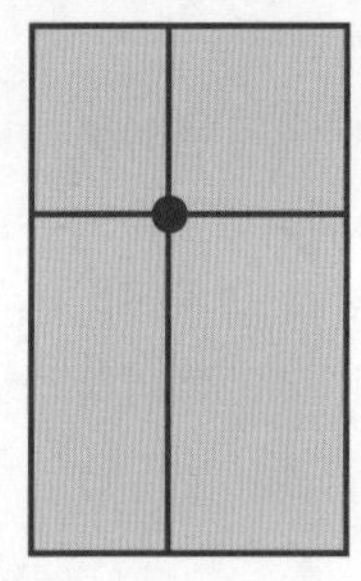

右图所示的主题文字以色彩进行突出，且文字刚好在黄金分割线的位置，具有引导视线的作用。

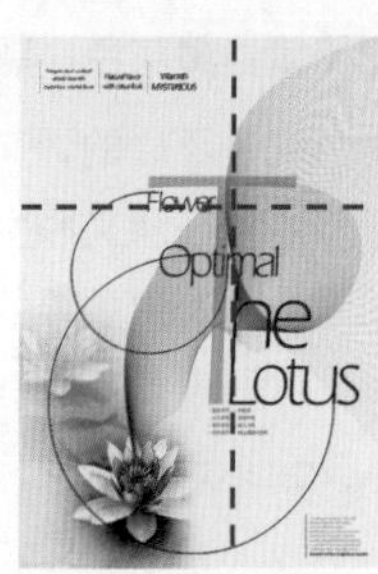

6.3 具有视线引导线条的招贴设计——混合对象

素　材：随书光盘\素材\06\02.jpg

源文件：随书光盘\源文件\06\具有视线引导线条的招贴设计.ai

6.3.1　案例操作

设计思维进化图

本例的设计思路如下图所示，最终效果如右图所示。

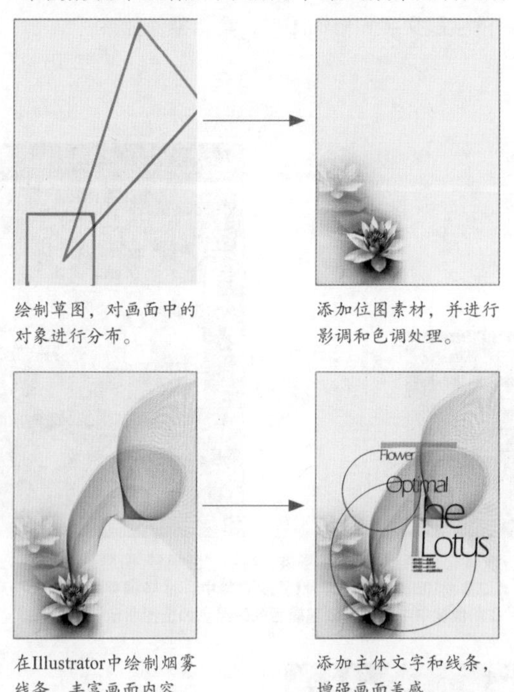

绘制草图，对画面中的对象进行分布。

添加位图素材，并进行影调和色调处理。

在Illustrator中绘制烟雾线条，丰富画面内容。

添加主体文字和线条，增强画面美感。

创作关键字：具象化

所谓具象是设计者在生活中多次接触和感受后又高度凝缩了的形象，它不仅是感知、记忆的结果，而且打上了创作者的情感烙印，受到了他们的思维“加工”，是综合了生活中无数单一实体后又经过抉择取舍而形成的。

本例中以具有婀娜多姿的外形和高雅气质的荷花为素材，为了表现出荷花亭亭玉立、清香至远的感觉，在设计创作的过程中用虚化的线条来表示荷花的清香，如右图所示。使蜿蜒渐变的线条与复瓣的花型相互辉映，突显荷花高贵的品质和沁人心脾的特性，使人拥有心旷神怡的观感。

莲花高雅的外形

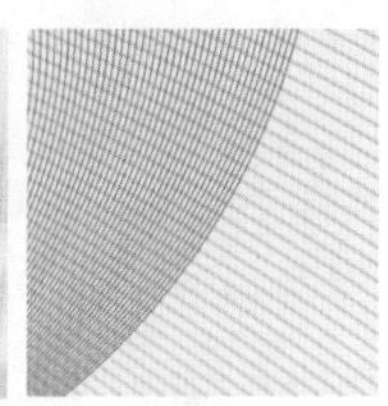

代表花香的线条

色彩搭配秘籍：黄灰色、黑色

黑与白既是矛盾的，又是统一的，在这种矛盾和统一中产生了各种美，具备着强烈的象征意义和生命力。本例中的颜色搭配以黑色和黄灰色为主，如右图所示。画面中主要的灰度图像和文字给人以简洁、单纯的审美感受和视觉享受，并利用黄灰色进行点缀，有着引导观赏者视线的作用，这种色彩可以给人安全稳定的感受，突显出画面中荷花的形态。

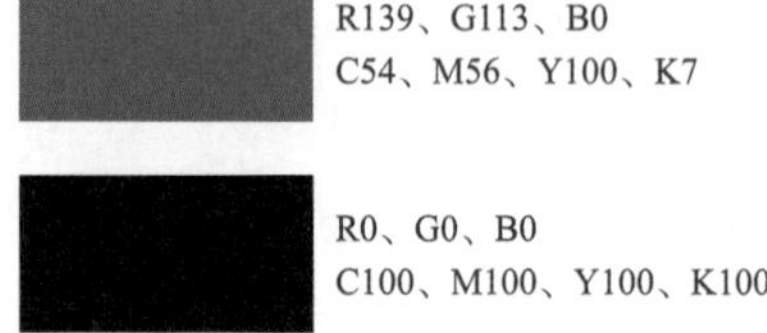

软件功能应用详解

Photoshop 功能应用

❶ 利用“颜色填充”图层为背景添加上颜色；
❷ 用“图层蒙版”将素材中多余图像遮蔽；
❸ 用“黑白”调整图层将素材图像转换为黑白色；
❹ 用“色阶”调整图层增强荷花的层次；
❺ 用“USM 锐化”滤镜让荷花的细节更加的清晰。

Illustrator 功能应用

❶ 用“钢笔工具”绘制弯曲的线条；
❷ 用“混合工具”将绘制的线条进行混合，作为画面中的花香；
❸ 用“文字工具”添加主体文字；
❹ 用“直线段工具”绘制出修饰的间隔。

实例步骤解析

本例在实际的编辑中先在 Photoshop 中制作出招贴的背景，接着在 Illustrator 中使用“混合”功能制作出渐变的线条，并使用“文字工具”和“路径编辑工具”制作出招贴中的主题文字和修饰图形，具体操作如下：

01 在Photoshop中制作招贴背景

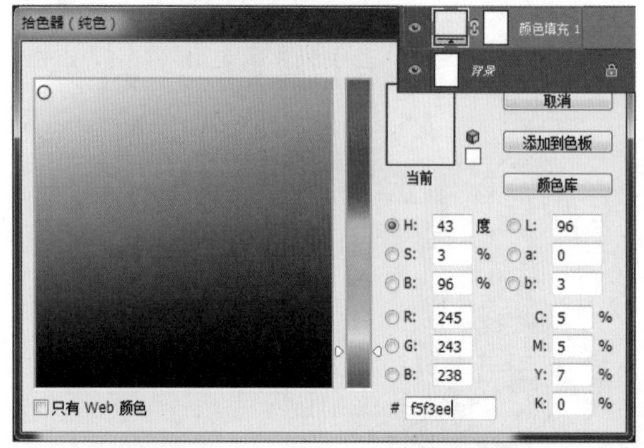

01 创建颜色填充图层 运行Photoshop CC应用程序，执行“文件>新建”菜单命令，创建一个新的文档，创建颜色填充图层，设置填充色为R245、G243、B238。如上图所示。

02 添加荷花素材 新建图层，得到“图层1”图层，将“随书光盘\素材\06\02.jpg”素材复制到其中，适当调整图像的大小和位置，在图像窗口中可以看到编辑后的效果。如上图所示。

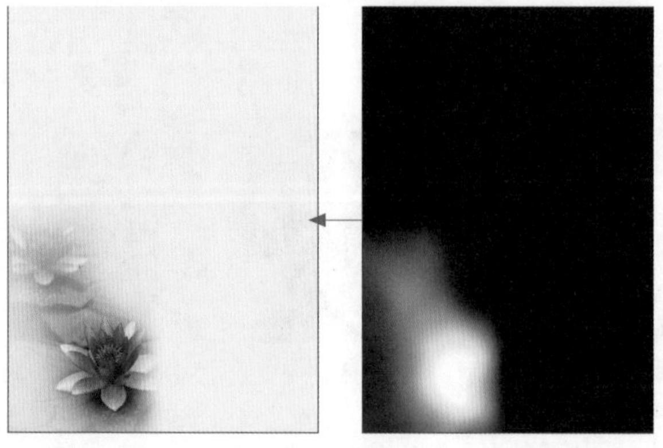

03 编辑图层蒙版 为“图层1”添加上黑色的图层蒙版，使用设置为白色的“画笔工具”在荷花上进行涂抹，对“图层1”的图层蒙版进行编辑，在图像窗口中可以看到编辑后的效果。如左图所示。

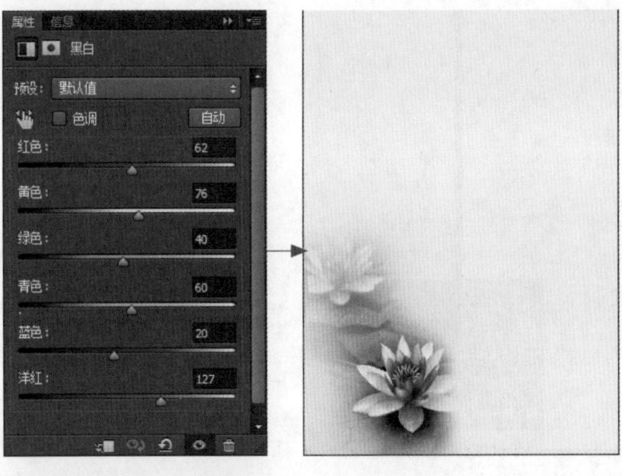

04创建黑白图像　创建黑白调整图层，在打开的“属性”面板中对各个参数进行设置。接着设置前景色为黑色，使用“画笔工具”对图层蒙版进行编辑，只对荷花部分的图像应用黑白效果，在图像窗口中可以看到荷花变成了黑白色。如左图所示。

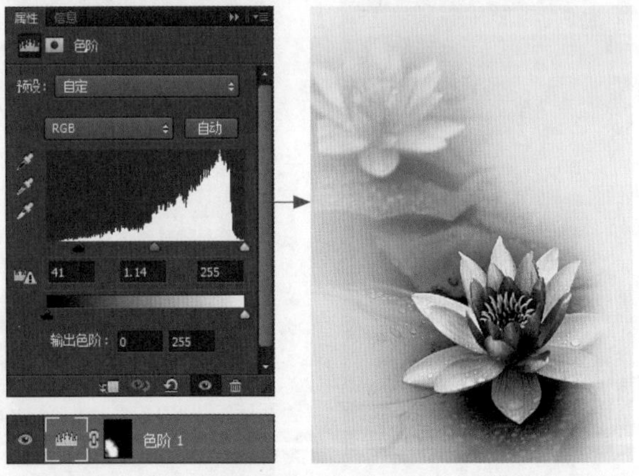

05使用色阶调整局部层次　将荷花图像创建为选区，创建色阶调整图层，在打开的面板中将RGB选项下的色阶值分别设置为“41、1.14、255”，增强荷花的层次。如上图所示。

06应用“USM锐化”滤镜　盖印可见图层，得到“图层2”图层，执行“滤镜>锐化>USM锐化”菜单命令，在打开的对话框中设置参数，对图像进行锐化处理。

02 将PSD文件置入Illustrator中并添加修饰图像和文字

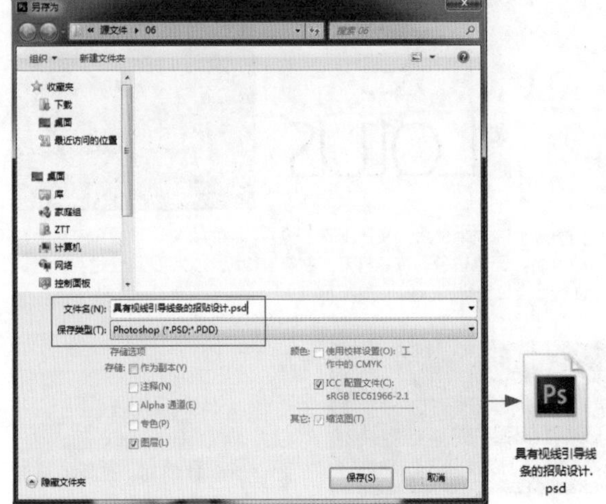

01存储文件　执行“文件>存储”菜单命令，在打开的对话框中对文件的路径和名称进行设置，将编辑完成的文件存储为PSD的格式。如上图所示。

02新建Illustrator文件并置入PSD文件　运行Illustrator CC应用程序，新建一个文件，执行“文件>置入”菜单命令，将存储的PSD文件置入当前文件中，并适当调整图像的大小和位置。如上图所示。

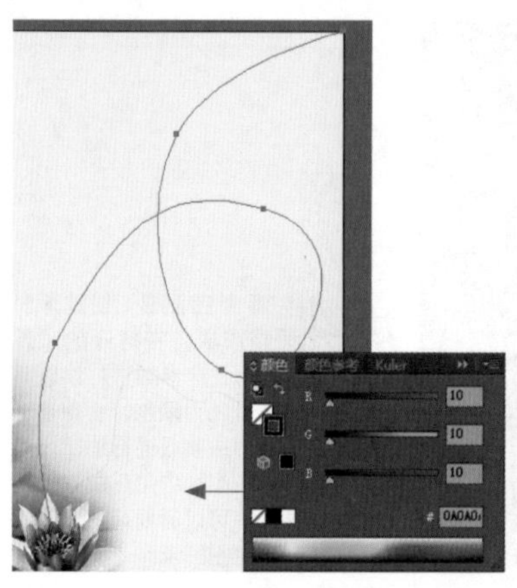
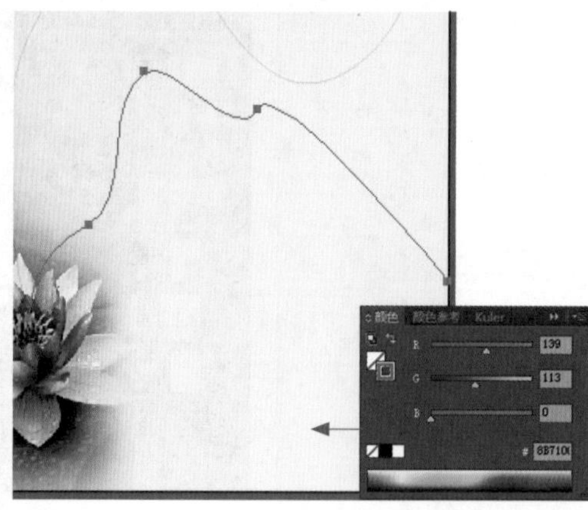

03 用“钢笔工具”绘制曲线 选中工具箱中的“钢笔工具”，在画板中分别绘制两条不同外形的路径，接着打开“颜色”面板为其填充上适当的描边色，无填充色。如左图所示。

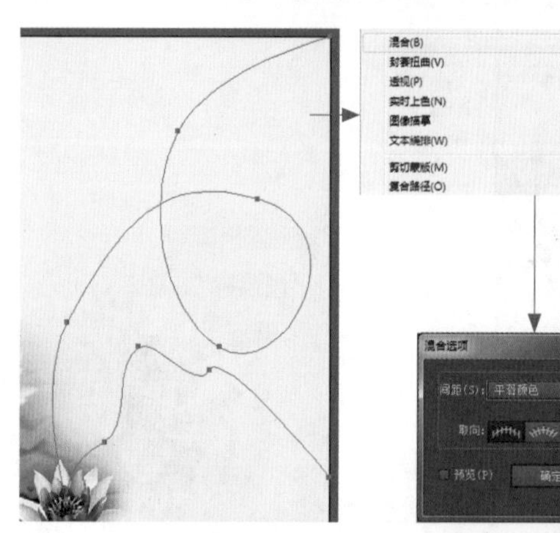
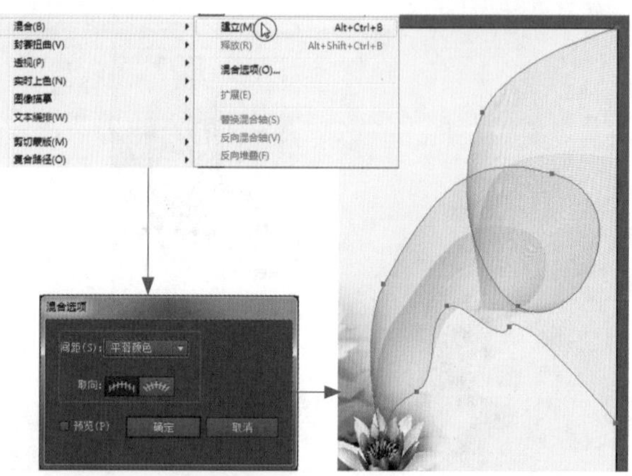

04 对绘制的曲线进行混合 同时选中两条绘制的曲线，执行“对象 > 混合 > 建立”菜单命令，在打开的“混合选项”对话框中设置“间距”为“平滑颜色”。在画板中可以看到在两条曲线的中间显示出来若干条曲线，并且以逐渐变化的色彩排列起来。如左图所示。

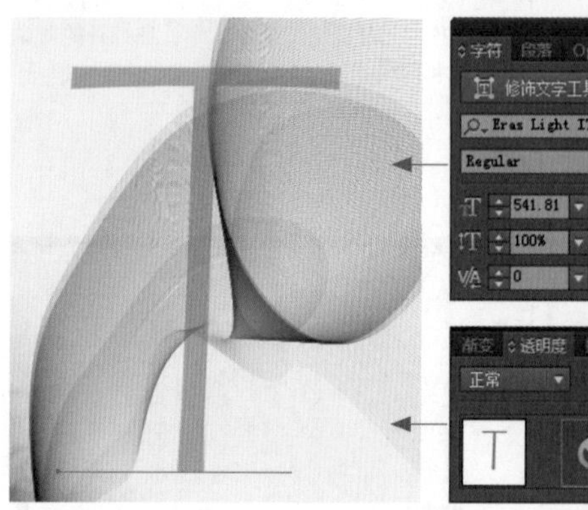

05 输入文字 选择工具箱中的“文字工具”，在画板中适当位置单击并输入文字，设置填充色为R139、G113、B0，并打开“字符”和“透明度”面板对其进行设置。如上图所示。

06 添加文本 使用“文字工具”输入其他的文字，设置填充色为黑色，无描边色，接着打开“字符”面板对文字的属性进行设置，并进行适当位置排列。如上图所示。

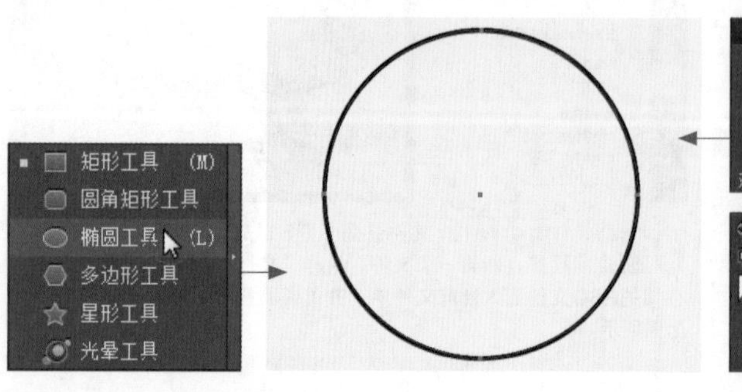
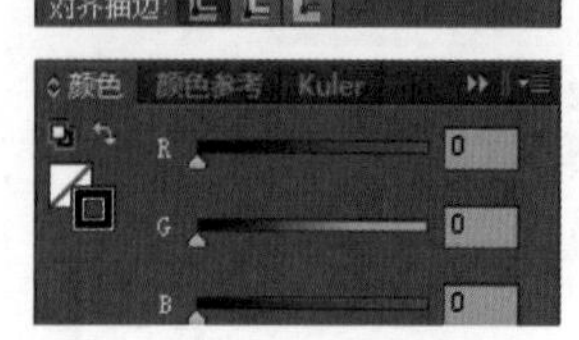

07 绘制圆形 选择工具箱中的“椭圆工具”，绘制一个圆形，填充上黑色的描边色，无填充色，并在“描边”面板中设置描边的“粗细”为“1.5pt”，在画板中可以看到编辑后的效果。如左图所示。

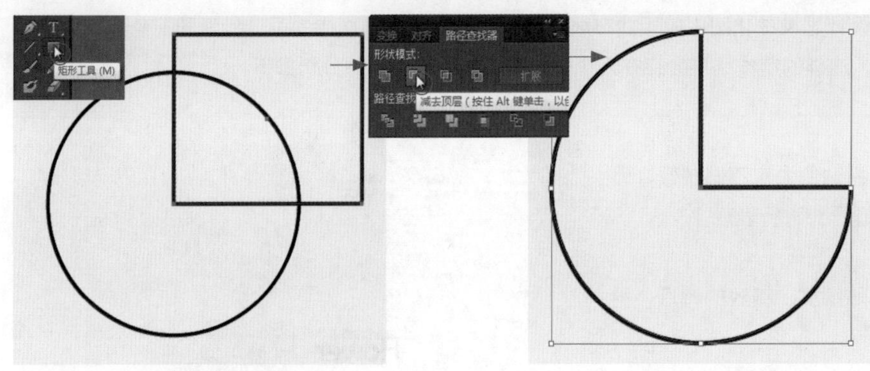

08 **使用矩形对圆形进行剪切** 选择工具箱中的“矩形工具”，绘制一个矩形，接着同时选中矩形和圆形，在“路径查找器”面板中单击“减去顶层”按钮，对两个图形进行剪切，得到一个四分之三大小的圆形。如左图所示。

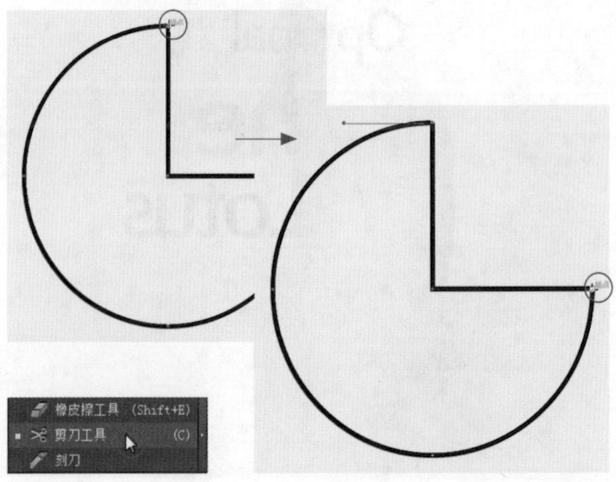

09 **将闭合路径调整为开放路径** 选择工具箱中的“剪刀工具”，在四分之三圆形的锚点附近单击，将闭合的路径转换为开放的路径，在画板中可以看到编辑的效果。如上图所示。

10 **调整路径的位置** 使用“直接选择工具”将多余的路径选中，按Delete键将其删除，接着将剩下的路径放在文字周围，并调整路径的大小。如上图所示。

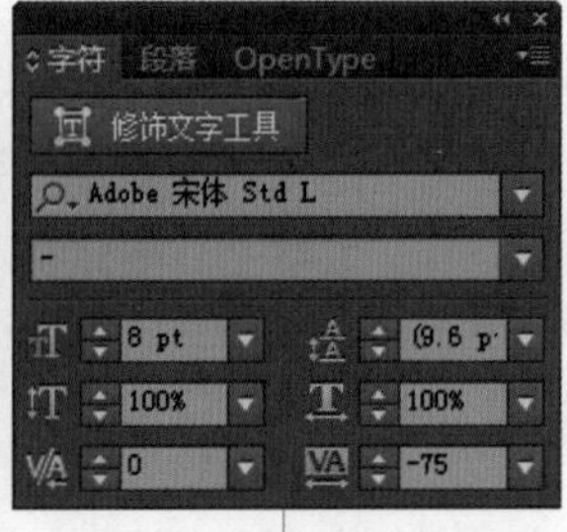

11 **添加说明文字** 选择工具箱中的“文字工具”，在画板中适当的位置单击，并输入所需的文字。接着打开“字符”面板对文字的属性进行设置，并调整文字的填充色为黑色，无描边色。最后使用“直线段工具”在文字附近绘制出修饰的直线段，在画板中可以看到本例最终的编辑效果。如左图所示。

6.3.2 对比分析

在设计的过程中，设计元素的外形和色彩可能会对最终的制作结果产生较为明显的影响，因此在创作的过程中应该对画面整体进行构思，力求打造出精致、完美的画面效果。

如果在本例的设计中遵循设计思维进化图中的板式布局进行创作，而不对画面中的设计元素和配色进行约束，就有可能出现右图所示的情况，这样的制作结果会存在几个较为突出的问题，具体分析如下：

❶ 缺乏辅助的设计元素

空白的区域太多，让整个招贴的内容不够精致，添加适当的设计元素有助于对主题思想进行表现。

❷ 较粗的字体

较粗的字体不能显示出招贴细腻、精致的特点，同时与画面中的线条显得不够统一。

❸ 彩色的位图

彩色的位图让招贴中的色彩增加，削弱了画面中的色彩表现，使得配色太多，显得杂乱。

或许，这样设计会更好……

❶ 纤细的字体

纤细的字体与招贴中渐变的线条相互协调，同时纤细的字体可以给人一种流畅的感觉，具有很强的表现力。这种字体在该招贴的设计中具有十分重要的作用，有助于招贴主题的表现。如右图所示。

❷ 圆环形的设计元素

圆环的设计元素可以丰富画面的内容，使用与文字粗细相当的圆环形能够让整体效果更加和谐、统一。

❸ 黑白色的位图

由于该招贴中所呈现出来的效果较为复古，因此将位图处理为黑白色，可以减少招贴中的颜色，让画面中的主体对象表现更加突出。

↘ 6.3.3　知识拓展

线在平面设计中以其独特的表现力而存在着，它是视觉传达设计中运用最为频繁的一种元素。各式各样的线在设计中起着划分、界定画面的作用，接下来将以本例中应用的线条为对象进行分析。

线条作为设计中最为基本的元素，比点和面更具有影响力，它在视觉上占有了比点更大的空间，线的延伸带来了各种不同的动态感，可以串联起各种不同的视觉元素，也可以使画面充满着动感。同时，还可以支撑画面，使画面具有稳定性。

不同的线条会带给人不同的感受，垂直的线条可以有力度感和伸展感；水平的线条容易形成稳定感，略显呆板；斜线能够创造出运动感和方向感；而通过折线可以带来变化丰富的方向感，体现出空间感。在进行海报招贴的设计中，将不同的线条进行合理运用，就能带给观赏者不同的感受。

用线来分割画面

由于线条的特殊形态，因此可以运用它来对画面进行分割，在编辑的过程中对于本例中的辅助文字就使用了线条对其进行修饰。用线条来对文字进行分组，这样的操作可以更利于阅读，同时对观赏者的视线有一定的引导作用。如下图所示。此外，如果在设计的过程中遇到两个不同的面相交时，自然会在两个面之间形成一条直线，这也可以称之为分界线，这样的线条可以在颜色等方面产生差异，同样可以形成分割的效果。

Fougere scent cooked
athletic Warmth
mysterious oriental flavor

Natural flavor
with citrus fruit

Warmth
MYSTERIOUS

"Rose fragrance, elegant and subtle,
along with the summer breeze,
and her perfume together."
In all the flowers, he chose to use roses
dedicated to his queen, mysterious
and sensual, beautiful and intoxicating,
is a symbol of love, luxury and precious,
is dedicated lanvin alber elbaz brand,
founder of the fragrance carols.

用曲线修饰对象

线条除了可以分割画面以外，还有一个最大的优点就是可以对设计画面中的对象进行修饰。当画面中出现大面积的空白，或者设计内容略显单调时，适当的线条修饰除了可以丰富画面以外，还能增强艺术的感染力，并且具有改变视线的作用。

右图所示为本例中的设计效果，画面中使用四分之三的圆形线条将单词之间的笔画进行连接，形成两个交叠的圆环效果，给人饱满、厚重的感觉。

用线集成面

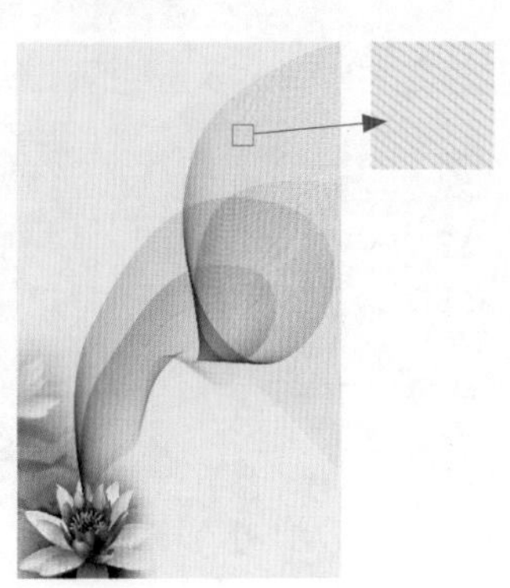

在实际的设计操作中，也常用线条勾勒出某个对象，使其形成面的效果，由线条集成的面可以给人明确、突出的感觉，它能够不受限制，具有自然流畅、纯朴柔和的特点。

右图所示为本例使用 Illustrator 中的混合功能制作出来的线条之间的混合效果，将图像放大后，可以显示出密集的线条效果，而缩小图像后，则表现出明显的轮廓，给人优雅、柔软、饱满的感觉。这种由线条集成的面能够充分体现出设计感，为作品加分。

6.4 精细图表提升海报品位——图表工具

素　材：随书光盘\素材\06\03.jpg
源文件：随书光盘\源文件\06\精细图表提升海报品位.ai

6.4.1 案例操作

设计思维进化图

本例的设计思路和最终效果如下图和右图所示。

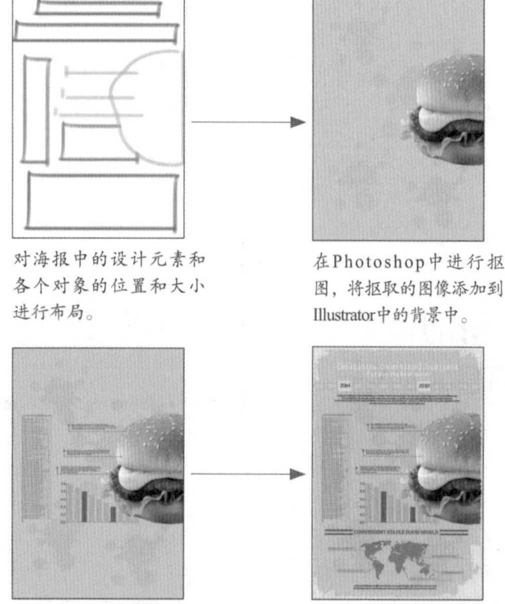

对海报中的设计元素和各个对象的位置和大小进行布局。

在Photoshop中进行抠图，将抠取的图像添加到Illustrator中的背景中。

在Illustrator中使用图表功能添加上图表和指示标识，丰富画面内容。

添加文字和图形，对海报中的对象进行完善和修饰。

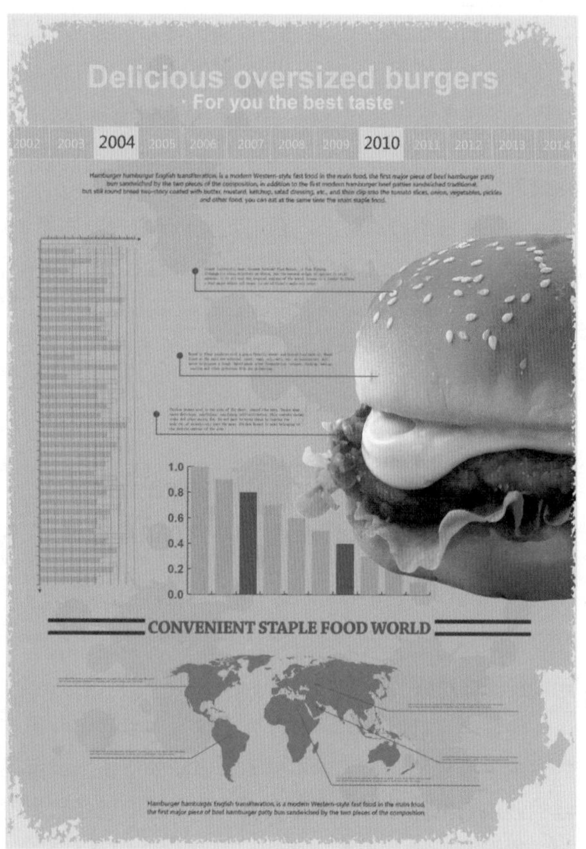

创作关键字：图表与精确指示

图表具有迅速传达信息、明确表示相互关系和使信息表达鲜明生动的特点，而精确的指示可以更准确地对局部对象进行说明和阐述。在本例的设计中就使用了大量的图表和指示标示。由于本例是为某品牌的汉堡包所创作的海报，为了表现出食品中的营养成分等详细说明，在表现的过程中使用了图表这种较为直接鲜明的方式进行呈现，同时通过精确定位指示来对汉堡包的销售地点和成分进行指示说明，这样的设计让食品的表现更加直观，使观赏者一目了然。

在海报的中间使用了两个柱状的图表来对汉堡中的某些数据进行展示，有利于部分信息的突出表现。如上图所示。

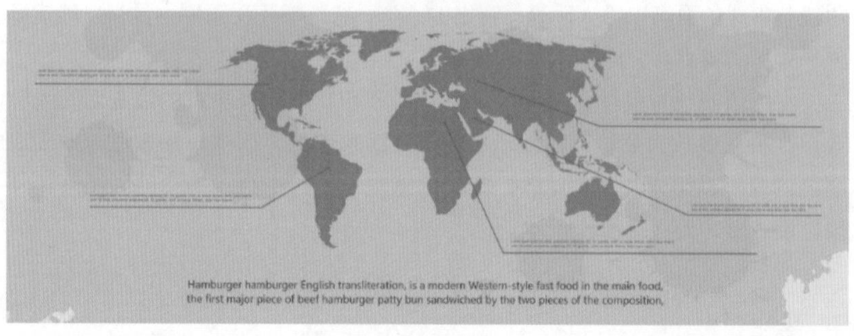

在对海报中特定对象的局部表现中，使用了精确的指示进行展示，在设计的过程中使用折线段来引出特定的区域，并用大量的文字来进行说明，让观赏者一目了然。如上图所示。

色彩搭配秘籍：灰绿色、灰菊黄、咖啡色

灰绿色是一种色相较为浑浊的颜色，容易让人产生怀旧的情绪。灰菊黄是一种成熟的小麦颜色，可以体现出朴素的印象。咖啡色具有优雅、朴素、庄重的特点，是一种比较含蓄的颜色。如右图所示。在本例的设计配色中主要使用了这 3 种颜色，营造出一种怀旧的氛围，与该品牌汉堡包的悠久历史相互吻合，同时使用较为朴素的灰菊黄作为海报的边框，给人一种信任感，体现出安全、健康的品牌理念。在实际的上色中，大部分的文字颜色都使用了咖啡色，这种明度较低的颜色与背景色中明度角度的灰绿色形成较大的反差，可以更容易地突显出海报中的文字内容。

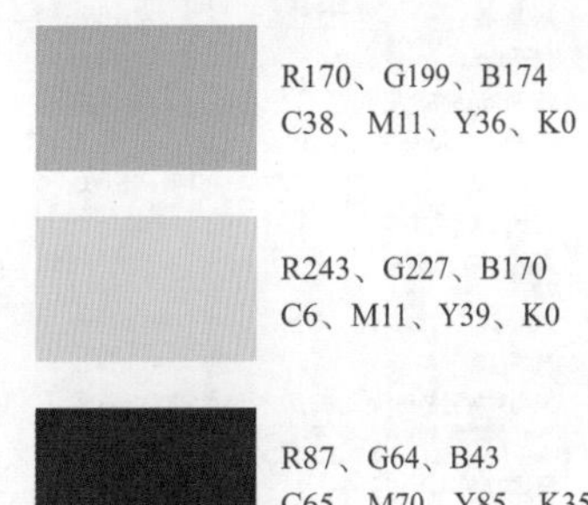

软件功能应用详解

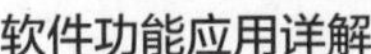

Photoshop 功能应用

❶ 使用“磁性套索工具”将素材中的汉堡包框选到选区中；

❷ 为创建的选区添加“图层蒙版”，将汉堡包图像抠选处理，让画面背景显示出透明的效果。

Illustrator 功能应用

❶ 使用“剪切蒙版”对汉堡包素材进行剪切，使其只显示出局部显示效果；

❷ 使用“图表”功能制作出图表；

❸ 通过“文字工具”“椭圆工具”和“矩形工具”制作出精确的指示说明效果。

实例步骤解析

在本例的设计制作中，先在 Photoshop 中使用图层蒙版将汉堡包图像进行抠取，接着在 Illustrator 中绘制出海报的背景，并将汉堡包素材添加到其中，最后使用图表工具、文字工具和绘图工具完善海报内容，具体如下。

01 在Photoshop中将汉堡包图像抠取出来

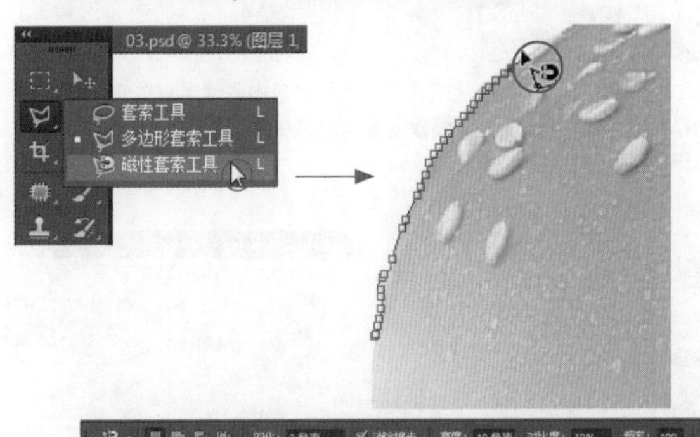

01 **选择“磁性套索工具”** 在Photoshop CC中将“随书光盘\素材\06\03.jpg”素材文件打开，接着选择“磁性套索工具”，在该工具的选项栏中设置选项，然后在汉堡包的边缘单击鼠标，Photoshop会根据鼠标移动创建锚点。如上图所示。

02 **创建选区** 沿着汉堡包的缘边移动鼠标，将最后的锚点与最初的锚点相互重合，闭合整个临时的路径，此时将创建出一个选区，将汉堡包图像全部框选到其中。如上图所示。

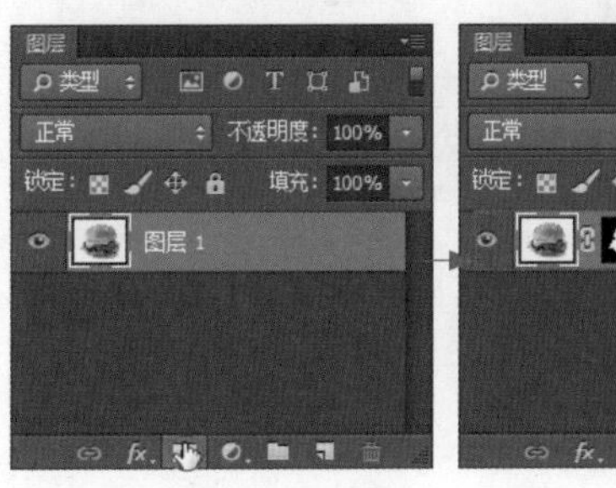

03 **创建图层蒙版抠取图像** 单击“图层”面板下方的“添加图层蒙版”按钮，为“图层1”添加上图层蒙版，可以在“图层”面板中看添加的图层蒙版效果，同时在图像窗口中可以看到背景中的白色显示为透明的效果。如左图所示。

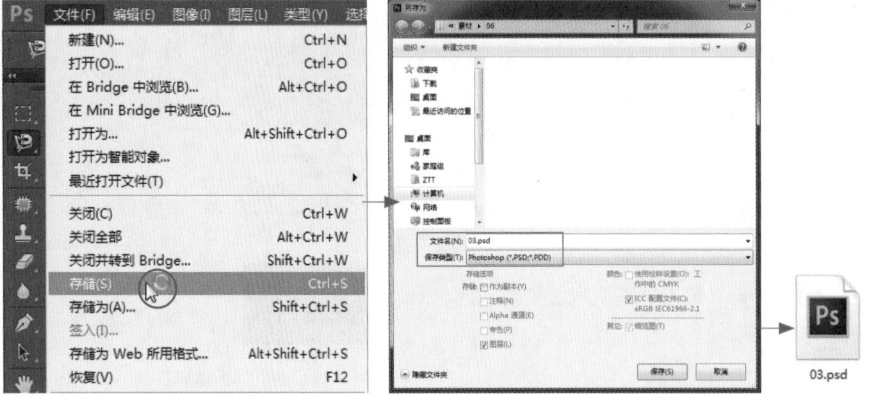

04存储文件为PSD格式 执行“文件>存储”菜单命令，在打开的“存储为”对话框中对文件的名称、路径和格式等进行设置，将编辑完成的文件存储为PSD格式。如左图所示。

02 在Illustrator中绘制背景

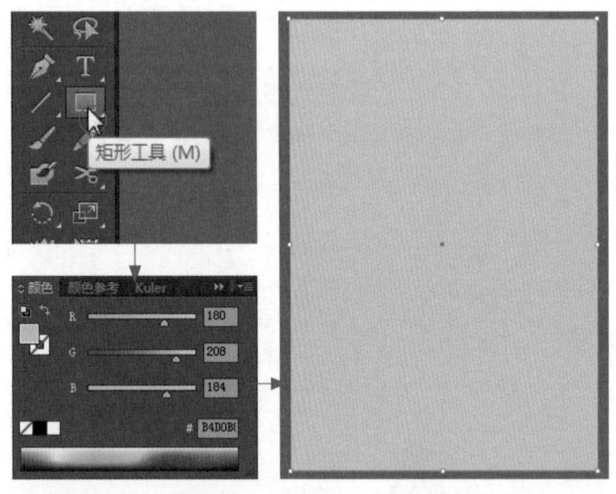

01绘制矩形 在Illustrator中创建一个文件，使用“矩形工具”绘制一个矩形，填充上适当的颜色，作为广告的背景色。如上图所示。

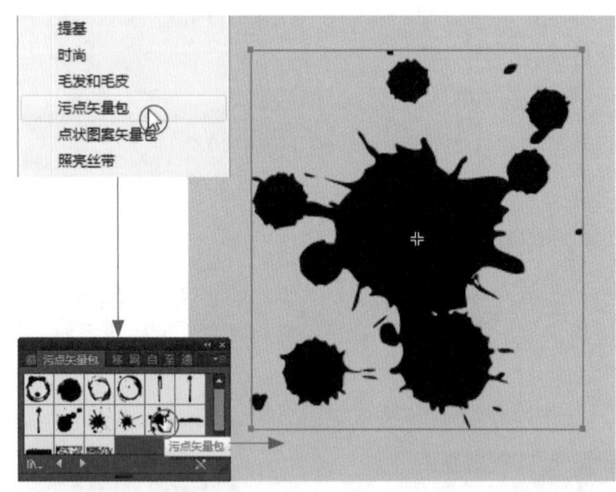

02添加墨迹符号 通过“符号”面板菜单中的“污点矢量包”命令打开“污点矢量包”面板，在其中选中适当的图形并将其拖曳到画板中。如上图所示。

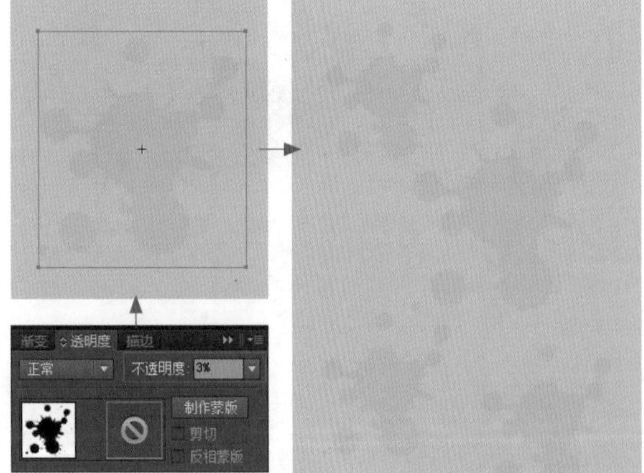

03调整不透明度并进行复制 在“透明度”面板中将“不透明度”选项设置为“3%”，并对编辑完成的图形进行复制，调整污点的大小和位置，将其作为背景的修饰图形。如上图所示。

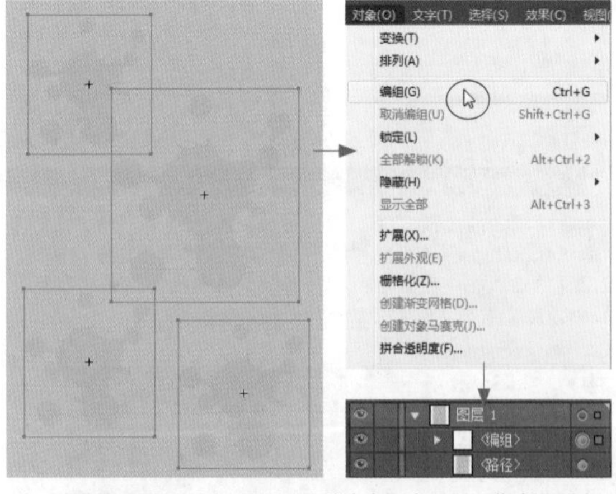

04对墨迹符号进行编组 同时选中污点图形，指定“对象>编组”菜单命令，将其合并到一个图层组中，在“图层”面板中可以看到编辑后的效果。如上图所示。

03 置入汉堡包PSD文件并进行剪切

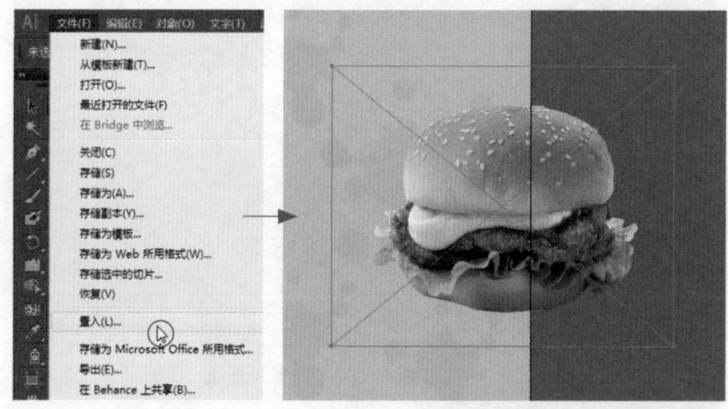

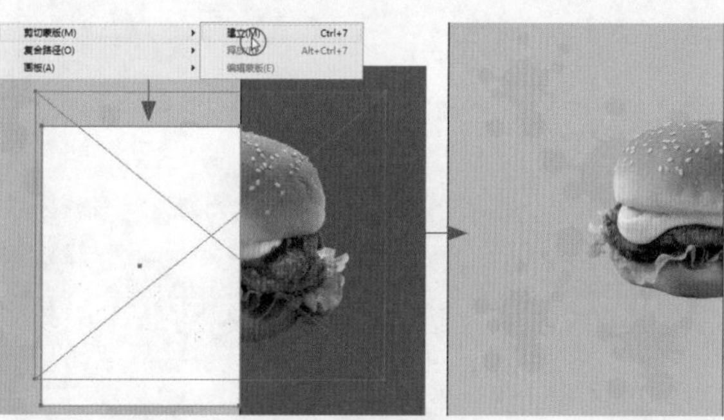

01 置入汉堡文件 执行“文件>置入”菜单命令，将之前编辑处理完成的03.psd文件置入到文件中，并适当调整文件的大小，放在画面的右侧位置上，在画板中可以看到编辑后的效果。

02 创建剪切蒙版 使用“矩形工具”绘制一个矩形，将汉堡图像和矩形全部选中，执行“对象>剪切蒙版>建立”菜单命令，对汉堡图像进行剪切，在画板中可以看到只有白色矩形覆盖区域的汉堡文件显示了出来。

04 在Illustrator中绘制图表和修饰图形

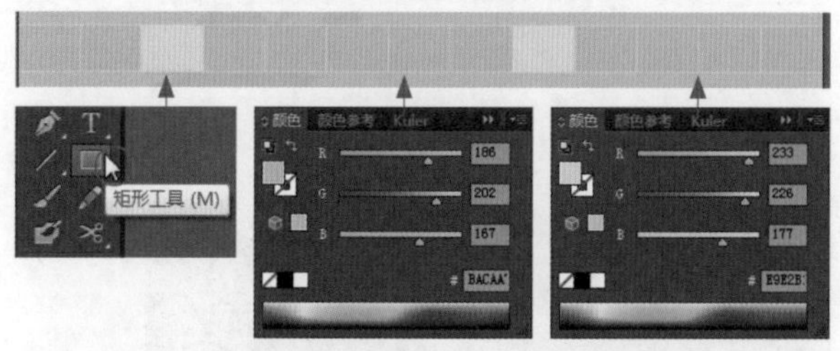

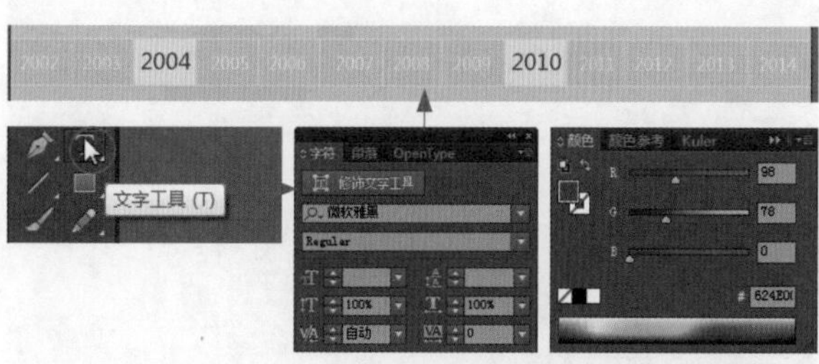

01 绘制矩形 选中“矩形工具”，在适当的位置绘制矩形，并填充上适当的颜色，使用“对齐”面板中的功能对矩形进行对齐操作，在画板中可以看到编辑后的效果。如上图所示。

02 添加文字 选中“文字工具”，在适当的区域上单击，输入文字，并打开“字符”面板对文字的属性进行设置，使用“颜色”面板对文字的颜色进行调整。如上图所示。

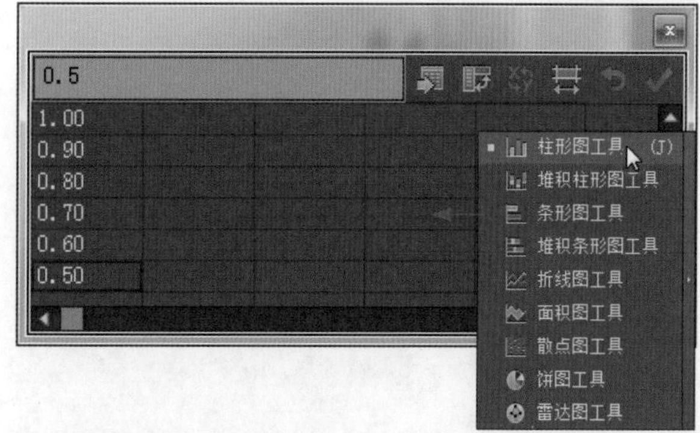

03 输入主题文字 继续使用“文字工具”添加主题文字，打开“字符”面板对文字的属性进行调整，并将主题文字放在画面上方的位置。如上图所示。

04 编辑图表中的数据 选中“柱状图工具”，在画板中单击并进行拖曳，在弹出的对话框中输入1.00~0.10的数据，对图表中的数据进行定义，完成数据的输入后关闭对话框即可建立图表。如上图所示。

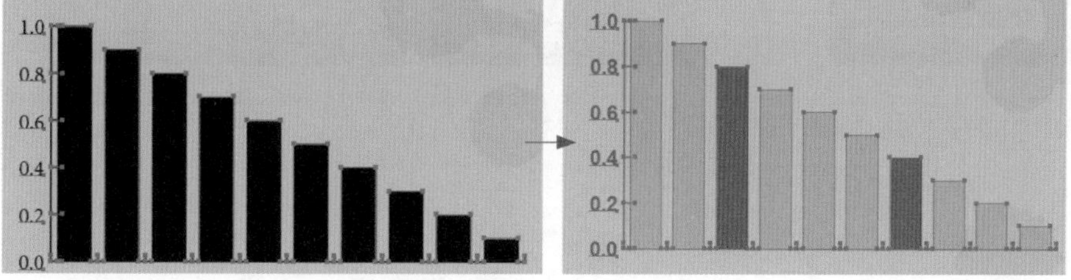

05 创建图表并更改填色 得到一个黑色的柱状图，用“直接选择工具”选中图表中的局部区域，在“颜色”面板中对颜色进行更改，并调整文字的属性。如左图所示。

06 创建其他的图表 使用类似的方法创建出其他的图表，适当调整图表的大小，将图表放在适当的位置上，在画板中可以看到编辑后的画面效果。如上图所示。

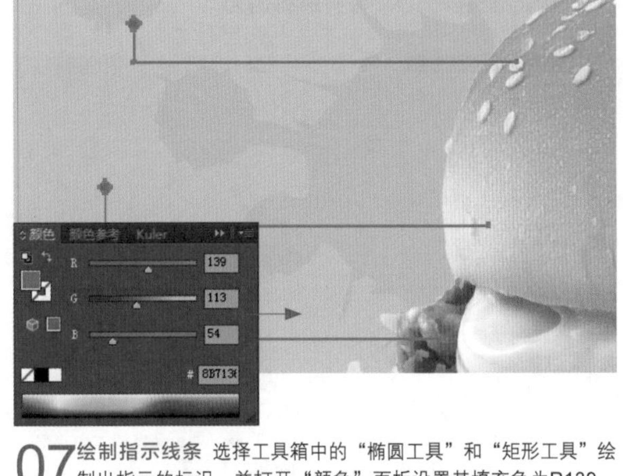

07 绘制指示线条 选择工具箱中的“椭圆工具”和“矩形工具”绘制出指示的标识，并打开“颜色”面板设置其填充色为R139、G113、B54。如上图所示。

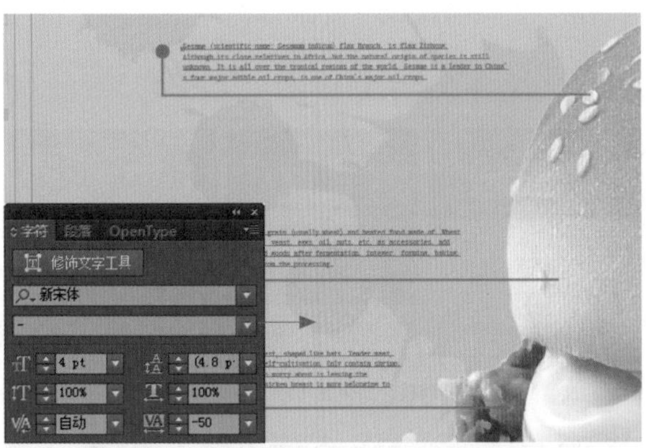

08 输入说明文字 使用“文字工具”在指示标识上输入文字，并打开“字符”面板对文字的属性进行设置，接着填充上与指示标识相同的颜色。如上图所示。

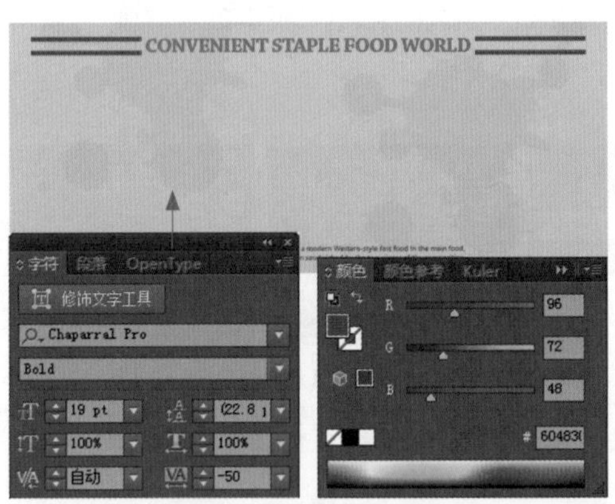

09 绘制矩形并添加文字 使用“矩形工具”在适当的位置绘制矩形调整，使用“文字工具”输入文字，并打开“字符”面板对文字的属性进行设置，将绘制的矩形调整和文字都填充上R96、G72、B48的颜色。如上图所示。

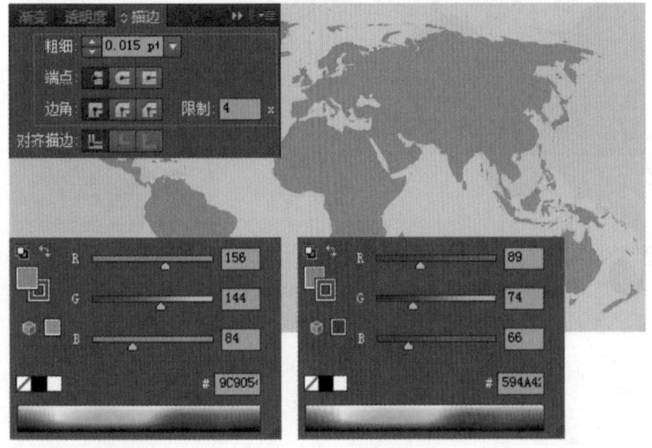

10 绘制地图 使用“钢笔工具”绘制地图的外形，也可以直接在网络下载素材并添加到其中，接着对地图图形的填充色和描边色及描边大小进行设置。如上图所示。

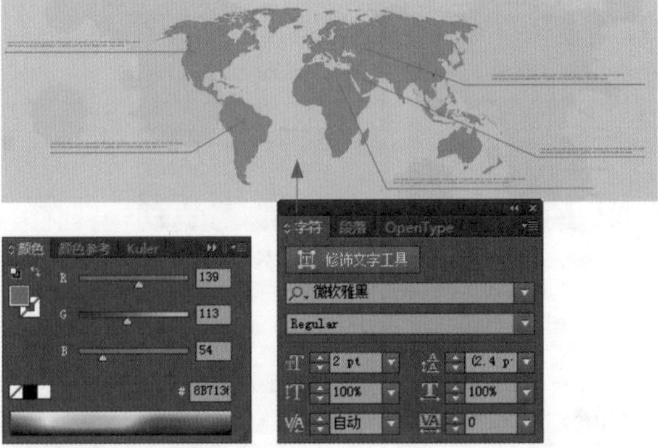

11 添加文字和指示线条 使用“矩形工具”绘制指示标识，并使用“文字工具”输入说明文字，为其填充上相同的颜色，对地图进行完善，在画板中可以看到编辑后的效果。如上图所示。

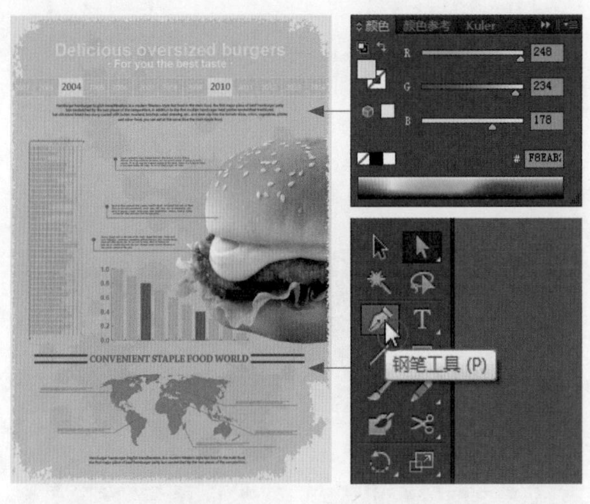

TIPS

案例中的边框为复合路径，在制作的过程中为了获得最佳的效果，可以先绘制一个矩形，再绘制一个边缘毛糙的路径，将两个图形进行“相减”，即可得到一个复合路径的边框图形。

12 绘制边框 使用“钢笔工具”绘制出随意的边框效果，接着在“颜色”面板中设置其填充色为R248、G234、B178，无描边色，在画板中可以看到本例最终的编辑效果。如左图所示。

6.4.2 对比分析

为了打造出精致的画面和完美的视觉效果，在设计海报招贴的过程中除了要考虑画面布局以外，还需要对设计元素的编排和添加进行有效控制。以下为不同理解下的制作效果，具体分析如下：

右图所示的效果是根据“设计思维进化图”中的草图所设计出来的作品，由于在制作的过程中没有考虑到色彩搭配和设计元素的编排，因此呈现出来的画面不能达到很好的效果。

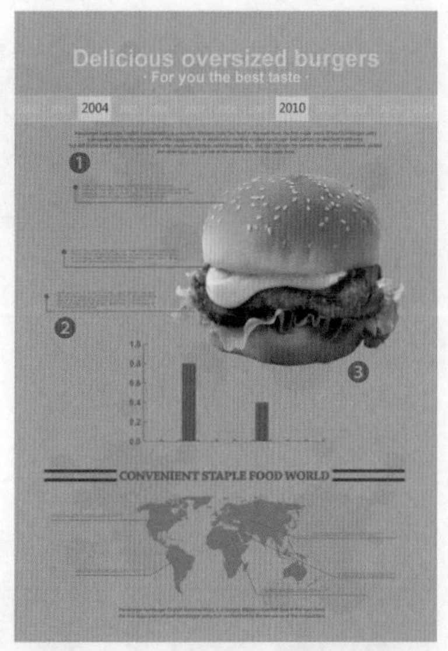

❶ 凌乱的配色

使用明度和纯度不同的颜色进行搭配，削弱了海报中设计元素的表现，使画面显得凌乱、繁杂。

❷ 缺乏丰富的设计元素

在画面中存在较大的空隙，缺乏丰富的设计元素，使画面显得空洞，缺乏说服力。

❸ 完整显示缺乏设计感

在设计的过程中省略了表框的绘制，使用开放的画面进行展示，整体缺乏设计感。

或许，这样设计会更好……

❶ 剪切后的位图

对汉堡的位图进行剪切，只显示出部分汉堡包效果，这样的编辑更能体现出设计感，并且可以放大汉堡包对象的显示，使其更醒目。

❷ 协调的配色

在案例的设计中使用较为复古的颜色对画面颜色进行设定，可以对产品的推广产生积极的宣传作用，提升海报的观赏感。

❸ 丰富的设计元素

为了表现出汉堡包的众多采集数据，在设计中使用大量的图表进行表达，可以丰富海报的表现内容。

❹ 破旧的边框效果

破旧的边框效果与画面中的怀旧配色相互衬托，同时让海报中的主体对象的表现更加突出。

6.4.3 知识拓展

在 Illustrator 中除了可以创建多种类型的图表以外，还可以使用图表设计将插图添加到柱形和标记中。图表设计可以是图表中表示值的简单绘图、徽标和其他符号，还可以是包含图案和参考线对象的复杂对象。

在 Illustrator 中可以使用自定义的任何图形来对图表进行设计，还可以对图表中的元素进行替换。

在对图表进行修饰美化之前，先要确认图表中需要进行设计部分的元素，这些都可以通过设置“图表设计”对话框来实现。

通过“符号”面板将“向日葵”和“太阳花”符号添加到画板中，选中“向日葵”后执行“对象>图表>设计”菜单命令，在打开的“图表设计”对话框中对图表中的设计元素进行重命名，如右图所示。

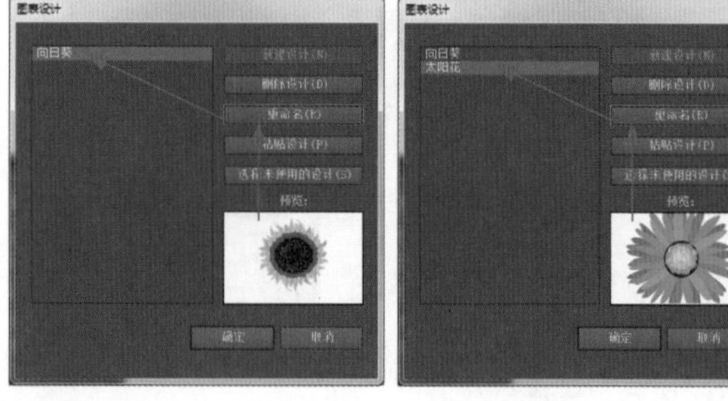

选择工具箱中的“柱状图工具”，在画板中单击并拖曳，并在打开的对话框中对图表中的数据进行输入，完成后可以看到创建的柱状图显示效果，如右图所示。

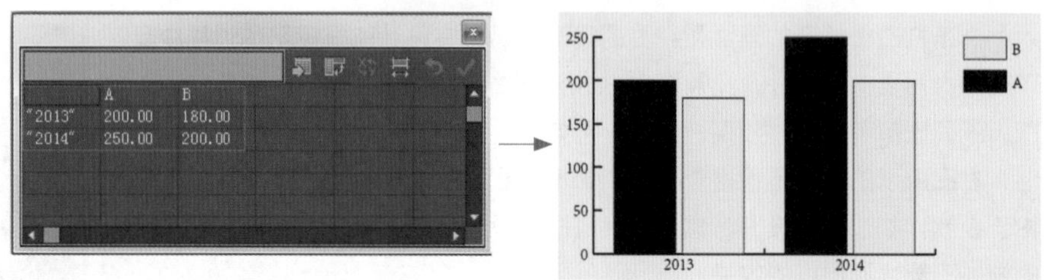

使用“直接选择工具”将图表中黑色的3个矩形选中，执行“对象>图表>柱状图”菜单命令，在打开的“图表列”对话框中选中创建的“向日葵”图表设计元素，接着对下方的“列类型”“每个设计表示”和“对于分数”选项等进行设置。完成后使用“直接选择工具”将图表中的3个灰色矩形选中，以相同的方法，使用“太阳花”图表设计对其进行替换，如下图所示。完成设置后可以看到柱状图表中的元素被自定义的花朵图形所替换。

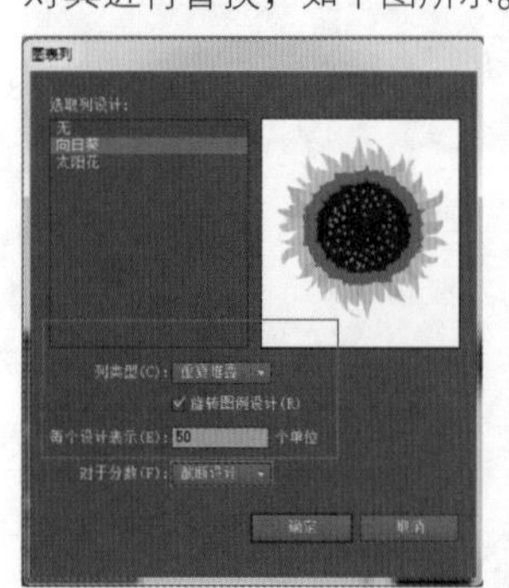

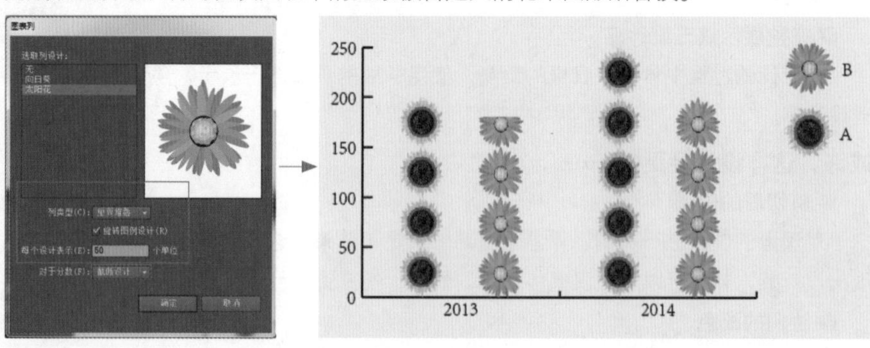

在对图表进行设计的过程中值得注意的是，如果自定义绘制的图形不是有链接的符号，那么在进行“对象>图表>设计”菜单命令操作之前，需要对绘制的对象进行编组，否则可能会出现创建的图表设计发生残缺的情况。此外，“图表列”对话框中的设置将直接关系到图表设计中设计元素的显示情况，选择“截断设计”选项将根据需要切断顶部设计的分数字，而选择“缩放设计”选项可以缩放上一个设计以适合柱形。

课后练习

海报招贴在设计中需要注意色彩、板式、视觉冲击力、图形图像和创意元素的规划，只有将这 5 点内容进行完美地整合和协调，才能设计出满意的作品。接下来将通过两个习题来帮助大家提高海报招贴的设计能力。

习题01：儿童节活动海报

素　材：随书光盘\课后练习\素材\06\01、02.jpg
源文件：随书光盘\课后练习\源文件\06\儿童节活动海报.ai

儿童节是针对幼龄儿童的一个节日，鉴于这个年龄段儿童对世界的认识，在设计这类型海报的过程中可以使用较为稚嫩、圆润的字体，同时搭配清新阳光的背景，并用可爱的图形进行修饰，具体的效果如右图所示。

❶ 通过合成将风景照片组合在一起；
❷ 利用调整图层改变画面的影调；
❸ 绘制出所需的文字和图形；
❹ 添加文字完善画面效果。

习题02：婚纱摄影招贴

素　材：随书光盘\课后练习\素材\06\03、04、05、06.jpg
源文件：随书光盘\课后练习\源文件\06\婚纱摄影招贴.psd

婚纱摄影招贴是以表现影楼摄影作品为主要内容的招贴，如下图所示，在设计的过程中选用了照片夹子作为主要的设计元素，将婚纱照片与其进行完美融合，使得整个画面的效果都丰富起来，并利用背景中淡蓝色的天空表现出纯净的感觉，与招贴的主题相互辉映。

❶ 绘制出照片夹子和绳子的图形；
❷ 制作出天空背景；
❸ 添加婚纱照片和文字进行修饰。

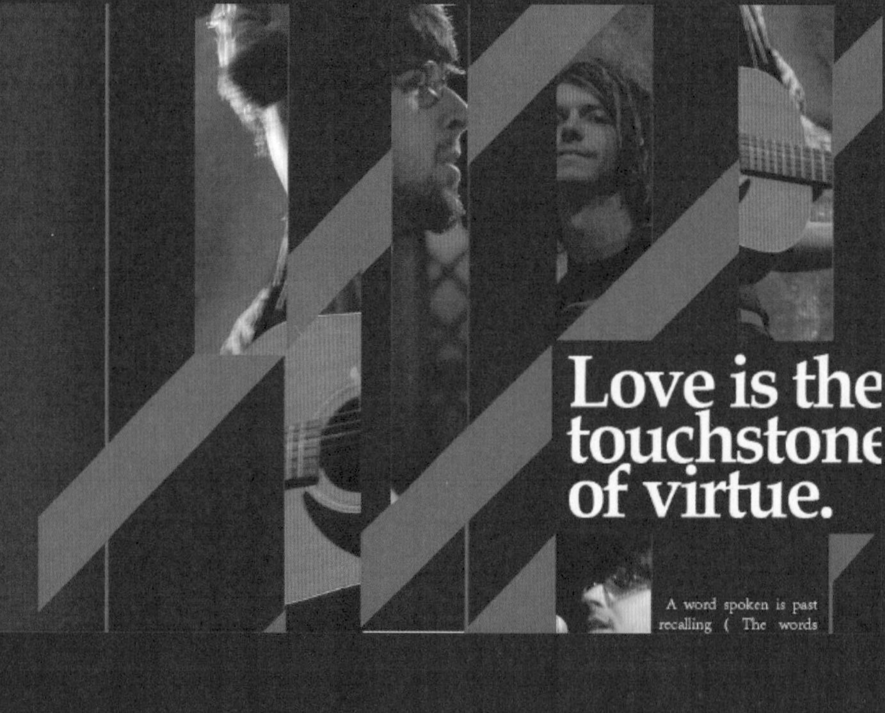

Love is the touchstone of virtue.

A word spoken is past recalling (The words

第 **07** 章

画册设计

画册，是企业对外宣传自身文化或者产品特点的广告媒介之一，属于印刷品。设计师需要依据客户的企业文化特点和市场推广策略而合理地安排画册中每个画面的3大构成关系，以及设计元素的视觉关系，从而达到到企业品牌和产品广而告之的目的，画册设计过程是对某种文化特质的反映和提炼。

在本章的案例中使用了3种不同的设计元素对画册进行创作，展示出3个不同风格的画册设计效果。在第一个案例中使用简约的线条来进行重复设计，构建出视觉上的空间感；在第2个案例中则使用了较为简单的菱形作为设计元素，通过图形的变化来增强设计感，由此丰富画面的内容；而第3个案例虽然在版式上较为普通，但是在设计元素上使用了三维立体的文字进行造型联想，将文字和图片进行外形对应，通过这样的方式对画册进行风格上的统一。下面就开始讲解画册设计的相关知识。

7.1 与画册设计相关

画册是一个信息展示平台，设计师用流畅的线条、和谐的图片及优美文字，组合成一本富有创意，又具有可读、可观赏性的精美画册，从而全方位立体展示企业或个人的理念，宣传产品和品牌形象。

7.1.1 画册的分类

画册按照不同的宣传内容，可以分为企业形象画册和产品宣传画册这两大类。

对于企业形象画册，在设计的过程中，通常要体现的精神、文化、发展定位和性质等，重点是以树立企业外在的形象为主，以宣传产品为辅。首先确定行业定位，再确定创意定位和设计风格等，最后进行摄影、版面、设计等塑造企业的整体形象。

产品宣传画册与企业形象画册相比，其设计侧重点在于品牌的形象树立上，产品画册的设计重点要体现产品的功能、特性、用途、服务等，从企业的行业定位和产品的特点出发进行设计，从而确定产品的风格定位，比如简洁、大方、厚重、时尚等。

7.1.2 画册中图形的三大作用

在画册设计中，可以利用图形的形象和色彩来直观地传播信息，它能超越国界，排除语言障碍并进入各个领域与人们进行交流与沟通，是人类通用的视觉符号。图形在画册中的运用有三大功能，具体如表 7-1 所示。

表 7-1 图形在画册中的三大作用

作用	概述	图例
引起注意	有效地利用图形的视觉效果吸引读者的注意力，这种瞬间产生的强烈的“注目效果”，只有通过图形才可以实现。只有首先引起读者的注意，才能实现后续的信息传递	用菱形进行设计，引起读者注意
增强认知度	好的图形设计可准确地传达主题思想，使读者更易于理解和接受它所传达的信息。图形可以作为辅助的修饰来完成设计思想的表达，帮助读者理解画册的中心内容	以图形和文字相结合，构成造型联想
指引视线	猎取读者的好奇心，使读者被图形吸引，进而将视线引至文字，从视觉上激发人们的兴趣与欲求，从心理上取得人们的认同	画面中用线条指引观赏者视线

7.1.3 画册设计中的重复

在画册的设计中，为了整个画册形成一个统一的风格，或者统一的氛围，那么在设计元素的安排中会出现某种形式上的重复，这里的重复就是指在同一设计中，相同的设计形象出现过两次以上。

重复是设计中比较常用的手法，可以加强给人的印象，造成有规律的节奏感，使画面统一。在画册设计中，重复的类型主要有以下几种：

骨骼的重复

如果画册中每一单位的形状和面积均完全相等，这就是一个重复的骨骼，重复的骨骼是规律的骨骼的一种，即最简单的一种。

右图所示为画册中的内页设计效果，通过使用相同的版式布局来达到骨骼的重复，构建出统一的视觉。

设计元素的重复

设计元素是画册设计中最常用的重复元素，在整个构成中重复的形状可以在大小、色彩等方面有所变动。

右图所示为画册、封面、内页和封底的设计效果，在创作的过程中使用了折线作为设计元素，通过对线条的形态、颜色的变化来丰富设计元素的表现，达到视觉上的统一，赋予画册一定的节奏感和韵律感。

大小的重复

相似或相同的形状，在大小上进行重复就称之为大小重复。在运用大小重复对画册进行设计的过程中，可以通过局部显示，以及放大或缩小形状的方式来进行一定变化。

色彩的重复

色彩的重复就是指在色彩相同的条件下，设计元素的大小、形状都是可以有所变动的。

右图所示的画册内页中，使用了 3 种不同的颜色进行表现，通过色彩之间的重复，以及合理的搭配来达到视觉上的统一，使色彩规律化、秩序化，呈现出整齐的节奏。

7.2 画册中引导线条的理性美——直线段与剪切蒙版

素　材：随书光盘\素材\07\01、02、03.jpg
源文件：随书光盘\源文件\07\画册中引导线条的理性美.ai

7.2.1　案例操作

设计思维进化图

本例的设计思路如下图所示。

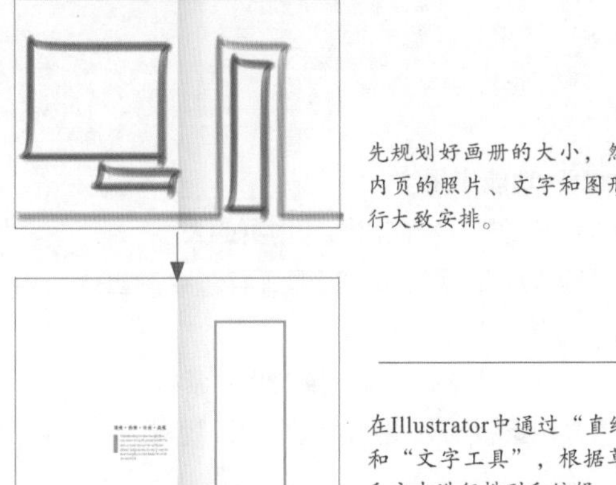

先规划好画册的大小，然后对画册内页的照片、文字和图形的分布进行大致安排。

在Illustrator中通过“直线段工具”和“文字工具”，根据草图对线段和文本进行排列和编辑。

在Photoshop中对照片进行处理，调整照片的色调，接着在Illustrator中添加处理好的照片，并用“剪切蒙版”进行裁剪。

创作关键字：彩色线条

目前在设计中简约风格大行其道，这来源于都市人对自然之感的向往和追求。久居城市的人带着疲惫的心情回家，一定希望能有一个简洁干净、舒适安宁的私人空间。因此，本例中的设计使用 3 种不同颜色的线条作为设计中的主要元素，将简约而不简单的内涵发挥到极致。

在画册的设计中以白色的页面为基调，显得干净整洁，除了线条之外没有多余的装饰，用不同长度的线段和文字进行搭配，使画面富有层次感。在画册中的文字和设计元素的添加中，无论是色彩，还是设计元素的外形，都能够看到简约而纯粹的设计理念。所选择的素材照片中有线条简洁的餐桌椅，干净明朗，并通过 3 种不同色相的线条营造出经典的色彩组合，打造出通透明净的视觉空间。简约设计让整个画面有一种与生俱来的线条美感，简洁的线条像流动的音符串连出家居生活和谐宁静之感。

根据画册中主要使用的3种颜色，在画册的封面上添加上排列凌乱的线条，增强视觉的空间感和延伸感。如上图所示。

在画册的内页中，每个页面都添加上了不同颜色线条，简约的线段能够对观赏者的视觉有一定引导作用，同时让画面显得更加大气。如上图所示。

色彩搭配秘籍：橘色、绿色、蓝色

橘色代表着阳光，在橘色中包含了少量的暗黄色成分，会给人鲜艳夺目的感受，能够让人联想到温暖，给人心旷神怡的感觉。本例设计的是家具产品画册，在设计的中使用橘色可以让观赏者体会到温馨的氛围，同时在设计中将照片的颜色处理成温暖的橘黄色，使之与主题相互辉映。此外，在设计中还使用到了绿色，由于绿色代表的是健康和悠然，是一种中性的色彩，因此用绿色可以传递出新鲜舒爽的气息。如右图所示。

除了橘色和绿色以外，还用到了蓝色，它是最冷的颜色，也是天空固有的颜色。在家具画册中使用这种颜色，可以表现出一种平静、理智的情绪，也可以用蓝色来对画面中的颜色进行调和，强调商品形象。本例中的设计将这 3 种颜色进行等量的比例分配，重点表现出温馨、健康和理性的感受。

R243、G152、B0
C0、M50、Y100、K0

R143、G195、B31
C50、M0、Y100、K0

R0、G160、B233
C100、M0、Y0、K0

软件功能应用提炼

Photoshop 功能应用

❶ 用“色阶”调整图层对照片的影调进行调整；

❷ 用“亮度 / 对比度”对照片的对比度进行增强；

❸ 用“照片滤镜”和“色彩平衡”对照片的色调进行调整，改变照片的颜色；

❹ 通过“减少杂色”滤镜对照片进行降噪处理。

Illustrator 功能应用

❶ 用“矩形工具”绘制出画册内页的大小；

❷ 用“直线段工具”和“矩形工具”绘制出画册内页上的线段和修饰矩形；

❸ 通过“置入”命令添加所需的照片素材；

❹ 用“剪切蒙版”对照片的大小进行裁剪。

实例步骤解析

在实际的制作中，本例先使用 Photoshop 对需要应用到的照片进行美化处理，接着在 Illustrator 中绘制出画册内页的板式和设计元素，然后将处理完成的照片添加到内页中，最后在 Illustrator 中绘制出画册的封面和封底。

01 在Photoshop中对素材照片进行美化

01 对照片进行色阶处理　启动Photoshop CC应用程序，执行“文件>打开”菜单命令，打开“随书光盘\素材\07\01.jpg”素材文件，单击“调整”面板中的“色阶”按钮，创建色阶调整图层，在打开的“属性”面板中依次拖曳色阶滑块到3、1.60、255的位置，对RGB选项下的影调进行调整，在图像窗口中可以看到照片的亮度得到提高。

02 用“亮度/对比度”增强层次　创建“亮度/对比度”调整图层，在打开的“属性”面板中调整“对比度”选项的参数为“36”，提高照片中暗部和亮度之间的对比度，增强照片的层次。如上图所示。

03 用“照片滤镜”改变画面颜色　通过“调整”面板创建照片滤镜调整图层，在打开的“属性”面板中选择“滤镜”选项下拉列表中的“加温滤镜（BL）”选项，拖曳“深度”选项的滑块到“75%”的位置，改变照片的颜色。如上图所示。

04 提高照片的颜色深度　创建自然饱和度调整图层，在打开的“属性”面板中调整“自然饱和度”选项的参数为“+63”，提高照片的饱和度，在图像窗口中可以看到照片的颜色变得更加鲜艳。如上图所示。

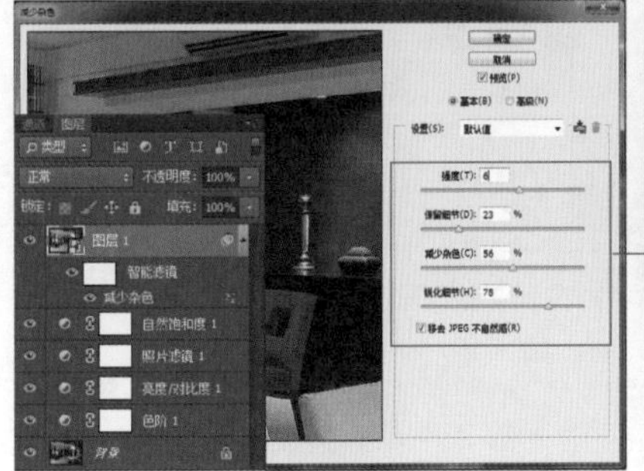

05 应用“减少杂色”滤镜降噪　按Ctrl+Shift+Alt+E快捷键，所有的可见图层，得到“图层1”图层，将其转换为智能图层，并执行“滤镜>杂色>减少杂色”菜单命令，在打开的对话框中对参数进行调整，减少照片中的杂色。如左图所示。

06处理02.jpg照片 依照前面处理01.jpg照片素材的方法，对“随书光盘\素材\07\02.jpg”素材文件进行处理，使其呈现出蓝色调的效果，具体操作可以参考“随书光盘\源文件\07\02.psd”文件中的参数。如上图所示。

07处理03.jpg照片 依照前面处理01.jpg照片素材的方法，对“随书光盘\素材\07\03.jpg”素材文件进行处理，使其呈现出绿色调的效果，具体操作可以参考“随书光盘\源文件\07\03.psd”文件中的参数，在其中可以查看到为照片添加的调整图层的数量，以及各个调整图层中的设置。如上图所示。

TIPS

为了让照片的色调与画册中所需的色调一致，在Photoshop的处理中可以用“色彩平衡”“颜色填充”等调整图层快速对照片的颜色进行更改，以达到满意的效果。

02 在Illustrator中制作画册内页

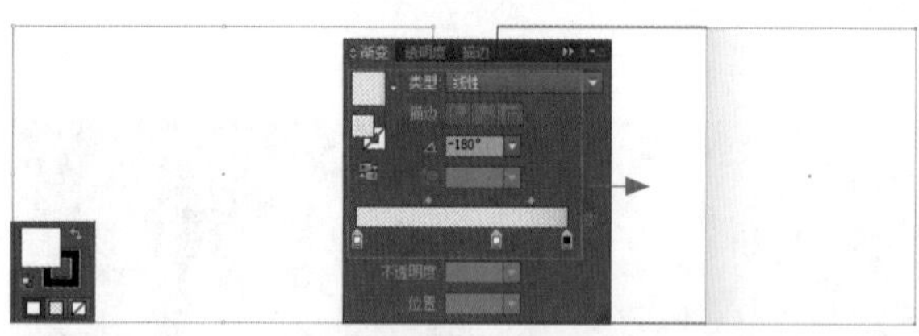

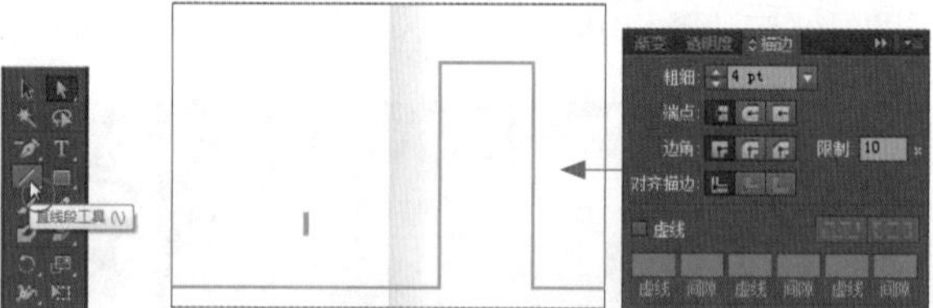

01使用“矩形工具”绘制出画册内页的基本页面 启动Illustrator CC应用程序，执行“文件>新建”菜单命令，在打开的“新建文件”对话框中对创建的文件进行设置，新建文档后选择“矩形工具”绘制出画册内页的基本页面，填充上白色，描边色为黑色。接着再绘制出单个页面的效果，填充上带有一定“不透明度”的渐变色，在“渐变”面板中进行设置。如上图所示。

02使用“直线段工具”绘制线条 选择工具箱中的“直线段工具”，绘制出画册中所需的修饰线条，为其填充上橘色的描边色。接着打开“描边”面板，在其中对描边的各个选项进行设置，接着使用“矩形工具”绘制出修饰的矩形，填充色为橘色，无描边色。如上图所示。

03用“置入”命令添加位图 执行“文件>置入”菜单命令，在打开的对话框中选择“随书光盘\源文件\07\01.psd”文件，此时将显示出所选照片的缩略图，单击并拖曳鼠标，对置入照片的大小进行控制，将01.psd照片置入到当前编辑的AI文件中，接着对照片的位置进行调整，将其放在画册内页合适的位置。如上图所示。

04 创建“剪切蒙版”对照片进行裁剪 对置入的照片进行复制，接着使用“矩形工具”在画面中合适的位置绘制出矩形，填充上白色，无描边色。接着同时选中复制的照片和矩形，执行“对象＞剪切蒙版＞建立”菜单命令，创建剪切蒙版，对照片进行裁剪，在画板中可以看到照片只显示出与绘制矩形相同的大小，使用“直接选择工具”选中照片可以调整其位置。如上图所示。

FASHION DECORATION......

高贵・热情・时尚・典雅

Honesty may be dear bought,but can never be an ill penny worthOur own actions are our security,not others' judgements.Honesty may be dear bought,but can never be an ill pennyworth

05 添加文字 选中工具箱中的“文字工具”，在画板中适当的位置单击，输入所需的文本，并打开“字符”面板，对文字的属性进行设置，分别填充上灰色和白色，并将文字放在适当的位置。如左图所示。

06 绘制出其余的画册内页 参照前面绘制和编辑画册内页的方式，对其余的两个画册内页进行制作，将“随书光盘\源文件\07\02、03.psd”文件分别添加到画册内页中，并调整线段的颜色为蓝色和绿色，添加上所需的文字，对内页的版式进行编辑和调整，在Illustrator的画板中可以看到编辑的效果，完成画册内页的设计。如上图所示。

TIPS

在制作其余的画册内页的过程中，可以通过复制和粘贴的方式对画册内页的基本版式进行重复使用。因为在同一画册中，内页的大小都是相同的，这样可以缩短编辑的时间，提高工作效率。

03 在Illustrator中绘制封面和封底

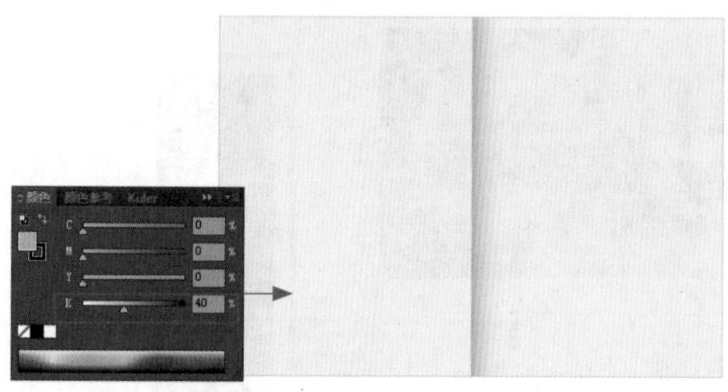

01 调整封面和封底的颜色 复制前面绘制的画册的内页，制作画册的封底和封面，打开“颜色”面板，调整填充色为“40%”的黑色，在画板中可以看到编辑的效果。如上图所示。

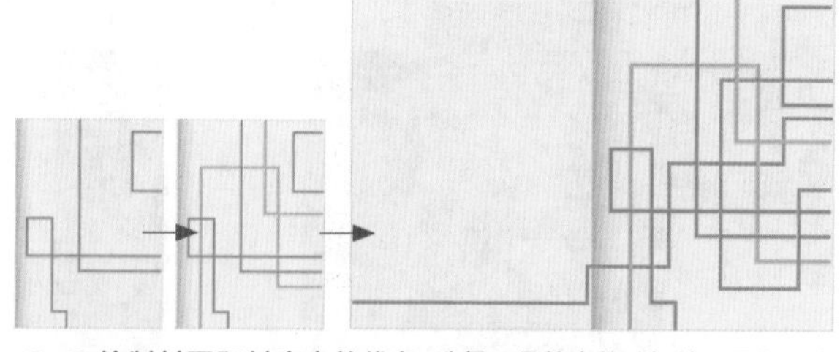

02 绘制封面和封底中的线条 选择工具箱中的“钢笔工具”，在封面上适当的位置绘制出自由的线段效果，并为其填充上橘色的描边色，无填充色。接着绘制出绿色的线段和蓝色的线段，在“描边”面板中调整描边的粗细为“4pt”，在画板中可以看到绘制的效果，此时基本完成了封面和封底的绘制。如上图所示。

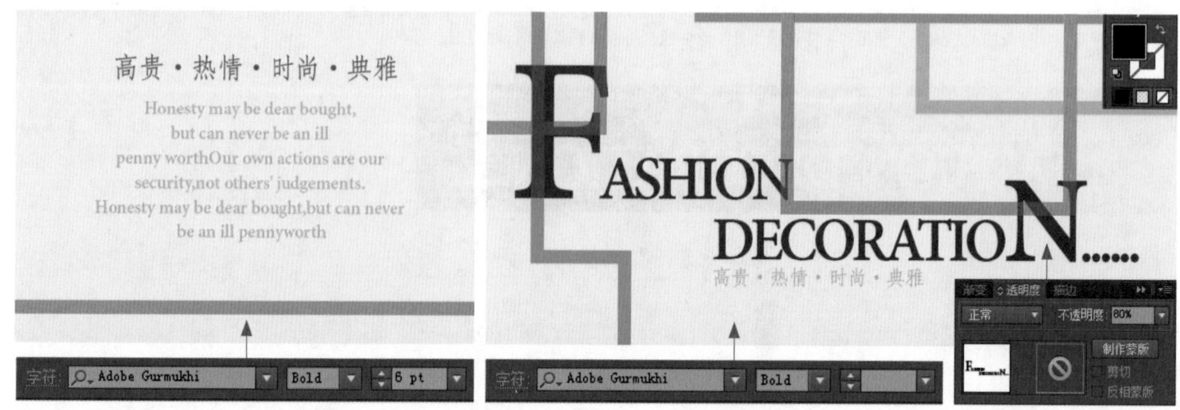

03 添加封面和封底上的文字 使用“文字工具”在封底上适当的位置单击，输入所需的文字，并在选项栏中对文字的属性进行设置，填充上灰色。接着在封面上添加上主题文字，打开“透明度”面板，调整文字的“不透明度”为“80%”，填充上黑色，无描边色。将主题文字放在适当的位置，在画板中可以看到编辑的效果，完成本例的制作。如上图所示。

7.2.2 对比分析

在画册的设计中，可以根据设计的主题，或者设计的产品对象来对画册中的设计元素进行安排，这样可以在画册中对主体进行更全面地表现，突出设计的主题，让观赏者清晰地感受到画册中所要表达的思想。

本例中是为家居设计的产品画册，以具有菱角的流线型家装照片为素材，因此在设计的过程中使用线条作为主要的设计元素。无论是在画册的内页，还是画册封面及封底的设计中，都添加上了大量的直角线条，充分表现出家具的特点。

❶ 蓝色的延伸线条

蓝色的线条从封面以一种多次弯折的方式延伸到封底，使得封面和封底显得更加和谐，将两者进行了很好地联系，为设计增添了活力，避免了呆板或单一。如右图所示。

❷ 叠加错乱的彩色线条

在本例中使用错乱的线条作为封面的背景，其色调与画册内页的颜色相互衬托。由于线条通常会给人一种具有流向性的感觉，因此具有很强的表现力，在本例的设计中起到很重要的作用。

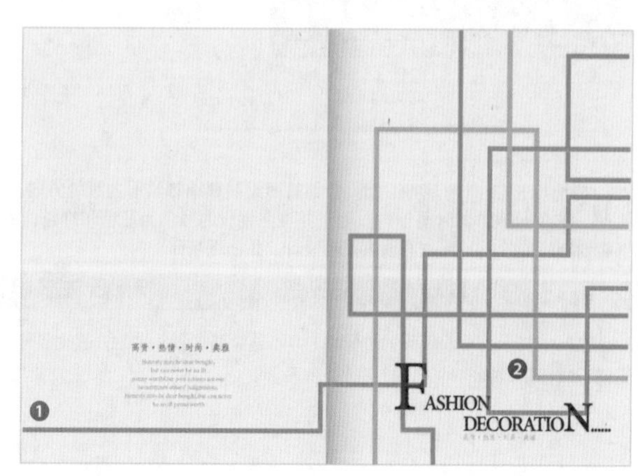

或许，这样也可以……

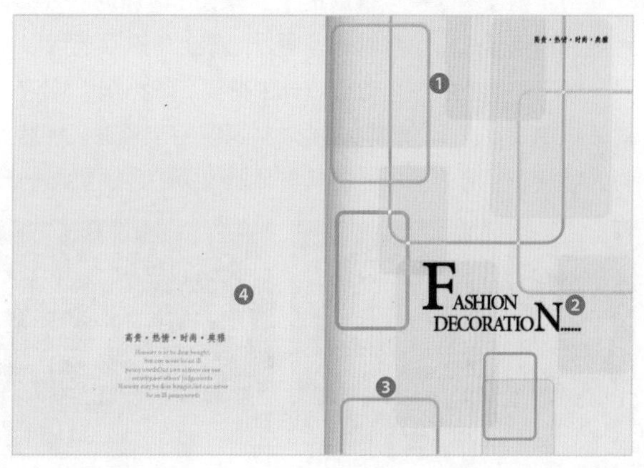

❶ 与内页相协调的色彩

对于封面，在新的设计中还是采用了与内页中相同的颜色搭配，使用绿色、橘色和蓝色作为线条的颜色，使得封面和内页的色彩使用更加协调统一。如右图所示。

❷ 文字位置的编排

由于更改了封面的背景内容，因此对文字的位置进行了重新的编排，将其放在画面的黄金分割点位置，更能引起观赏者的注意。

❸ 叠加的元素

在封面中添加上了多个圆角矩形，通过不同的不透明度来使其呈现出半透明的叠加效果，这样可以增强画面的空间感，呈现出立体的效果。

❹ 封底的留白

让封底呈现出大面积的留白，可以突出其中文字的表现力，同时使画面产生丰富的想象空间，也让文字显得更加精致。

7.2.3　知识拓展

在 Photoshop 中使用“照片滤镜”调整命令可以模拟在相机镜头上安装彩色滤镜的拍摄效果，消除色偏或对照片应用指定的色调，使画面得到所需的色调，这个功能在图像色彩的调整中经常用到。

“照片滤镜”对话框中的“滤镜”相当于摄影中的滤光镜功能，即在相机的镜头上安装彩色滤镜，以便对透过镜头的光线的色温和色彩进行平衡，从而使胶片产生特定的曝光效果。

照片滤镜的调色原理

在使用“照片滤镜”的过程中，如果需要利用该命令校正画面的色彩，可以根据原照片的颜色来判断是应该对照片进行加温还是冷却。当照片需要呈现出冷色调，但是却偏黄时，可以通过“冷却滤镜”增加画面中的蓝色来使照片的色温增加，由此调整出偏冷的色彩效果；当照片需要呈现出暖色调，但是却偏冷时，利用“加温滤镜”可以增强照片中的黄色或橙色来使照片的色温降低，由此打造出偏暖的色彩效果。

经过“照片滤镜”中的“加温滤镜”的处理，可以将画面中的室内装修表现得更美丽。如上图所示。

当选择“加温滤镜”时，“颜色”选项后面的色块将发生相应改变，同时将颜色以滤镜的形式叠加到照片中，让照片的颜色呈现出暖色调的效果。

自定义滤镜颜色让调色更丰富

利用预设的滤镜可以满足大部分操作时所需的效果，但有时为了让调色的效果更加精确，除了使用预设的滤镜对照片的色温进行调整以外，通过“颜色”选项还可以自定义滤镜的颜色，让照片的调色效果更加丰富。

为了让照片的颜色符合设计的需要，可以通过“颜色”选项对颜色进行自定义，只需单击色块，在打开的“拾色器”对话框中设置滤镜的颜色，并对“深度”选项进行调整，可以看到画面中的装修色彩呈现出青色的冷色照射效果，为光线赋予了新的色彩，使其与画册内页的色调更加一致，如下图所示。

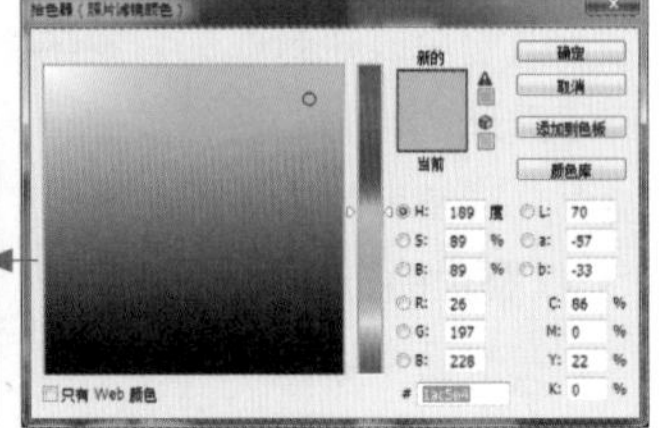

7.3 打破与组合形成统一性——文字的编辑

素　材：随书光盘\素材\07\04、05、06.jpg
源文件：随书光盘\源文件\07\打破与组合形成统一性.psd

7.3.1　案例操作

本例的效果如下图所示。

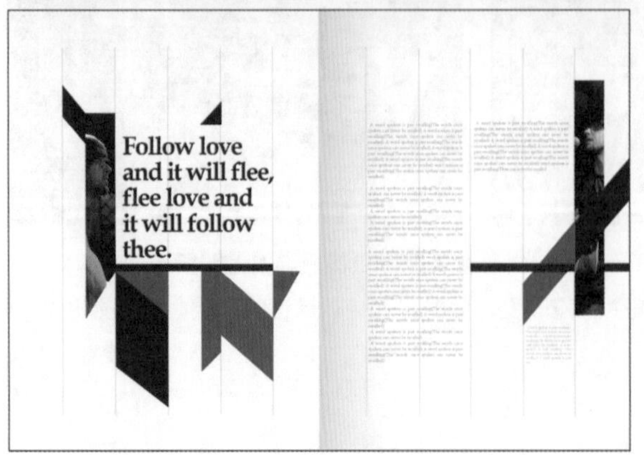

设计思维进化图

本例的设计思路如下图所示。

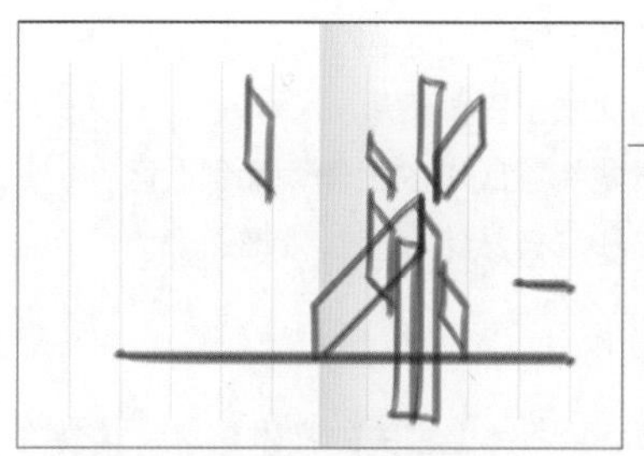

绘制出画册内页的草图，以菱形为设计元素，对内页中的形状分布进行大致安排。

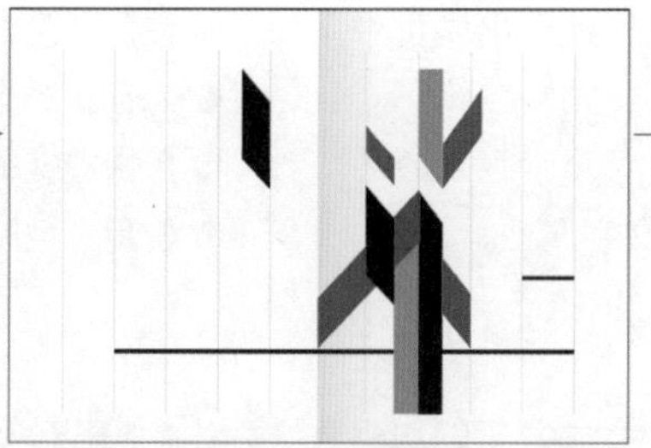

在Illustrator中根据草图中的布局，使用工具绘制出菱形的形状和矩形的修饰图形，并填充上相应的颜色。

为画册内页添加上所需的主题文字信息，并在Photoshop中为画册内页添加位图照片，丰富画面的内容。

创作关键字：菱形

有一组邻边相等的平行四边形就是菱形，菱形在设计中是最普通的设计元素之一，但是如果可以对其灵活地进行组合和配色，也可以将其很好地运用到画册设计中。由于画册设计中的元素具有重复使用的特性，本例中采用多变的菱形进行应用，通过不同颜色的菱形对图形进行拼合，展示了画册所要表达的主题，即音乐的多样性和多变性。在画册的内页中用看似杂乱的不规则菱形图案来对版面进行布局，给人一种不规则的美感。通过黑色菱形与白色底色的搭配来营造出一种深厚的复古气息，配合亮眼的正红和宝石红菱形为点缀延伸出主题照片，充分吸引了观赏者的视线，表现出设计师巧妙的构思。

封面以黑色为底色，用正红、宝石红色的菱形图案作为主要设计元素来对画面进行布局，表现出不规则的美感。如上图所示。

画册的内页以淡灰色的线条为辅助背景，纯白色的底色和抢眼的菱形形状成了强烈的对比，让菱形的表现更加突出。如上图所示。

色彩搭配秘籍：黑色、正红、宝石红

正红色的色彩表现非常强烈，本例中设计的画册为音乐剧宣传，在设计中以红色为主，可以让观赏者体会到音乐创作者热情、奔放的情感。为了避免过多的红色出现单调的情况，在色彩的搭配中还加入了宝石红进行调和，以避免画面的呆板。除此之外，还使用了大量的黑色作为设计中的主要颜色，由于其明度最低，具有神秘高贵的气质，搭配纯度较高的红色可以表现出色彩的丰富和华美，与设计的主题音乐思想相互辉映，有点题的作用。如右图所示。

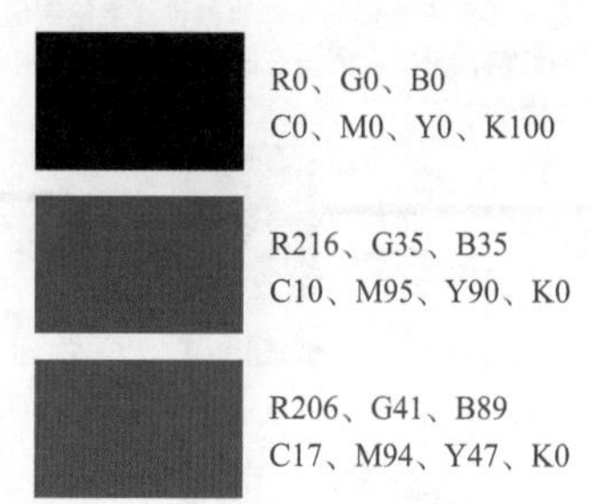

软件功能应用详解

Illustrator 功能应用

❶ 用“直线段工具”绘制画册内页中的线段；

❷ 使用“钢笔工具”和“矩形工具”绘制出内页中的菱形和矩形；

❸ 用“文字工具”创建区域文本；

❹ 添加主题文字，在选项栏中设置文字属性。

Photoshop 功能应用

❶ 新建图层，将所需的素材复制粘贴到图层中；

❷ 使用“魔棒工具”创建选区；

❸ 为创建的选区添加上图层蒙版；

❹ 用快捷键的方式将蒙版中的图像添加到选区；

❺ 使用“色阶”和“自然饱和度”修饰图像。

实例步骤解析

在实际的制作中，本例先使用 Illustrator 中的功能来绘制出画册中的菱形，并添加上相关的文本信息，接着在 Photoshop 中为画册添加上位图照片，并通过调整功能对照片进行颜色调整。

01 在Illustrator中绘制画册中的元素

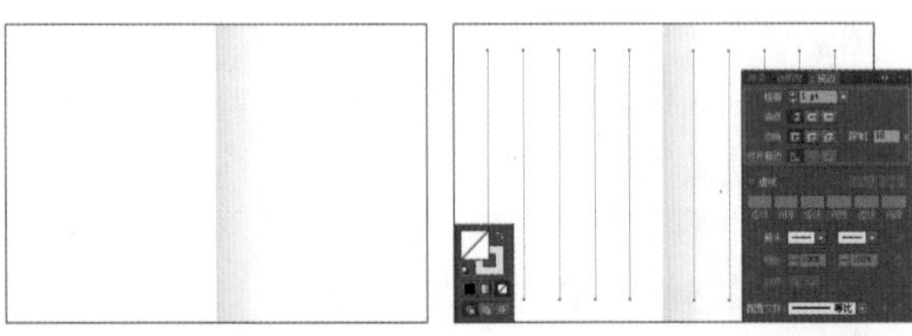

01 绘制出画册中的基本板式 启动Illustrator CC应用程序，执行“文件＞新建”菜单命令，在打开的“新建文件”对话框中对文件的信息进行设置。使用“矩形工具”绘制出画册的页面，然后通过“直线段工具”在画册的页面上绘制出线段，并打开“描边”面板，在其中对线段的粗细进行调整。如上图所示。

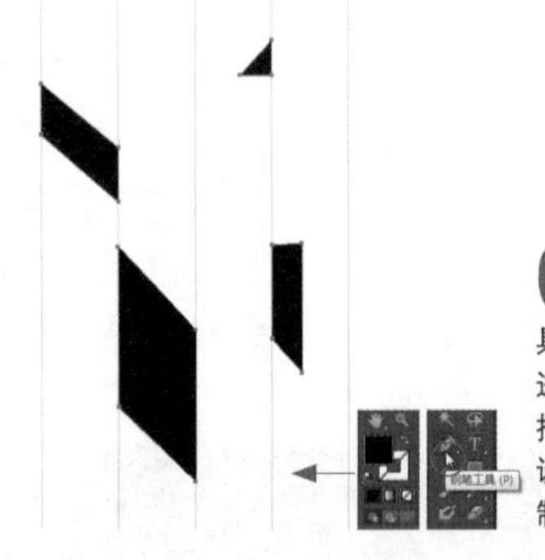

02 绘制出黑色的色块 选择工具箱中的“钢笔工具”，在画册页面的适当位置上进行绘制，为其填充上黑色，无描边色，将其作为画册内页中的设计元素，在画板中可以看到绘制的效果。如左图所示。

03 绘制红色的色块 使用与步骤02中相似的绘制方法，使用“钢笔工具”在画册内页适当的位置上绘制出红色的色块，为其填充上相应的红色，无描边色。在Illustrator的画板中可以看到绘制的图形效果。如上图所示。

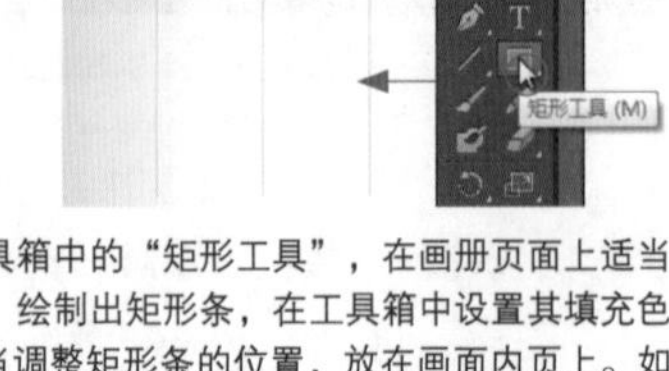

04 绘制矩形条 选项工具箱中的“矩形工具”，在画册页面上适当的位置上单击并拖曳，绘制出矩形条，在工具箱中设置其填充色为黑色，无描边色，然后适当调整矩形条的位置，放在画面内页上。如上图所示。

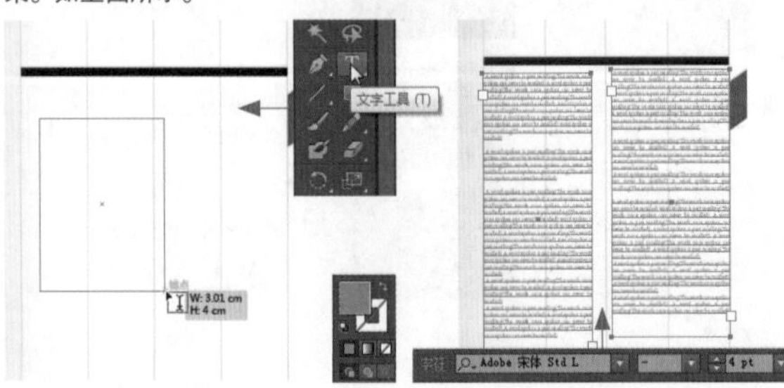

05 添加区域文本 选择工具箱中的“文字工具”，在画册内页的适当位置单击并进行拖曳，创建文本区域框，在其中输入所需的文本，并在选项栏中对文本的字体和字号进行设置，最后在工具箱中设置文字的颜色为灰色。在画板中可以看到编辑区域的文本效果，如左图所示。

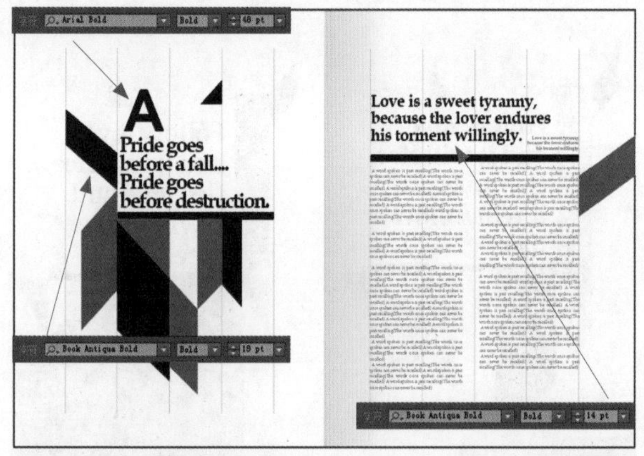

06 **添加主题文字** 继续使用“文字工具”，在画册内页上适当的位置单击，输入所需的主题文字，并在选项栏中对不同位置的文字字体和字号进行设置，调整文字的位置。在画板中可以看到编辑后的效果，如上图所示。

07 **绘制其他的画册页面** 参照前面6个步骤的操作方法，在Illustrator中使用“矩形工具”“直线段工具”和“钢笔工具”绘制出其余内页、封面和封底的图形，并使用“文字工具”在其中添加上所需的文本信息，将部分的色块调整为铅灰色，便于以后在Photoshop中的操作，在画板中可以看到绘制的其他页面的效果，最后将绘制完成的作品保存为AI格式。如上图所示。

02 在Photoshop中为画面添加上素材

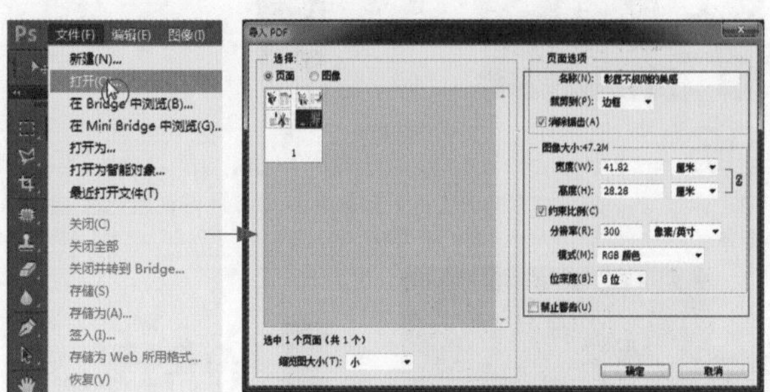

01 **在Photoshop中打开文件** 运行Photoshop应用程序，执行“文件＞打开”菜单命令，在打开的对话框中选中前面制作完成的AI文件，在弹出的“导入PDF”对话框中对选项进行设置，完成后单击“确定”按钮，将文件导入到Photoshop中。如上图所示。

02 **观察导入的AI文件** 将制作的画册导入Photoshop中以后，可以在图像窗口中看到画册以外的区域呈现出透明的效果，表示在这些区域中没有图像，同时在“图层”面板中可以看到文件中置入的智能对象图层。如上图所示。

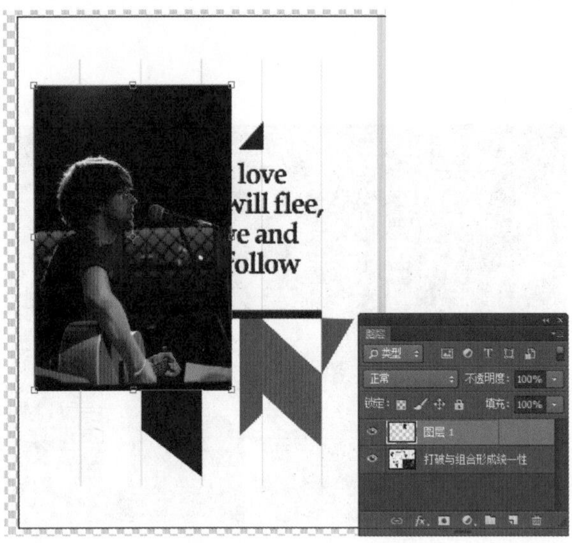

03添加04.jpg素材文件 在“图层”面板中新建图层，得到“图层1”图层，打开“随书光盘\素材\07\04.jpg”文件，将其复制到“图层1”中。按Ctrl+T快捷键，通过自由变换框适当调整照片素材的大小，将照片放在适当的页面位置。如上图所示。

04编辑图层蒙版 将“图层1”隐藏起来，选择工具箱中的“魔棒工具”在画册内页上适当的位置单击，将铅灰色的区域创建为选区。接着为“图层1”添加上图层蒙版，并取消图层与蒙版之间的链接，再将“图层2”显示出来，此时可以通过调整“图层1”中图像的位置来控制照片的显示内容了。如上图所示。

05复制“图层1”图层 选中“图层1”图层，按Ctrl+J快捷键，得到“图层1拷贝”图层，按照与步骤04中类似的编辑方法，将封面中适当位置的区域创建为选区，并添加位图图像。如上图所示。

06添加05.jpg素材文件 新建图层，得到“图层2”图层，打开“随书光盘\素材\07\05.jpg”文件，将其复制到“图层2”图层中，通过与步骤04中相同的方法，对照片的内容进行蒙版遮盖。如上图所示。

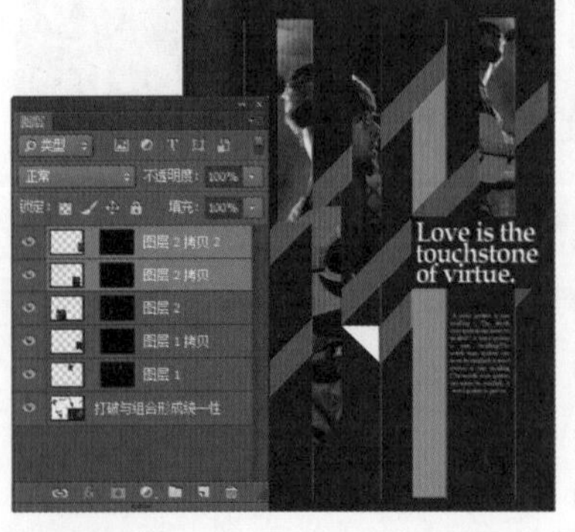

07复制“图层2” 选中“图层2”，按下两次Ctrl+J快捷键，得到“图层2拷贝”和“图层2拷贝2”图层，按照与步骤04中类似的编辑方法，将封面中适当位置的区域创建为选区，添加上位图图像。如左图所示。

08添加06.jpg素材文件 参照前面的编辑方法，将“随书光盘\素材\07\06.jpg”文件添加到文件中，通过创建图层蒙版的方式对照片的显示进行调整，在图像窗口中可以看到编辑的效果。如左图所示。

TIPS

在使用图层蒙版对照片的显示区域进行编辑的过程中，如果不将图层蒙版与图层之间的链接取消，那么在拖曳图层中的图像时，蒙版也会随之发生移动，而蒙版区域中显示的内容将不会发生任何更改。

09 创建选区　在按Ctrl+Shift快捷键的同时依次单击“图层1”之外所有图层的“图层蒙版缩览图”，将蒙版中所有的图像都框选在选区中，在图像窗口中可以看到虚线中的图像都是蒙版中的图像。如上图所示。

10 对选区图像进行影调调整　完成选区的创建以后，单击“调整”面板中的“色阶”按钮，创建色阶调整图层，在打开的“属性”面板中依次设置RGB选项下的色阶值为“0、1.14、247”，对选区中的图像进行影调调整，可以看到图像变亮。同时在“图层”面板中可以看到“色阶1”调整图层的蒙版中显示的白色区域为选区的区域。如上图所示。

11 提高图像的颜色深度　再次将图像蒙版中的图像创建为选区，为其创建自然饱和度调整图层，在打开的“属性”面板中调整“自然饱和度”选项的参数为“+66”，提高颜色的深度，使其更加鲜艳。如上图所示。

TIPS

将蒙版中的图像添加到选区中，可以在按住Ctrl键的同时单击“色阶 1”调整图层的蒙版缩览图，这样可以快速将图像添加到选区，不必逐一选中普通图层蒙版中的图像。

7.3.2 对比分析

本例在设计的过程中使用菱形作为主要的设计元素，表现出一种不规则的美感，在实际的制作过程中可以将这种设计思想进行衍生，使用类似的元素进行替代，设计出全新的作品。

右图所示为本例设计制作的两个画册内页，可以从中看出其主要的设计元素为3种不同颜色的菱形和三角形，以多变的摆放位置来体现一种不规则的美感。

或许，这样也可以……

在设计的过程中可以根据设计的主题需要，替换画册中的元素，展现出另外一种思想，表达出不同的含义。

❶ **适当调整版式**

由于对画册页面中的设计元素进行了替换，需要在制作的过程中对主题文字的版式进行调整，使其更加符合当前设计的需要。

❷ **猫咪剪纸形状**

在右图所示的设计中，将菱形的设计元素改为狐狸形状的剪纸效果，用外形相似的形状来代替菱形，使用形象思维来将可以感知的事物形象进行有规律地把握和设计，从而打造出有趣的画面效果。

❸ **与原实例类似的色彩搭配**

为了让画册的色彩搭配保持原案例中的画面效果，在扩展的设计中将狐狸中的形状也填充上黑色、正红和宝石红的颜色，显示出鲜艳热情、时尚大气的色彩搭配效果，增强了画面的表现力。

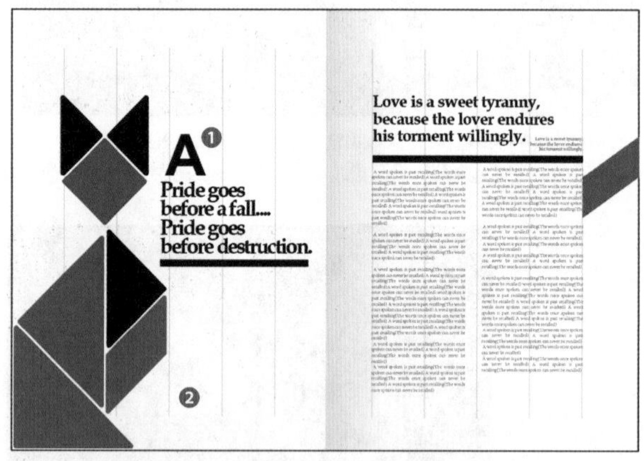

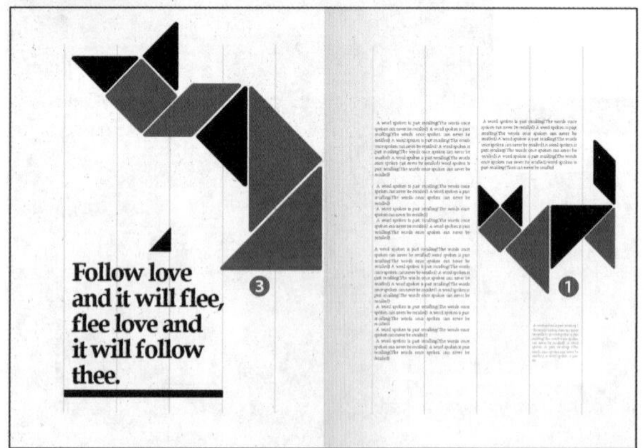

7.3.3 知识拓展

在画册设计的过程中，由于需要传递出的信息量较大，因此文字内容可能相对于其他设计来说比较多，为了更好地对大量的文字进行编辑，可以使用 Illustrator 中的区域。

区域文字，也称为段落文字，它是利用对象边界来控制字符排列，既可以横排，也可以直排。当文本触及边界时，会自动换行，以落在所定义区域的外框内。当用户想创建包含一个或多个段落的文本时，这种输入文本的方式相当有用。

定义文字的边框

选择“文字工具”或“直排文字工具” ，然后拖动对角以定义矩形定界区域，如下面的左图所示。或者绘制出作为边框区域的图形，接下来选择“文字工具”“直排文字工具”“区域文字工具”或“直排区域文字工具”，然后单击对象路径上的任意位置即可，如下面的右图所示。

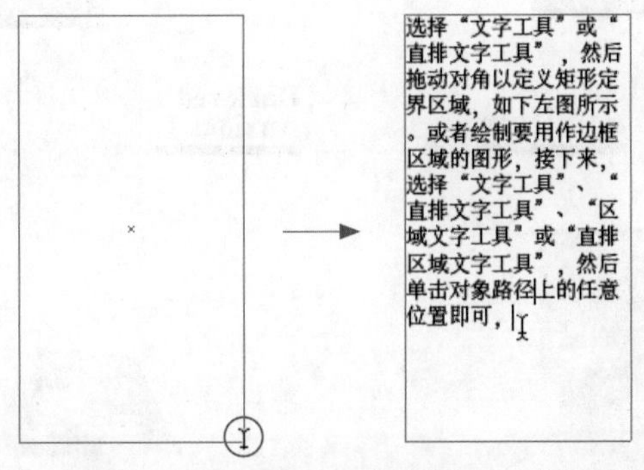

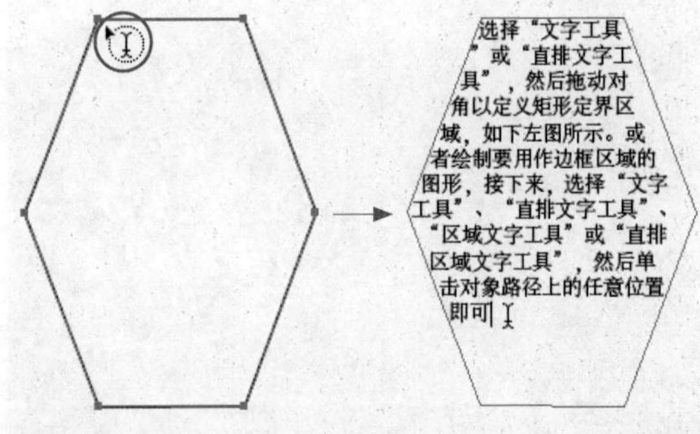

如果输入的文本超过区域的容量，则靠近边框区域底部的位置会出现一个内含加号的红色小方块，可以调整文本区域的大小或扩展路径来显示溢出文本，还可以将文本串接到另一个对象中。

管理文字区域

在 Illustrator 中可以根据所创建的是点文字、区域文字还是沿路径文本，从而用不同的方式调整文本大小。由于使用点文字编写的文本数量没有限制，因此在这种情况下，并不需要调整文本框的大小。

使用“区域文字工具”时，可以拖动所选区域中的对象和文字。在此情况中，当使用“直接选择工具”调整对象的大小时，文本的大小也会随之调整。

右图所示为调整区域文字的编辑效果。

串接区域文字

如果要将文本从一个对象串接到下一个对象，则需要将这些对象链接。链接的文字对象可以是任何形状，但是其文本必须为区域文本或路径文本，而不是点文本。

每个区域文字对象都包含输入连接点和输出连接点，由此可以链接到其他对象并创建文字对象的链接副本。输出连接点中的红色加号表示对象包含其余文本。右图所示为串接区域文字的操作。

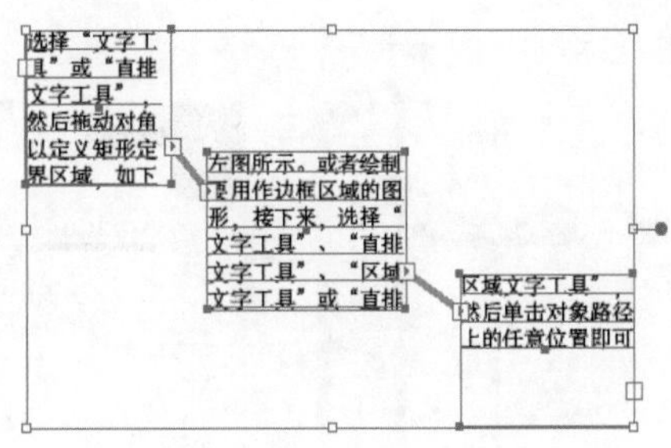

7.4 用色彩与图形展现画册关键字——3D对象的制作

素　材：随书光盘\素材\07\07、08、09.jpg

源文件：随书光盘\源文件\07\用色彩与图形展现画册关键字.ai

7.4.1 案例操作

本例的效果如下图所示。

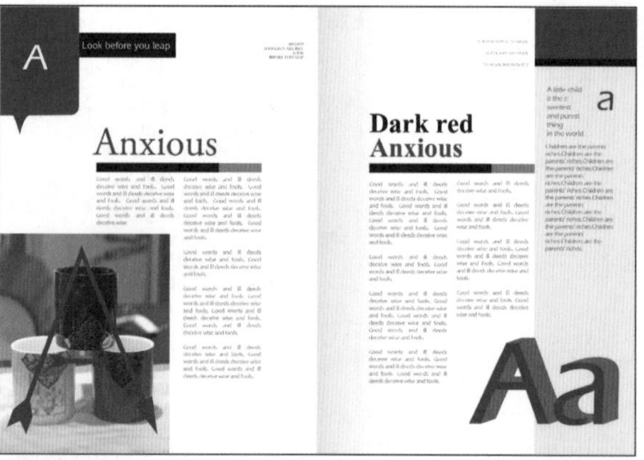

设计思维进化图

本例的设计思路如下图所示。

绘制画册内页，在黑色的边框中安排位图和3D形象的字母，在暗红色框中安排图形和文字。

在Illustrator中绘制出画册内页中的基础形状，并使用3D功能制作出具有立体外形的字母效果。

将Photoshop中处理完成的位图置入Illustrator中，并绘制与之外形相似的字母路径，再添加区域文本以丰富内容。

创作关键字：三维立体、造型联想

在画册设计中，为了让设计元素更加形象，可以将三维立体对象与平面对象相互结合，表现出清晰的空间感、层次感。本例中通过使用3D外形的字母元素，让略显单一的画面更加形象生动，使画册的主题表现更贴切。

此外在设计中还应用到了造型联想，通过不同的物体对象来对字母的外形进行联想，将事物与字母联系起来，构建两个对象之间的桥梁，让观赏者更加直观地感受到画册所要表达的中心思想。如上图所示。

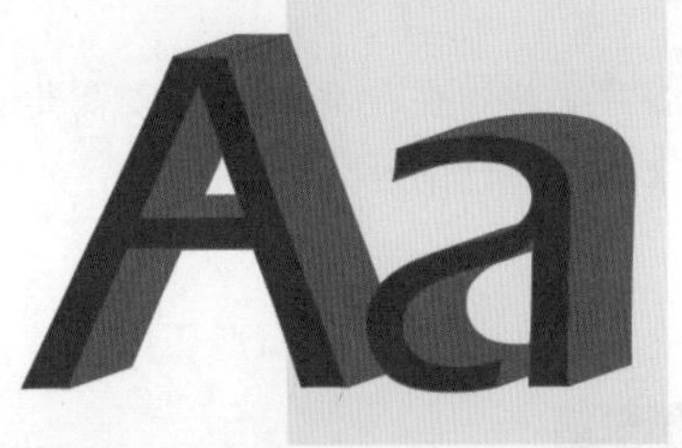

3D造型的字母形象

根据对象的外形进行联想，将其与字母的形状联系起来，让素材对象显得更加饱满，体现出一定的思想性。

色彩搭配秘籍：深酒红、深青灰、深绿

深酒红、深青灰和深绿都是属于纯度稍低的颜色，其中的深酒红类似于葡萄酒陈酿的颜色，代表着沉稳和厚重，是画册内页中字母 A 的代表色，是一种代表深厚积淀的颜色。深青灰的色相很深，有很强的可塑性，是字母 C 的代表色，表现字母 C 具有很高的变形性。深绿是字母 V 的代表色，代表的是温馨和希望。如右图所示。

在设计本例中的画册时，通过这 3 种不同的色彩对不同的字母进行表现，并搭配上色调相似的照片进行说明，让画册所要表现的主题更加明确。在配色的过程中，将色彩与主题融合在一起，没有采用过于刺激视觉的颜色，让观赏者产生耳目一新的感觉。

R127、G30、B48
C50、M98、Y80、K22

R28、G72、B117
C93、M72、Y37、K2

R31、G96、B50
C86、M51、Y100、K17

软件功能应用详解

Illustrator 功能应用

❶ 用“钢笔工具”和“矩形工具”绘制出画册内页中的基础元素；

❷ 利用“透明度”面板降低图形的不透明度；

❸ 用“凸出和斜角”命令制作出 3D 文字；

❹ 通过“描边”面板为路径添加上箭头。

Photoshop 功能应用

❶ 用“色阶”调整图层对照片的影调进行调整；

❷ 用“自然饱和度”和“色彩平衡”对照片的颜色鲜艳度和色调进行调整；

❸ 通过“仿制图章工具”对照片局部进行修饰；

❹ 使用“减少杂色”滤镜对照片进行降噪处理。

实例步骤解析

在制作的过程中，本例先在Illustrator中绘制出画册内页中的基本元素和文字，接着在Photoshop中对需要使用的素材进行修饰，并将处理的照片置入Illustrator中，最后在Illustrator中制作出画册的封面和封底。

01 在Illustrator中绘制画册中的元素

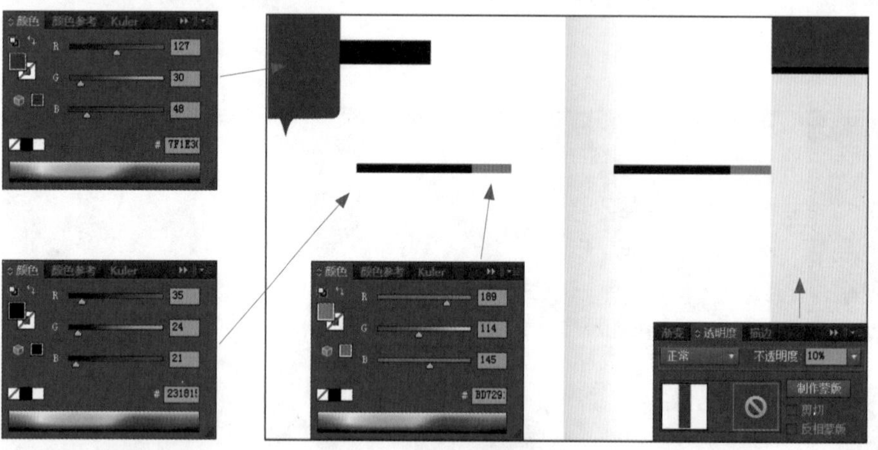

01 绘制画册内页中的基础元素 启动Illustrator CC应用程序，执行"文件>新建"菜单命令，在打开的"新建文件"对话框中对文件的大小进行设置。接着使用工具箱中的"钢笔工具"和"矩形工具"绘制出画册内页中的基础元素，通过"颜色"面板对各个形状的颜色进行调整，接着在"透明度"面板中对右侧矩形条的不透明度进行调整。如左图所示。

02 使用"文字工具"输入文本 选择工具箱中的"文字工具"，在画册内页适当的位置单击，输入所需的文字，并在选项栏中对文字的属性进行设置，对于段落文字的编辑则还需要创建区域文本。如上图所示。

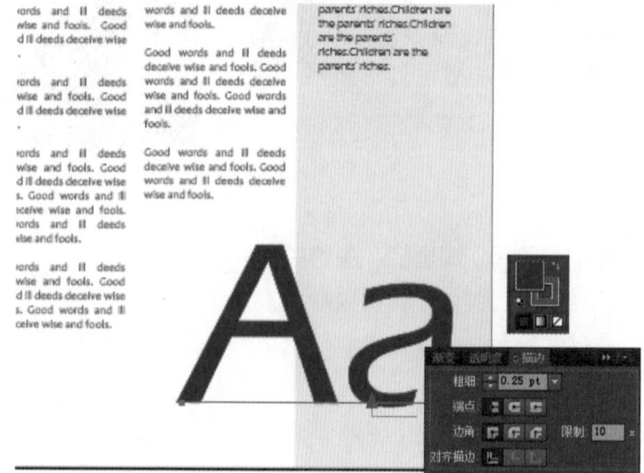

03 输入所需的字母 使用"文字工具"在画册内页中输入"Aa"，并在工具箱中对其填充色和描边色进行设置，打开"描边"面板，在其中将文字的描边粗细设置为"0.25pt"。如上图所示。

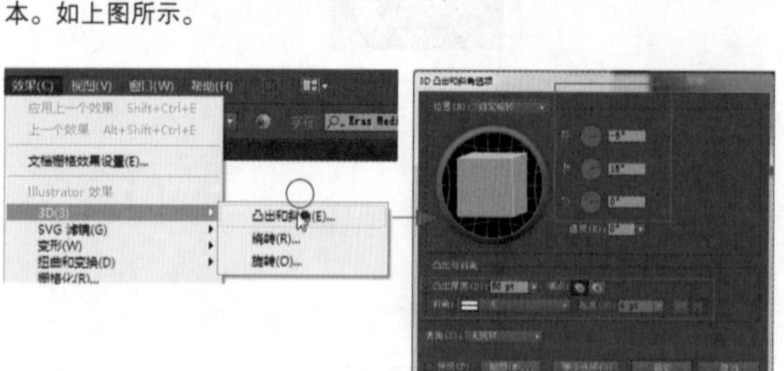

04 将文本转换为3D效果 选中文字，执行"效果>3D>凸出和斜角"菜单命令，在打开的对话框中对透视的各个角度进行设置，并在"凸出与斜角"选项组中对各个选项进行调整。如上图所示。

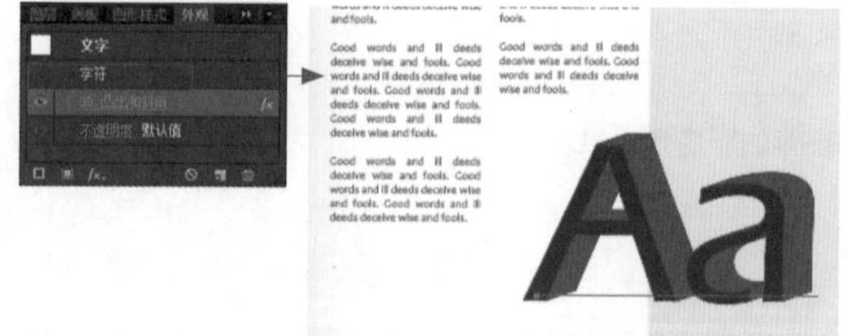

05 查看编辑的3D文字效果 完成"凸出和斜角"对话框的编辑后，单击"确定"按钮关闭对话框，在画板中可以看到文字变成了3D的立体效果。打开"外观"面板，在其中可以看到该文字的属性中增加了"3D凸出和斜角"的样式。如上图所示。

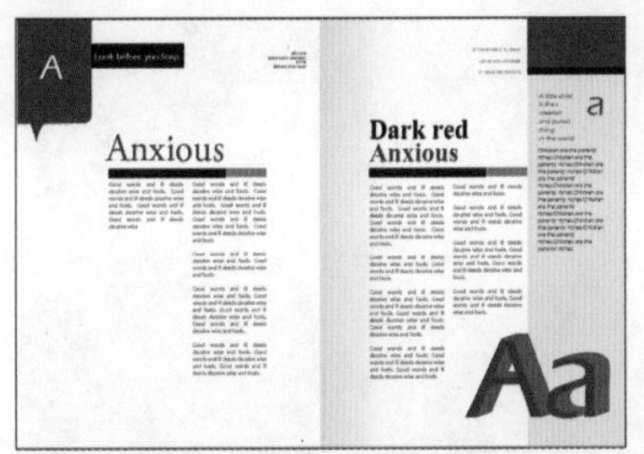

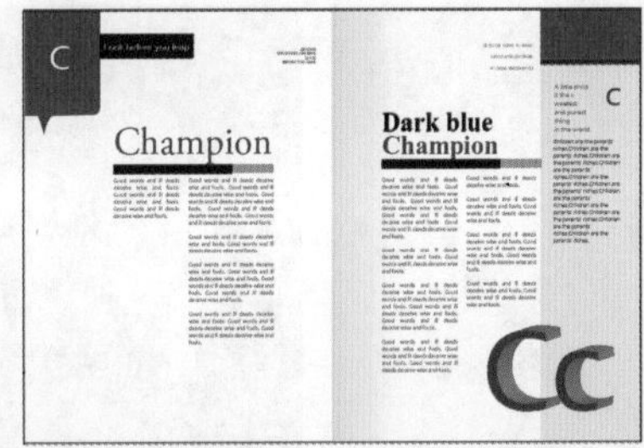

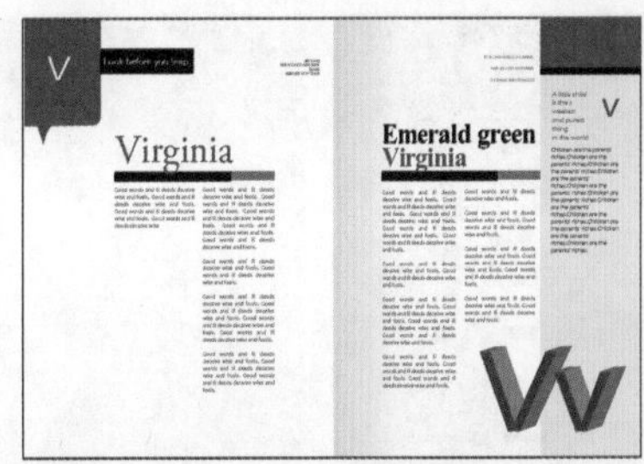

06 制作其余的画册内页 完成深酒红画册内页的设计后，在画板中可以看到编辑后的效果，为了丰富画册的表现，还需要制作出其他的内页。参照前面的制作和设置方法，再制作出另外两个画册内页，分别填充上深青灰和深绿色，并添加上不同的文字，在画板面板中可以看到编辑的效果，可以打开“随书光盘\源文件\07\用色彩与图形展现画册关键字.ai”文件进行查看。如上图所示。

02 在Photoshops中对照片进行处理

01 在Photoshop中调整照片影调 启动Photoshop应用程序，打开“随书光盘\素材\07\07.jpg”素材文件，单击“调整”面板中的“色阶”按钮，创建色阶调整图层，在打开的“属性”面板中依次拖曳RGB选项下的色阶滑块到“0、1.25、234”的位置。在图像窗口中可以看到照片的亮度得到提高，显示出更加明亮的画面效果。如上图所示。

02 调整照片的色调和饱和度 创建自然饱和度调整图层，在打开的面板中设置“自然饱和度”为“+96”。接着创建色彩平衡调整图层，依次设置“中间调”选项下的色阶值为“+82、+19、－29”，对照片的饱和度和色调进行调整，可以看到照片呈现出暖色调效果。如上图所示。

03 用“仿制图章工具”修补图像 按Ctrl+Shift+Alt+E快捷键，合并所有的可见图层，得到“图层1”图层。选择“仿制图章工具”对照片下方的图像进行修饰，用布料图像遮盖住下方的图像。如上图所示。

04 应用“减少杂色”滤镜 按Ctrl+J快捷键，得到“图层1拷贝”图层，将其转换为智能图层。执行“滤镜＞杂色＞减少杂色”菜单命令，在打开的对话框中设置参数，对照片进行降噪处理。在图像窗口中可以看到照片最终的处理效果，如上图所示。

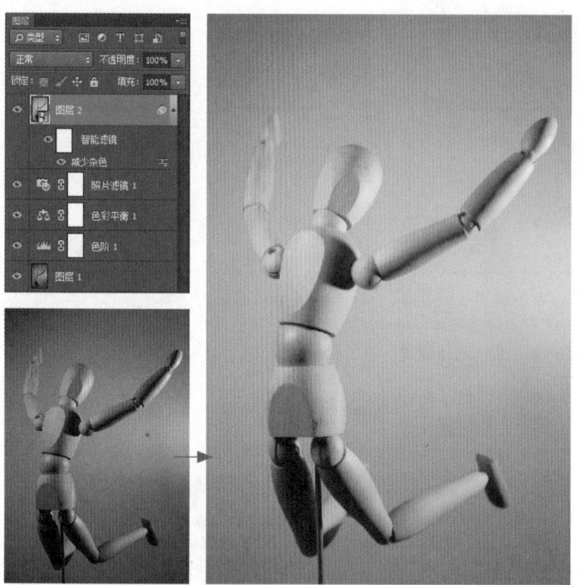

05 在Photoshop中对08、09.jpg文件进行处理 为了让照片的色调和影调与后面编辑的画面内容色调相似，还需要对“随书光盘\素材\07\08、09.jpg”素材文件进行处理，可以依照前面处理07.jpg照片素材的方法进行编辑，改变照片的色调和影调，具体操作可以参考“随书光盘\源文件\07\08、09.psd”文件中的设置。如上图所示。

03 将素材添加到Illustrator并进行修饰

01 置入文件 切换到Illustrator CC中进行编辑，执行“文件＞置入”菜单命令，打开“随书光盘\源文件\07\07.psd”文件，将其置入到当前文件中。如上图所示。

02 创建剪切蒙版 使用“矩形工具”在照片的上方绘制出矩形，将矩形和置入的照片创建成剪切蒙版，对置入的照片进行遮盖。如上图所示。

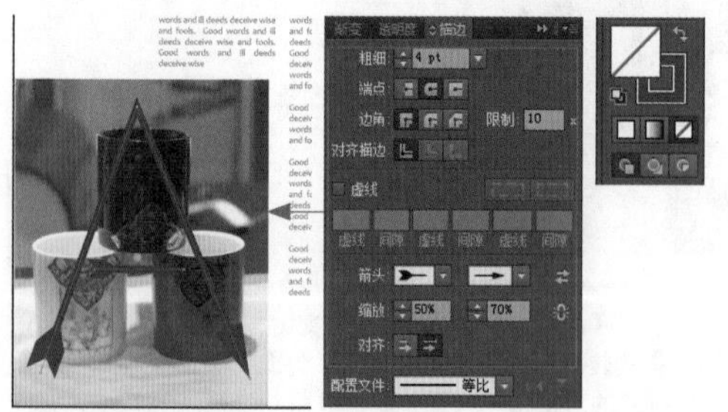

03 绘制字母路径 选择“钢笔工具”在照片适当的位置上绘制出大写字母A的外形，并填充上适当的描边色，无填充色。接着打开“描边”面板，在其中为路径添加上箭头的形状，在画板中可以看到编辑后的效果。·如上图所示。

04 对其他两个内页进行编辑 将“随书光盘\源文件\07\08、09.psd”文件置入到当前文件中，通过创建剪切蒙版对照片的大小进行调整，使用“钢笔工具”绘制出不同字母的外形，并填充上适当的颜色，打开“描边”面板，将其设置与字母A相同的参数。在画板中可以看到最终的编辑效果，如上图所示。

04 在Illustrator中制作出封面和封底

01 **绘制出封面和封底并添加文字** 选中内页的基本页面进行复制，将其填充上黑色。接着使用“文字工具”在适当的位置上单击，输入所需的文字，并在选项栏中对文字的字体和字号进行设置，调整文字的位置，在画板中可以看到编辑的效果。如左图所示。

02 **添加主题文字** 使用“文字工具”输入所需的主题文字，打开“字符”面板对文字的属性进行设置，并在工具箱中对文字的颜色进行调整，打开“描边”面板对文字的描边选项进行设置。如上图所示。

03 **添加修饰的形状** 对前面绘制的C形路径进行复制，将其放在封面上，并在工具箱中对其描边色进行调整，使其与主题文字的填充色一致，打开“描边”面板，在其中设置描边的粗细为“3pt”，完成本例的编辑。在画板中可以看到整个画册的制作效果，如上图所示。

7.4.2 对比分析

在画册设计中，合理安排设计元素可以让画册内容吸引观赏者的注意，提升作品的艺术效果。因此在设计的过程中要注意各个元素的大小、位置和表现形式的安排，使得设计效果更美观、合理。

下图所示的页面是根据“设计思维进化图”中的草图所设计出来的作品，由于在设计的过程中没有能处理好设计元素的大小、文字的板式等问题，导致了该作品的失败，整个画面不够协调，不能准确地表现内容。

❶ 不易理解画面内容

画册中的照片占据了太大的面积，导致没有空余的位置对图片进行辅助说明，让观赏者不能正确理解传递的内容。

❷ 文字版式单一

用单板的单栏进行大量的文字排列，不易于读者阅读，容易在阅读中出现跳行的情况，也使得段落文字的表现过于单一。

❸ 缺乏设计元素

内页的右侧包含了大量的文字，而只有少量的设计元素，使得画面的内容不够丰富，也让内页左右两侧的比例不够协调。

或许，这样也可以……

下图所示的页面为更改后的设计效果，也就是本例中的最终效果。可以看到经过改良后的作品更加精致，图片和文字的比例协调，合理的编排平衡了画面的视觉效果，让画册内页所要表达的内容清晰明了。

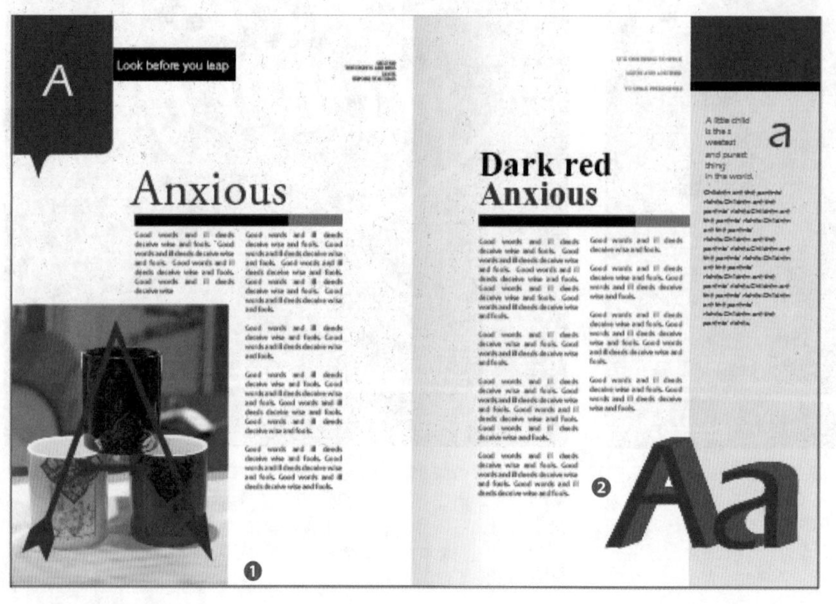

❶ 添加文字说明

缩小照片的显示，让出足够的空间对图片进行说明，使得内容更加完整。

❷ 灵活的版式和更多的设计元素

以双栏进行文字排列，便于读者更轻松地阅读。添加更多的设计元素，丰富画册的内页版式。

7.4.3 知识拓展

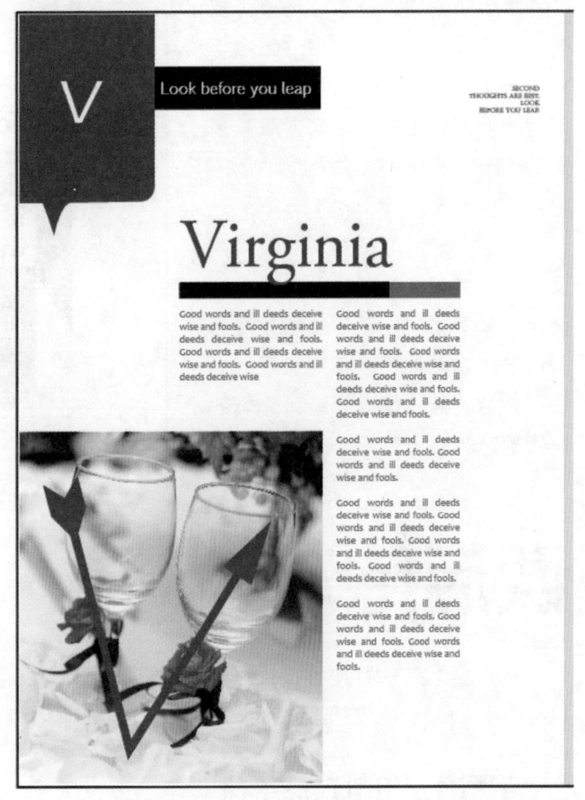

在画册设计中，图像是辅助文字内容的设计要素。它的主要宗旨是对文字内容加以清晰的视觉说明，同时对画册起到装饰和美化作用，同时是对作品内在意义的读解、发现和挖掘。

在画册设计中，图像是最主要的表达方式，对于大量的图像配以适当的文字，通常是画册最常用的表现方式。画册中的图像主要包括摄影图片、设计图片和表格等，这些图片的组合构成极强的视觉传达效果，从而加强画册设计的表现力。

画册中图像与图形的结合

相比较抽象的文字媒介而言，图像具有可视、可读、可感的优越性，还具有准确、清晰、易识别、理解快速、传递简捷等优点，在理性之外又富有幽默感和趣味性。借助图像的强化表达，读者可以更加深化对画册内容的印象与感受，如果将图像与图形进行完美地结合，更能体现出别样的风采。

右图所示为本例中的摄影照片和图形相互结合的表现方式，通过两者之间的搭配，让观赏者更加直观地感受到设计师所要表达的思想。

画册中图像风格的设定

设计师应当具有充分把握图像造型的能力和对色彩的判断能力，这些基本的技能都是非常重要的。

借助于高技术的摄影、图像处理软件等后期技术手段，可以帮助完善画册中的图像，使其表现方式更加完美。下图所示分别为本例中两张照片处理前后的对比效果，可以直观地看到经过处理后的照片，与画册整体的色彩搭配更为和谐。

画册中图像的裁剪

画册中图像的裁剪也是非常重要的内容。为了让画册中的图像与整体画册中的设计元素风格一致，或者外观相同，那么就需要对其多余的部分进行裁切，让画册设计的内容更加统一。

右图所示为本章实例中画册内页的设计效果，为了让图像也符合设计元素菱形的外观，达到外形上的统一，在创作的过程中对照片进行了裁剪，因此获得了较为理想的设计效果。

课后练习

画册设计要求每个页面的风格、色彩搭配和设计元素这 3 个方面各自保持一致，只要遵循了这些基本的要求，再结合个人的创意，就能轻松地制作出令人满意的作品。接下来就通过两个练习以进一步提升画册设计技能。

↘ 习题01：相机产品手册

素　材：随书光盘\课后练习\素材\07\01、02、03、04.jpg
源文件：随书光盘\课后练习\源文件\07\相机产品手册.psd

产品手册在设计的过程中要考虑产品的特点。下图所示的相机产品手册在设计中使用了倾斜的角度来增添作品的设计感，通过色彩的统一和设计元素的统一来达到协调整个作品的目的，并根据硬朗的设计风格来确定字体的外形，使得最后的效果大气、沉稳。

❶ 绘制出画册中每个页面的基本布局；
❷ 在 Photoshop 中为画册添加照片；
❸ 添加上文字丰富画册内容；
❹ 调整色调完善画册效果。

↘ 习题02：玩偶画册

素　材：随书光盘\课后练习\素材\07\05、06、07.jpg
源文件：随书光盘\课后练习\源文件\07\玩偶画册.psd

在设计一些特殊的商品画册时，为了让画面获得良好的设计感，可以通过使用和谐的色彩和风格差异较大的设计元素来进行创作。下图所示为玩偶画册，在设计中依据照片的颜色设定画面的颜色为红色，并采用了与圆润的玩偶外形差异较大的三角形作为主要的设计元素，让整个设计充满了艺术感和设计感。

❶ 在 Illustrator 中绘制出画册中每个页面的基本布局；
❷ 在 Photoshop 中添加照片并进行调色；
❸ 为画册添加上文本。

FRUIT COLOR

THE DARKER THE FRUIT, THE HIGHER ITS NUTRITIONAL VALUE.
THE BLACK FRUITS ARE RELATIVELY RARE EBONY, BLACK GRAPE, BLACK CURRANT AND MULBERRY, ETC.
A VARIETY OF BLACK FRUIT EFFICACY OF SKIN CARE ARE ALSO NOT THE SAME.

第08章

产品包装及造型

产品包装及造型设计是为实现企业形象统一识别目标的具体表现，通过这些设计将商品的设计元素与企业的思想进行统一，是以产品设计为核心而展开的系统形象设计通过塑造和传播商品形象，显示个性，创造品牌，从而取胜于激烈的市场竞争

在本章的案例中包含了3个不同材质的产品造型设计：一个是以铁皮为材质设计的口香糖包装、一个是以塑料为材质设计的视频包装；一个是以玻璃为材质设计的饮料包装；这3个产品设计分别从不同的设计思路出发，用不同的材质和表现形式来对商品的形象进行塑造　每一个案例都是以产品设计为核心，围绕着人们对产品的视觉和使用需求，使用Illustrator和Photoshop的完美结合将产品造型和包装设计进行完美呈现

8.1 与产品造型及包装设计相关

包装造型设计不是单一的追求形式美，它是集形式美与实用美为一体的，是将形态与功能、工艺、经济、文化、消费者这些因素综合考虑的创造性思维结晶。

8.1.1 产品造型及包装设计的思路

包装造型设计是根据被包装产品的特征、环境因素和用户的要求等选择一定的材料，采用一定的技术方法，科学地设计出内外结构合理的包装容器或制品。在造型设计中要充分体现出技术与艺术的统一，功能与形式的统一以及物质与精神的统一。在设计中需要考虑到内容物性质、材料选择、机械性能、人机关系、生产工艺等各种因素，这些都在一定程度上限制了设计师的想象力与创造力，因此在设计的过程中需要遵循以下的思路:

注重实用性

产品包装设计在结构、造型上应当符合所装内容物的自然属性，比如香水容易挥发，因此瓶口应该小一点，这样既可以使香水味保存得更持久，也易于在使用时控制倒出量。

右图所示为本章中的塑料包装设计，考虑到所盛装食物的属性，因此使用较小的旋转开口进行设计，使其更易于食用。

造型时尚化

设计师应当拥有敏锐的洞察时尚潮流的能力，能准确把握流行元素，才能在产品包装造型的规格、材质及细节等方面，以独特的创意获得高格调的视觉效果。

右图所示为磨砂铁皮盒设计，运用滑盖的设计方式，以及简约的色彩搭配，使包装具有实用性和时尚感。

易于操作

成功的产品包装还需要有明确的指示功能设计，这要求设计师通过结构、造型、色彩及肌理的变化与对比，形成视觉语言的暗示与引导，使用户即使是在第一次使用某种产品时也能判断出应该如何操作。

倾向于人性化

产品包装造型设计要使消费者产生心理上的共鸣，更好地为人所使用。另外，还需要追求使用上的便利性，充分体现包装设计的人性化意义，真正表现出设计以人为本的宗旨。

提升附加值

在设计包装造型时，要力求使人们从包装容器的高品位设计和造型风格上获得与众不同的“身份”感，或者树立品牌的形象，或者是起到传递出更多的信息等功效。

右图所示为饮料瓶包装设计，通过整体的美化和修饰，塑造出该品牌清新、健康的形象，通过炫彩的包装刺激消费者的购买欲，让包装给商品带来生命力。

↘ 8.1.2　包装设计中需要注意的三大问题

为了最大限度地发挥出包装的功能，在产品包装的设计中还需要注意 3 个较为关键的问题，一个是标识和文字的设计；一个是图案图形的组合设计；还有一个是色彩的搭配应用问题。在设计过程中将这 3 个要点合理地结合起来，就容易获得令人满意的包装造型设计效果。具体说明如下图所示。

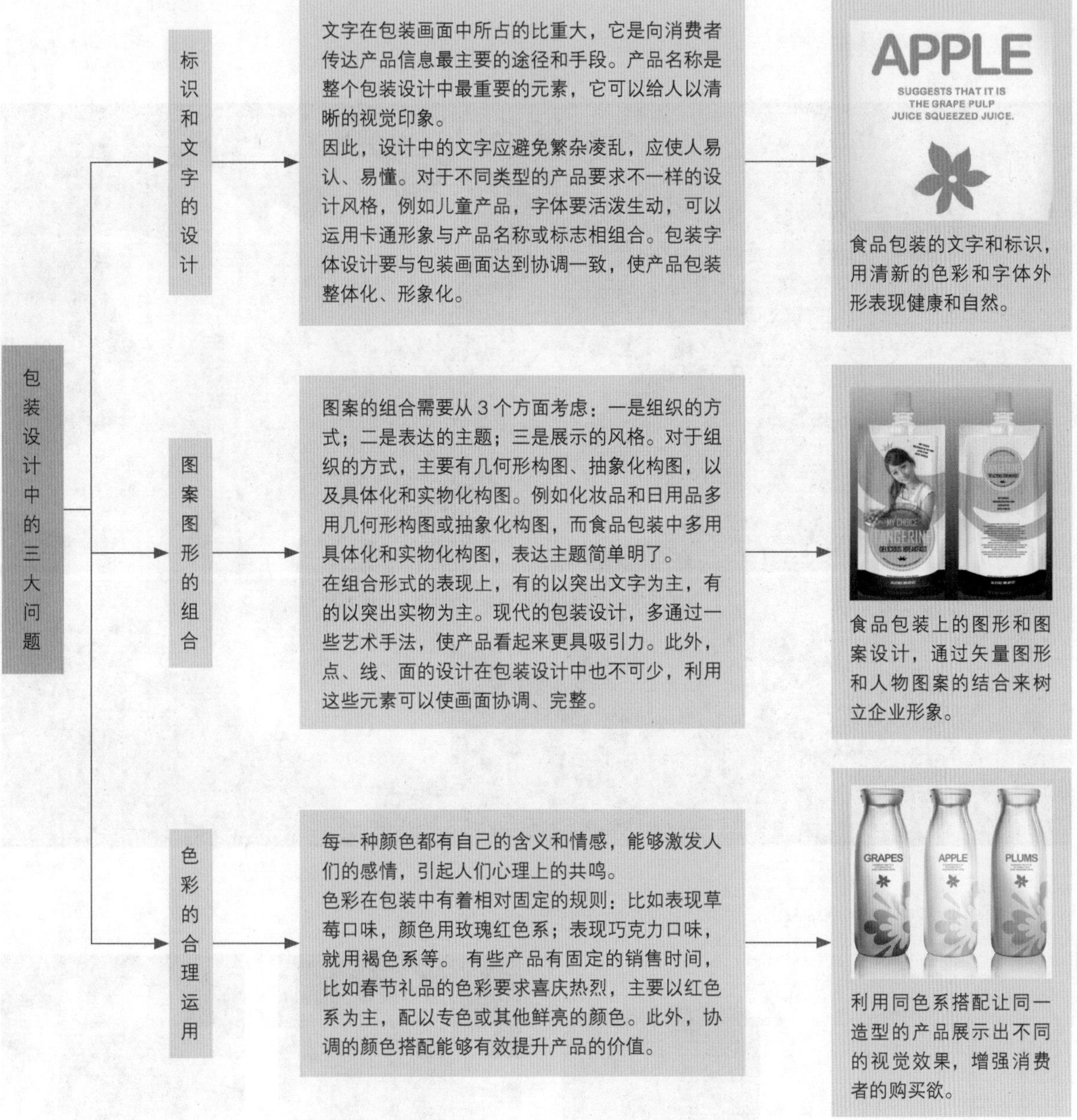

8.2 金属包装的柔美绽放——“渐变”面板

素　材：随书光盘\素材\08\01.jpg

源文件：随书光盘\源文件\08\金属包装的柔美绽放.psd

8.2.1 案例操作

本例的效果如下图所示。

设计思维进化图

本例的设计思路如下图所示。

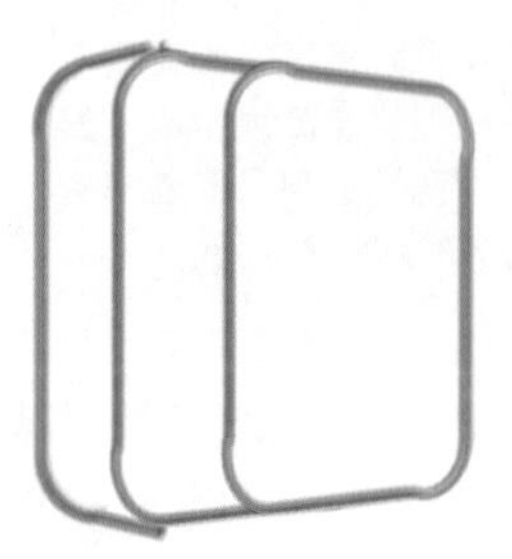

绘制出铁皮盒的大致外形，对商品的造型进行勾勒。

在Illustrator中使用“钢笔工具”绘制出商品的外形，并进行合理地上色。

在Photoshop中为绘制的商品添加上背景，并配合配色进行颜色调整。

完善铁皮盒上的内容，添加上适当的文字和图像。

创作关键字：通感

通感又叫“移觉”，就是在描述客观事物时，用形象的语言使感觉转移，将人的听觉、视觉、嗅觉、味觉、触觉等不同感觉互相沟通、交错，彼此挪移转换，将本来表示甲感觉的词语移用来表示乙感觉，是意象更为活泼、新奇的一种修辞格。

在本例的商品外观的设计中就是使用通感来进行表现的，使用花朵绽放的动作来表现该食品味觉上的完美绽放效果，这样的表现更能形象地体现出该食品独特的味道，这种感觉的相互挪移，感官的交相作用，可以让观赏者真切地体会到该食品的魅力。如下图所示。

在该产品的包装上，添加上了黑白色的花朵形象，并且该花朵的外形为正在绽放的状态，与设计中的通感相互吻合。

在商品背景的安排上，同样使用展开的花朵进行表现，并且将产品造型放在花朵的中间，表现出一种自然的花朵绽放的清新感。

色彩搭配秘籍：褐灰色、棕红色

褐灰色是一种明度较低的颜色，具有稳重的特点。棕红色是在红色中添加了黑色后的效果，给人一种高品质的富贵感。如右图所示。本例在配色的搭配中就是使用的这两种颜色，为了表现出食品包装盒上的磨砂质感，在制作的过程中使用了褐灰色来进行表现，用棕红色来呈现盒子内部的颜色，可以形成一种和谐搭配效果。这两种较为稳重的色彩搭配在一起，能够提高商品的表现力。在大面积的无彩色中添加少量的棕红色，可以提升画面整体的印象，同时打破单调感，营造出张弛有度的感觉。

R66、G65、B66
C76、M70、Y67、K32

R114、G35、B27
C51、M94、Y100、K32

软件功能应用提炼

Illustrator 功能应用

❶ 用“钢笔工具”绘制出铁皮盒上各个区域图形；
❷ 通过“渐变”面板对图形进行上色；
❸ 用“透明度”面板更改图形的不透明度；
❹ 使用“混合”功能制作出铁皮盒中的阴影。

Photoshop 功能应用

❶ 用“磁性套索工具”抠取花朵的图像；
❷ 用“图层蒙版”将素材中多余图像遮蔽；
❸ 用“黑白”调整图层将花卉制作成黑白色；
❹ 通过“变形”操作对输入的文字进行变形处理。

实例步骤解析

本例先在 Illustrator 中绘制出铁皮盒的造型，接着在 Photoshop 中制作出背景，再将绘制的铁皮盒添加到 PSD 文件中，并添加上适当的图像和文字，具体的操作如下。

01 在Illustrator中绘制铁皮盒的造型

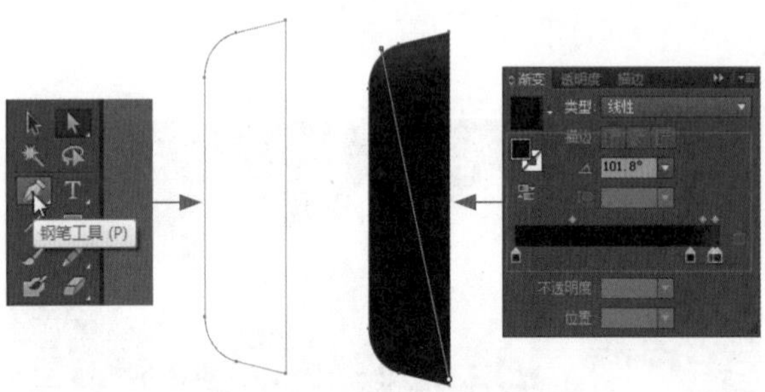

01 **绘制铁皮盒的左侧面** 启动Illustrator CC应用程序，执行“文件 > 新建”菜单命令，创建一个新的文档，选择工具箱中的“钢笔工具”在画板中绘制出铁皮盒左侧的外形，并打开“渐变”面板设置所需的渐变色。接着使用“渐变工具”在图形上拖曳，对渐变的方向和着色效果进行定义，在画板中可以看到编辑后的效果。如上图所示。

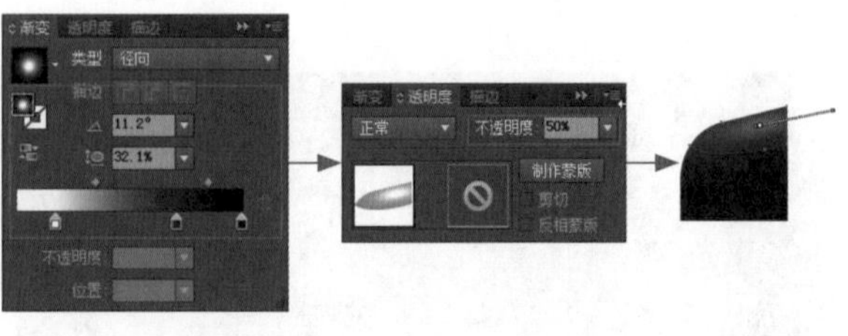

02 **绘制铁皮盒左侧面上方的高光** 用“钢笔工具”绘制出铁皮盒上的高光，使用“渐变”面板设置所需的径向渐变效果，接着用“渐变工具”在图形上单击并进行拖曳，对渐变的方向和着色效果进行定义，最后在“透明度”面板中设置图形的“不透明度”为“50%”。在画板中可以看到编辑完成后的效果，如上图所示。

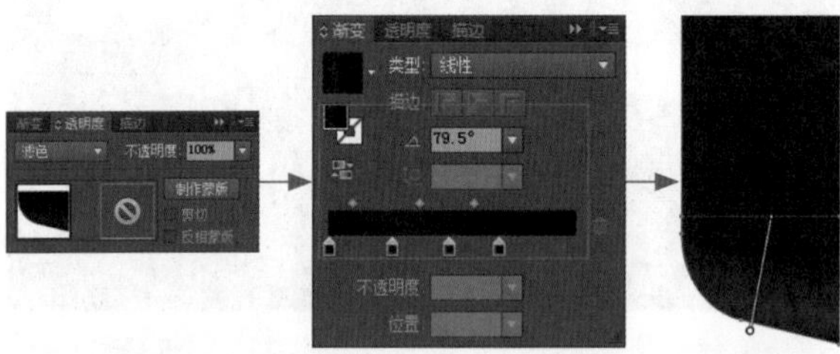

03 **绘制铁皮盒左侧底部的阴影** 用“钢笔工具”绘制出铁皮盒上的阴影，使用“渐变”面板设置所需的径向渐变效果。接着用“渐变工具”在图形上单击并进行拖曳，最后在“透明度”面板中设置图形的混合模式为“滤色”。如上图所示。

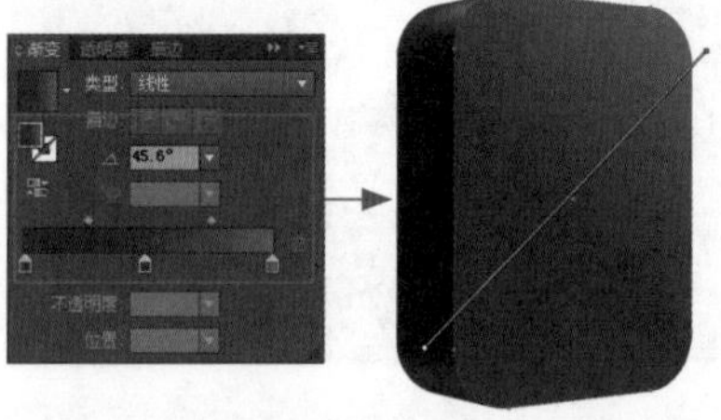

04 **绘制铁皮盒的正面** 用“钢笔工具”绘制出铁皮盒正面的图形，使用“渐变”面板设置所需的径向渐变效果。接着用“渐变工具”在图形上单击并进行拖曳，对渐变的方向和着色效果进行定义，在画板中可以看到编辑完成后的效果。如上图所示。

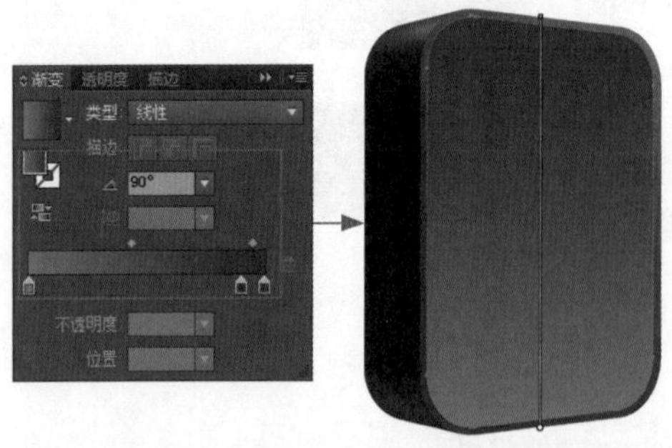

05 **复制图形并填充渐变色** 对绘制的铁皮盒正面图形进行复制，调整图形的大小，并将其放在适当的位置上，接着使用“渐变”面板对图形的颜色进行更改。如上图所示。

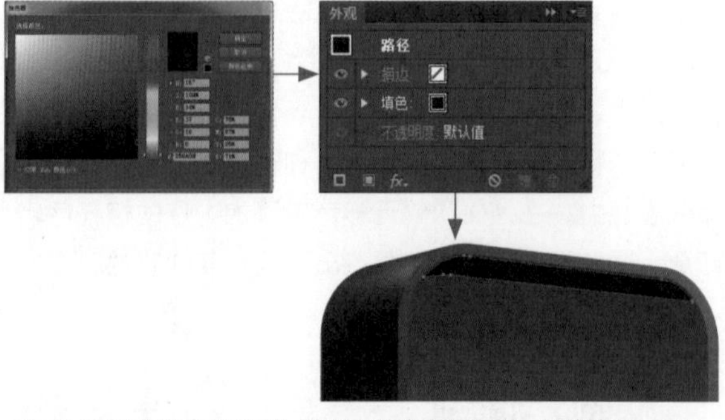

06 **绘制铁皮盒的内侧** 绘制出铁皮盒的内侧，为其填充上R37、G10、B0的颜色，无描边色，并将其放在适当的位置。在画板中可以看到编辑后的效果，如上图所示。

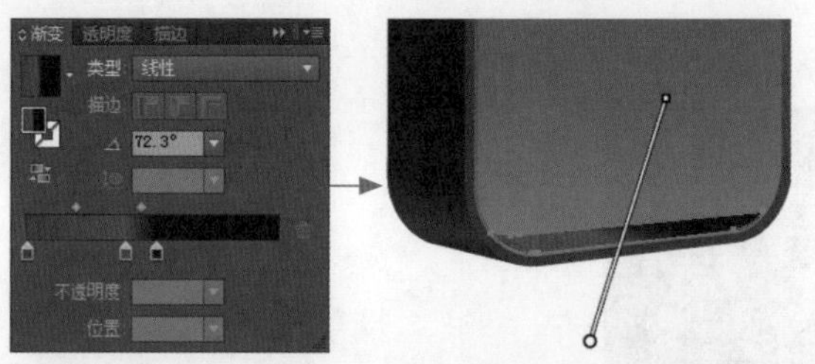

07 **绘制铁皮盒的下方** 绘制出铁皮盒的下方，使用“渐变工具”对渐变的方向进行定义，接着在“渐变”面板中对渐变的颜色进行设置，在画板中可以看到编辑后的图形效果。如上图所示。

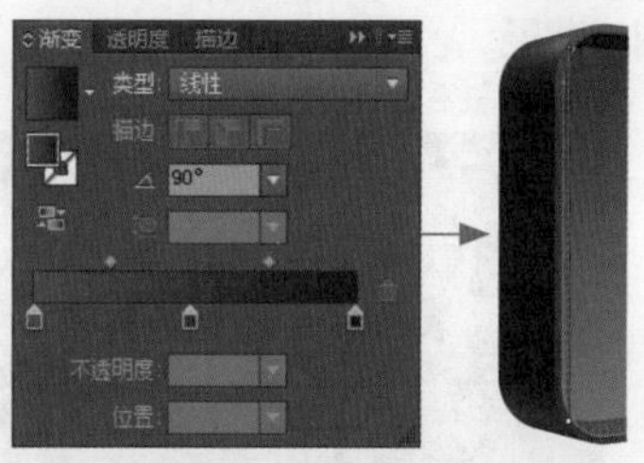

08 **绘制线条** 使用“钢笔工具”绘制出铁皮盒左侧的线条，使用“渐变”面板设置渐变色，通过“渐变工具”对线条的渐变颜色的角度进行设置，在画板中可以看到编辑后的效果。如上图所示。

09 **绘制铁皮盒的内侧** 绘制出铁皮盒的内侧，使用“渐变”面板设置所需的径向渐变效果，接着用“渐变工具”在图形上单击并进行拖曳，对渐变的方向和着色效果进行定义。在画板中可以看到编辑完成后的效果，如上图所示。

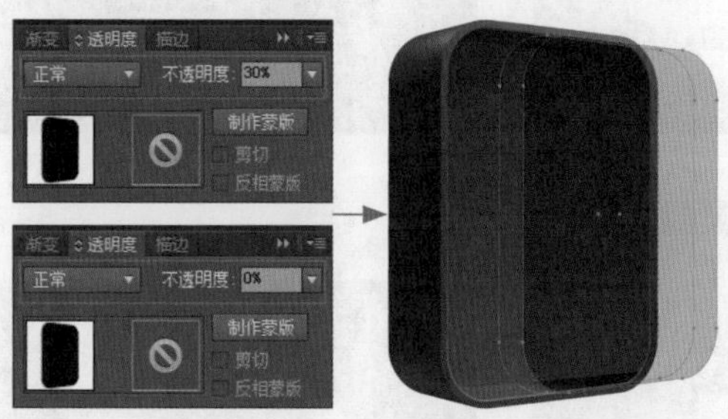

10 **绘制两个圆角矩形** 使用“钢笔工具”绘制两个圆角矩形，填充上黑色，无描边色。接着分别选中圆角矩形，分别设置其“不透明度”为“30%”和“0%”。如上图所示。

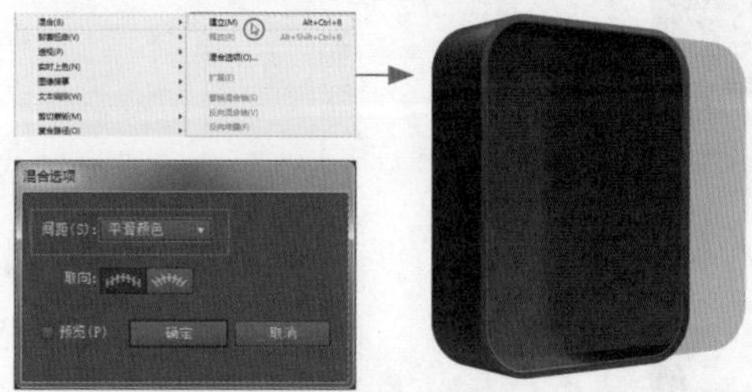

11 **混合圆角矩形** 同时选中两个圆角矩形，执行“对象 > 混合 > 建立”菜单命令，在打开的“混合选项”对话框中设置选项，将两个圆角矩形进行混合。如上图所示。

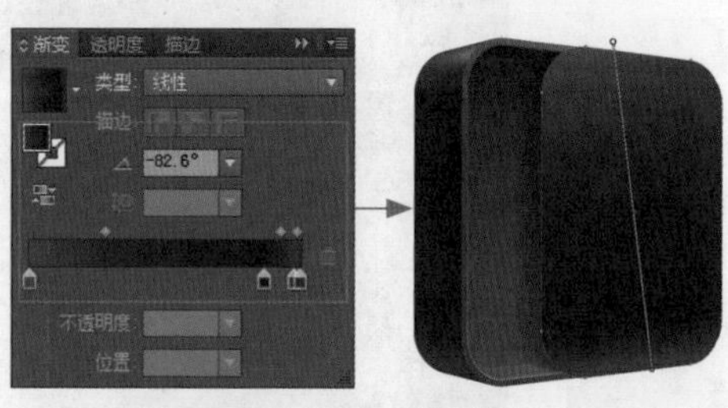

12 **绘制铁皮盒的盖子** 绘制出铁皮盒的盖子，使用“渐变”面板设置所需的径向渐变效果，接着用“渐变工具”在图形上单击并进行拖曳，对渐变的方向和着色效果进行定义。在画板中可以看到编辑完成后的效果，如上图所示。

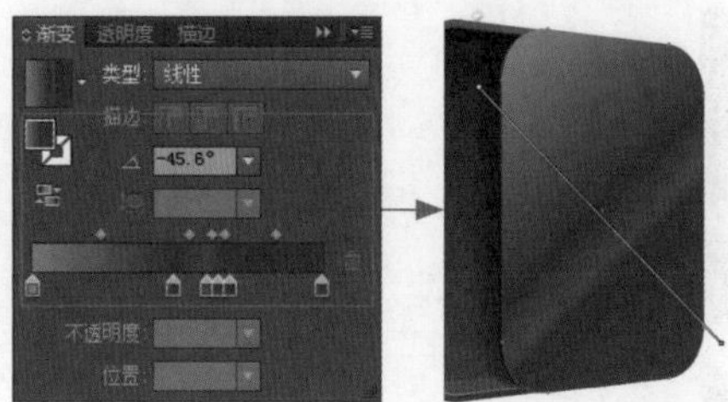

13 **复制图形填充渐变色** 复制铁皮盒的盖子，适当调整其位置，重新使用“渐变”面板设置其渐变色，并对渐变的方向进行重新定义。在画板中可以看到编辑完成后的效果，如上图所示。

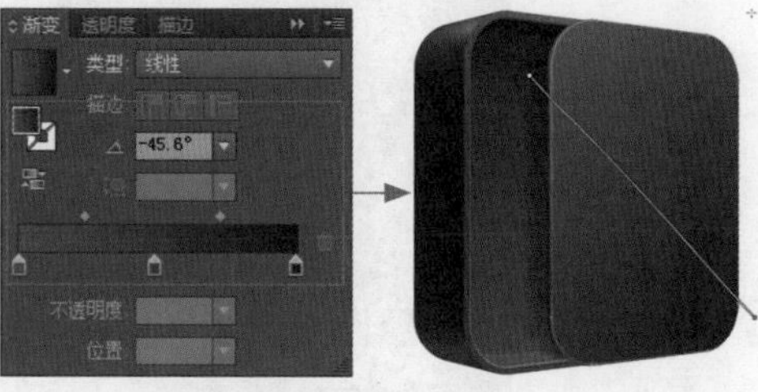

14 **绘制铁皮盒盖子最顶端** 再次复制铁皮盒的盖子，适当调整其位置，重新使用“渐变”面板设置其渐变色。在画板中可以看到整个铁皮盒绘制完成后的效果，如上图所示。

02 在Photoshop中制作背景

01 创建颜色和图案填充图层　运行Photoshop CC应用程序，创建一个新的文档，接着创建颜色填充图层，设置填充色为黑色。创建图案填充图层，将该图像的“不透明度”设置为“15%”，在图像窗口中可以看到编辑后的背景效果。如左图所示。

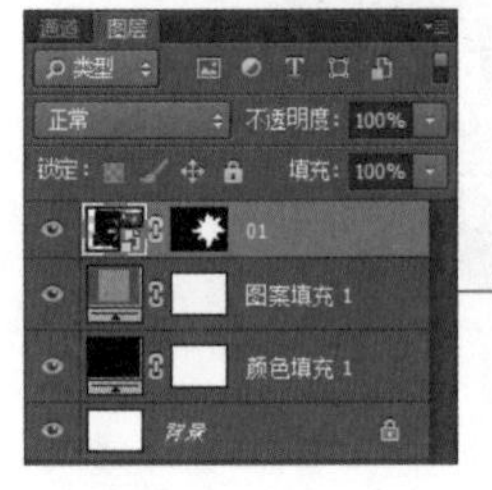

02 添加花卉素材并编辑图层蒙版　将“随书光盘\素材\08\01.jpg”素材文件置入到文件中，得到一个智能对象图层，使用“磁性套索工具”将荷花添加到选区中。接着创建图层蒙版，将荷花图形抠取出来，在图像窗口中可以看到编辑后的效果。如左图所示。

03 复制花卉素材　选中01图层，按Ctrl+J快捷键，对其进行两次复制，并对复制后的荷花图像进行位置、大小的调整。在图像窗口中可以看到编辑后的效果，荷花绽放得更加美丽。如左图所示。

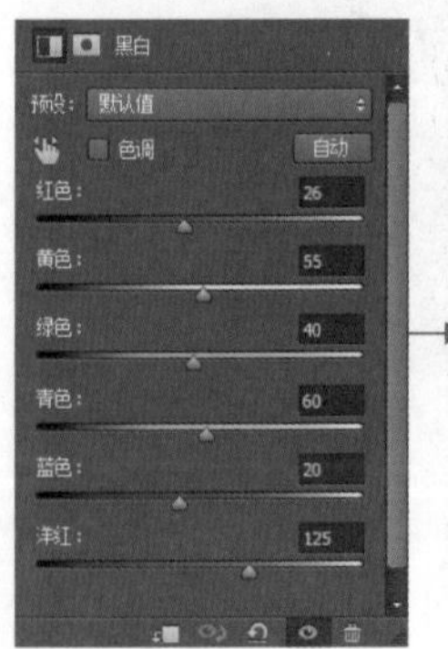

04 创建黑白调整图层　通过“调整”面板创建白色调整图层，在打开的“属性”面板中对其中的选项进行设置。在图像窗口中可以看到荷花图像变成了黑白色的效果，如左图所示。

03 对铁皮盒的外观进行美化

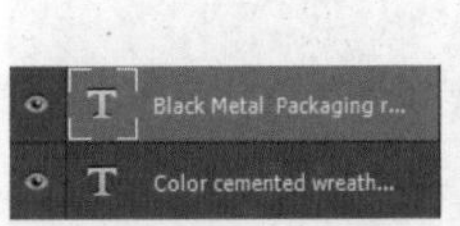

01 输入文字 选择工具箱中的“横排文字工具”，在图像窗口左下角单击并输入文字，并对文字的颜色和属性等进行设置。如下图所示。

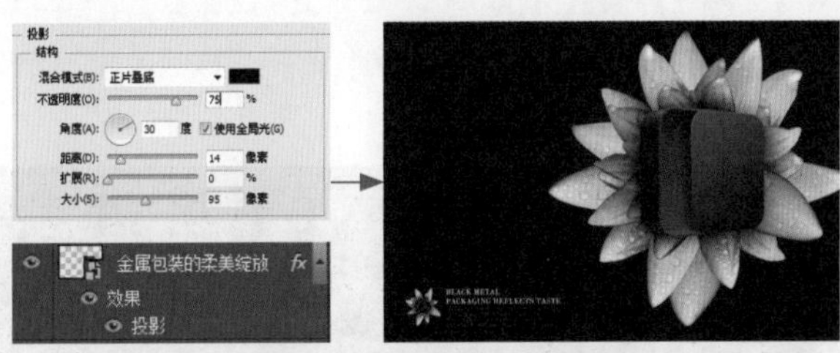

02 置入铁皮盒并添加阴影样式 将前面编辑完成的铁皮盒AI文件置入到当前编辑的PSD文件中，得到一个智能对象图层，接着双击图层，在打开的“图层样式”对话框中为其添加上“投影”样式，并对选项进行设置。如上图所示。

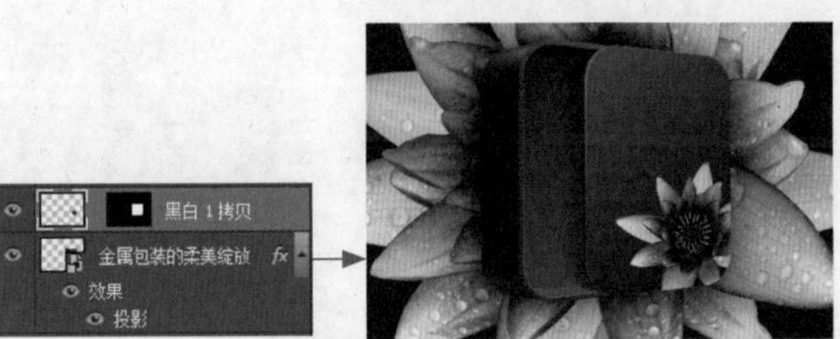

03 添加花卉素材在铁皮盒上 将前面编辑完成的黑白色的荷花图像进行复制，将其合并在一个图层中，并使用图层蒙版对荷花的显示进行调整，只在铁皮盒上显示出荷花效果，将多余的图像进行遮盖。在图像窗口中可以看到编辑的效果，如上图所示。

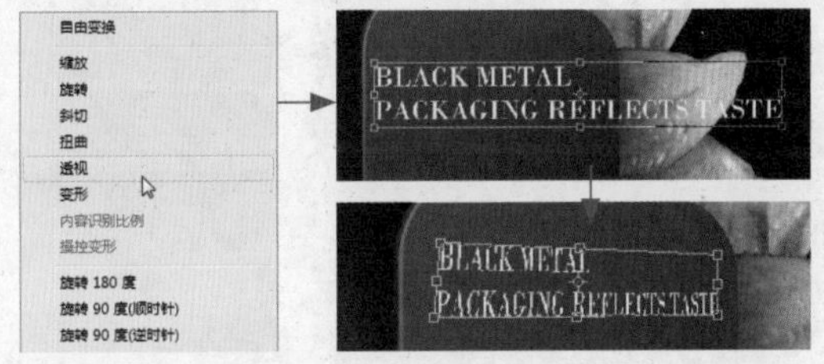

04 输入文字并进行变形 使用“文字工具”输入文字，并将其进行栅格化处理，按Ctrl+T快捷键，在弹出的右键菜单中选择“透视”命令，对文字进行变形处理。如上图所示。

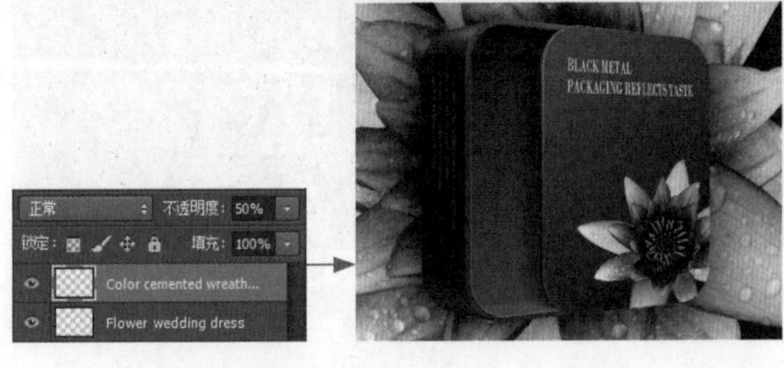

05 为铁皮盒侧面添加文字 使用相同的方法，先输入文字，接着对文字进行栅格化处理，再进行变形处理。然后将文字放在铁皮盒的左侧侧面，设置其“不透明度”为"50%"。如左图所示。

8.2.2 对比分析

在对产品的设计过程中，更改产品的配色可以让商品的表现更加多元化。本例中的商品根据不同的配色就能展示出不同的视觉效果，通过它们都能达到很好的品牌推广和宣传作用。

本例是为某食品制作的包装设计，在创作的过程中使用方形的铁皮盒作为产品包装，搭配褐灰色和棕红色进行表现，制作出来的效果如右图所示。

❶ **用棕红色作为盒内颜色** 将棕红色作为盒内的颜色，表达出一种热烈的氛围，容易激起人们的探索欲和购买欲，它是一种刺激性很强的颜色，能够轻易地引起观赏者的注意。

❷ **黑白的背景图案** 黑白色的背景图案可以让主体对象更加突出，加强主体对象的表现，使得画面主次分明。

或许，这样也可以……

通过更改配色，还可以得到其他不一样的效果，如下图所示为使用黄色和褐灰色搭配的设计结果，这样的设计同样可以达到很好的商品推广效果，具体分析如下。

❶ **以黄色作为主导颜色** 使用黄色作为画面的主导颜色并与褐灰色进行搭配，由于黄色具有增强食欲的效果，因此更能表现出食品的美味。

❷ **改变包装盒上的色彩** 更改包装盒上的色彩，使其与背景中的花朵颜色一致，这样可以让整个画面的颜色显得更加谐统一。

❸ **黄色与褐灰色的铁皮盒形成强烈的反差** 黄色具有很强的跳跃性，而褐灰色具有稳重的感觉，这两种颜色搭配在一起可以形成很大的反差，同时可以提高商品的品质，并且传递出年轻、时尚的信息，有助于商品的推广和传播。

8.2.3 知识拓展

在进行包装设计之前，需要对包装的形状进行设定，包装的形状主要分为方块式包装、圆桶式包装、菱形包装和异形包装这 4 个种类。

包装的形状分为外在包装形状与外在包装形状。特别是在当今市场，由于产品的类型较多，不同产品的形状可谓丰富多彩，风格独特，接下来就分别对包装的内在形状和外在形状的特点进行介绍。

外在包装形状

通常情况下，产品外包装形状比较单一，主要是考虑运输过程中的堆放与终端展示中的摆放问题，尽管这样，很多设计师也没有忘记在产品的外包装上抓紧创新机会。

几种外包装形状说明如下图所示。

外包装形状

- 方块式 → 大部分包装都需要考虑产品堆放问题，所以在外包装上选择了方块式包装，因此，方块式包装在市场上成为主流。
- 圆桶式 → 圆桶式包装有很强烈的整体感与大度感，消费者在携带时也比较方便，它恰好满足了中国消费者“圆圆满满”的美好心愿。因此，圆通式包装对消费者也是颇具吸引力的一种外观形状。
- 菱形 → 菱形外观包装是对规则多边形包装的统称，为了创造产品差异化，很多企业在新产品开发上选择了菱形外观包装，以突显产品的个性与差异性。
- 异形 → 异型外观包装是为了显示产品品牌定位而采取一种局部不对称包装设计，这种包装外观对于促进产品与品牌价值相吻合起到了很好的作用。

内在包装形状

在产品内部包装中，不同的形状也能带给消费者许多惊喜。内在的包装基本上是根据商品的属性来进行定义的，例如盛装液体的内在包装基本使用圆形的铝皮或铁皮罐，盛装零散的糖果使用塑料的口袋等。决定内在包装形状最大的因素就是使用的包装材质，因此对于内在包装的形状没有固定的规律可循。下图所示分别为不同包装材质和形状的内在包装效果图。

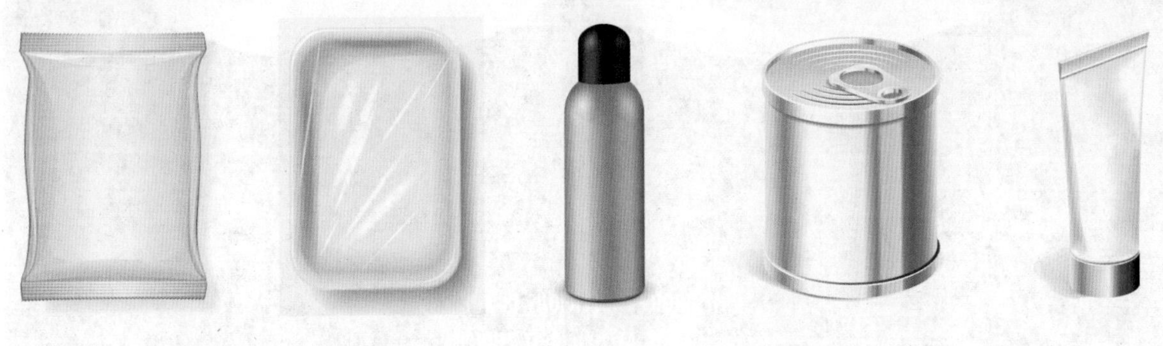

8.3 塑料包装中的刚与柔——自定形状及图层混合模式

素　材：随书光盘\素材\08\02.jpg

源文件：随书光盘\源文件\08\塑料包装中的刚与柔.psd

8.3.1 案例操作

本例的效果如下图所示。

设计思维进化图

本例的设计思路如下图所示。

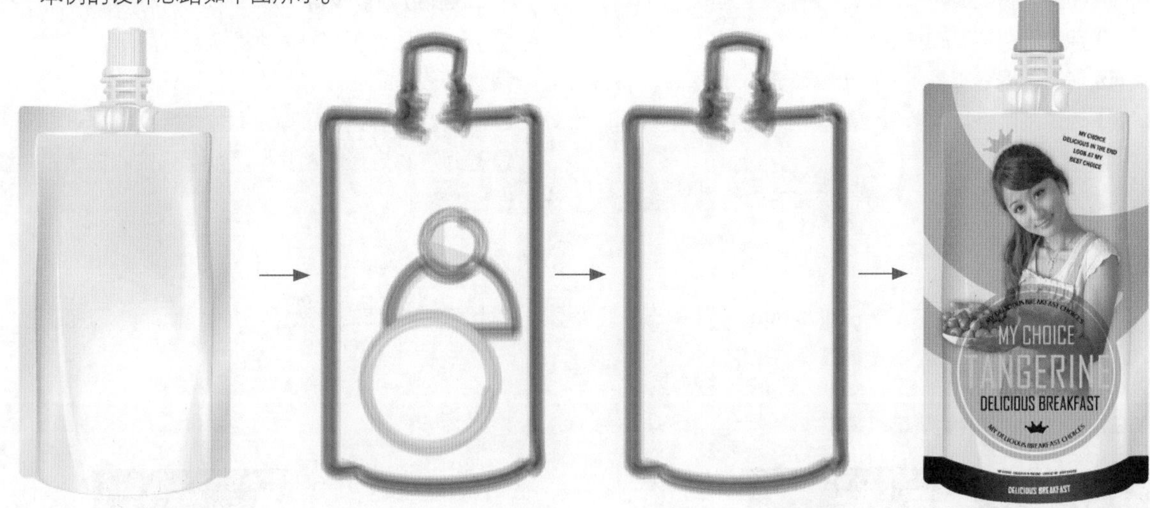

绘制出包装的大致外形，将其定义为塑料材质。

根据包装的形状对包装上的对象进行布局，安排人物和标识的位置。

在Illustrator中使用“钢笔工具”和“网格工具”绘制塑料包装的造型。

在Photoshop中添加上广告人物，并添加上必要的标识和图形。

创作关键字：刚柔结合

刚柔结合就是将刚强的对象和柔和的对象互相补充，使两者之间的结合恰到好处，表现出刚毅、强悍的同时又保持柔和、温柔的特点。本例中的塑料包装就是使用这种表现方式进行设计的，在产品的外形上使用较为刚硬的矩形进行展现，同时搭配矩形的文字，表现出该食品严谨的生产工艺和高品质的市场定位。接着使用较为柔和的圆形和曲线来对塑料袋包装进行修饰，产生一定的韵律美感，添加上较为流畅的线条，给人一种亲近感。这种刚柔结合的方式可以平衡产品外形中的设计元素，使两者之间得到完美融合。

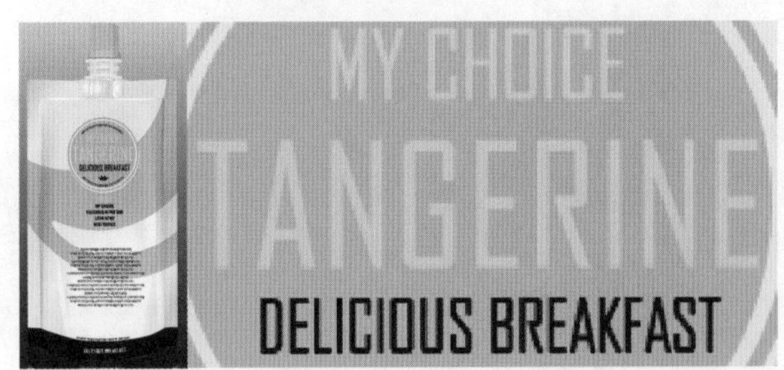

在该产品造型的设计中，使用了线条较为坚硬的外形，并用长方形的字母进行表现，体现出该食品商家严谨的生产态度。如上图所示。

在产品包装上的标识设计中，使用圆形作为主要元素，同时添加上自然弯曲的图形进行搭配，表现出食品的天然性。如上图所示。

色彩搭配秘籍：连翘黄、黑色

黑色是一个很强大的色彩，可以很庄重也可以很高雅，而且可以让其他颜色尤其是亮色突显出来。黄色是一个暖色，它有大自然、阳光、春天的涵义，而且通常被认为是代表快乐、希望的色彩。如右图所示。本例中的产品造型就是使用这两种颜色进行搭配的，将低调的黑色和亮丽的黄色组合在一起，使得产品的层次更为丰盈，规避了单色造成的空间平面化。而对于中间部分再用适当的灰色来作为过渡，中和两种对比色所形成的视觉冲击，呈现出明暗有别的效果。同时黄色是一种容易增强食欲的色彩，象征着温暖、幸福和美味，因此在产品外观中使用这种颜色，可以对产品的销售和推广起到一定的推动作用。

R245、G197、B58
C4、M26、Y82、K0

R0、G0、B0
C100、M100、Y100、K100

软件功能应用详解

Illustrator 功能应用

❶ 用“圆角矩形工具”绘制包装袋的开口；

❷ 使用“钢笔工具”绘制出包装袋的外形；

❸ 通过“网格工具”为包装袋创建渐变网格效果，并且填充上适当的颜色；

❹ 使用“矩形工具”绘制包装袋开口位置的锯齿。

Photoshop 功能应用

❶ 用“图层蒙版”对人物进行区域显示；

❷ 为位图人物应用“外发光”样式；

❸ 使用“横排文字工具”添加文字；

❹ 通过“自定形状工具”添加上修饰的形状，并填充上适当的颜色。

实例步骤解析

在本例的设计过程中，先在 Illustrator 中绘制出包装外形，并对细节进行修饰。然后在 Photoshop 中为包装添加素材图像和文字等内容，以完善包装的效果。

01 在Illustrator中绘制塑料包装袋

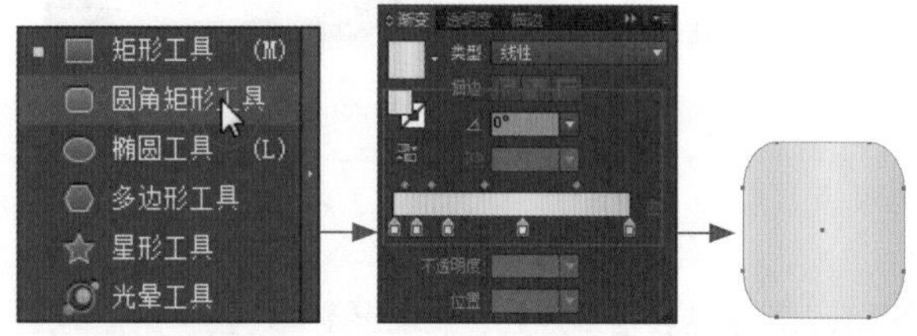

01 绘制圆角矩形 运行Illustrator CC应用程序，新建一个文档，使用“圆角矩形工具”绘制一个圆角矩形，打开“渐变”面板为其设置所需的渐变色，无描边色。如上图所示。

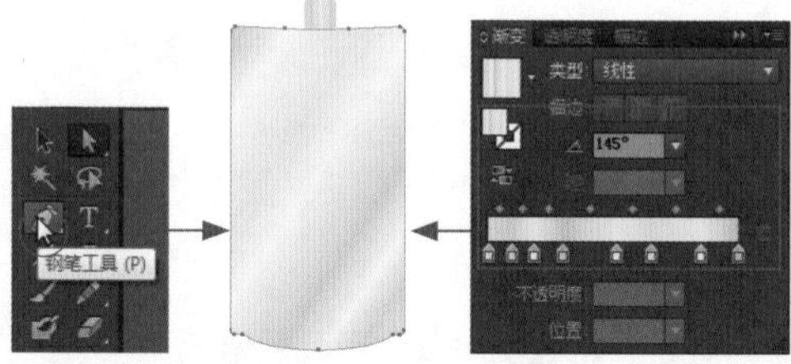

02 绘制塑料袋外形 使用“钢笔工具”绘制出塑料袋的外形，接着打开“渐变”面板，在其中设置适当的渐变色，为塑料袋外形填充上渐变色，无描边色。如上图所示。

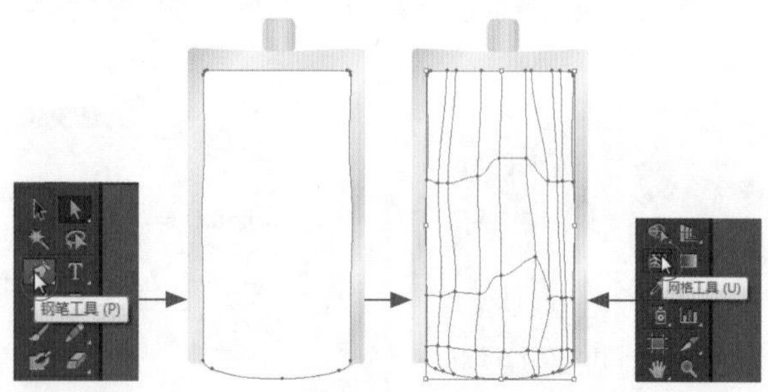

03 绘制塑料袋外壳并编辑渐变网格 使用“钢笔工具”绘制出塑料袋的外侧，填充上白色，接着使用“网格工具”添加上渐变网格，并用“直接选择工具”对渐变网格的位置进行调整。如上图所示。

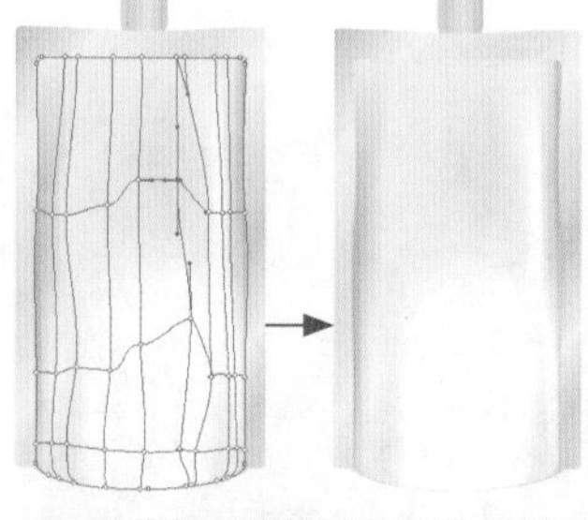

04 对渐变网格渐变填色 使用“直接选择工具”选中部分渐变网格，对其颜色进行更改，完成渐变网格的上色，在画板中可以看到编辑完成的上色效果。如上图所示。

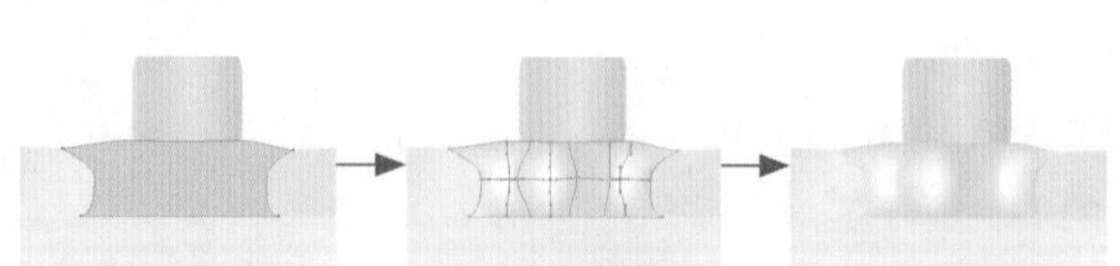

05 绘制接口位置图形 使用“钢笔工具”绘制接口位置的图形，填充上灰色，无描边色，并通过“网格工具”添加渐变网格，用“直接选择工具”调整网格的位置，并对部分网格填充上白色，在画板中可以看到绘制完成的图形效果。如上图所示。

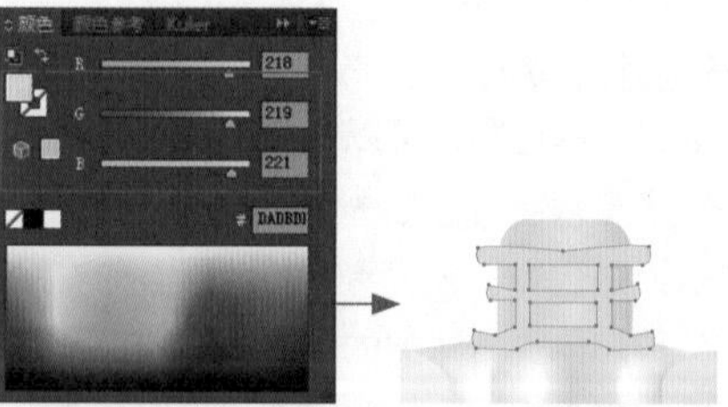

06 绘制接口的连接处 使用“钢笔工具”绘制出包装袋的接口图形，并放在适当的位置上。在“颜色”面板中设置填充色为R218、G219、B221，无描边色。如上图所示。

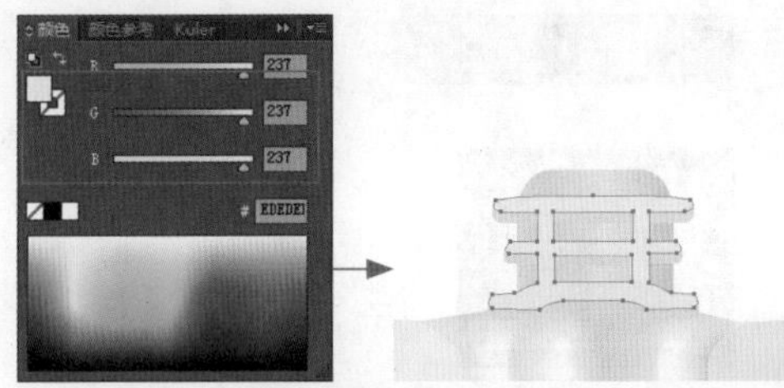

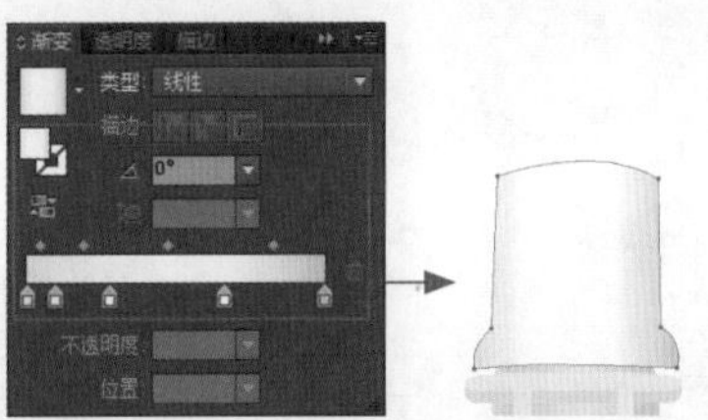

07 复制接口图形并更改填色 对上一步骤中绘制的接口图形进行复制，并调整图形的位置，在“颜色”面板中更改填充色为R237、G237、B237，无描边色。如上图所示。

08 绘制袋口盖子 用“钢笔工具”绘制出塑料袋口的盖子，并打开“渐变”面板设置适当的渐变色，无描边色，将绘制的图形放在适当的位置。如上图所示。

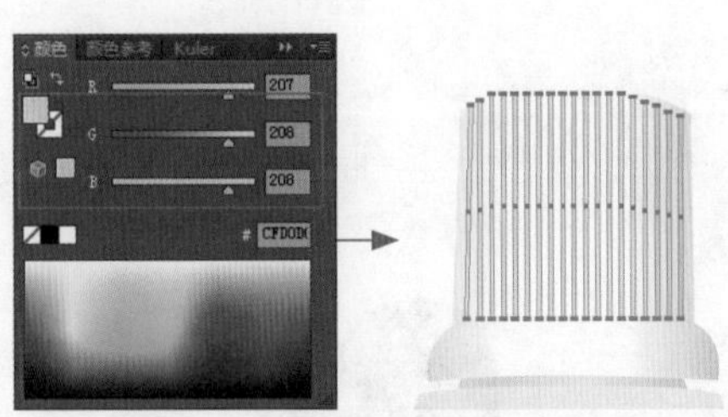

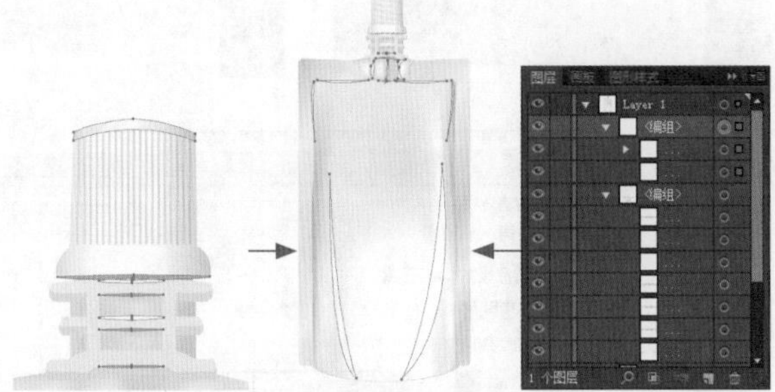

09 绘制矩形 使用“矩形工具”绘制矩形，并使用“对齐”面板中的功能对矩形条进行等距离排列。在画板中可以看到编辑后的效果，如上图所示。

10 绘制塑料袋上的高光和阴影 使用“钢笔工具”在塑料袋的开口位置绘制出高光和阴影，并填充上白色和灰色，接着在塑料袋上绘制高光，填充上白色，均无描边色。如上图所示。

TIPS

为了让绘制的高光和阴影图形与下方的图形更加贴合，可以在绘制完成图形后，通过“透明度”面板对图形的混合模式进行更改，使其自然地融合在一起。

02 在Photoshop中为包装袋添加图像

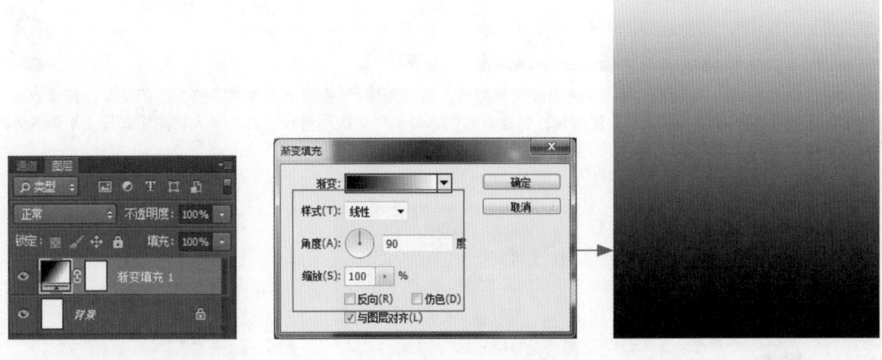

01 创建渐变填充图层 运行Photoshop CC应用程序，新建一个文件，创建渐变填充图层，在打开的“渐变填充”对话框中设置渐变色为黑色到白色的线性渐变，并对其他的选项进行设置。完成设置后在图像窗口中可以看到背景色变成了渐变色效果，如左图所示。

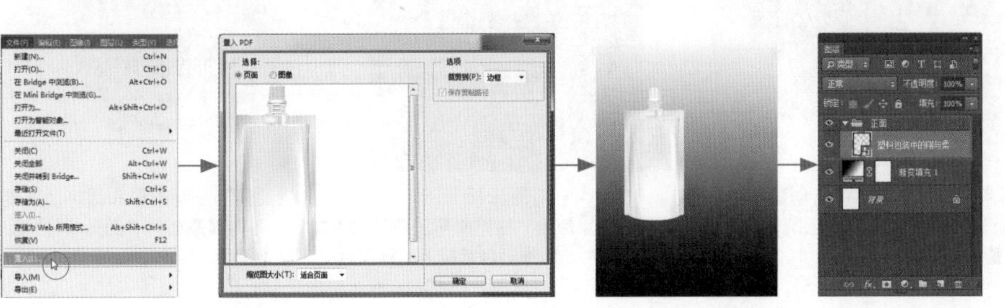

02 置入塑料袋AI文件 新建图层组，命名为“正面”。执行“文件＞置入”菜单命令，在打开的对话框中选中编辑完成的AI文件，单击“置入”按钮打开“置入PDF”对话框，在其中单击选中“页面”单选按钮，并对右侧的选项进行设置。将包装置入PSD文件中，适当调整包装的大小和位置，将得到的智能对象图层拖曳到“正面”图层组中。在“图层”面板中可以看到编辑的效果，如左图所示。

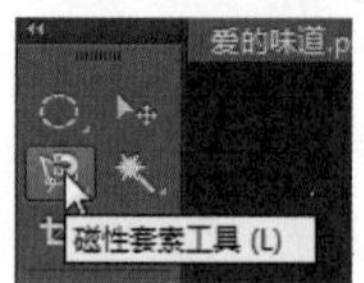

03 添加人物素材　新建图层，得到“图层1”图层。将“随书光盘\素材\08\02.jpg”复制到其中，适当调整图像的大小，并使用“磁性套索工具”勾选人物，通过添加图层蒙版的方式将人物勾选出来。在图像窗口中可以看到编辑的效果，如左图所示。

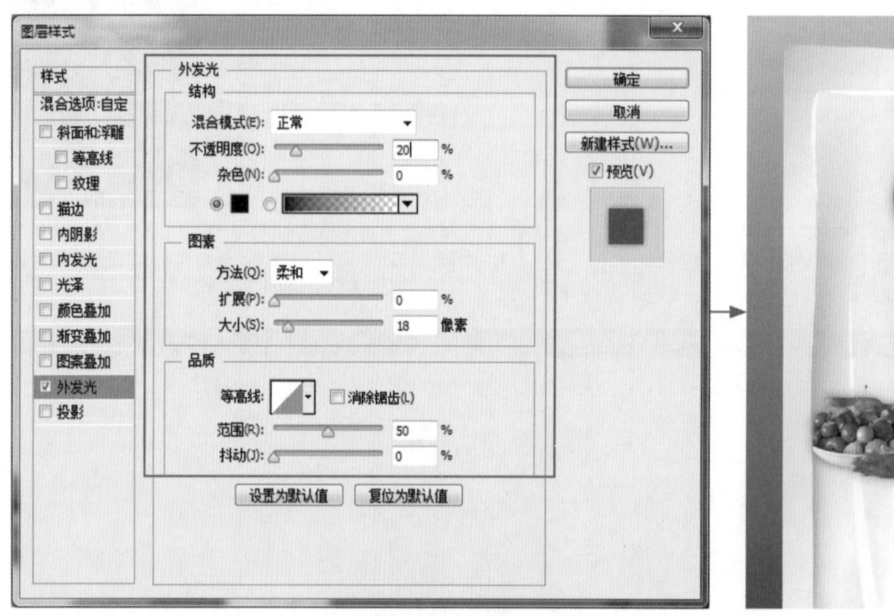

04 应用“外发光”图层样式　完成人物的抠选后，为了使得人物与包装之间更加融合，将“图层1”图层混合模式更改为“明度”。接着双击“图层1”图层，在打开的“图层样式”对话框中勾选“外发光”复选框，并在右侧的选项组中对选项进行设置，为人物图像添加上黑色的外侧发光效果。在图像窗口中可以看到编辑后的效果，如上图所示。

05 使用色阶调亮素材　分别将人物添加到选区中，创建色阶调整图层，在打开的面板中分别设置RGB选项下的色阶值为“3、1.50、236”，对人物的影调进行调整。如上图所示。

06 绘制圆形标签　使用“自定形状工具”绘制圆形和圆环，接着使用“横排文字工具”输入文字，并将其添加到“圆形标签”图层组中，制作出包装袋上的标签效果。如上图所示。

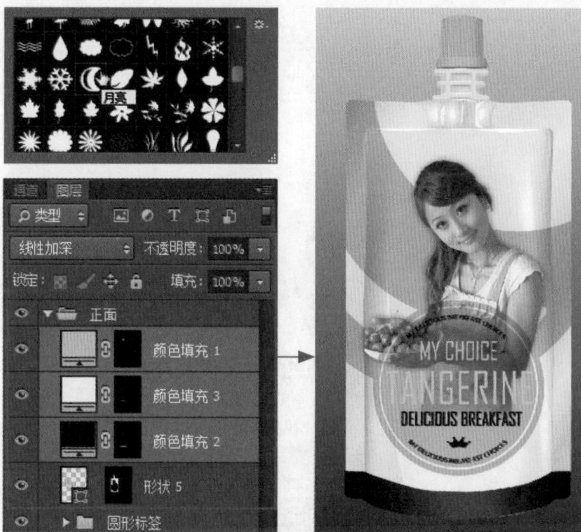

07绘制背景中的图形　使用“自定形状工具”绘制背景中的修饰图形，接着使用颜色填充图层为包装袋的局部区域叠加上所需的颜色。在图像窗口中可以看到编辑的效果，如上图所示。

08添加修饰图形和文字　使用“自定形状工具”和“横排文字工具”在包装袋上添加上修饰的图形和文字，并适当调整其大小和位置。在图像窗口中可以看到编辑后的效果，如上图所示。

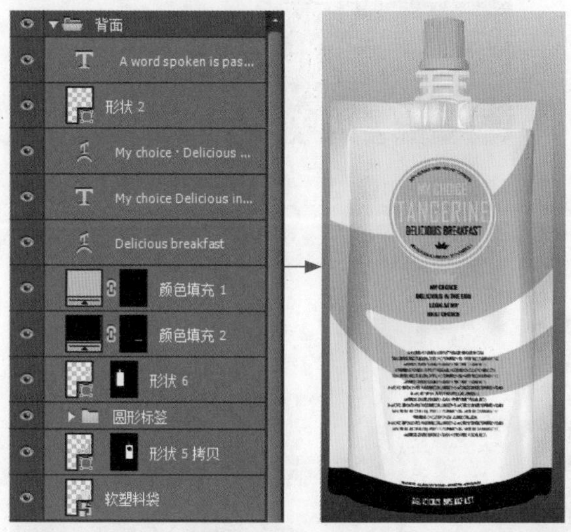

09绘制塑料袋的背面　参照前面编辑塑料袋包装正面的设置参数和编辑方法，完成塑料袋包装背面的制作，在图像窗口中可以看到编辑完成的效果，并创建“背面”图层组，将符合条件的图层都拖曳到其中，以便于管理和编辑。如上图所示。

10制作投影效果　对前面编辑完成的图像进行复制，并合并图层，适当安排图层的顺序。使用“渐变工具”对图像的蒙版进行编辑，制作出投影的效果。如上图所示。

11添加文字和标签　对前面编辑完成的文字和标签进行复制，适当调整其大小，将其放在适当的位置。在图像窗口中可以看到编辑后的效果，完成本例的编辑。如左图所示。

8.3.2 对比分析

右图所示为本例中设计的产品造型，在创作的过程中使用矩形的塑料进行塑造，搭配上一个开口盖，并配合黄色和黑色的颜色，使得整个包装看起来大气，迎合了消费者的心理特点，能够轻易获得认同和青睐。

❶ **对称的背景修饰图形** 在包装外观的设计中使用对称的修饰图形对包装正面和背面进行美化，使其呈现出一种规律感和和谐感。

❷ **长方形的字体** 使用长方形的字体作为包装袋上面的文字，与包装整体的外形一致，显得简洁而整齐。

或许，这样也可以……

产品造型的设计中，不同的造型在表现相同对象的时也能展现出很好的效果，本例的产品造型为矩形，那么如果将产品包装更改为正方形可以得到什么样的效果呢？

将本例包装设计成为正方形的塑料袋效果，同时更改包装上装饰性花纹、图案和文字的布局，可以使产品更有吸引力，从而树立优质的形象，提高产品竞争力。具体的效果如右图所示。

❶ **弧形的修饰图形** 在产品包装外形的修饰图形制作过程中，使用外形较为柔和的月牙图案进行表现，让包装产生一定的流畅感，增强包装外观的视觉表现力。

❷ **圆润的字体** 使用较为圆润的字体作为产品造型设计中的主要文字表现，使其与包装的外形相互衬托，打造出协调、自然的感觉。

❸ **正方形的塑料袋包装** 在设计的过程中，更改产品的包装造型，将包装袋更改为方形的效果，使得整个产品造型设计更加柔和，增强商品包装给消费者的亲切感。

8.3.3　知识拓展

本例在 Photoshop 中进行包装外观设计的过程中，使用了“自定形状工具”中大量的预设形状，通过这些形状的叠加来完成包装的美化操作，接下来就让我们一起来深入了解“自定形状工具”的使用。

使用“自定形状工具”可以绘制出丰富的图形形状，在 Photoshop 中提供了较多的预设形状供用户使用，同时还可以创建具有个性的图形形状，具有很高的自由度。选择工具箱中的“自定形状工具”，该工具有 3 种不同的模式，下图所示为 3 种不同模式下选项栏的显示效果。

在 Photoshop 中用于绘图的工具基本都具有这 3 种模式，分别用于创建矢量的形状、创建路径和绘制位图图案。当使用“形状”模式进行操作时，将自动创建一个形状图层；使用“路径”模式进行操作时，可以创建出自定形状的路径，在“路径”面板中显示出路径的效果；选择“像素”模式时，只能在普通图层上进行操作，即可以绘制出位图图案。

如果选择扩展菜单中的“全部”命令，可以将 Photoshop 中所有的预设形状载入到“形状”选取器中，左图所示为载入后的选项栏形状选择显示效果。

当在“形状”选取器中添加全部的形状后，由于形状的数量较多，选择需要的形状通常会花费过多的时间，此时可以在扩展菜单中选择“复位形状”选项，将“形状”选取器中的形状显示为默认的预设形状，再根据需要载入合适的形状类型即可。

在“自定形状工具”选项栏中的“混合模式”用于设置绘制的图形形状与下方图像的混合叠加模式，其下拉列表中的选项与“图层混合模式”下的选项相同，包含了“正常”“溶解”“滤色”“叠加”“线性加深”和“明度”等选项。下图所示分别为应用“正常”“叠加”和“饱和度”选项后进行绘制的效果，可以看到图形根据不同的混合模式与下方的图像进行了叠加。

8.4 炫彩饮品包装造型设计——渐变及纯色填充图层

源文件：随书光盘\源文件\08\炫彩饮品包装造型设计.psd

8.4.1 案例操作

本例的效果如下图所示。

设计思维进化图

本例的设计思路如下图所示。

创作关键字：炫彩

炫彩就是闪耀光彩的意思，也可以理解为绚丽多彩。本例中的产品造型就是使用这个理念进行色彩搭配的，由于本例是为某饮品设计的瓶身造型，该饮品是根据水果的种类进行分类的，每种水果都有属于自己的颜色，因此在瓶身的颜色搭配上就使用了与该种水果相同色系的颜色进行搭配，这样不仅可以让消费者体会到饮品的新鲜和天然，还能通过炫彩的包装刺激消费者的购买欲，同时醒目的包装还能带来视觉上的享受，让包装给商品带来一定的生命力。

在单个瓶身的颜色搭配上，虽然都为同一色系的颜色，但是却使用了较为自然的渐变效果进行过渡，使其产生一种多彩绚丽的感觉。如上图所示。

虽然本例中的产品造型只有一个，但是在颜色的搭配上使用了3种不同色系的颜色进行表现，增强了单一造型的表现力。如上图所示。

色彩搭配秘籍：同色系搭配

同色系就是同属于一个色系中的多种色彩，它们之间可能存在明度的变化、也可能存在纯度的变化，它们之间的色相差别不是很大，但是常常可以给人一种统一和稳定的感受。

在本例的产品造型设计中，就是使用同色系的颜色来对产品的外形进行色彩搭配的，为了表现出产品外观的层次，使用同色系之间的差异性，可以更加分明地表现出产品的外形特点。

在本例的 3 个瓶体中使用了 3 种不同色系的颜色进行表现，即紫色系、黄绿色系和蓝色系。通过这 3 种色系的颜色变换，可以让同一造型的产品展示出不同的视觉效果，由此能够增强消费者的购买欲。如右图所示。

紫色系

黄绿色系

蓝色系

软件功能应用详解

Illustrator 功能应用

❶ 使用“钢笔工具”绘制出玻璃瓶身效果；

❷ 使用“网格工具”在绘制的瓶身图形上添加上适当的渐变网格效果；

❸ 用蒙版为瓶身添加上阴影效果。

Photoshop 功能应用

❶ 使用渐变填充图层为瓶身叠加上色彩；

❷ 使用纯色填充图层更改画面的背景颜色；

❸ 使用“自定形状工具”和“横排文字工具”为瓶身添加上适当的修饰图像和说明文字。

实例步骤解析

在实际的制作中，本例先使用 Illustrator 中的渐变网格来创建出逼真的瓶身效果，接着在 Photoshop 中对瓶身进行上色和修饰，并添加上适当的文字和修饰图形对瓶身进行完善，具体操作如下。

01 在Illustrator中绘制瓶身

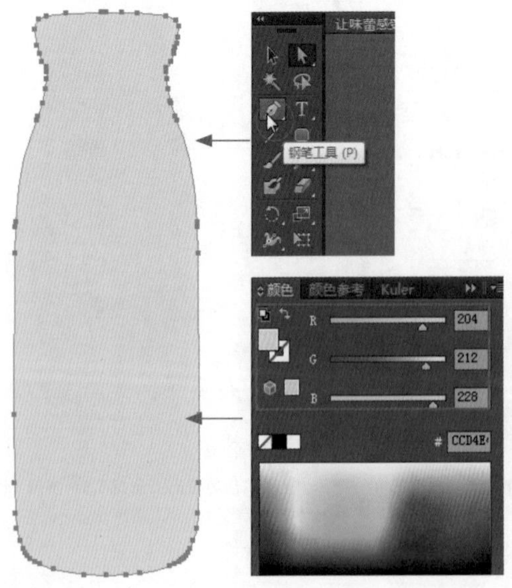

01 绘制瓶身 启动Illustrator CC应用程序，新建一个文档，选择工具箱中的“钢笔工具”，在画板中绘制一个瓶子的大致轮廓，接着在“颜色”面板中对其填充色进行设置，无描边色。在画板中可以看到编辑后的效果，如左图所示。

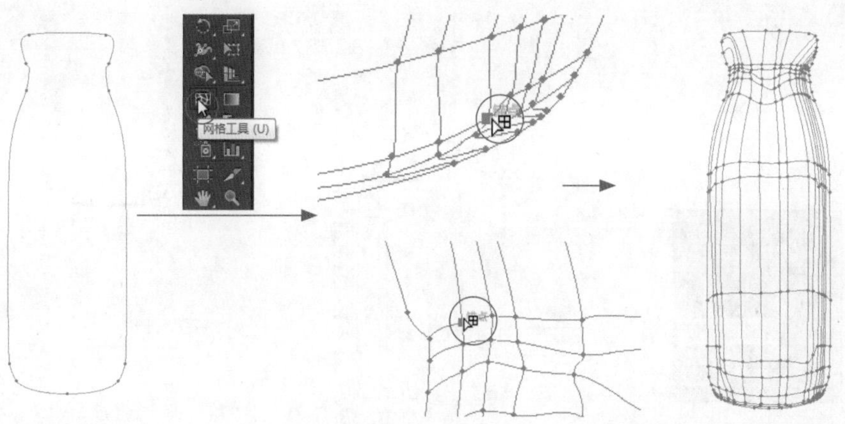

02 复制瓶身并添加渐变网格 对绘制的瓶身进行复制，接着选择“网格工具”为瓶子图形创建渐变网格，对渐变网格的位置和大小进行编辑。在画板中可以看到渐变网格编辑后的效果，如左图所示。

TIPS

在编辑渐变网格的过程中，可以直接使用“网格工具”在渐变网格上单击并调整网格的形状，也可以使用“直接选择工具”对网格中的锚点进行位置更改。

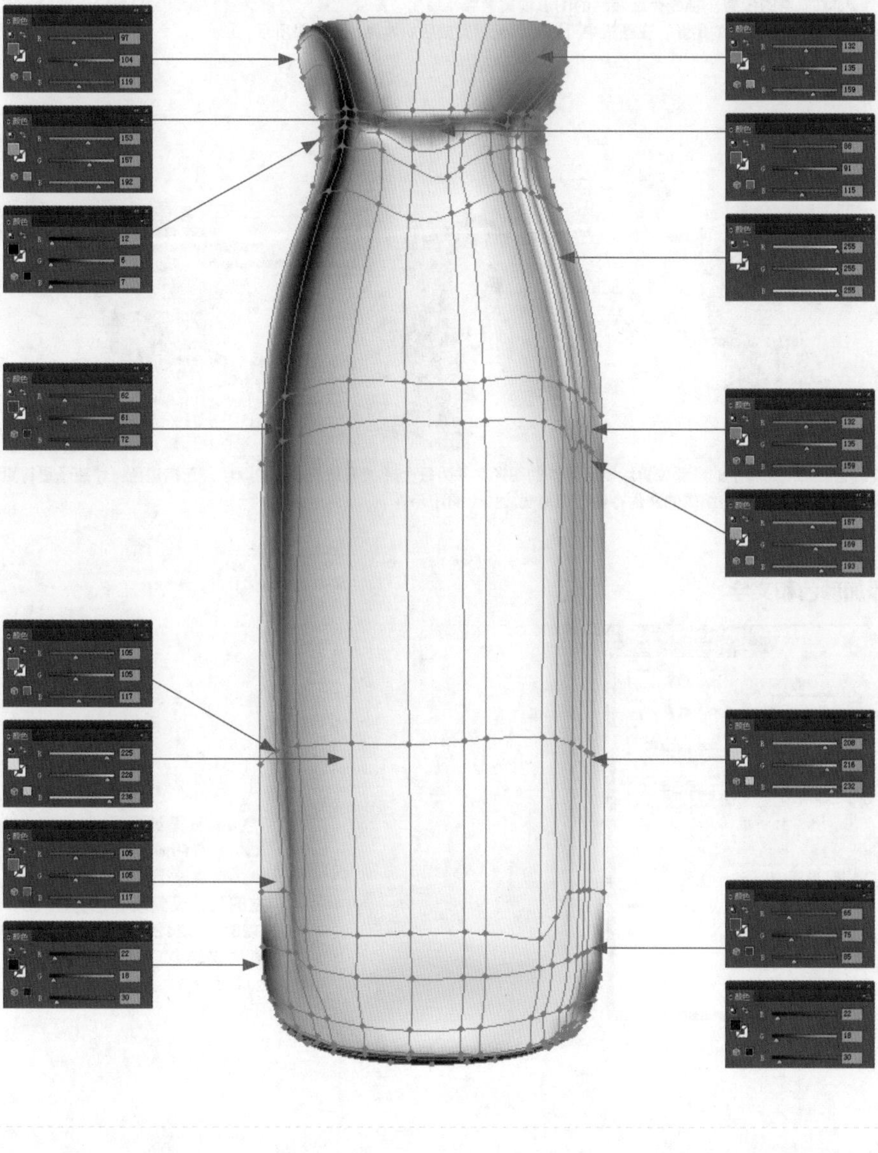

03 为渐变网格进行填色 通过使用“直接选择工具”单击选中单个渐变网格点的方式为渐变网格进行颜色更改，为不同位置上的渐变网格设置不同的颜色，在编辑的过程中要注意瓶子高光、阴影和过渡区域的颜色变化。在画板中可以看到瓶子上色后的图像效果，如左图所示。

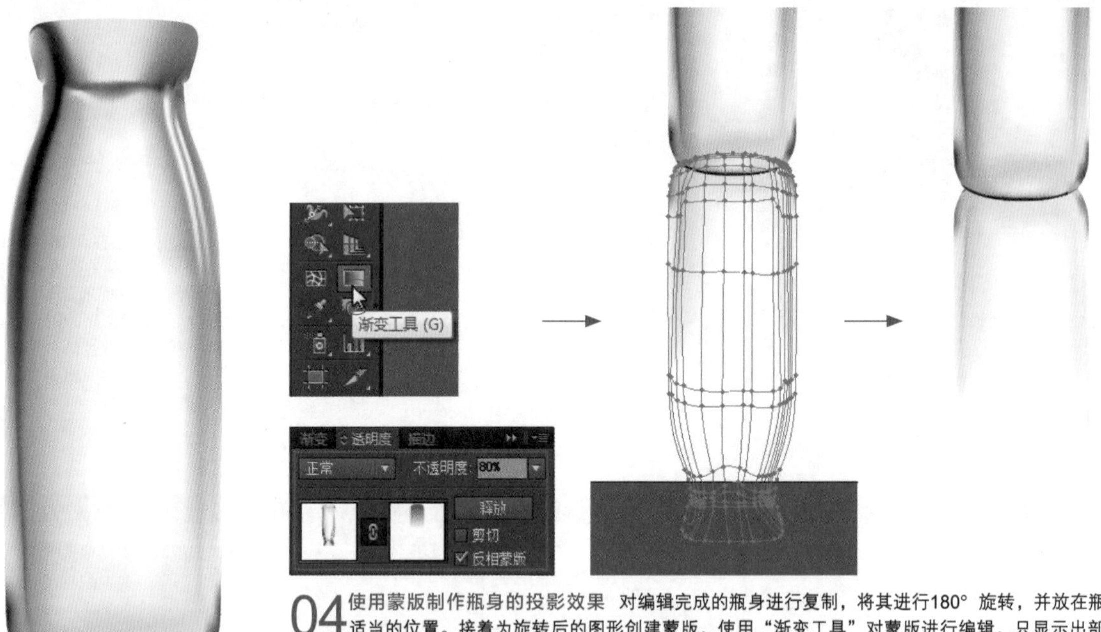

04 使用蒙版制作瓶身的投影效果 对编辑完成的瓶身进行复制，将其进行180° 旋转，并放在瓶子下方适当的位置。接着为旋转后的图形创建蒙版，使用“渐变工具”对蒙版进行编辑，只显示出部分的图像，将其作为瓶子的倒影。在画板中可以看到编辑完成后的效果，如上图所示。

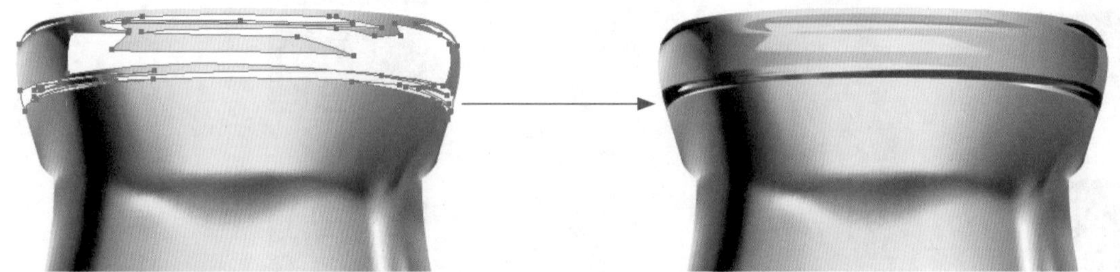

05 绘制瓶口颈部的修饰 使用“钢笔工具”在瓶子的颈部位置绘制出修饰的图形，并为每个形状填充上适当的颜色，无描边色。让瓶子显得更加真实。在画板中可以看到编辑后的效果，最后将编辑的文件存储为AI格式。如上图所示。

02 在Photoshop中为瓶身添加颜色和文字

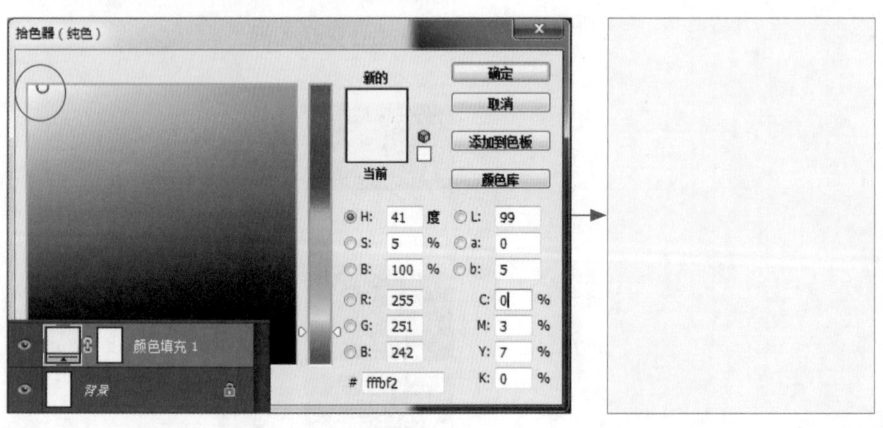

01 创建纯色填充图层 运行Photoshop CC应用程序，新建一个文件，创建颜色填充图层，设置填充色为R255、G251、B242，将背景色改为淡淡的皮肤色。在图像窗口中可以看到编辑后的效果，如左图所示。

02 **置入AI文件** 执行“文件 > 置入”菜单命令，将前面编辑完成的瓶子AI文件置入当前编辑的PSD文件中，更改智能图层的名称为“瓶身”，并对其进行复制。如左图所示。

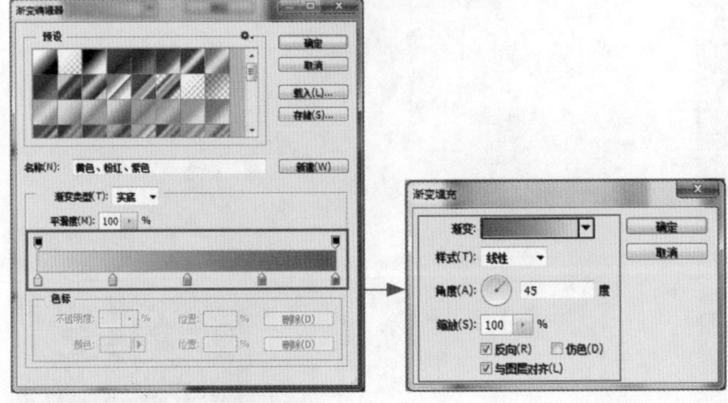

03 **创建渐变填充图层** 创建渐变填充图层，在打开的“渐变填充”对话框中单击渐变色条，打开“渐变编辑器”对渐变的颜色进行设置，完成后在“渐变填充”对话框中设置参数。如左图所示。

04 **编辑图层蒙版** 使用“画笔工具”为渐变填充图层的蒙版进行编辑，接着在“图层”面板中更改该图层的混合模式为“强光”。在图像窗口中可以看到渐变填充图层中的颜色自然地叠加到了瓶身上，如左图所示。

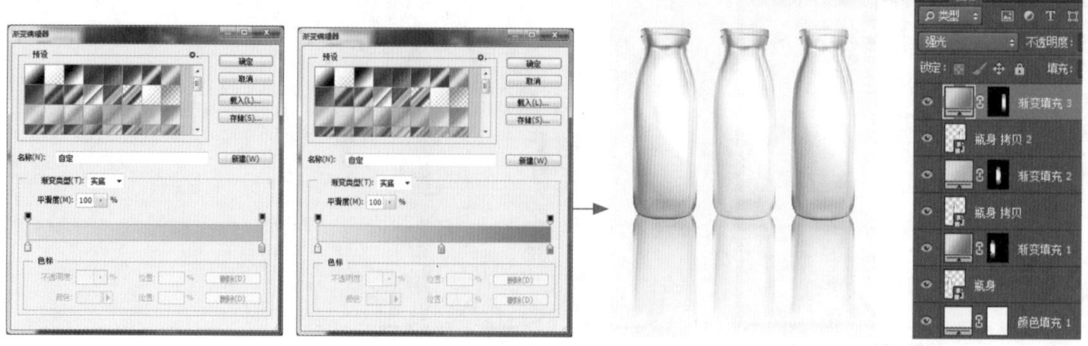

05 为其他的瓶子上色 使用与前面编辑瓶身颜色的方法，创建另外两个渐变填充图层，通过创建图层蒙版的方式对渐变填充图层的色彩应用范围进行控制，并将渐变填充图层的混合模式更改为“强光”。在图像窗口中可以看到3个瓶身都叠加上渐变色后的效果，如上图所示。

06 添加花朵形状和文字 使用“横排文字工具”在瓶子上添加文字，用“自定形状工具”绘制花的形状，并为文字和形状填充上相同的颜色。在图像窗口可以看到编辑效果，如上图所示。

07 添加花卉形状 使用“自定形状工具”绘制出一个花形的装饰，得到“形状2”图层，并为绘制的形状填充上与文字相同的颜色。如上图所示。

08 编辑图层蒙版 将瓶子创建为选区，为绘制的形状图层创建图层蒙版，对多余的形状进行遮盖，接着设置该形状图层的混合模式为“颜色加深”。如上图所示。

09 为其他的瓶子进行美化 使用与前面类似的编辑方法，用绿色系的渐变色和蓝色系的渐变色对其他的瓶子进行美化和编辑。在“图层”面板中可以看到编辑的图层，如上图所示。

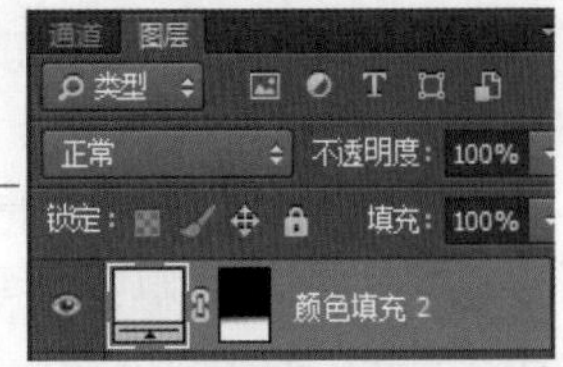

10 创建颜色填充图层 创建颜色填充图层，设置该颜色填充图层的颜色与背景中的颜色相同。接着使用“渐变工具”对蒙版进行编辑，遮盖住一部分瓶子的倒影。如上图和左图所示。

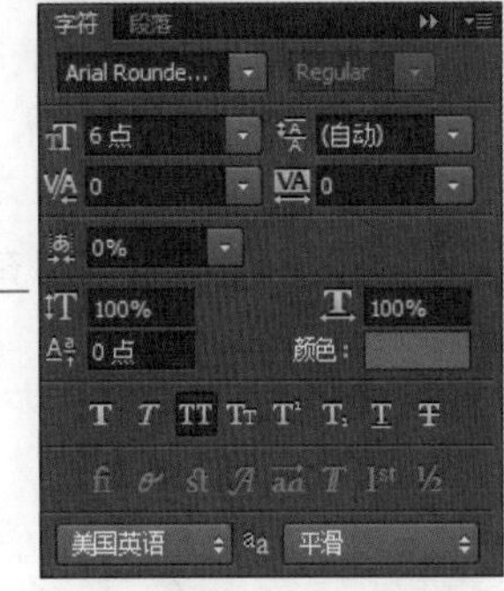

11 调整颜色并添加主题文字和形状 创建色彩平衡调整图层，在打开的面板中分别设置“中间调”选项下的色阶值为“-42、-24、+44”，然后为画面添加上适当的文字说明和图形，并将其放在画面的下方位置。在图像窗口中可以看到本例最终的编辑效果。如上图和左图所示。

8.4.2 对比分析

在产品造型的设计中，除了产品的外形以外，产品外观的颜色表现显得尤为重要，不同的颜色搭配可能会产生不同的视觉效果，只有把握好色彩的搭配才能获得成功的产品造型设计。

右图所示的产品设计是根据“设计思维进化图”中的草图所设计出来的作品，由于在制作的过程中没有考虑到色彩搭配、文字编排方面的问题，使得制作出来的效果差强人意，具体分析如下。

❶ **字体外形太过硬朗** 文字的外形过于硬朗，与产品瓶身圆润光滑的外形不能够相互匹配，显得太过突兀，同时黑色的文字不能准确地表现出饮品的属性，缺乏设计感。

❷ **瓶体的色彩单一** 在瓶身的颜色中使用较为单一的色彩进行展现，不能突显出饮料独特的个性，使得包装效果层次不够明显，削弱了包装上修饰花纹的表现。

或许，这样设计会更好……

右图所示为本例最终设计效果，在制作的过程中使用了多种颜色进行搭配，并且配上外形合适的字体，使得整个包装显得清新而自然，更能激发人们的食欲。

❶ **圆润的字体** 在瓶身的文字编辑中，使用边角较为圆润的字体作为商品名称，与瓶身圆润的外形相互协调、统一。

❷ **同色系的渐变瓶身** 在同一个瓶子中使用同色系的颜色进行搭配，通过颜色之间的渐变来增强瓶身色彩的层次，同时搭配同色系的花纹，展示出较强的设计感和视觉表现力。

8.4.3 知识拓展

在进行产品包装及造型的设计中，除了需要对设计中的元素、表达思想和色彩进行考虑以外，还需要了解关于包装材质的问题。由于不同的包装材质具有不同的特点，因此可能会对设计产生一定限制。

包装材料是指用于制造包装容器和包装运输、包装装潢、包装印刷、包装辅助材料以及与包装有关的材料的总称，按照材质进行分类，主要可以分为玻璃包装、塑料包装、金属包装和纸包装这 4 大类。

玻璃包装

玻璃材质的优点就是通透性好，同时材质环保、美观洁净、密封性好、价格低廉，并且可以重复利用。同时具有耐热，不易变形和易于清洗的特点，可以良好适应高温杀菌，还可以在低温冷藏环境中存放。玻璃材质所具有的优点使得一些对包装容器要求较高的饮料产品，将玻璃作为其首选包装材质。下图所示为以玻璃为材质设计的包装瓶。

塑料包装

塑料材料的优点是成本低，便于运输，产品包装不怕挤压。但是该种材质的缺点是不环保，容易对人体健康产生影响，且会对环境产生污染。右图所示为以塑料材质设计的食品包装。

金属包装

金属包装主要用于饮料和食品的包装，目前在市场上铝罐的使用比铁罐更为广泛。但是金属包装容器也有着一定的缺点，主要表现在化学稳定性差，耐碱能力差，内涂料质量差或工艺不过关，这些问题都容易使饮料变味。此外相对来说，金属罐的制作成本更高一些。如下图所示为使用金属材质设计的包装。

纸包装

纸质材质的包装是上述材质中最便宜的一种，且弥补了以上几种材质的不足。它柔韧性好，不易碎、不易溶，重量极轻易于携带，且方便回收再利用。同时纸质材料易腐化，因此对环境造成的污染少。下图所示为使用纸张为材料设计的牛奶包装效果。

课后练习

包装是在产品与消费者之间建立亲和力的有效手段，它的设计会受到包装的材质、形状和所盛装物品的影响。不同的包装在设计上会存在很大的差别，有时候还应该考虑实物的可用性。下面我们通过练习题来进一步提高产品包装设计能力。

习题01：茶叶包装设计

素　材：随书光盘\课后练习\素材\08\01.jpg

源文件：随书光盘\课后练习\源文件\08\茶叶包装设计.psd

一个精美别致的茶叶包装，不仅能给人以美的享受，而且在销售方式不断变化的今天，能直接刺激消费者的购买欲，从而达到促进销售的目的。右图所示为制作的纸质茶叶包装，在包装中选用了茶叶色作为主色调，同时以茶文化元素作为包装图案，如下图所示，并搭配上别致的外形，增添了一份东方艺术韵味。

❶ 在 Illustrator 中绘制出包装袋的形状；

❷ 将文字和照片添加到包装上；

❸ 变形文字并调整画面背景色。

习题02：DVD包装设计

素　材：随书光盘\课后练习\素材\08\02.jpg

源文件：随书光盘\课后练习\源文件\08\DVD包装设计.psd

DVD 包装设计是影视传播的一种方式，其包装不仅起着保护 DVD 光盘的作用。还有很高的艺术和审美价值。如右图所示，可以看到包装中的色彩和文字都是宣传内容的一部分，这些设计元素的巧妙融合，使得 DVD 包装更具艺术欣赏性。

❶ 在 Illustraor 中绘制出 DVD 包装的大致外形；

❷ 在 Photoshop 中为包装添加上照片；

❸ 添加文本并使用图层样式进行修饰。

CHILD

sport

第09章 插画设计

插画是为了强调、宣传文章中的中心思想，或以营造视觉上的某种效果为目的进行创作的，在设计中将文字内容加以视觉化的造型表现，凡是这类具有图解内文、装饰文案及补充文章作用的绘画、图片，或图表等视觉造型符号或者画面都可以称为“插画”。

在本章的案例中，安排了3种不同的插画：一个是以商品宣传为主的商业插画；一个是以表现艺术为主的美女插画；还有一个就是以可爱布艺为设计元素的儿童插画。其中商业插画以运动鞋为宣传对象，以夸张的卡通形象，纯度较高的色彩对其进行表现；而美女插画则是以时尚造型的美女为创作原型，通过水墨元素、复古纹理的添加来突显出不同风格之间的融合效果；最后一个案例中的儿童插画，选用了布艺的绘制效果作为创作的设计元素，将布艺效果与儿童图案合成在一起，制作出可爱、纯真的画面效果。接下来就让我们一起来学习插画的绘制吧。

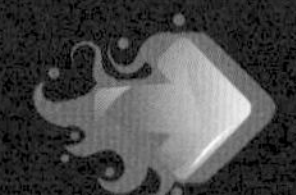

9.1 与插画设计相关

插画是一种艺术形式，作为现代设计的一种重要的视觉传达形式，以其直观的形象性，真实的生活感和艺术感染力，广泛应用于现代设计的多个领域，如文化出版、商业展示、影视文化等。

9.1.1 插画的五大风格

随着现代社会的进步，插画风格发展到现是多姿多彩，如果不限风格和绘制手法，那么可以将插画分为 5 种不同最主要的风格，即时尚风格、唯美风格、卡通风格、新锐风格和装饰风格，具体如下。

时尚风格

在实际应用中，时尚风格的插画多用于女性商品展示，商场内的招贴或者是一些宣传册上的装饰画，并且多用矢量图或者拼贴的方式变现，和服装、广告行业联系较多。右图所示为时尚风格的美女插画。

唯美风格

唯美风格的插画多用于记事本、贺卡、游戏、相册等，并且经常使用水彩、数码等绘画手法来实现。唯美不一定指的是人物，也可以是场景，只要是渲染出一种浪漫或者是心情的氛围即可。右图所示为使用水彩绘制的女孩。

卡通风格

卡通风格的插画较为常见，这种风格的用途比较广泛。它不仅用在儿童读物上，还广泛用在时尚杂志、互联网、产品宣传等方面，而且不局限于任何软件和绘制手法。右图所示为卡通风格的玩具熊。

新锐风格

新锐风格的插画是一种画面内容较为前卫并讲究创意性的插画，这种插画所使用的颜色通常不是黑白就是非常绚丽的彩色，并且在色彩之间具有较强的对比，具有很强的视觉冲击力，因此所表现的内容也别具新意。多使用矢量绘制，经常应用于服装、文身、广告等方面。右图所示为新锐风格的绘制效果。

装饰风格

装饰风格的插画一般用于表现重复性的内容，这是一种较为低调的艺术画，现在有很多商品都会采用装饰风格的插画来进行修饰。这种风格的插画多用线条或者色块来进行画面表现，大部分会使用矢量图形来进行绘制，多用于家居、布艺、服装等设计。右图所示为使用矢量图形绘制的装饰风格插画，利用这种风格的插画来对商品广告进行修饰。

9.1.2 用色彩控制插画氛围的3种方式

在插画设计中，色彩是必不可少的重要元素，通过各种意象的色彩能营造出具有色调变化的画面，可以从一定程度上带给人们愉悦、压抑、平淡等不同的感受，达到插画设计所需的视觉感受和心理效应。下面通过表 9-1 来具体讲解在插画设计中对于色彩的把握。

表9-1 用色彩控制插画氛围的3种方式

具体表现	概述	图例
用色彩意象表现插画的印象	随着人们对色彩的认识逐渐深入，可以从不同的色彩上体会到不同的情绪，例如红色代表热情、黄色代表愉悦、绿色代表健康等，这些色彩的意象可以赋予插画不同的情绪和印象	用棕色和绿色这两种大自然中的色彩来表现生命力，体现出自然、环保、安全等意象，以便于正面地塑造运动鞋的形象
用色调控制插画的整体倾向	插画离不开色调的晕染，在进行插画配色的设计中，通常需要先考虑画面整体色调的明暗、浓淡等问题，以色调和画面主题为核心进一步进行色彩处理，令画面达到预期的视觉效果	运用棕色作为插画的主色调，搭配深绯和宝石蓝进行辅助表现，营造出一种复古的感觉，用沉稳的气质表达出低调的印象
结合色彩心理表现不同的插画情感	不同的颜色，在插画设计中反映出来的视觉效果也是千变万化的，对人们的心理、情绪影响也是不同的。通常情况下会通过从色相、明度、纯度方面产生变化，使人感受到冷暖、明暗、强弱、轻重、进退等感受	通过较亮的色彩作为插画背景，用纯度较高的色彩表现插画中的字母，营造出一种色彩上的明暗感，在增强层次的同时表现出跳跃的感觉

9.2 夸张造型突显商品感染力——描边及图层样式

素　材：随书光盘\素材\09\01、02.jpg
源文件：随书光盘\源文件\09\夸张造型突显商品感染力.psd

9.2.1 案例操作

设计思维进化图

本例的设计思路如下图所示，最终效果如右图所示。

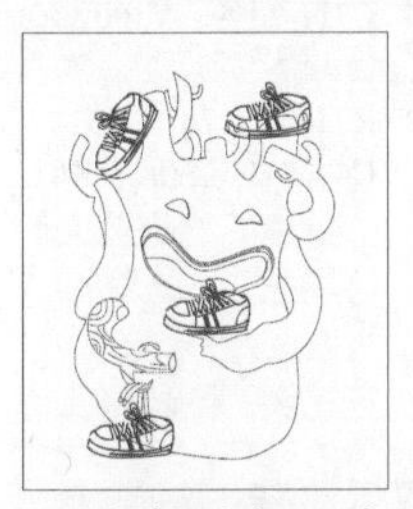

通过简单的线条大致勾勒出插画中各个元素的位置和形状。

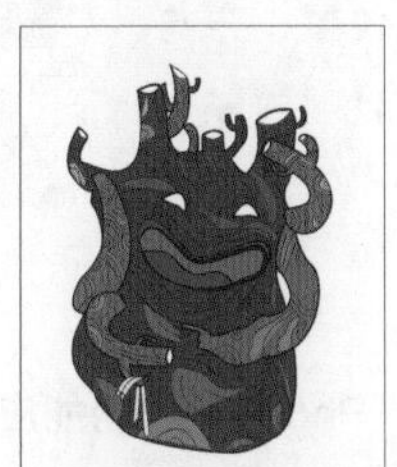

在Illustrator中使用“钢笔工具”绘制出抽象的树木造型，并添加上纹理。

在树木的周围添加上若干个修饰的图形，丰富画面的设计元素。

在Photoshop中添加上运动鞋素材，并将其调整为不同的颜色。

创作关键字：错觉

错觉就是指人们在观察某一事物时，由于环境和人为心理干扰从而产生的一种错误判断的现象。插画中的错觉是非常抽象的，它的目的就是在于打乱人们的视觉习惯，使观赏者被表面纷乱的图案所迷惑。在本例的设计中就使用了错觉的表现形式来对某品牌的运动鞋进行插画设计，将抽象夸张的卡通形象与真实质地的运动鞋形象自然地融合在一个画面中，利用这种感官上的误差，突出表现商品的外形和色彩。画面中的矢量绘制场景与运动鞋的放置让观赏者误以为两者之间存在某种联系，勾起观赏者的好奇心，在仔细观察后会发现其实是借助造型形成的视觉错觉，从而将观赏者的目光吸引到了画面上。

为了让运动鞋的表现更加多元化，除了将鞋子设计为不同的色彩以外，还要根据背景中的抽象树木对运动鞋的位置进行有序调整，让观众形成一种自然的视觉差异。如上图所示。

在有些运动鞋商业插画设计中，还会对鞋带进行表现，如上图所示也是利用了错觉的表现手法。

色彩搭配秘籍：叶草绿、咖啡色、正红、橙色

本例是为某运动鞋设计的插画，为了表现出该品牌运动鞋健康、动感的特点，在设计制作的过程中使用了树木作为主要形象，因此在配色中大量使用了与自然相关的颜色，如咖啡色的树木、叶绿色的背景、正红色的心形和各种树叶以及橙色的修饰元素等。这些颜色的纯度都较高，具有较强的识别力和视觉冲击力，通过这些主要色彩在视觉空间中形成有规律、有秩序的编排和组合。利用色相、明度、冷暖、虚实、形状、位置、方向、大小等要素表现以形成节奏感，引起人们的视觉与心理上的愉悦感，从而增强对商品的认同感。

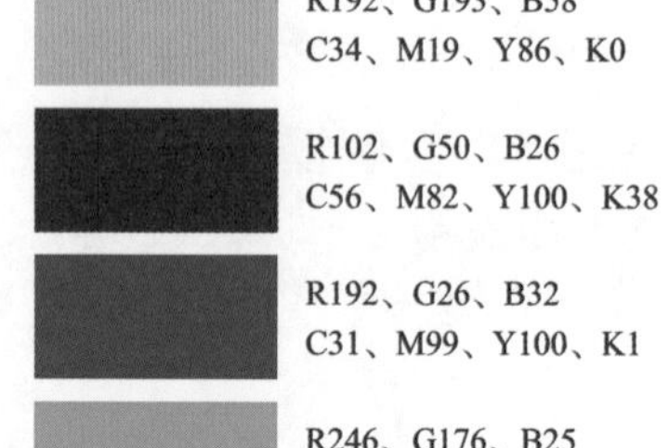

R192、G193、B58
C34、M19、Y86、K0

R102、G50、B26
C56、M82、Y100、K38

R192、G26、B32
C31、M99、Y100、K1

R246、G176、B25
C6、M39、Y89、K0

软件功能应用提炼

Illustrator 功能应用

❶ 使用“钢笔工具”绘制出树木和修饰图形；

❷ 使用“描边”面板对绘制的矢量图形进行描边粗细的设置；

❸ 通过“颜色”面板调整图形的填色。

Photoshop 功能应用

❶ 使用“磁性套索工具”抠取运动鞋；

❷ 通过“色彩平衡”对运动鞋的颜色进行调整，使其呈现出不同的色彩；

❸ 使用“色阶”调整全图的影调并添加投影样式。

实例步骤解析

本例在制作的过程中，先在 Illustrator 中绘制抽象的树木形象，并添加上若干个修饰的图形，接着在 Photoshop 中添加上运动鞋的位图，将运动鞋进行复制，把每个运动鞋调整为不同的颜色，具体操作如下。

01 在Illustrator中绘制矢量抽象树木

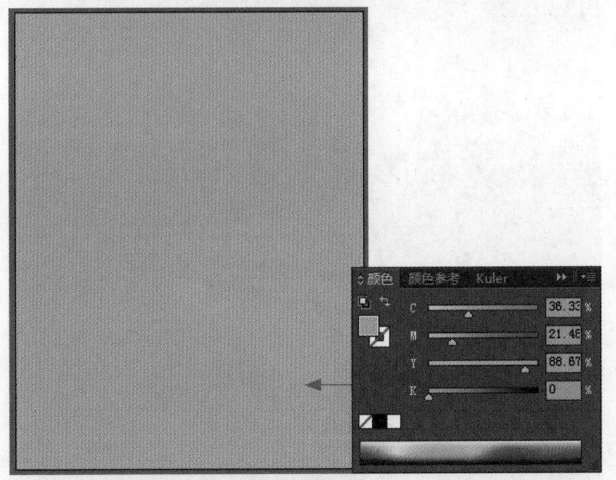

01新建文件并绘制矩形 运行Illustrator CC应用程序，创建一个新的文件，选择“矩形工具”绘制一个与画板相同大小的矩形，填充上适当的颜色，无描边色。如上图所示。

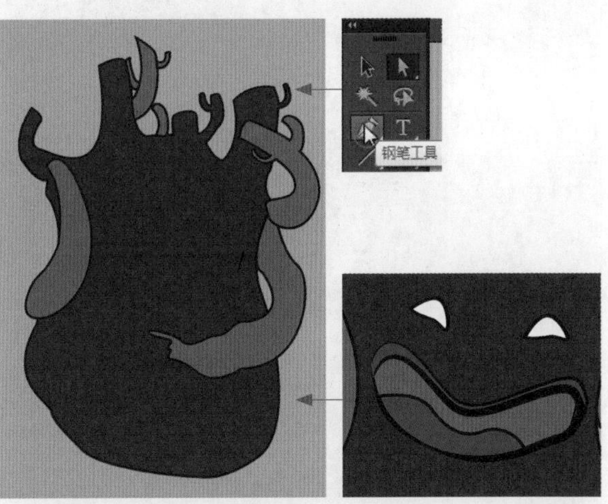

02绘制出抽象树木的大致轮廓 选择“钢笔工具”绘制树木的大致轮廓，分别填充适当的颜色，描边色为黑色。接着绘制出树木的眼睛和嘴巴，让树木的形象更加完整。如上图所示。

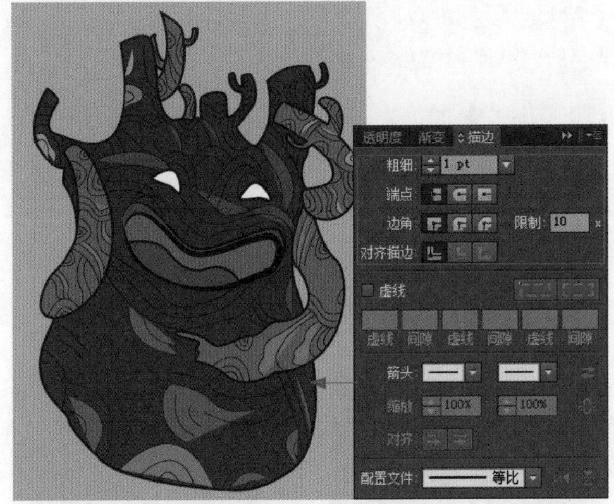

03绘制出树木上的纹理 使用“钢笔工具”绘制出树木上的纹理，填充上适当的颜色，接着打开“描边”面板，在其中对路径的描边粗细进行设置，使其呈现出自然的纹理效果。在画板中可以看到绘制后的结果，如上图所示。

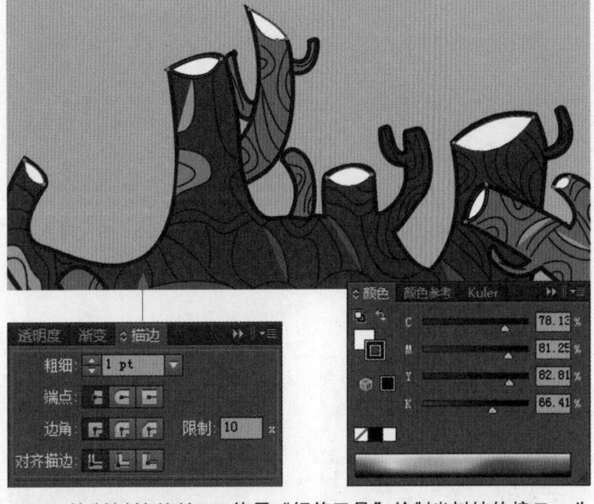

04绘制树枝的接口 使用“钢笔工具”绘制出树枝的接口，为其填充上白色，并打开“颜色”面板对描边色进行设置，打开“描边”面板设置描边的“粗细”为“1pt”。在画板中可以看到绘制后的结果，如上图所示。

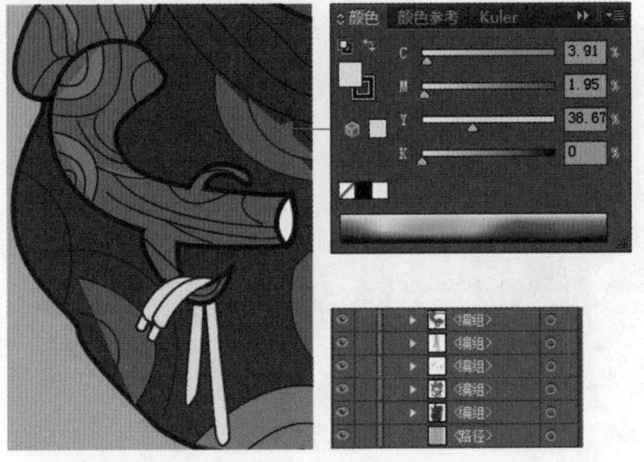

05绘制出鞋带的图形 使用“钢笔工具”绘制出鞋带的造型，对其填充适当的颜色，并进行编组，按照所需的顺序进行排列。在“图层”面板中可以看到编辑的效果，如上图所示。

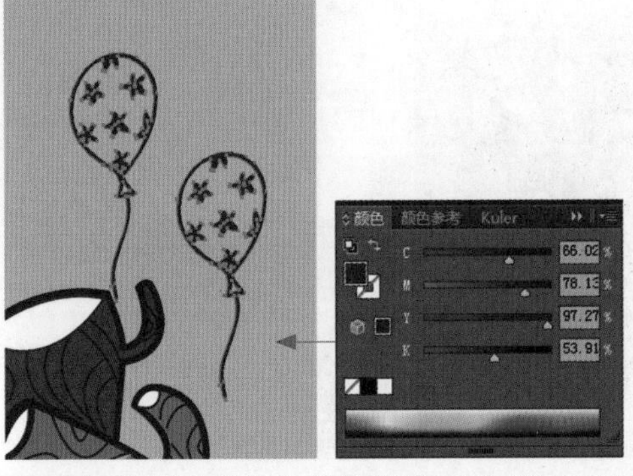

06绘制出修饰的气球 使用“钢笔工具”绘制出气球的造型，接着打开“颜色”面板，在其中对其填充色进行设置，将气球放在树木的右侧作为修饰。如上图所示。

07 绘制运动鞋的简笔画效果 使用“钢笔工具”绘制出运动鞋的造型，并绘制出字母，打开“颜色”面板为绘制的图形进行颜色设置，并将字母放在画板的右下角位置。如上图所示。

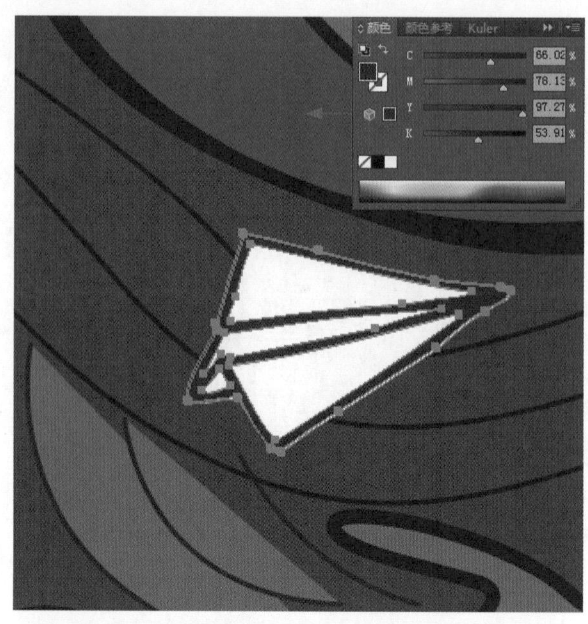

08 绘制出修饰的纸飞机 使用“钢笔工具”绘制出飞机的造型，填充上白色，在“颜色”面板中对飞机的描边图形进行上色，将其放在树木上的适当位置。如上图所示。

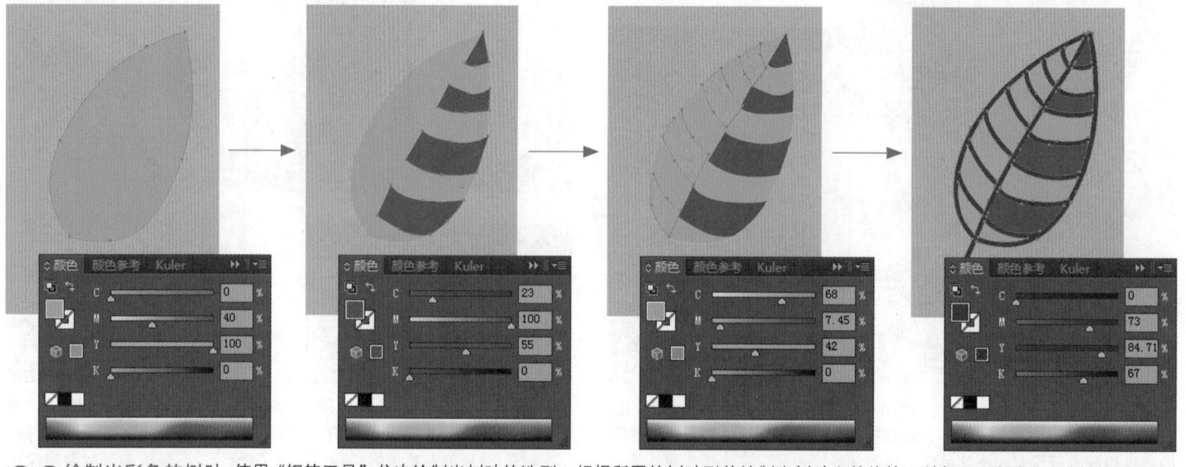

09 绘制出彩色的树叶 使用“钢笔工具”依次绘制出树叶的造型，根据所需的树叶形状绘制出树叶上的修饰，并打开“颜色”面板对绘制的各个对象进行颜色设置，无描边色。在画板中可以看到绘制后的结果，如上图所示。

10 复制树叶并进行角度调整 对绘制的树叶造型进行编组，接着对树叶进行复制，适当调整树叶的角度和大小，并将其分别放在树木的周围，作为画面的修饰元素。如上图所示。

11 添加其他的修饰元素 参照前面的配色和绘制风格，绘制出其余的修饰元素，将其自然地放在树木的周围，让画面内容更丰富，最后对编辑的文件进行存储。如上图所示。

02 在Photoshop中添加鞋子位图并进行调色

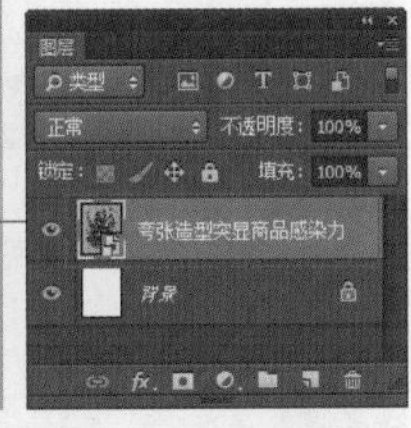

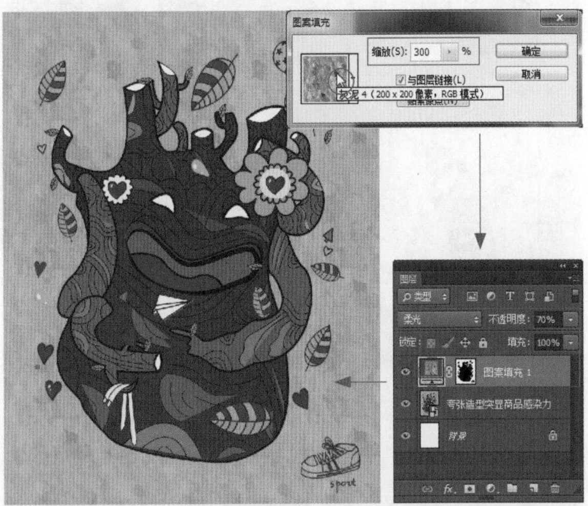

01 **新建文件并置入AI文件** 运行Photoshop CC应用程序，执行“文件 > 新建”菜单命令，创建一个新的文件，把前面编辑完成的AI文件置入到当前文件中，得到一个智能对象图层，并在图像窗口中对图像的显示大小进行调整，使其铺满整个图像窗口。如上图所示。

02 **对背景区域添加上底纹效果** 使用“魔棒工具”将背景中的绿色添加到选区中，接着为选区创建图案填充图层，并在打开的“图案填充”对话框中对选项进行设置，设置该图层的混合模式为“柔光”，“不透明度”为“70%”。如上图所示。

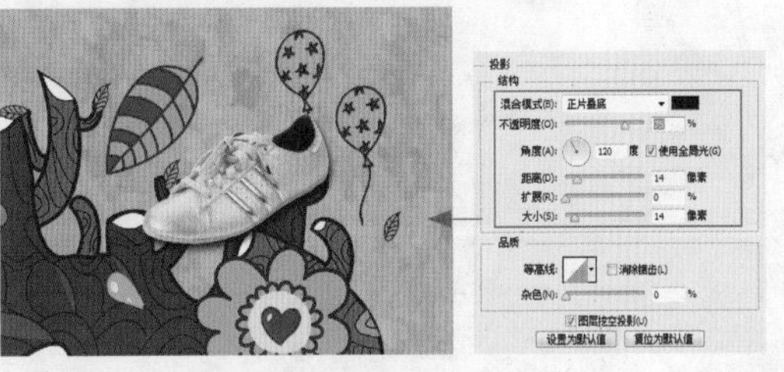

03 **抠取运动鞋素材** 新建图层，得到“图层1”图层，将“随书光盘\素材\09\01.jpg”文件添加到其中，并适当调整其大小。使用“磁性套索工具”创建选区，对图层蒙版进行编辑，将运动鞋抠取出来。如上图所示。

04 **添加上阴影效果** 双击“图层1”图层，在打开的“图层样式”对话框中为该图层中的运动鞋添加上“投影”样式，并对相应的选项进行设置。在图像窗口中可以看到编辑后的效果，如上图所示。

05 **调整鞋子的颜色** 将鞋子再次添加到选区中，为其创建色彩平衡调整图层，在“属性”面板中分别设置“中间调”选项的色阶值为“+51、-29、-28”。如上图所示。

06 **改变鞋子的色调** 为鞋子选区创建黑白调整图层，勾选“色调”复选框，设置颜色为R77、G54、B3，接着对下方的选项进行设置，改变鞋子的颜色。如上图所示。

07 将鞋子调整为蓝色 对抠取的鞋子进行复制，得到“图层1拷贝”图层，接着为该图层中的运动鞋创建选区，创建色彩平衡调整图层，分别设置“中间调”选项下的色阶值分别为“-63、0、+58”。如上图所示。

08 将鞋子调整为红色 对抠取的鞋子进行复制，得到“图层1拷贝2”图层，接着为该图层中的运动鞋创建选区，创建色彩平衡调整图层，分别设置“中间调”选项下的色阶值为“+100、-100、-92”。如上图所示。

09 添加鞋子素材并调色 新建图层，得到“图层2”图层，将“随书光盘\素材\09\02.jpg”制到其中，将运动鞋抠取出来，并使用“色彩平衡”调整图层对运动鞋的色彩进行调整。在图像窗口中可以看到编辑后的效果，如上图所示。

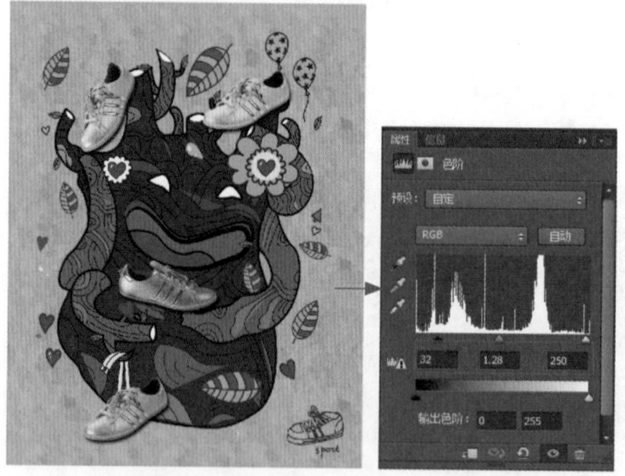

10 调整画面整体的颜色并存储文件 创建色阶调整图层，在打开的“属性”面板中依次设置RGB选项下的色阶值设置为“32、1.28、250”，对全图的影调进行调整，使其更具层次，在图像窗口中可以看到编辑后的效果。最后执行“文件>存储”菜单命令，对编辑后的文件进行存储，完成本例的编辑。如上图所示。

9.2.2 对比分析

右图所示是根据本例“设计思维进化图”中的草图所设计的插画，由于在制作的过程中没有考虑到色彩搭配、素材安排等方面的问题，使得制作出来的效果差强人意。

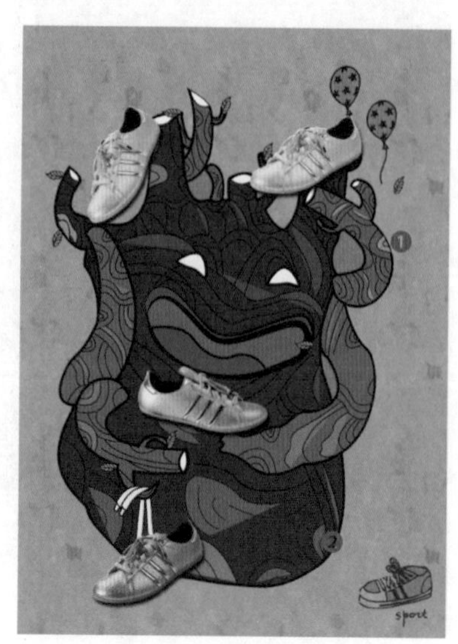

❶ 色彩搭配较凌乱

在商品插画的设计中，如果一味地追求视觉上的冲击力，而不遵守色彩搭配原则，那么只会呈现出凌乱的色彩搭配效果，让画面缺乏感染力。

❷ 缺乏丰富的设计元素

虽然该插画中对抽象的树木这一主要设计元素进行了正确表现，但是在画面中缺乏了有利的修饰元素，因此整个画面显得单薄，不能很好地对商品进行烘托。

或许，这样设计会更好……

右图所示为本例中设计的商品插画效果，在制作的过程中使用了丰富的设计元素和合理的色彩搭配进行表现，让插画中的商品表现得更加完美、突出。

❶ 丰富的设计元素

添加了更多的设计元素，用同类型风格的树叶、心形等素材对画面进行修饰，让整个插画看起来更加饱满，有助于抽象树木形象的表现。

❷ 合理的色彩搭配

在设计中使用明度、纯度相似的颜色进行搭配，通过对主色调和辅助颜色的合理分配，让画面的颜色更加协调，且主次分明。

9.2.3 知识拓展

在 Photoshop 中对图像进行编辑的过程中，为了让图像呈现出立体效果，可以通过添加“投影”图层样式来模拟出物体的阴影，利用多个选项设置来达到所需的效果，具体操作如下。

添加“投影”图层样式后，可以按下图所示进行设置，在图像的下方会出现一个轮廓和图层中图像的内容相同的“影子”，这个影子有一定的偏移量，在默认情况下会向右下角偏移，同时阴影的默认混合模式是“正片叠底”，不透明度为“75%”。下图为本案例中运用“投影”图层样式前后的效果对比。

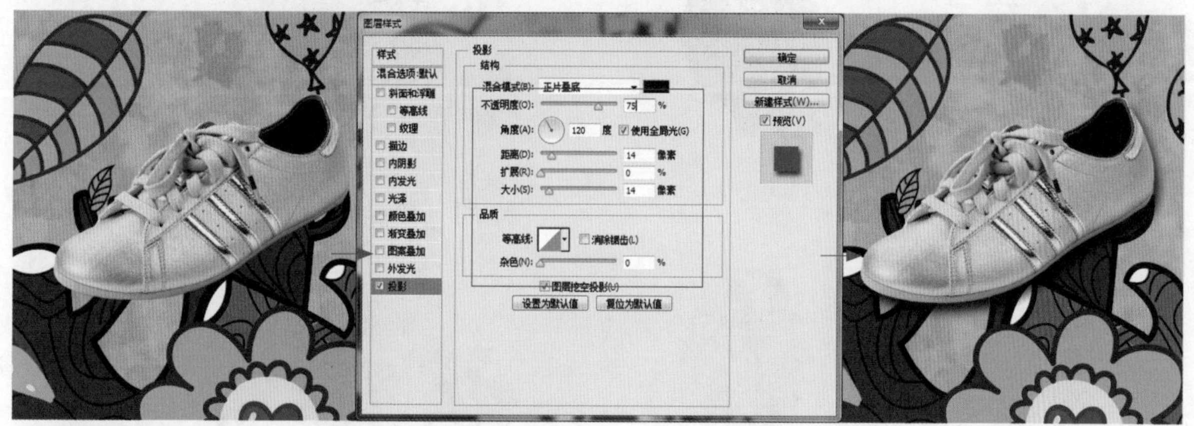

混合模式：该选项用于设置阴影与下方图像的混合模式，其下拉列表中的选项与图层混合模式相同。在该选项的后面单击色块，可以对阴影的颜色进行设置。

不透明度：用于设置阴影的不透明程度，默认值是“75%”，通常这个值不需要调整。如果需要阴影的颜色显得深一些，应当增大这个值，反之减少这个值。

角度：设置阴影的方向。如果要进行微调，可以使用右边的编辑框直接输入角度。在圆圈中，指针指向光源的方向，而相反的方向就是阴影出现的地方。

距离：该选项用于设置阴影和层的内容之间的偏移量，这个值设置得越大，会让人感觉光源的角度越低，反之会显得角度越高。右图所示分别为不同“距离”下的阴影效果。

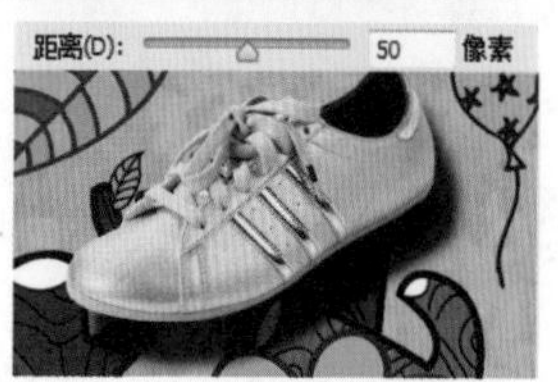

扩展：该选项用来设置阴影的大小，其值越大，则阴影的边缘显得越模糊，可以将其理解为光的散射程度比较高（比如白炽灯）；反之，其值越小，则阴影的边缘越清晰，如同探照灯照射一样。该选项的单位是百分比，具体的效果会和“大小”选项相关，“扩展”参数值的影响范围仅仅在“大小”所限定的像素范围内。如果“大小”

选项的参数值设置得比较小，则扩展的效果不是很明显。

大小：该选项可以反映光源距离层的内容的距离。其值越大，阴影越大，表明光源距离层的表面越近；反之则阴影越小，表明光源距离层的表面越远。

等高线：等高线的高处对应阴影上的暗圆环，低处对应阴影上的亮圆环。

杂色：对阴影部分添加随机的杂色点。

图层挖空阴影：如果勾选该复选框，当图层的不透明度小于“100%”时，阴影部分仍然是不可见的，也就是说该选项可以使透明效果对阴影失效。

9.3 浓墨重彩与时尚的碰撞——阈值

素　材：随书光盘\素材\09\03、04、05.jpg
源文件：随书光盘\源文件\09\浓墨重彩与时尚的碰撞.ai

9.3.1 案例操作

设计思维进化图

本例的设计思路如下图所示，最终效果如右图所示。

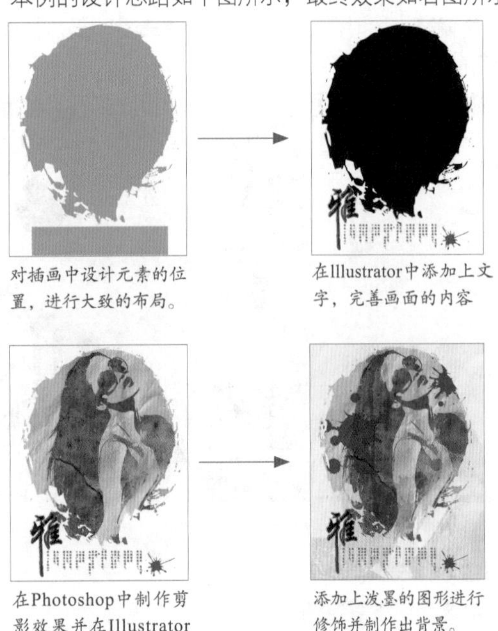

创作关键字：风格的碰撞

风格的碰撞就是指将两种截然不同的风格进行有效地融合、搭配，以呈现出和谐的画面。在本例中以中国古典风为主，用现代的时尚人物造型进行搭配，最终打造出后现代中式的前卫风格，突显出古典与现代的碰撞效果。其中的古典风格用不同形态的浓墨进行体现，表现出古朴典雅的效果。使用现代时尚的女性剪影为主要的元素进行表现，把传统的水墨效果与潮流造型相互融合，通过元素之间的自然叠加，构建出精致的画面效果。同时，搭配外形流畅的书法作为修饰，让整体画面和谐统一。此外，通过巧妙的色彩搭配体现出古典的韵味，让古典风格充斥整个画面，以表现风格碰撞的独特效果。

在本例的人物插画中使用了戴墨镜的女性人物剪影作为设计元素，如上图所示。

在插画中充满了各种有古典风格的设计元素，即不同色彩的泼墨、书法文字和古典的纹理效果。如上图所示。

色彩搭配秘籍：深绯、宝石蓝、棕色

深绯是一种较为沉稳的颜色，象征着较高的地位；宝石蓝体现出精神和知性，带有一种纯粹的感觉；而棕色是一种协调性较强的颜色，给人一种古典、健康的感觉。上述这3种颜色都是复古风格中较为常用的颜色，如右图所示。本例在设计中主要使用了这3种颜色，通过设计元素和色彩的合理搭配，营造成一种水墨泼溅、文雅清新的氛围，整体色调给人沉稳、神秘的感觉，传达着中国传统的文化气息。

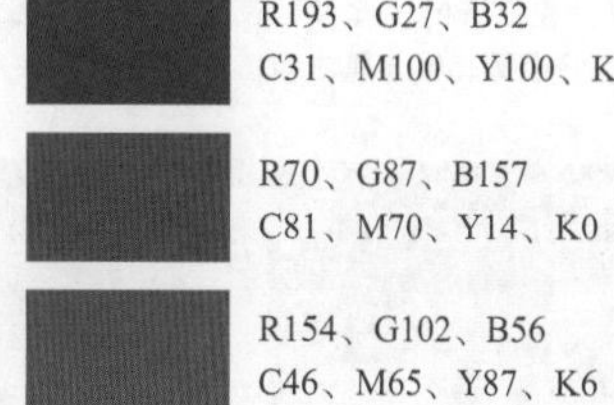

软件功能应用详解

Photoshop 功能应用

❶ 使用“阈值”将图像调整为剪影效果；

❷ 通过调整图层的混合模式，将纹理素材叠加到制作的剪影图像上；

❸ 使用“色彩范围”命令对图层蒙版进行编辑；

❹ 通过降低不透明度来调整图层可见性。

Illustrator 功能应用

❶ 使用“符号”面板菜单中的“污点矢量包”面板来添加泼墨图形；

❷ 通过“透明度”面板调整图形的混合模式；

❸ 通过创建剪切蒙版的方式对图形进行剪切；

❹ 添加文字，对文字创建轮廓以重新编辑文字路径。

实例步骤解析

在制作过程中，本例先在Photoshop中制作人物剪影，并进行修饰。然后在Illustrator中添加泼墨效果，并添加文字和背景，以完善图画内容。

01　在Photoshop中制作人物剪影效果

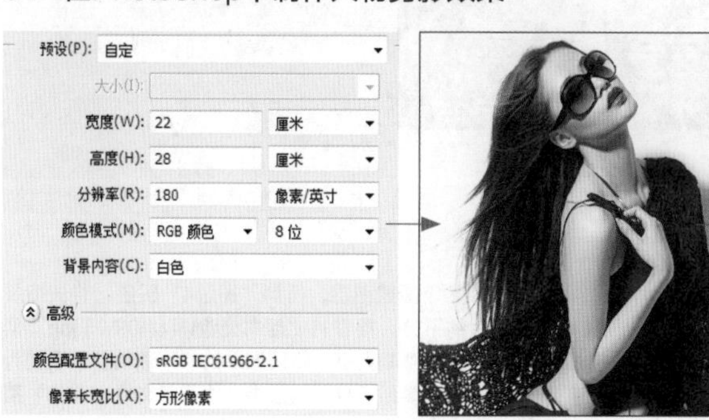

01 新建文件添加人物素材 运行Photoshop CC应用程序，创建一个新的文件，在打开的对话框中进行设置，接着新建图层，得到“图层1”图层，将“随书光盘\素材\09\03.jpg”人物素材复制到其中，并适当调整其大小和位置。如左图所示。

02 使用“阈值”调整图层 通过“调整”面板创建阈值调整图层，在打开的“属性”面板中设置“阈值色阶”选项的参数为“143”，将画面转换为黑白色。如上图所示。

03 叠加纹理素材 新建图层，得到“图层2”图层，将“随书光盘\素材\09\04.jpg”文件复制到其中，适当调整其大小，将该图层的混合模式更改为“变亮”，将纹理叠加到人物剪影上。如上图所示。

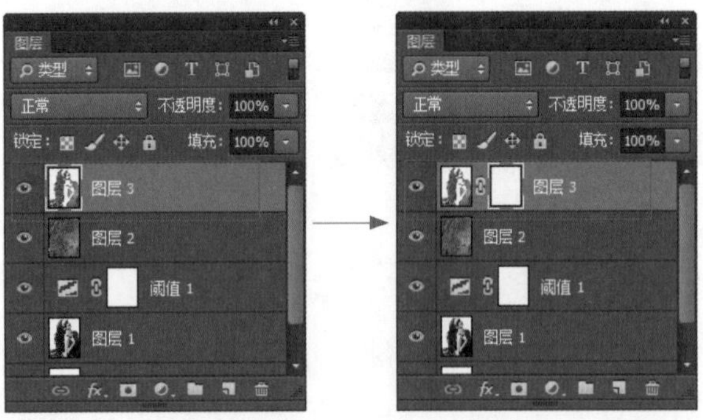

04 合并所有的可见图层并添加蒙版 按Ctrl+Shift+Alt+E快捷键，合并所有的可见图层，得到“图层3”图层，并为该图层添加上白色的图层蒙版。如上图所示。

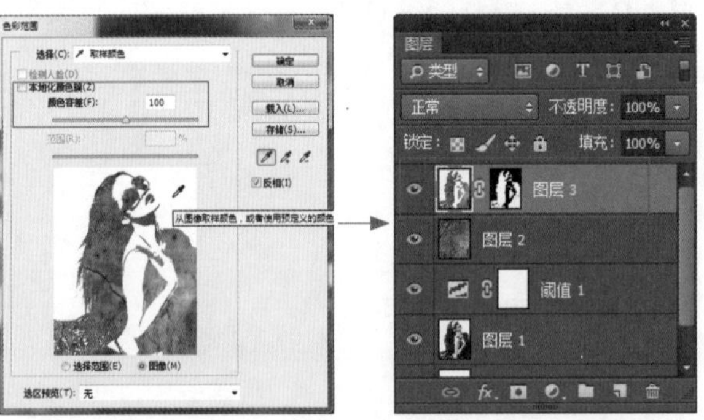

05 用“色彩范围”编辑蒙版 选中“图层3”的图层蒙版，执行“选择＞色彩范围”菜单命令，在打开的对话框中对选项进行设置。完成设置后，可以看到蒙版编辑后的效果，如上图所示。

06 添加背景底纹素材 新建图层，得到“图层4”图层，将该图层拖曳到“图层3”的下方，接着将“随书光盘\素材\09\05.jpg”素材文件复制到其中，并适当调整其大小，将该图层的“不透明度”设置为“50%”。在图像窗口中可以看到编辑后的效果，执行“文件＞存储”菜单命令，对编辑后的文件进行存储。如上图和左图所示。

02 在Illustrator中添加水墨效果

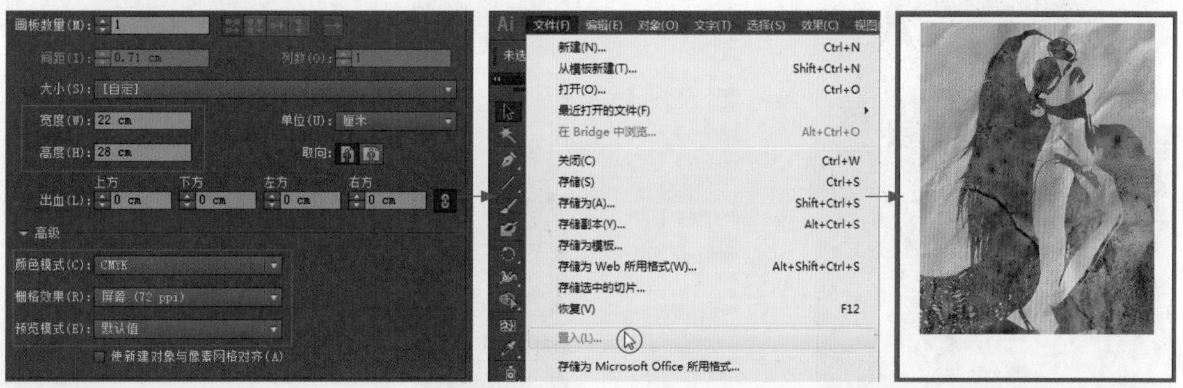

01 新建文件并置入PSD素材 运行Illustrator CC应用程序，创建一个新的文件，并在打开的对话框中对新建文件的基本选项进行设置。执行“文件 > 置入”菜单命令，将前面编辑的PSD文件置入到当前文件中，适当调整图像的大小和位置，在画板中可以看到编辑后的效果。如上图所示。

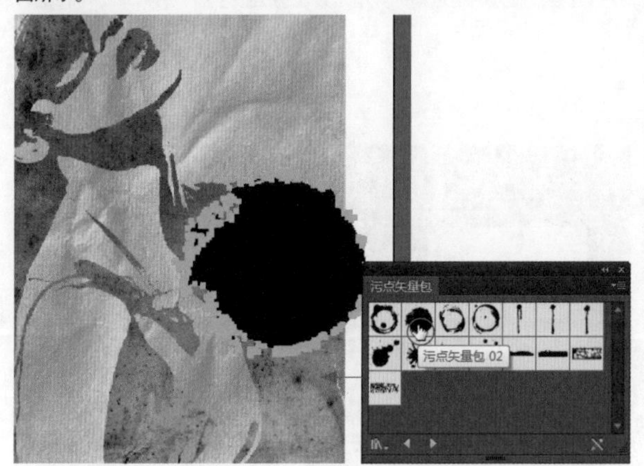

02 添加污点图形 通过“符号”面板菜单的“污点矢量包”命令可以打开相应的面板，选择所需的泼墨符号，并断开符号之前的链接，使其显示出路径效果。如上图所示。

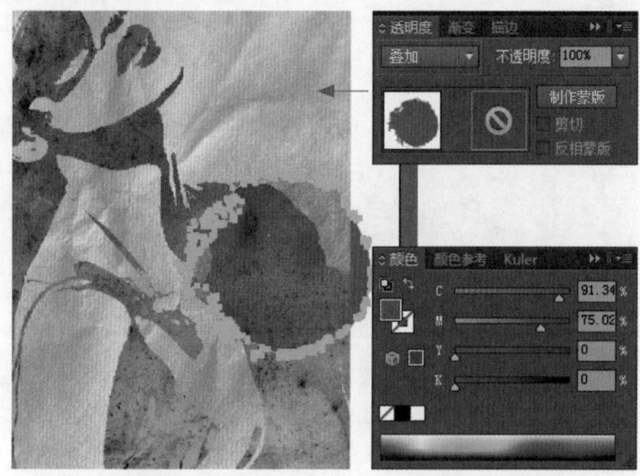

03 调整污点颜色和混合模式 在“颜色”面板中对泼墨路径的颜色进行设置，无填充色。接着打开“透明度”面板，设置其混合模式为“叠加”，使泼墨与背景自然融合。如上图所示。

04 添加污点素材并填充红色 选择“污点矢量包”面板中所要使用的泼墨符号，将其拖曳到画板中，断开符号之间的链接。接着打开“颜色”面板对路径的颜色进行设置，无描边色。打开“透明度”面板，在其中设置其混合模式为“叠加”，在画板中适当调整泼墨的大小，并将其放在适当的位置。如上图所示。

05 添加其他的污点图形 参照前面编辑泼墨图形的操作，在“污点矢量包”面板中将所需的其余破墨图形也添加到画板中，并在“颜色”面板中为其设置适当的填充色，将所有泼墨图形的混合模式都更改为“叠加”，在画板中可以看到编辑后的效果。按Ctrl+G快捷键，对画板中的所有对象进行编组。如上图所示。

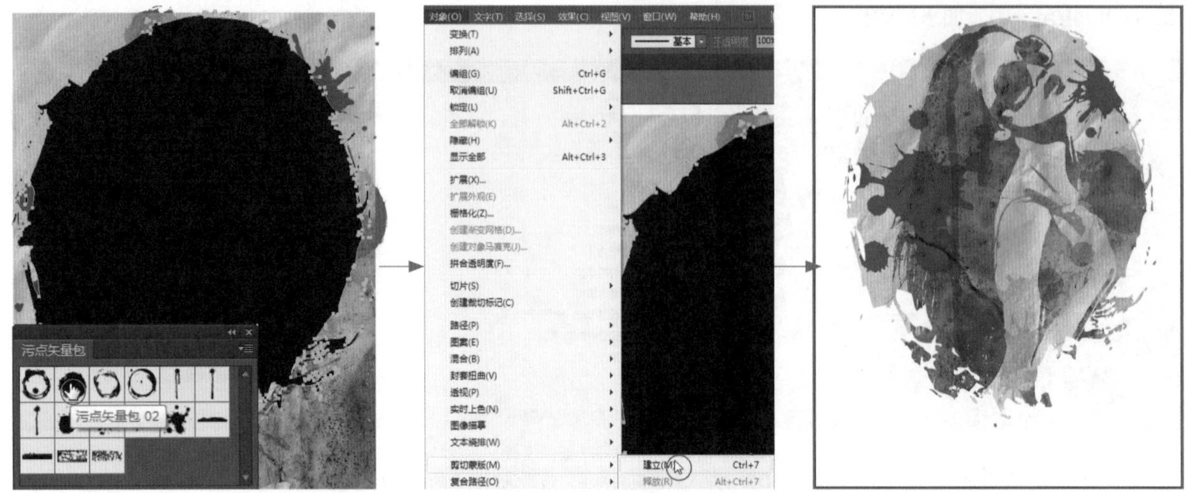

06 创建剪切组 在“污点矢量包”面板中选择所需的泼墨符号，断开符号的链接，适当调整泼墨的大小。接着将画板中的所有对象选中，执行“对象 > 剪切蒙版 > 建立”菜单命令，创建剪切组，对编辑的图形进行裁剪。如上图所示。

03 添加文字和背景

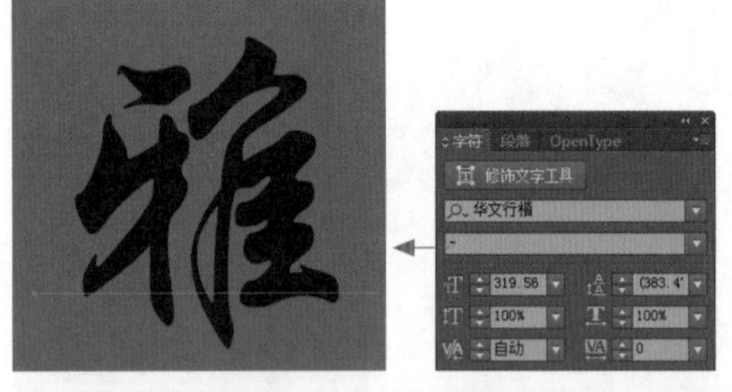

01 输入文字 选择“文字工具”输入所需的文字，并打开“字符”面板对文字的字号、字体等选项进行设置。在画板中可以看到编辑后的效果，如上图所示。

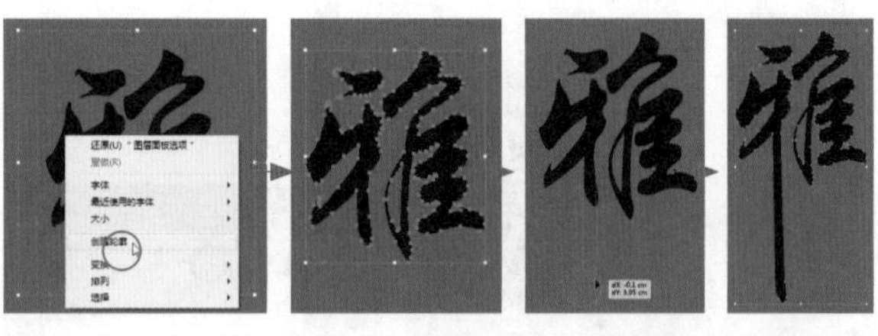

02 创建文字轮廓并调整路径 用鼠标右键单击文字，在打开的菜单中选择“创建轮廓”命令，将文字转换为路径效果。接着使用“直接选择工具”选中路径上的部分锚点，向下拖曳锚点，调整路径的效果，完成锚点的调整后释放鼠标。在画板中可以看到编辑文字路径后的效果，呈现出更强的艺术感。如上图所示。

03 添加画笔描边 选中编辑完成的文字路径，打开“颜色”面板对描边的颜色进行设置。接着打开“画笔”面板，在其中选中所需的画笔效果对文字进行描边设置，并打开“描边”面板对文字路径的描边粗细进行设置，最后将编辑完成的文字路径放在适当的位置。如上图所示。

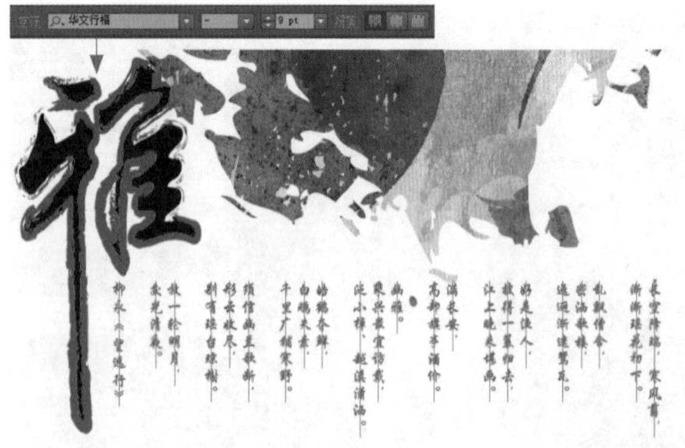

04 输入段落文字 选中“文字工具”输入所需的文字，并在该工具的选项栏中对文字的字号和字体进行设置，调整文字的显示方向为垂直，最后将其放在适当的位置，作为画面的修饰。如上图所示。

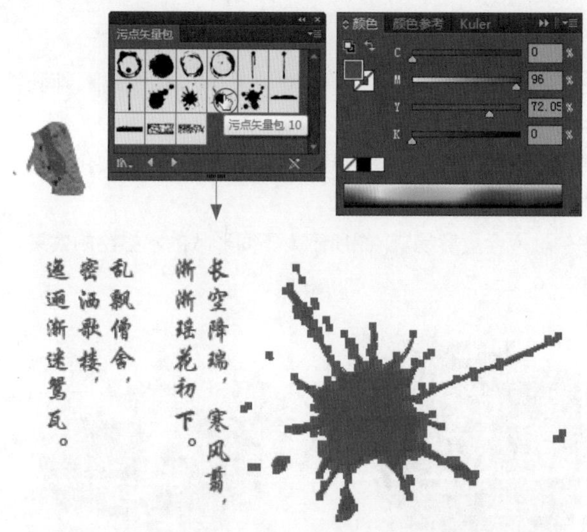

05 添加污点图形 打开“污点矢量包”面板，在其中选择所需的泼墨图形，断开符号之间的链接，将其转换为路径效果。接着打开“颜色”面板设置其填充色，并将其放在文字的右侧。如上图所示。

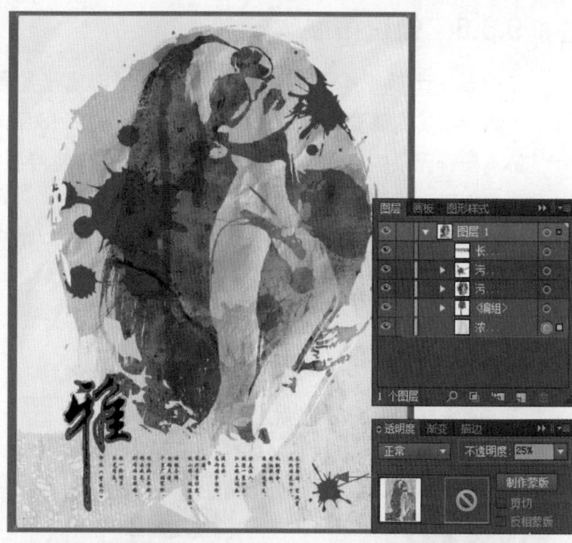

06 添加背景底纹 再次将PSD文件置入到当前编辑的AI文件中，并将图像调整到画板的最底层，在“透明度”面板中设置“不透明度”选项的参数为“25%”，完成本例的编辑。如上图所示。

9.3.2 对比分析

在本例的人物插画设计中，如果想要获得不同的设计效果，还可以对设计中的构图进行更改，通过将框架式的表现更改为开放式的表现，也能获得满意的设计作品，展示出不同的视觉冲击力，其具体分析如下。

右图所示为本例中设计的人物插画效果，为了让两种不同设计元素之间产生一种风格的碰撞，在制作的过程中使用了具有时尚风格的剪影作为主要的表现元素。同时，将古典风格的泼墨作为复古风格元素，用大量的中国风水墨元素与时尚剪影进行融合，通过框架式的构图对画面主要的对象进行表现，展示出内涵丰富、效果独特的感觉。在实际的创作中，还可以打破框架式构图的设计，将画面进行开放式设计，也能获得不错的效果。

或许，这样也可以……

右图所示为使用开放式构图后设计的效果，在画面中增加了更多的水墨元素，并将文字进行放大突出显示，让画面呈现出另一种感觉，具体分析如下。

❶ 更多的水墨元素

为了让画面中的设计元素更加丰富，不留出多余的空白区域，在设计的过程中可以增加水墨元素的数量，通过重叠的方式增强水墨的表现，突出怀旧复古的感觉。

❷ 突破框架式布局

将原本框架式的水墨边框去掉，使用开放式的布局进行表现，可以展示出更多的设计空间，让人物插画的内容表现得淋漓尽致。

❸ 放大的主题文字

将插画中的主题文字进行放大显示，能够使其更加突出。由于整个画面的风格以复古、怀旧为主，主题文字的突出表现有助于古典韵味的展示。

9.3.3 知识拓展

在插画设计中将水墨画元素融入其中，既丰富了插画的艺术表现，也促进了中国传统水墨画艺术的传播，同时满足人们对审美的需要，促进了现代文化与传统艺术相结合。

将水墨画元素应用在当代的插画设计中，可以使传统的绘画艺术焕然一新，使得数字插画在创作内容、文化内涵，以及艺术表现形式上，都得到了极大的丰富。

由于水墨具有较强的随意性，其形态万千，因此在插画中的融入会更容易。下图所示为不同形状的水墨绘制效果。

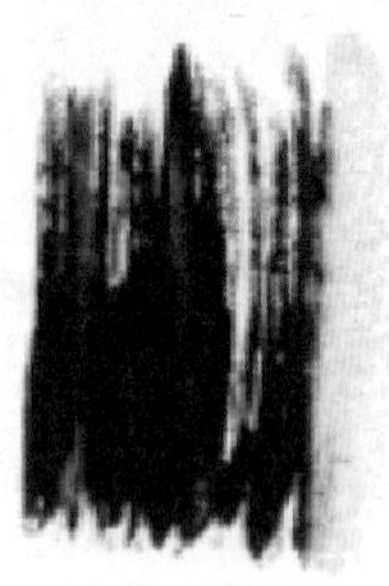
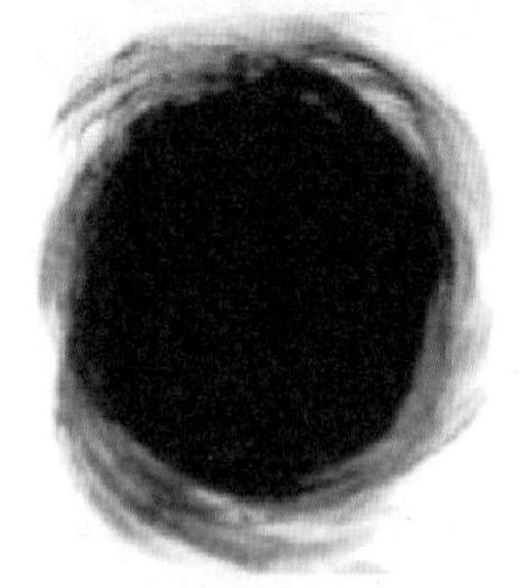
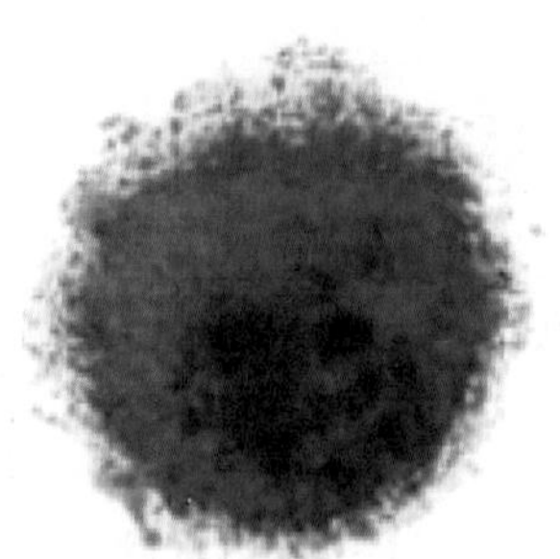
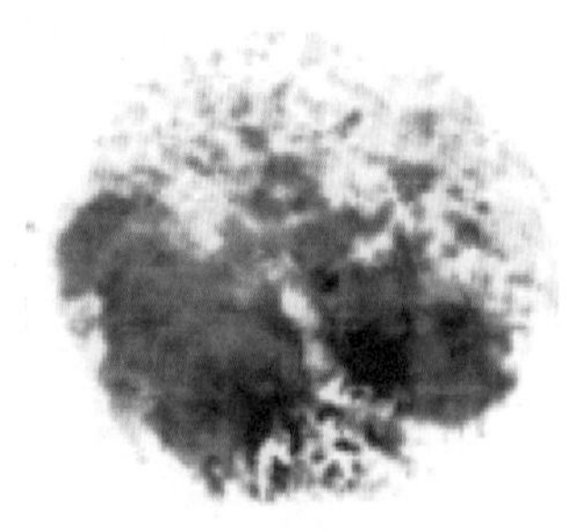

水墨画元素在人物造型上的运用

中国传统绘画意义上的“美”，并非完全等同于现代意义上的漂亮或时髦，它更偏向于一种品味和气质。这种内在之美往往在现代插画中很难表现出来，所以中国传统水墨画的人物造型也很难打动当前的观赏者，但是如果将水墨画元素在人物造型上加以夸张和美化，摒弃“形似”，以追求“神似”，就能获得不错的效果。

在右图所示的插画中，设计师对于人物的面部进行精细刻画，而在头发和周围的环境中运用大量的水墨元素，反应出人物的情感，融合了当代流行趋势和现代人的审美情趣，契合了现代审美观。

水墨画元素在意境中的运用

由于中国传统水墨画构图灵活的特点，阴晴雨雪、四时朝暮、古今人物等都可以同时出现在同一幅画作中。插画在透视上具有极大的自由度和灵活性。同时，在一幅作品中往往会注重虚实对比，突显虚中有实、实中有虚的效果。通过对传统水墨画元素的理解，强化墨色、墨块和淡彩的作用来营造画面，使现代生活中那些轻松生动的形象与水墨画含情脉脉的古典情怀结合起来的。

右图所示为使用水墨元素在插画中增强意境的创作表现，使用水墨元素的相互重叠、晕染来过渡、连接，以协调主体与背景的关系，可以使插画作品更富有意境，给人更广阔的想象空间。将画中人物与周围的设计元素相互融合，以使整体画面中的各个要素产生和谐的效果。

9.4 朴实布艺表现稚嫩童真——自定图案填充

素　材：随书光盘\素材\09\06、07、08.jpg
源文件：随书光盘\源文件\09\朴实布艺表现稚嫩童真.psd

9.4.1 案例操作

设计思维进化图

本例的设计思路如下图所示，最终效果如右图所示。

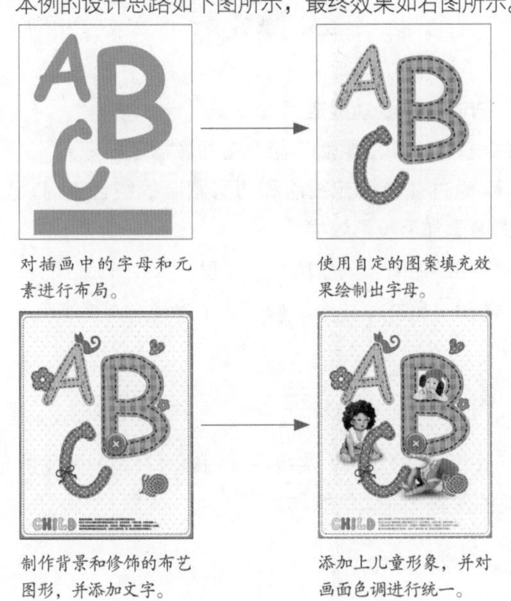

对插画中的字母和元素进行布局。

使用自定的图案填充效果绘制出字母。

制作背景和修饰的布艺图形，并添加文字。

添加上儿童形象，并对画面色调进行统一。

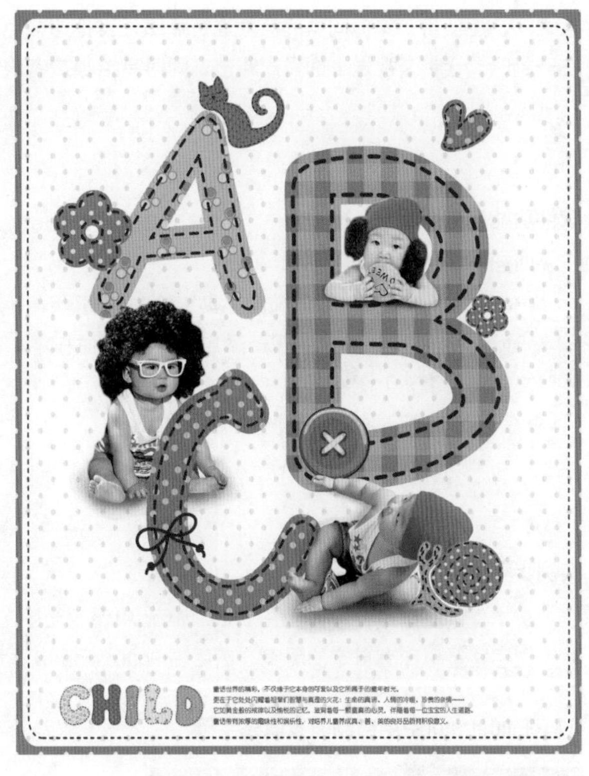

创作关键字：布艺元素

传统意义上的布艺，就是指以布料为原料，集民间剪纸、刺绣等制作工艺为一体的综合艺术。设计中的布艺就是通过某些设计元素来模拟布艺的外形，而以布艺为原型的设计元素可以给人一种质朴自然、真实清新的感觉。由于本例制作的是儿童插画，为了表现出少儿天真、稚嫩的天性，因此使用了布艺这种较为传统的元素。在画面中使用了大量的不同内容的布块作为设计元素的填充色，并搭配虚线作为针线缝制的痕迹，由此模拟出真实的布艺效果，营造出一种返璞归真、真实自然的氛围，从而更好地烘托出儿童的天真和纯洁。

在本例的设计中，为了让字母体现出一种朴质、稚嫩的感觉，特意将文字设计为布艺的效果，利用虚线营造出针线缝制的痕迹。如上图所示。

除了将文字设计成布块缝制的效果以外，在画面的修饰中还添加上了纽扣、绳索样式的蝴蝶结，以及布艺效果的修饰元素，让整体风格更加统一。如上图所示。

色彩搭配秘籍：含羞草黄、叶草绿、秋橙色、山茶粉

在本例的编辑中，主要使用了含羞草黄、叶草绿、秋橙色和山茶粉这 4 种主要的颜色进行搭配，可以看到这 4 种颜色的明度适中、纯度较高，具有很强的活跃感。如右图所示。由于本例制作的是儿童插画，因此除了这些颜色之外，还使用了其他同类的色彩进行点缀，当把这些色彩大胆地搭配组合在一起时，会带来视觉上的强烈冲击，同时带给观赏者欢快、愉悦的感受。

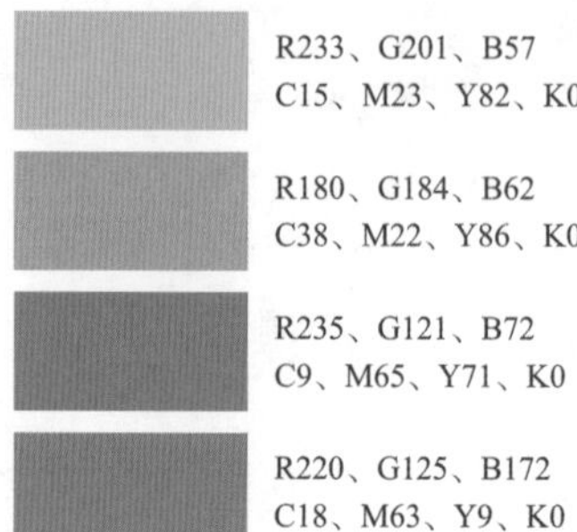

软件功能应用详解

Illustrator 功能应用

❶ 使用“矩形工具”和“椭圆工具”绘制出图形；

❷ 通过自定图案将绘制的图形添加到“色板”面板中，并对文字路径填充上图案；

❸ 使用“描边”面板制作虚线的描边效果。

Photoshop 功能应用

❶ 使用“图层蒙版”将儿童图像抠选出来；

❷ 通过颜色填充图层和图层蒙版的结合使用，为儿童图像添加上投影效果；

❸ 用“色阶”调整图像的亮度；

❹ 用“自然饱和度”和“照片滤镜”调整颜色。

实例步骤解析

在本例的制作过程中，先在 Illustrator 中使用绘图工具绘制出布纹的效果，接着将其创建为自定的图案填充，并为文字路径填充上自定的图案，然后在 Photoshop 中添加儿童的形象，具体的操作如下。

01 在Illustrator中用自制图案填充字母

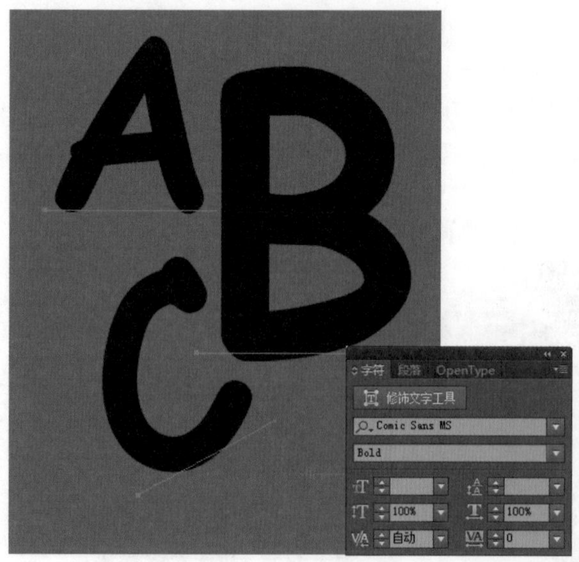

01 新建文件输入文字 运行Illustrator CC应用程序，创建一个新的文件，使用“文字工具”输入所需的文字，并打开“字符”面板对文字的属性进行设置。如上图所示。

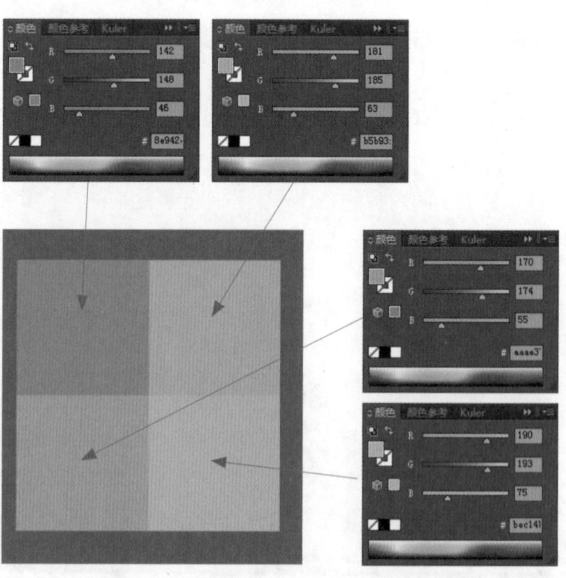

02 绘制矩形并填色 选择“矩形工具”绘制4个大小相同的正方形，并按照适当的位置进行排列，在“颜色”面板中分别为其填充上适当的颜色，无描边色。如上图所示。

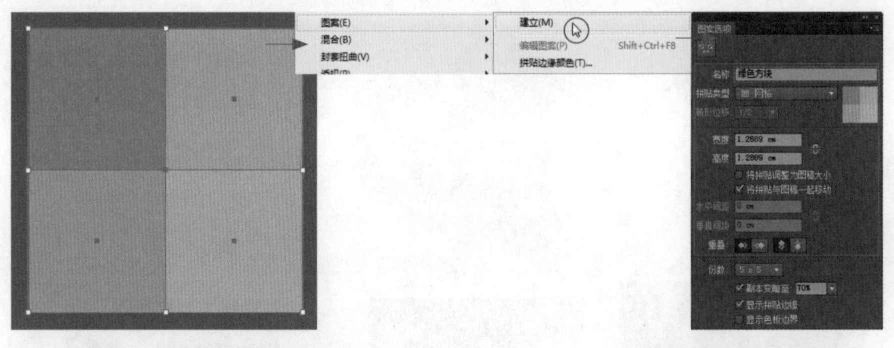

03 创建图案填充　将绘制的正方形进行编组，选中后执行“对象 > 图案 > 建立”菜单命令，此时将打开“图案选项”面板，在其中对图案的相关选项进行设置，并将其名称设置为“绿色方块”。在“画板”中可以看到图案铺开显示的效果，如左图所示。

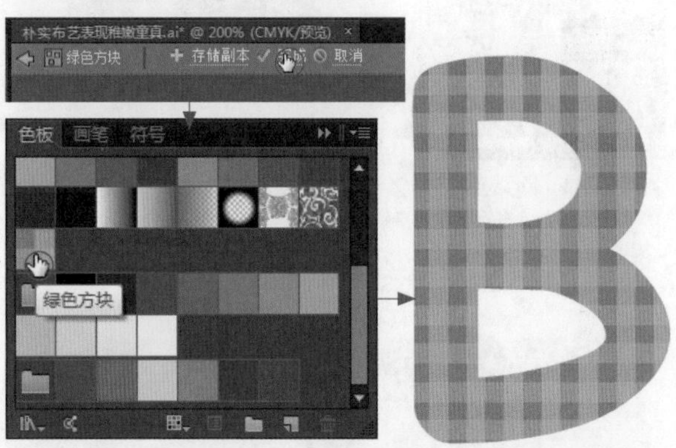

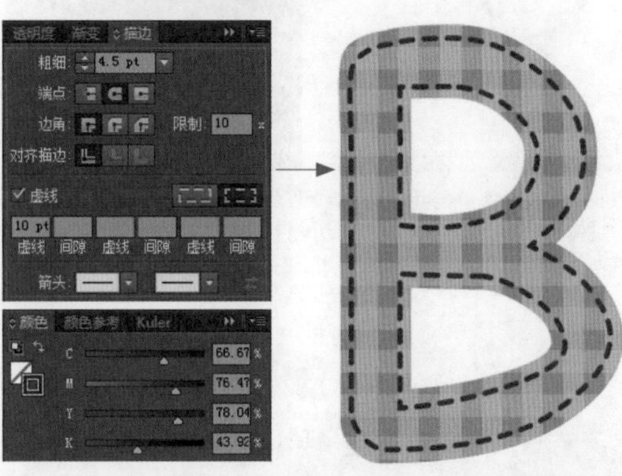

04 使用创建的图案填充文字路径　单击“完成”图标，对编辑完成的图案进行确认，在“色板”面板中可以看到自定义创建的“绿色方块”图案效果。接着将字母B创建为路径，使用自定的图案进行填充，无描边色。在画板中可以看到编辑的效果，如上图所示。

05 添加虚线描边效果　复制字母B路径，并通过路径编辑工具对路径进行大小调整，接着在“颜色”面板中设置其描边色，无填充色。打开“描边”面板设置虚线选项，让路径呈现出虚线效果。如上图所示。

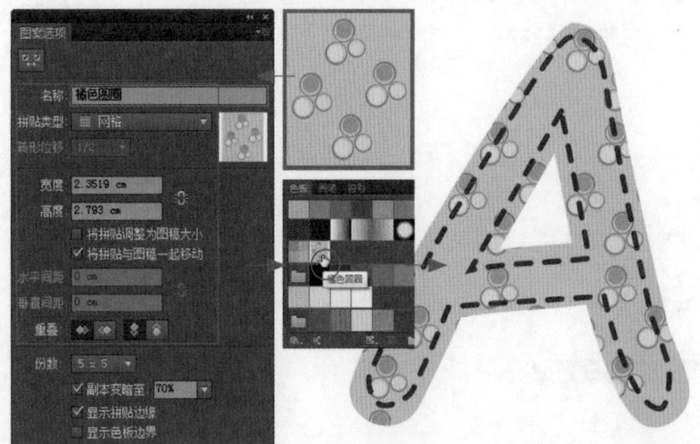

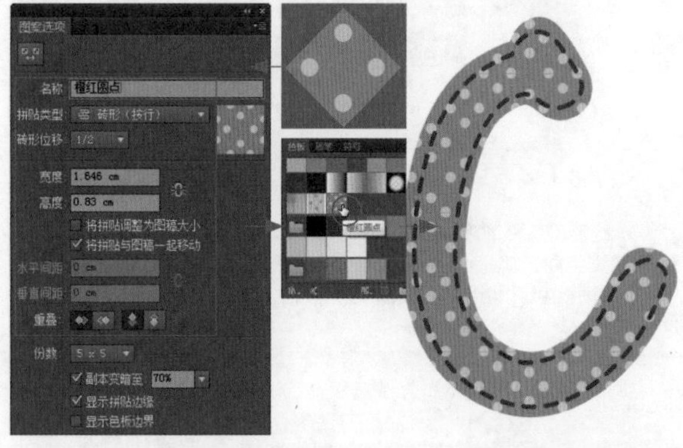

06 创建橘色圆圈图案　使用“矩形工具”和“椭圆工具”绘制出橘色圆圈图案，并将其创建为自定义的图案，将字母A填充上该图案效果，并使用与字母B类似的编辑方法，为其添加上虚线的描边效果。在画板中可以看到编辑后的结果。如上图所示。

07 创建新的图案　使用“矩形工具”和“椭圆工具”绘制出橙红圆点图案，并将其创建为自定义的图案，将字幕C填充上该图案效果，并使用与字母B类似的编辑方法，为其添加上虚线的描边效果。在画板中可以看到编辑后的结果。如上图所示。

02　绘制背景及修饰图案

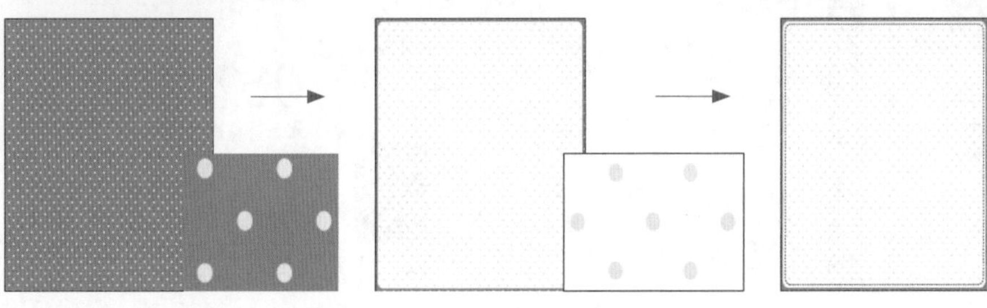

01 绘制背景　参照前面编辑字母的操作，制作出更多的自定图案填充效果。使用“矩形工具”绘制出与画板相同大小的矩形，并使用自定义的图案对矩形进行填充，同时添加上虚线描边效果，制作出插画的背景。如左图所示。

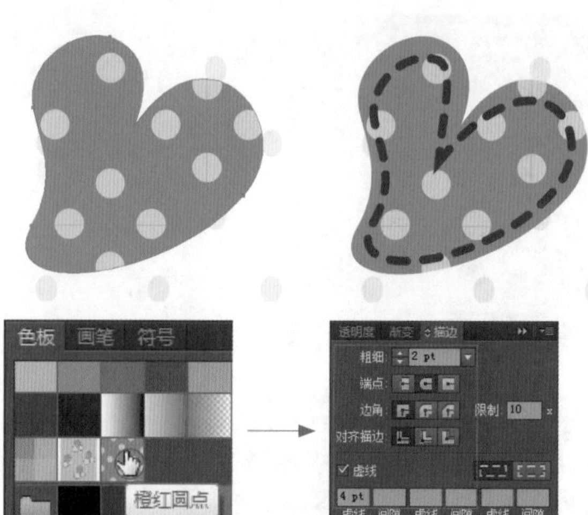

02 对编辑的对象进行组合 对编辑好的背景和字母分别进行编组，并在画板中对各个组的位置和大小进行调整，按照一定的顺序进行排列。在画板中可以看到编辑的结果，如上图所示。

03 绘制心形的布艺修饰 使用“钢笔工具”绘制一个心形，使用自定的图案进行填充，接着对该图形添加上心形的虚线描边，并打开“描边”面板对描边选项进行设置。如上图所示。

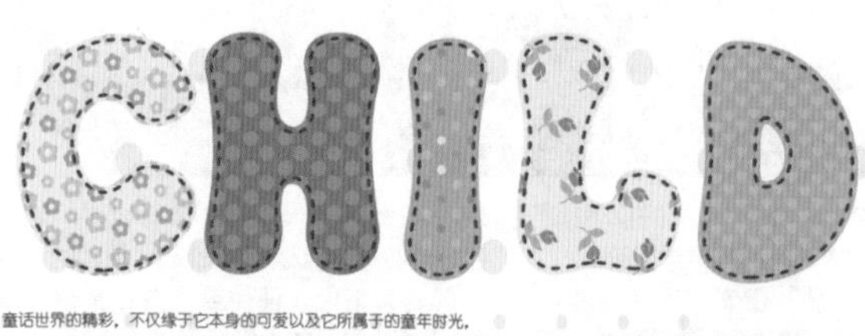

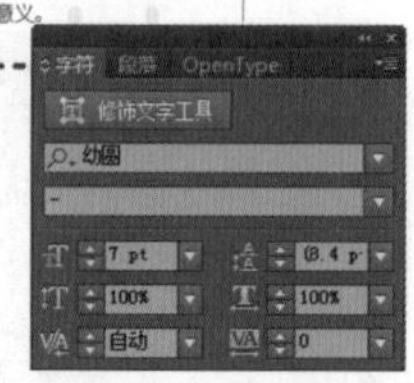

04 绘制其余的修饰图形 参照前面编辑字母和心形的方法，绘制出其余的修饰图形，并将绘制的修饰图形放在画面中各个位置以作为修饰。在画板中可以看到编辑后的效果。如上图所示。

05 添加文字 绘制出单词“CHILD”的布艺填充效果，接着使用“文字工具”输入所需的文字，并打开“字符”面板对文字的属性进行设置。在画板中可以看到编辑后的效果，如上图所示。

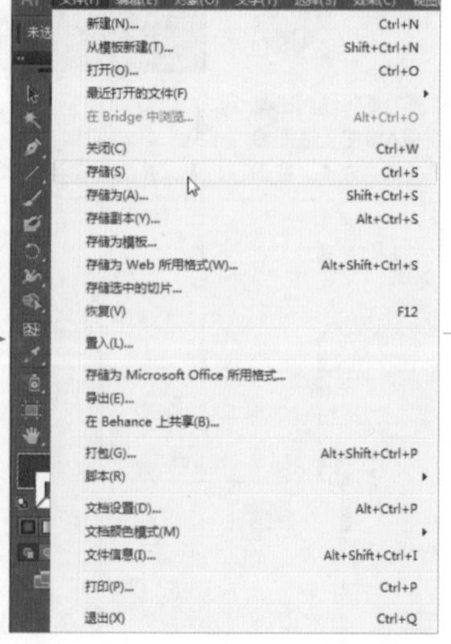

06 微调图形并存储文件 对前面编辑完成的对象的位置进行适当地调整，在画板中可以看到编辑后的效果。接着执行“文件>存储”菜单命令，在打开的对话框中对文件的名称、路径和文件格式等进行设置，将前面编辑的文件存储为AI格式。如左图所示。

03　在Photoshop中添加儿童图像

01 创建文件并置入AI文件　运行Photoshop CC应用程序，创建一个文件，将前面编辑完成的AI文件置入到当前文件中，并适当调整其大小，得到一个智能对象图层。如上图所示。

02 添加儿童图像　新建图层，得到“图层1”图层，将“随书光盘\素材\09\06.jpg”儿童图像素材复制到其中，并对图像的大小和位置进行调整。如上图所示。

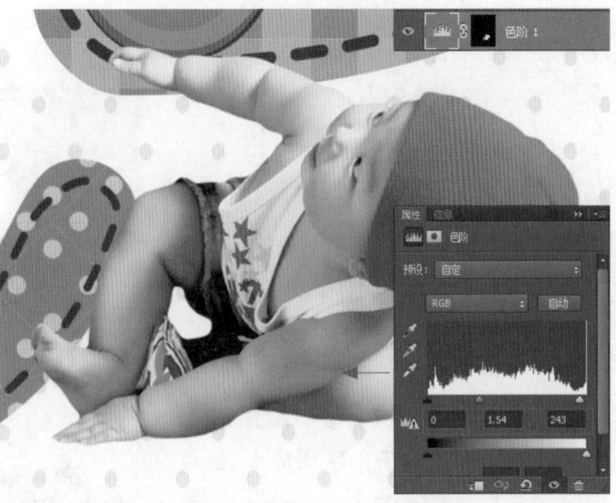

03 利用蒙版抠取图像　使用“磁性套索工具”将儿童图像添加到选区中，为“图层1”图层添加图层蒙版，将儿童图像抠取出来，在图像窗口中可以看到编辑后的效果。为了让儿童与背景中的图形更加融合，还需要将部分背景显示出来。如上图所示。

04 使用色阶调整影调　为创建的儿童图像选区创建色阶调整图层，在打开的“属性”面板中分别设置RGB选项下的色阶值为“0、1.54、243”，对图像的亮度进行调整。如上图所示。

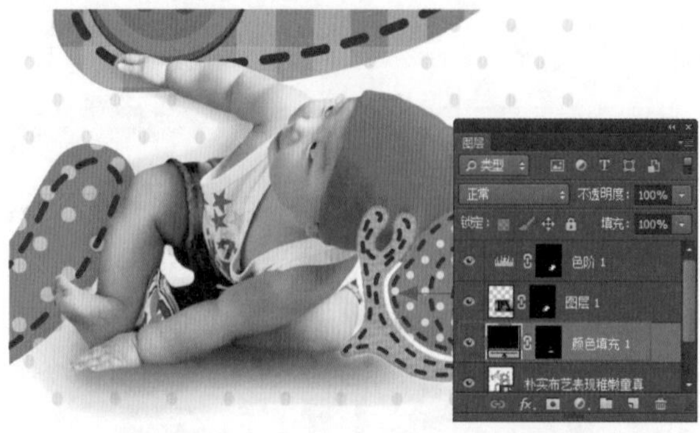

05 用颜色填充图层并添加阴影 创建颜色填充图层，设置填充色为黑色，将该图层放在“图层1”图层的下方，并使用“画笔工具”对蒙版进行编辑，为儿童图像添加上阴影效果。如上图所示。

06 添加其他的儿童图像 使用与前面相同的编辑方法，将“随书光盘\素材\09\07、08.jpg”儿童素材文件添加到图像窗口中，并将其抠取出来，通过调整图层更改其亮度和色彩，并添加上适当的阴影效果。如上图所示。

07 调整儿童图像的整体颜色 将添加的所有儿童图像添加到选区中，分别为其创建自然饱和度和照片滤镜调整图层，在打开的面板中对选项进行设置。如左图所示。在图像窗口中可以看到编辑的效果，完成本例的编辑。

9.4.2 对比分析

在儿童插画的设计中，只要对设计元素的主要内容及色彩搭配进行确认之后，就可以根据创作构思进行开放式创作。由于在本例的编辑中使用了字母进行设计，其灵活度更高，具体分析如下。

右图所示的画面是本例中设计的儿童插画效果，为了表现出幼儿可爱、天真的一面，在创作中使用了矢量字母作为主要表现对象，通过布艺的修饰，将其与位图的儿童形象进行完美结合。在实际的设计制作过程中，还可以根据创作者自身的喜好，对画面中的字母外形进行自由创作，在不改变主要设计思路和配色方案的前提下进行全新制作，也能获得满意的效果。

或许，这样也可以……

在本例的创作中，根据设计的思想和配色，将插画中的字母进行替换，使用图案更为丰富、外形更加憨态的字母来设计。效果如右图所示，其具体的分析如下。

❶ 粗圆的字母形态

幼儿通常会表现出憨态可掬的模样，因此在设计中可以使用较为粗圆的字体，由于粗圆的字体具有较宽的笔画，可以表现出幼儿圆润可爱的特点。

❷ 更可爱、复杂的图案填充效果

由于字母的笔画变粗的，因此在使用图案填充时会显示出更多区域的图案填色效果，在图案的设计上可以将其复杂化，添加更多可爱的设计元素，如花朵、波浪线等，让图案填充的效果显得更加精致，丰富画面的表现，展示出完美的设计效果。

9.4.3　知识拓展

在 Illustrator 中可以使用自定义的图案来对图形进行填充，在编辑的过程中需要对“图案选项”面板进行设置，并实时观察图案填充后的效果，接下来就对“图案选项”面板中的选项来进行深入了解。

在“图案选项”面板中完成图案名称的设置后，接着就需要确定“拼贴类型”选项了，该选项用于选择如何布置拼贴的布局，在其下拉列表中包含了 5 种不同的拼贴类型，用于控制单元图案之间的组合形式，具体说明如下：

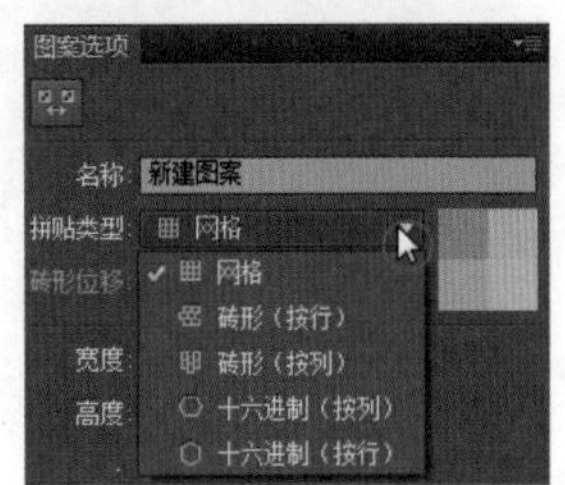

网格：每个拼贴的中心与相邻拼贴的中心均为水平和垂直对齐。

砖形（按行）：拼贴呈矩形，按行排列，各行中的拼贴的中心为水平对齐，各替代列中的拼贴的中心为垂直对齐。

砖形（按列）：拼贴呈矩形，按列排列，各列中的拼贴的中心为垂直对齐。

十六进制（按列）：拼贴为六角形，按列排列，各行中的拼贴的中心为垂直对齐。

十六进制（按行）：拼贴呈六角形，按行排列，各行中的拼贴的中心为水平对齐。各替代行中的拼贴的中心为垂直对齐。

下图所示为不同拼贴类型下的图案填充预览效果。

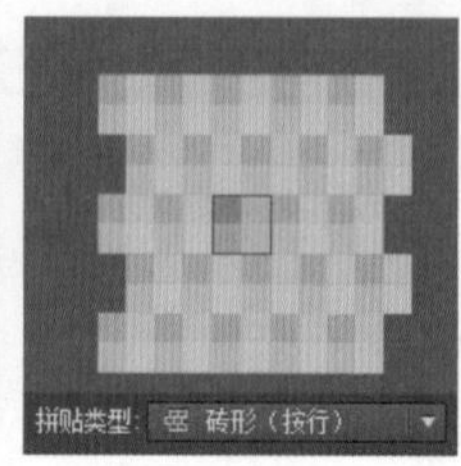

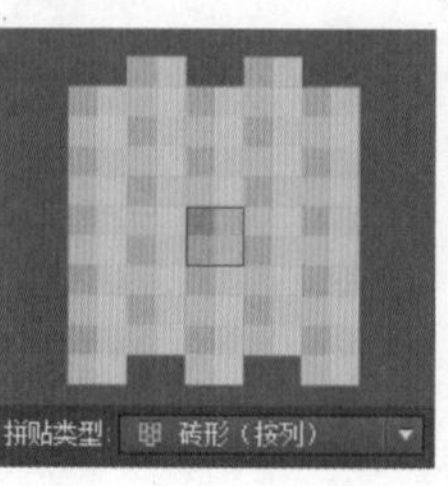

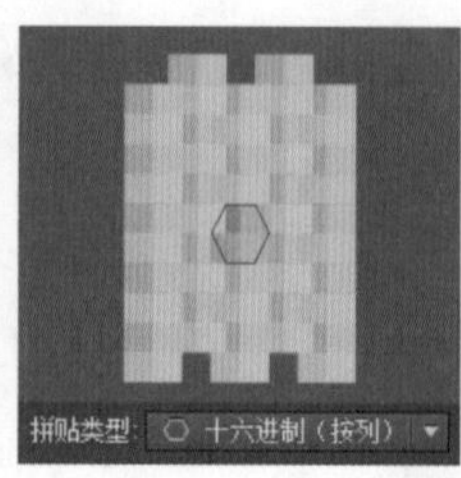

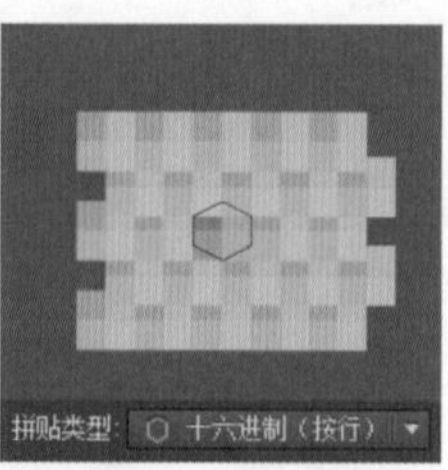

在“图案选项”面板中还包含了其他的多个选项，通过这些选项可以对拼贴图案的大小、边界、预览显示的图案份数等进行设置，使得图案填充的自定义效果更加精确，具体每个选项的作用如下：

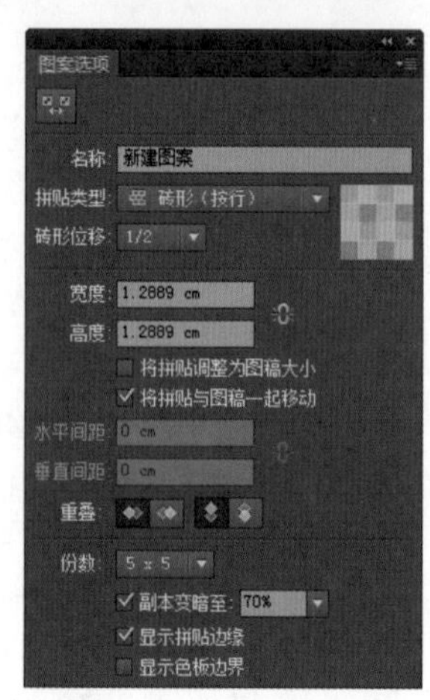

砖形位移：适用于“砖形（按行）”和“砖形（按列）”拼贴类型，用于确定相邻行中的拼贴的中心在垂直或水平对齐时错开多少拼贴宽度。

宽度 / 高度：指定拼贴的整体高度和宽度，可以选择小于或大于图稿高度和宽度的不同的值。当设置大于图稿大小的值，会使拼贴变得比图稿更大，并会在各拼贴之间插入空白；当设置小于图稿大小的值，会使相邻拼贴中的图稿进行重叠。

将拼贴调整为图稿大小：勾选该复选框，可将拼贴的大小收缩到当前创建图案所用图稿的大小。

将拼贴与图稿一起移动：勾选该复选框，可以确保在移动图稿时拼贴也会一并移动。

水平间距 / 垂直间距：在相邻的拼贴之间留出空白。

重叠：当相邻拼贴重叠时，确定哪个拼贴显示在前面。

份数：确定在修改图案时，有多少行和列的拼贴可见。

副本变暗至：确定在修改图案时预览的图稿拼贴副本的“不透明度”参数数值。

显示拼贴边缘：在拼贴周围显示一个框。

显示色板边界：显示在创建图案时重复的图案部分。

课后练习

插图是世界通用的图画语言，其设计在商业应用上通常分为人物、动物和商品形象。绘制不同内容或风格的插画，其创作的侧重点也是不同的，接下来就通过儿童插画和美女插画的绘制来进行分析。

↘ 习题01：儿童插画

素　材：随书光盘\课后练习\素材\09\01、02.jpg
源文件：随书光盘\课后练习\源文件\09\儿童插画.psd

儿童插画是一个充满奇想与创意的世界，每个人都可以借由自己的画笔尽情发挥个人独特的想象力。下图所示为将儿童形象与猫咪矢量图组合在一起创造的儿童插画，画面中色彩艳丽、造型可爱。

❶ 在 Illustrator 中绘制出猫咪的形状；

❷ 抠取宝贝照片并将其与猫咪组合在一起；

❸ 调整画面的颜色，为画面中添加上所需的文本，完善画面效果。

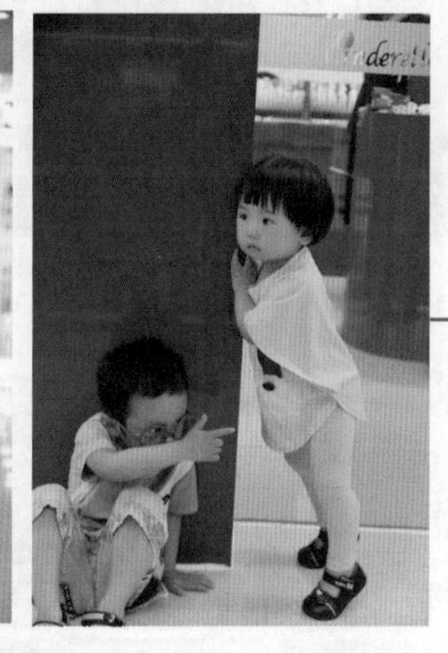

习题02：美女插画

素　材：随书光盘\课后练习\素材\09\03.jpg
源文件：随书光盘\课后练习\源文件\09\美女插画.ai

美女插画就是以女性为主要的表现对象，进行夸张或者美化修饰的一种插画。右图所示为使用孔雀形状的矢量图来对美女的头发和衣饰进行设计的作品，通过将真实的美女照片与虚构的孔雀花纹相互融合，搭配出一幅唯美个性的插画。

❶ 在 Illustrator 中绘制出 DVD 包装的大致外形；

❷ 在 Illustrator 中绘制出孔雀形状并使用混合模式叠加；

❸ 为画面中添加文字。

“本质上来看，这些都是交易危机，整个体系都以交易利润为中心，而交易利润基本上就是向未来的借款，当这些资金需要偿还的时候，就会导致危机。”
罗伯特·斯特
埃兹拉·克莱
戴维斯·奥什
保罗·克莱斯
ISBN 988-9-9999-2222-2
定价：39.00元
IS SILENT
HUGE SECRET
无声的秘密
现代生活最佳启示录
某某出版社·MOUMOU
IS SILENT
HUGE SECRET
URBANLIFE
2015
无声的秘密
现代生活最佳启示录
《某某时报》《某某某邮报》重磅推荐
某某某经济学奖得主罗伯特·斯克斯强烈推荐
迄今为止对都市生活本质最深刻的解读
全面回顾历史上最重要的金融危机
某某出版社·MOUMOU

第 10 章

书籍装帧

书籍装帧设计是指完成从书籍形式平面化到立体化的过程，包含了书籍的开本、装帧形式、封面、腰封、字体、版面、色彩，以及纸张材料、印刷、装订及工艺等各个环节的艺术设计和加工处理，在设计中需要把握好图形、文字、色彩和布局，根据书籍内容来安排整个书籍外形的创作，只有面面俱到才能设计出精彩的作品。

在本章中主要使用了3个案例对书籍封面、封底和书脊进行了创作，即根据不同类型的书籍，使用了3种不同风格对作品进行设计，其中包含了金融类书籍、儿童图书和文学类书籍的设计。在具体的创作过程中，对于金融类的书籍使用了较为沉稳的色彩和具有代表意义的图形来进行修饰；在儿童书籍的设计中则采用了色彩缤纷的卡通形象来表现；对于文学类的书籍则是通过复古怀旧的色调和元素来进行创作。接下来就让我们一起进入书籍装帧的学习中吧。

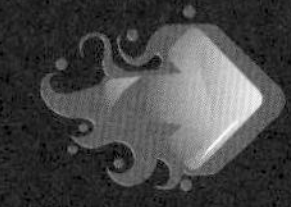

10.1 与书籍装帧设计相关

书籍装帧设计是书籍造型设计的总称，一般包括选择纸张，确定开本、字体、字号和设计版式，决定装订方法以及制作和印刷方法等，是视觉传达设计的一种手法。

10.1.1 书籍装帧设计所包含的内容

书籍的封面是一本图书外观的首要表现内容，它可以反应出书籍的思想、性质，并起到保护书籍的作用。一个优秀的书籍封面设计可以给读者提供美的享受，书籍的封面主要包括书名、编著者名、出版社名等文字说明，以及图像图形、颜色及构图的展示，这是针对封面的整体效果而言的。

从书籍装帧的角度来说，其书籍装帧设计主要包括封面、封底、书脊设计，精装书还有护封设计等。

封面和封底的设计

对于封面、封底设计可以采取完全相同或大体相同的设计方式，书籍的封面和封底将集中地体现书籍的主题精神，它是书籍装帧设计的一个重点。

封面的形式要素包括了文字和图形两大类，封面和封底的设计都需要突出主体形象，从构思到表现都讲究一种写意美。右图所示为对书籍封面和封底设计的具体分析。

封底：使用与封面相同的设计元素进行创作，并添加上必要的书籍信息，如价格、条形码等。

封面：使用与书籍内容相匹配的设计元素对封面进行创作，并添加上书籍名称、作者名、出版社名。

书脊：将书籍名称和重要的书籍信息放在一起，并添加上出版社名称，同时搭配合理的色彩。

书脊设计

书脊设计在较厚的书籍上体现得较为明显，它用合理的方式对文字进行排列，配合点、线、面和图形进行设计并与封面形成呼应，有的书脊设计甚至将其与封面连接在一起，以突显出个性。上图所示为案例中书脊设计的效果。

护封设计

对于精装的书籍，经常还有护封，既能对图书起到保护作用，同时也是一种特殊的宣传手段，还是一种小型广告。护封分全护封跟半护封，半护封的高度只占封面的一半，包在封面的腰部，故称为书腰，用来登载书籍广告和有关图书的一些内容事项，同时也起着装潢作用。

10.1.2 书籍装帧设计的注意事项

书籍装帧设计融入了艺术、科技、经济、文化等多种学科为一体，已不再是对书籍内容的简单重复和表现，而是在设计中最大限度地取得主动权，发挥独创性，进而去进行新的开拓与尝试。那么在进行书籍装帧设计中需要注意些什么呢？接下来就让我们一起来探讨一下，如下图所示。

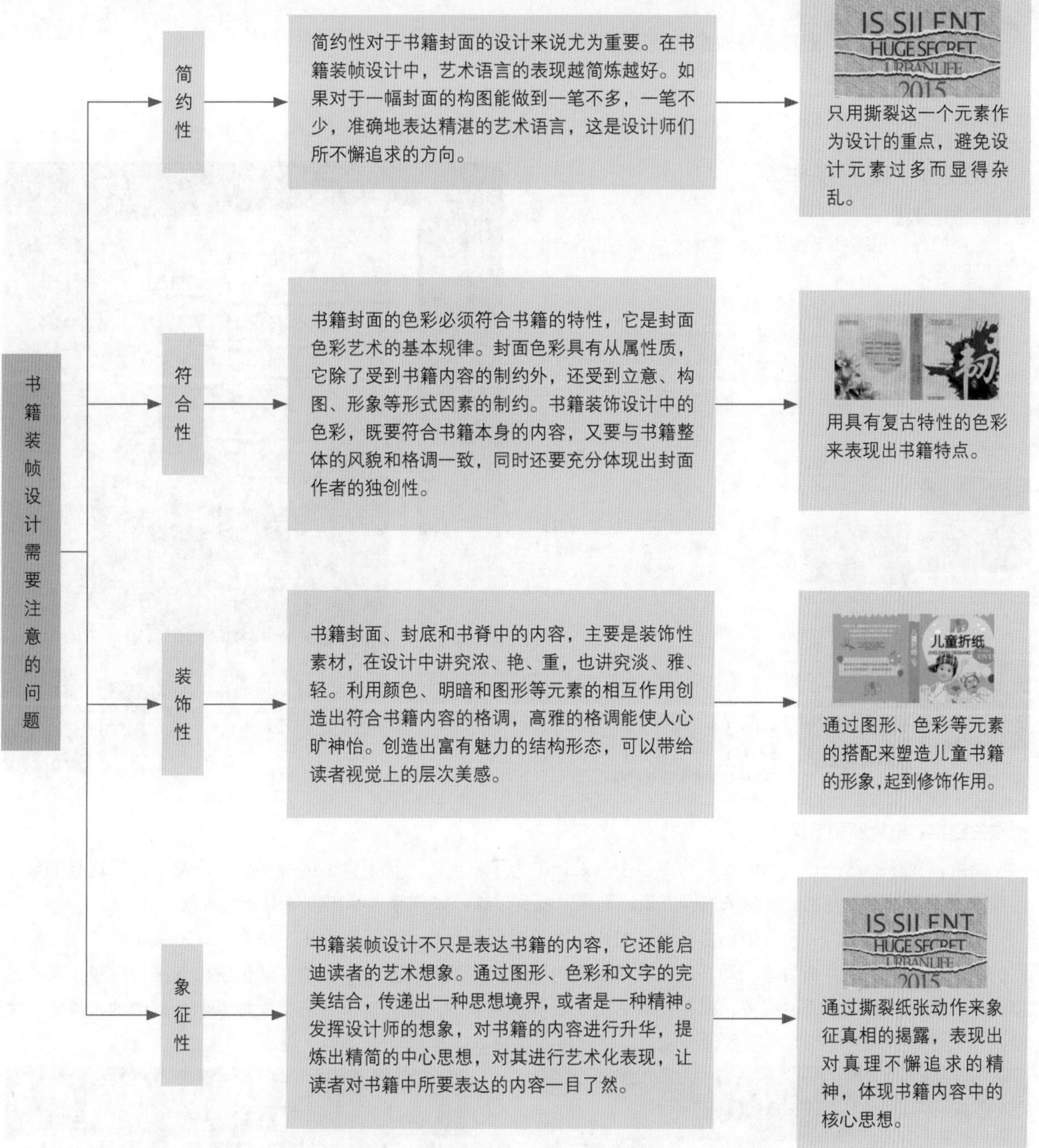

通过上述的观点可以看出，书籍装帧设计的主要艺术技巧就是将立意、构图、色彩这 3 大要素进行融合，寻找它们之间的相互联系，对其进行综合体现，使其浑然一体，这样才能创作出别具风格的书籍装帧设计作品，为书籍添彩生辉。

10.2 变形路径模拟撕裂效果——任意变形工具

源文件：随书光盘\源文件\10\变形路径模拟撕裂效果.psd

10.2.1 案例操作

设计思维进化图

本例的设计思路如下图所示，最终效果如右图所示。

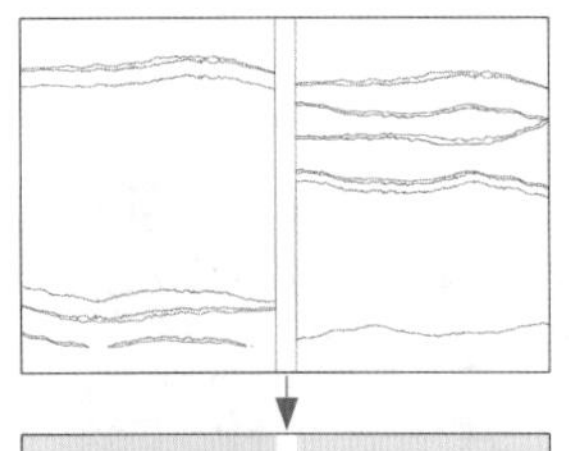

利用自然撕裂的纸质边缘的图像作为设计中的重要元素，在Illustrator中对书籍的封面和封底进行大致布局。

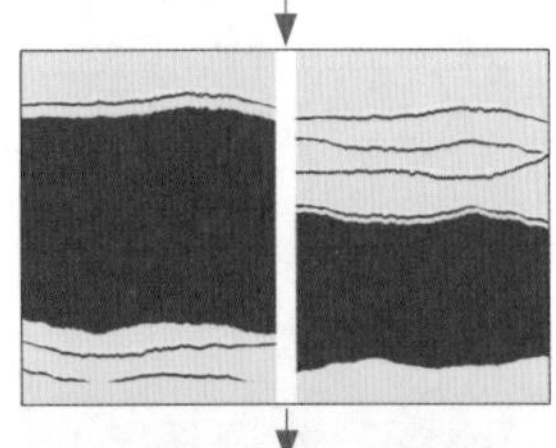

通过Illustrator中的绘图工具和路径变形工具绘制出自然的撕裂效果，并应用“投影”样式使其呈现出立体效果。

通过添加文字等方式来完善书籍封面和封底中的内容，使用计划中的色彩搭配来对文字进行填色。

创作关键字：纸片撕裂效果

撕纸，实际上是一个动态的效果，在很多的设计中为了表现出一种视觉上的神秘感，通常会使用这样的设计元素来对主题对象或者主题思想来进行表现，利用“撕裂”这一动作来展示出主体对象的本质。

本例中是为书名为《无声的秘密》图书设计的书籍封面和封底。为了表现出“秘密”这一关键词，在设计初期的构想中采用了纸片撕裂这一动态的效果来表现对秘密的探索和发掘，不仅能打破传统设计画面中较为扁平的空间感，给书籍封面增添曲线美，而且还营造出一股神秘的氛围，这样的设计安排既能点明主题中的“秘密”关键词，又能为书籍外观带来强烈的设计感，增强读者对书籍的兴趣。

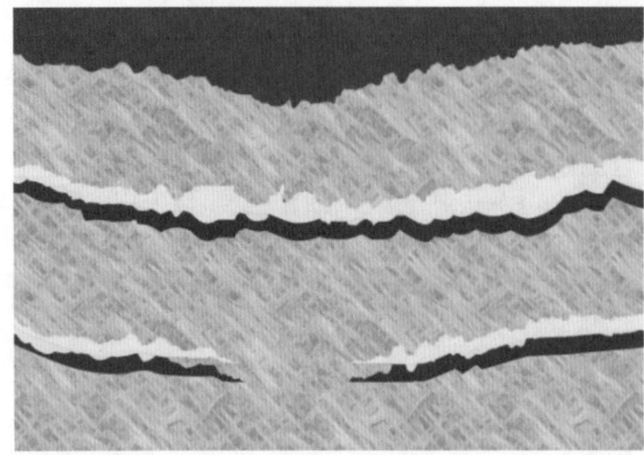

在书籍中使用了大量纸片撕裂的痕迹作为封面的修饰，表现出秘密破茧而出、层层揭示的效果，让书籍的主题表现更加清晰。如上图所示。

在书籍封面中的主题文字设计中，将撕裂的形象与文字相互结合，利用一种动态的视觉效果来对封面的元素进行展示，有点题的作用。如上图所示。

色彩搭配秘籍：肤色、贝色、暗矿蓝

肤色和贝色是两个较为相似的色彩，它们之间在明度和纯度上存在少许差别，在本例的设计中使用这两个颜色进行搭配使用，可以增强设计元素之间的层次感。此外，在设计中还大量应用了暗矿蓝进行搭配，由于暗矿蓝是一种明度较低、纯度较低的颜色，因此容易给人一种稳重的感觉。如右图所示。

在本例的色彩搭配中，通过上述三种颜色的巧妙应用来让画面营造出沉重感，制造出坚毅、强烈的视觉感，与书籍内容的主要思想相互一致，具有很强的视觉效果。

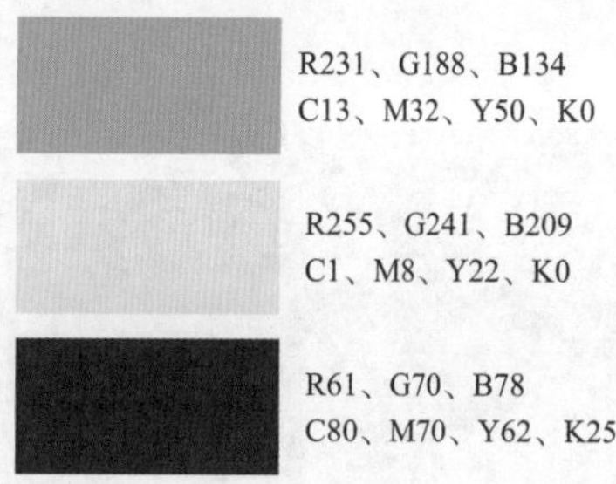

软件功能应用提炼

Illustrator 功能应用

❶ 用“矩形工具”绘制出书籍上的各个主要部分；

❷ 通过“褶皱工具”和“直接选择工具”对绘制的路径进行变形处理；

❸ 为绘制的褶皱条应用“投影”样式。

Photoshop 功能应用

❶ 使用“魔棒工具”将书籍中的对象添加到选区；

❷ 通过“图案填充”图层叠加纹理；

❸ 用“黑白”调整图层为局部图像进行调色；

❹ 利用“色阶”调整图层增强纹理的层次。

实例步骤解析

在本例的制作过程中，先在 Illustrator 中绘制出书籍封面和封底上的图形，并添加上所需的文字，接着在 Photoshop 中为其叠加上纹理效果，增强书籍装帧的质感，其具体的操作如下。

01 绘制出书籍表面的图形并添加文字

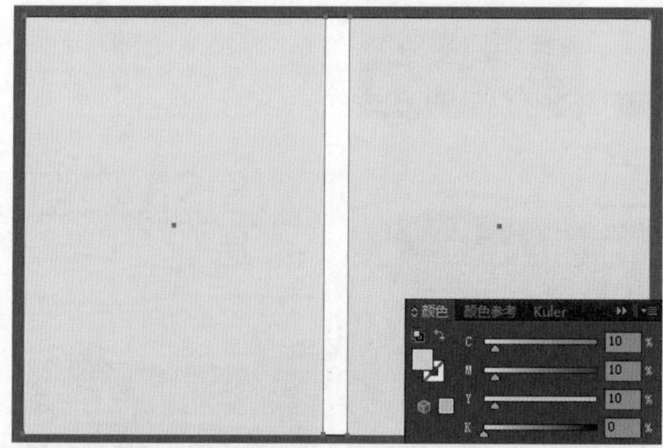

01 绘制封面和封底的背景 启动Illustrator CC程序，在其中新建一个文档，使用“矩形工具”绘制出书籍的封面和封底，并在“颜色”面板中填充上适当的颜色。如上图所示。

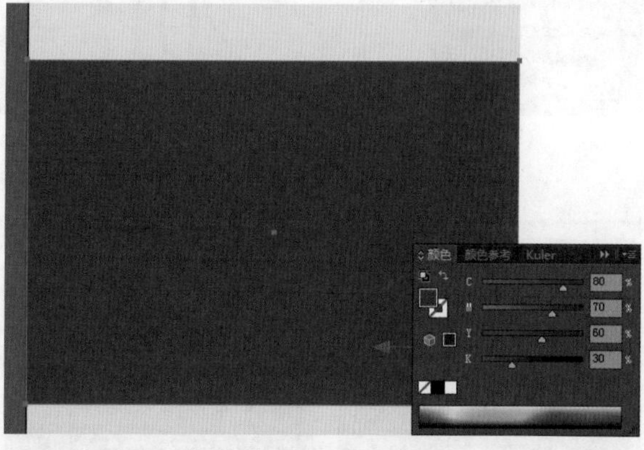

02 绘制矩形 使用“矩形工具”再次绘制一个矩形，填充上C80、M70、Y60、K30的颜色，无填充色，将其作为封底上的修饰图形。如上图所示。

03 使用“褶皱工具”对图形进行变形 将上一步中绘制的矩形选中，选择工具箱中的“褶皱工具”，在该矩形的边缘上单击一下，Illustrator会根据鼠标单击的位置对路径进行随机地效果变形，使其呈现出自然的褶皱效果。然后用“变形工具”调整图形的外形，将编辑后的图形放在书籍封底的中央位置。如左图所示。

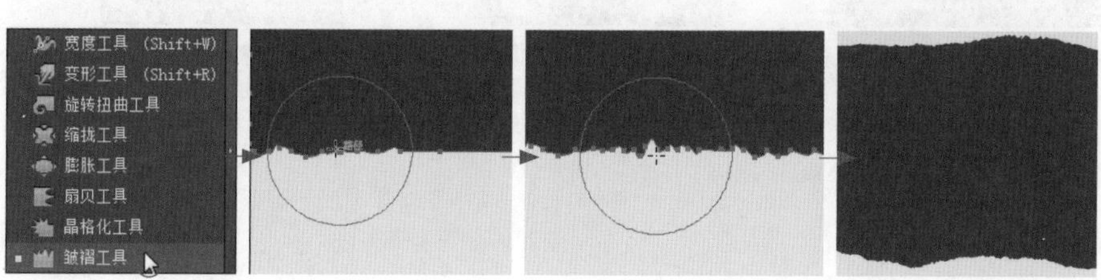

04 **制作其他的褶皱图形** 使用与步骤02和步骤03相同的方法，绘制出封面上的修饰图形，如果在编辑的过程中对矩形的左右两侧进行了变形，可以通过使用“路径查找器”面板中的功能将左右两侧制作成平滑的路径。如左图所示。

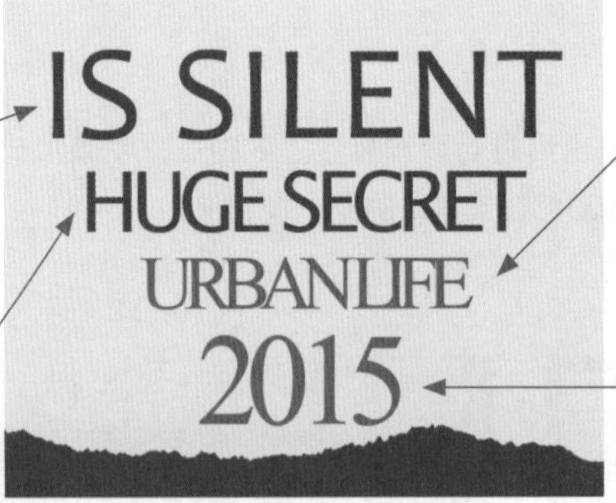

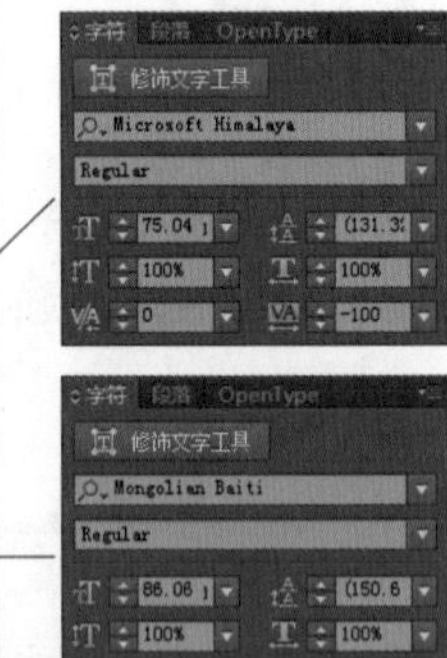

05 **添加文字** 选择工具箱中的“文字工具”，在画板中适当的位置上单击并输入所需的文字。打开“字符”面板，分别对文字的字体、字号、字间距等文字属性进行设置，按照一定的顺序对文字进行排列。如左图所示。

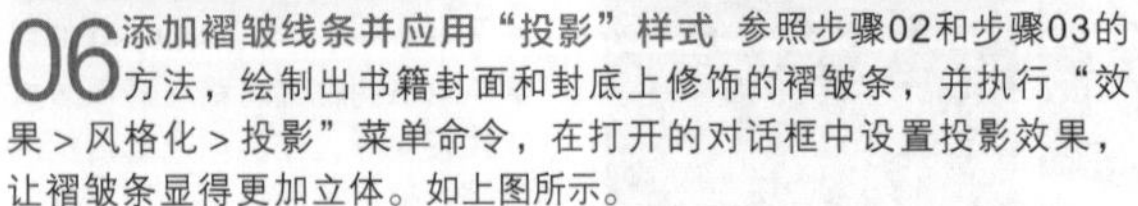

06 **添加褶皱线条并应用“投影”样式** 参照步骤02和步骤03的方法，绘制出书籍封面和封底上修饰的褶皱条，并执行“效果＞风格化＞投影”菜单命令，在打开的对话框中设置投影效果，让褶皱条显得更加立体。如上图所示。

07 **添加书名和封底文字** 选择“文字工具”，在适当的位置添加上书名和封底的文字，并分别为其填充上适当的颜色，同时用“字符”面板设置文字的属性。如上图所示。

08 制作条形码　选择工具箱中的“矩形工具”绘制出条码，并填充上黑色，接着使用“文字工具”输入所需的文字和数字，将文字、数字和矩形条进行一定组合，制作出封面底部的条形码。在画板中可以看到编辑后的效果，如上图所示。

09 存储文件　完成条形码的绘制后，对书籍封底和封面中的设计元素进行美化和完善。接着执行“文件＞存储”菜单命令，在“Illustrator选项”对话框中设置选项，并在“存储为”对话框中设置文件存储的位置、名称和格式，将编辑完成的文件存储为AI格式。如上图所示。

02　在Photoshop中为书籍封面添加纹理

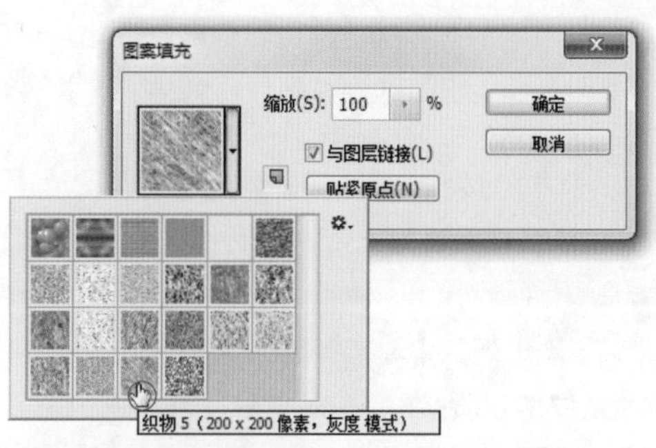

01 将AI文件置入Photoshop中　在Photoshop中创建一个新的文件，接着将编辑完成的AI文件置入Photoshop中，并适当调整文件的大小，在“图层”面板中可以看到自动生成了一个智能对象图层。如上图所示。

02 创建图案填充图层　通过“图层”面板下方的“创建新的填充或调整图层”按钮创建一个新的图案填充图层，在打开的“图案填充”对话框中选择“织物5”图案，并设置“缩放”为“100%”，完成后单击“确定”按钮。如上图所示。

03 编辑图层蒙版　将书籍空白处的浅色图像选中，接着反向选区，将背景色设置为黑色，对图案填充图层的蒙版进行编辑，再在“图层”面板中对图案填充图层的属性进行调整。如上图所示。

04 对区域图像的层次和颜色进行调整　将图案填充图层蒙版中的图像载入到选区，并对选区分别创建色阶和黑白调整图层，在打开的“属性”面板中对局部图像的层次和颜色进行调整。在图像窗口中可以看到编辑后的效果，如上图所示。

05 调整褶皱条的颜色 将褶皱条添加到选区中，为其创建黑白调整图层，并勾选“属性”面板中的“色调”复选框，更改褶皱条的颜色。如上图所示。

06 创建图案填充图层 将图像窗口中较暗部分的背景添加到选区中，为其创建图案填充图层，并设置该图层的混合模式为“差值”，“不透明度”为“5%”，完成本例的编辑。如上图所示。

10.2.2 对比分析

右图所示为本例制作完成的效果，在制作的过程中通过在Illustrator中绘制锯齿的图形来表现纸张撕裂的效果，再在Photoshop中利用图案叠加来增强画面的质感，由此打造出具有稳重视觉效果的书籍装帧设计，其具体分析如下。

❶ 撕裂的纸张作为设计元素

在书籍的封面设计中，使用大量的撕裂图形作为素材，分别挡在文字上进行遮盖，表现出现实中动态撕裂的视觉效果。

❷ 利用底纹增强质感

为了让画面产生一定的质感，在后期的编辑中还对大面积的单一色彩区域添加上了底纹效果，展示出丰富的材质，使得设计画面更加精致。

或许，这样也可以……

在本例设计中是采用撕裂的纸张作为主要的创作元素来进行案例制作的，但是在实际的创作过程中读者可以自由发挥想象，打造出更多不同效果的书籍封面。

右图所示为根据纸张撕裂效果为构思来重新设计的效果，在制作的过程中对设计元素和画面的色彩搭配都进行了重新安排，赋予了画面全新的设计感和视觉感，表现出大气、精致的感觉。

❶ 全新的配色

在色彩的搭配上显得更为灵活，通过黑色和暗红色的搭配来表现画面，并利用贝色和肤色进行辅助调配，给人更加强烈的视觉冲击力，展示出力量感。

❷ 倾斜的设计元素

将撕裂的图形按一定角度进行倾斜，通过倾斜的方式来表现出动态的感觉，为画面营造出更加强烈的空间感和层次感，具有引导视线的作用。

↘ 10.2.3　知识拓展

- 宽度工具 (Shift+W)
- 变形工具 (Shift+R)
- 旋转扭曲工具
- 缩拢工具
- 膨胀工具
- 扇贝工具
- 晶格化工具
- 皱褶工具

使用Illustrator中的任意变形工具或“效果>变形”菜单中的命令，可以将对象、组、文本块和实例进行变形，实现变形、旋转、倾斜、缩放或扭曲等操作。在变形操作期间，可以更改或添加选择内容。

在进行变形操作的过程中，在所选元素的中心会出现一个变形点，变形点最初与对象的中心点对齐，可以移动变形点，将其返回到它的默认位置以及移动默认原点。对于缩放、倾斜或者旋转图形对象、组和文本块，默认情况下，被拖动的点就是原点，原点的位置会对变形的效果产生影响。

在 Illustrator 中包含了多种任意变形工具，单击“宽度工具”，展开该工具的工具组，可以看到右图所示的工具列表，在其中有“变形工具”“旋转扭曲工具”和“缩拢工具”等。

任意变形工具组中的每个工具都会以不同的方式进行变形，下图所示为使用不同变形工具对矩形进行变形编辑后的效果，其中除了“变形工具”是向下拖曳鼠标以外，其余的变形操作均为按住鼠标左键数秒后再释放的结果。

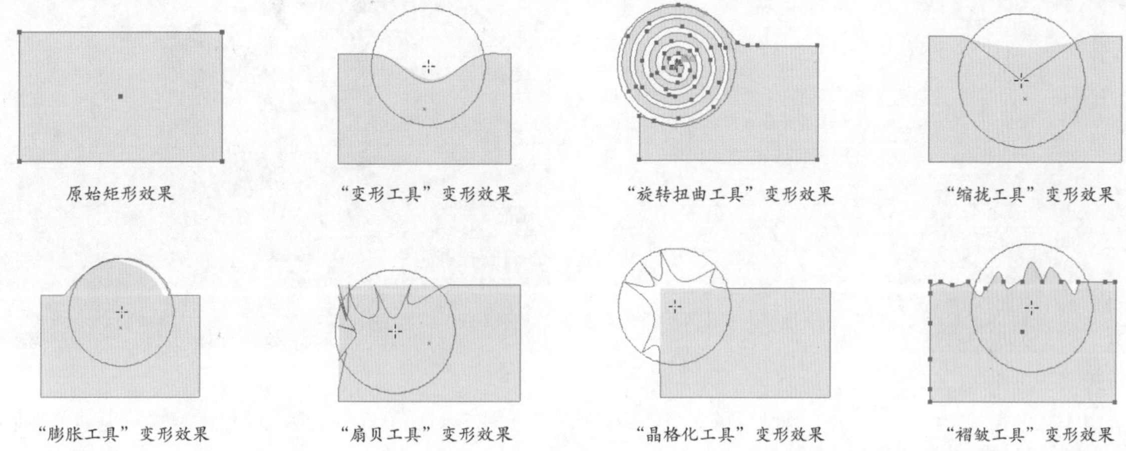

原始矩形效果　“变形工具”变形效果　“旋转扭曲工具”变形效果　“缩拢工具”变形效果

“膨胀工具”变形效果　“扇贝工具”变形效果　“晶格化工具”变形效果　“褶皱工具”变形效果

在 Illustrator 中对选定的对象进行扭曲变形时，可以拖动边框上的角手柄或边手柄，移动该角或边，然后重新对齐相邻的边。在按住 Shift 键的同时拖动角点可以将扭曲限制为锥化，即该角和相邻角沿相反方向移动相同距离，相邻角是指拖动方向所在的轴上的角。在按住 Ctrl 键的同时单击拖动边的中点，可以任意移动整个边。

此外，还可以使用“扭曲”子菜单中的命令来完成图形的扭曲操作，当用户执行“效果>扭曲和变换”菜单命令后，可以看到相关的命令，如下面的左图所示。

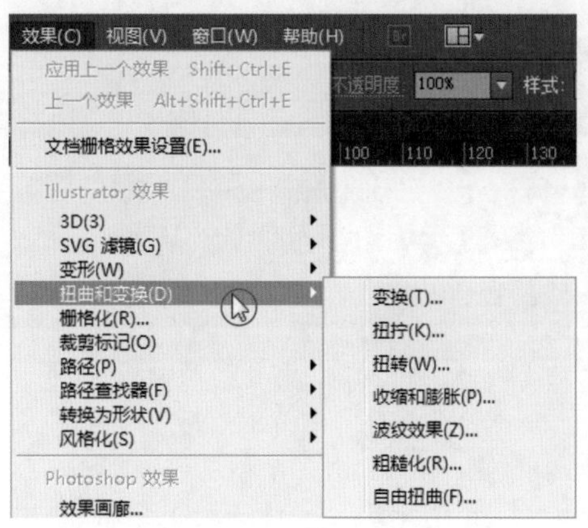

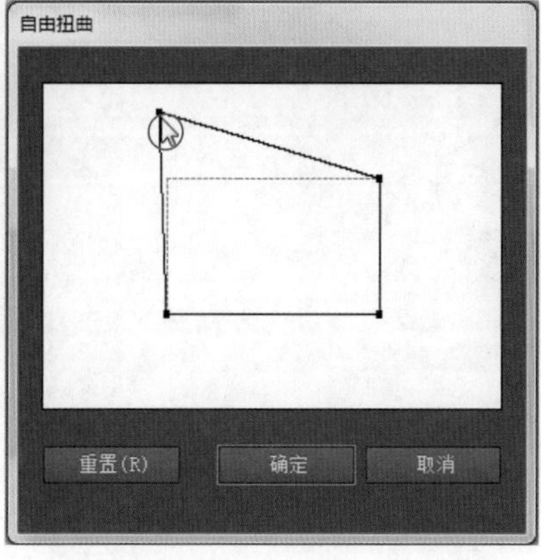

选择不同的命令，可以打开相应的对话框来对扭曲的程度进行设置，如左图所示为选择“自由扭曲”命令后所打开的对话框设置效果。将鼠标指针放到某个变形手柄上然后拖动即可，单击“重置”按钮可以重新进行自由扭曲。

10.3 以生动的形象展现童真——图层蒙版的应用

素　材：随书光盘\素材\10\01、02.jpg
源文件：随书光盘\源文件\10\以生动的形象展现童真.psd

10.3.1 案例操作

设计思维进化图

本例的设计思路如下图所示，最终效果如右图所示。

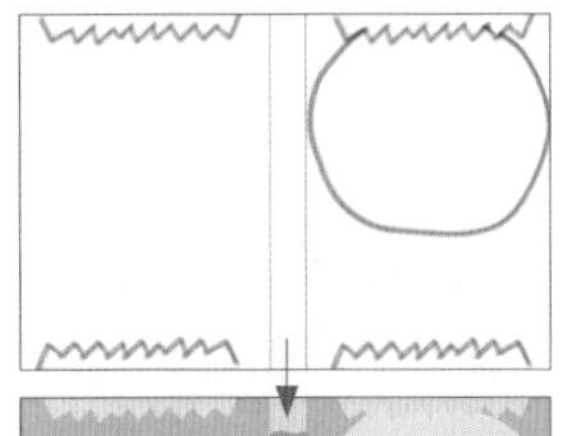

对书籍封面和封底中的设计元素进行安排、布局。

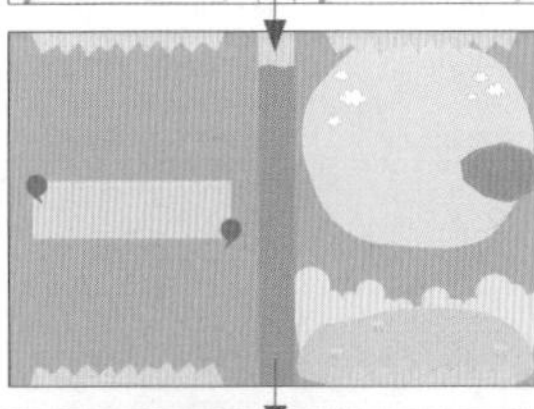

将书籍的封面设计为蓝天和草地，为封底添加对话框，并对各个设计元素进行完善。

为书籍的封面和封底添加上若干个折纸的动物效果，并绘制出儿童的形象。

创作关键字：夸张、生动

由于儿童类书籍具有知识性、趣味性的特点，所以对于此类书籍封面设计的表现形式就需要追求生动、夸张的效果。在本例的设计中就使用了位图和矢量图形相互结合的方式，来表现出儿童的天真，通过夸张的表现手法来吸引儿童的注意，给人以美的享受，同时能够培养儿童欣赏美、创造美的能力。

由于儿童类书籍封面设计内容广泛，题材多样，因此本例设计为了与“折纸”这个主要的创作中心相一致，在设计元素的安排中使用了大量的折纸动物来进行表现，运用抽象、夸张的绘画手法，让画面整体显示出明亮、鲜艳的感觉，给人以活泼、跳跃之感。

在书籍封面中使用绘制的矢量人物身体与位图的人物头部进行组合，利用夸张的手法表现儿童可爱、机灵的形象。如上图所示。

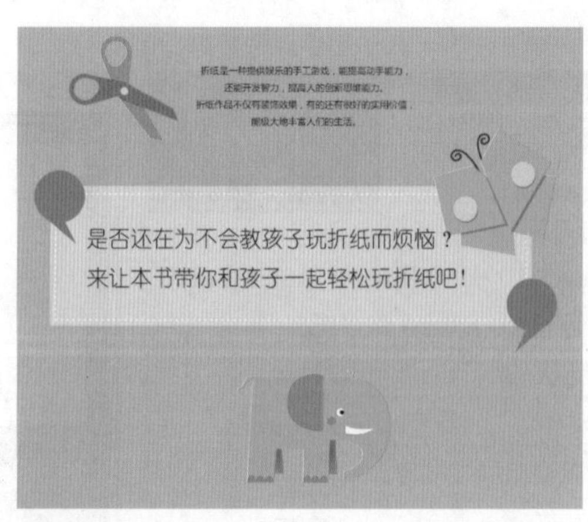

在书籍封面和封底的设计中，采用了大量外形可爱的折纸效果的矢量图形进行修饰，表现出书籍中生动的形象，具有点题的作用。如上图所示。

色彩搭配秘籍：粉蓝色、粉紫色、粉红色、粉黄色

儿童的主要心理特征是活泼、富有幻想，且喜欢新鲜事物。在设计儿童类图书封面的过程中，如果在同种明度和纯度的情况下，对颜色进行适当变化搭配，如浅粉色、浅蓝色、浅绿色等相配，就能很好地体现出儿童的特点。在本例的设计中，为了表现出儿童的童真，就采用了明度较高的颜色来进行表现，能够给人一种童真、活力的感觉。此外，儿童的性格较为单纯，用高纯度的黄、紫、红和蓝色来表现儿童的天真，能展现其美妙的内心世界，给人以清新、愉悦的视觉感受。如右图所示。

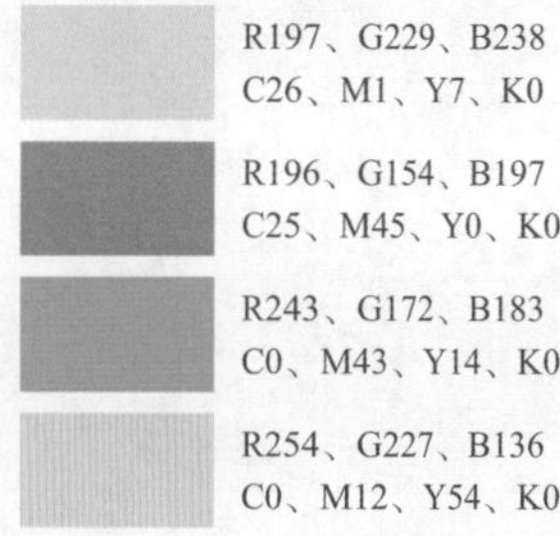

软件功能应用详解

Illustrator 功能应用

❶ 用“钢笔工具”绘制矢量图形；

❷ 在“描边”面板中为绘制的路径设置出虚线的描边效果；

❸ 用“添加锚点工具”“转换锚点工具”和“直接选择工具”绘制出逗号图形。

Photoshop 功能应用

❶ 使用“磁性套索工具”创建选区；

❷ 通过添加图层蒙版的方式对多余的图像进行遮盖；

❸ 使用“模糊工具”对人物的脸部皮肤进行处理；

❹ 使用“色阶”提亮人物的肤色。

实例步骤解析

在编辑过程中，本例先在 Illustrator 中绘制出书籍封面和封底上的折纸动物和卡通形象，接着在 Photoshop 中添加上位图人物，并利用“模糊工具”对人物进行磨皮处理，具体操作如下。

01　在Illustrator中绘制矢量图形

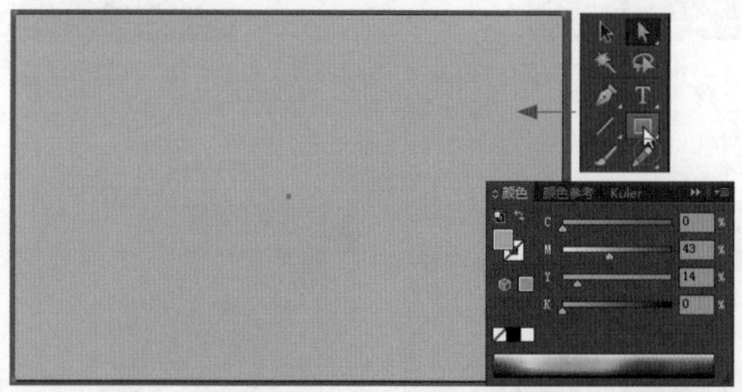

01 新建文件并绘制矩形 启动Illustrator CC应用程序，新建一个文档，在其中选择“矩形工具”，绘制一个矩形，在“颜色”面板中为其进行填色设置。如上图所示。

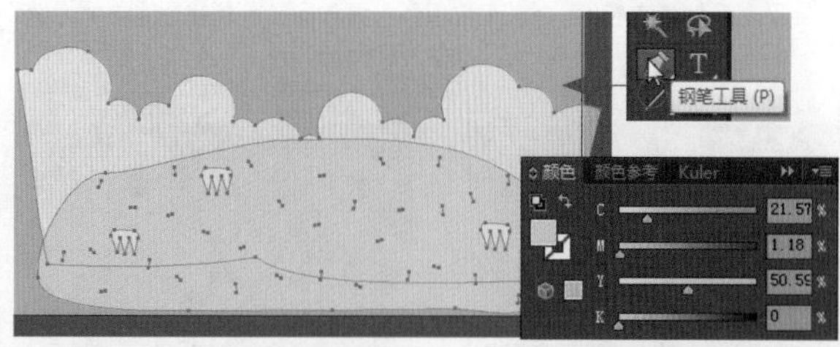

02 绘制草地 选择“钢笔工具”，在适当的位置绘制出草地图形，并填充上适当的颜色，将其作为书籍封面上的修饰图形。如上图所示。

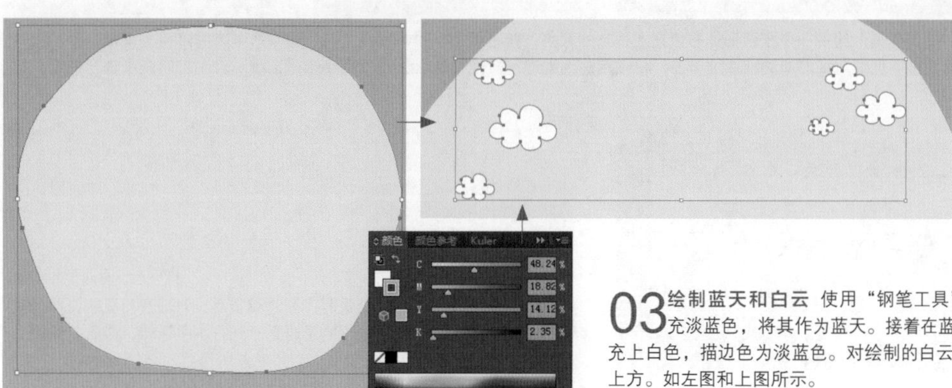

03 绘制蓝天和白云 使用“钢笔工具”绘制出一个图形，为其填充淡蓝色，将其作为蓝天。接着在蓝天图形上面绘制上白云，填充上白色，描边色为淡蓝色。对绘制的白云进行复制，放在蓝天图形的上方。如左图和上图所示。

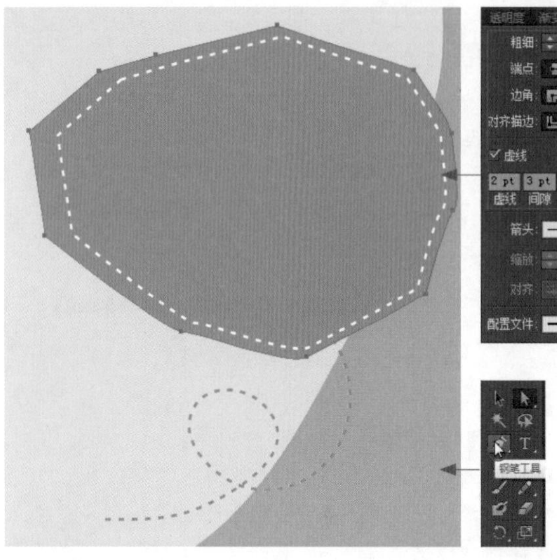

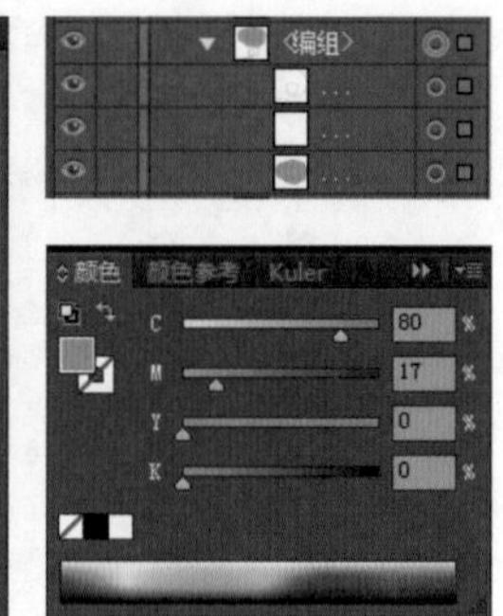

04 绘制对话框并设置“描边”面板 选择“钢笔工具”，绘制出对话框的图形，对其中的部分路径填充上适当的描边色，并且利用“描边”面板对描边的粗细进行设置，同时勾选“虚线”复选框，应用上虚线描边效果，最后对绘制的对话框路径进行编组。如上图和左图所示。

05 绘制矩形并降低不透明度 使用“矩形工具”绘制出一个矩形，为其填充上白色，无描边色，接着在“透明度”面板中设置矩形的“不透明度”为“41%”。如上图所示。

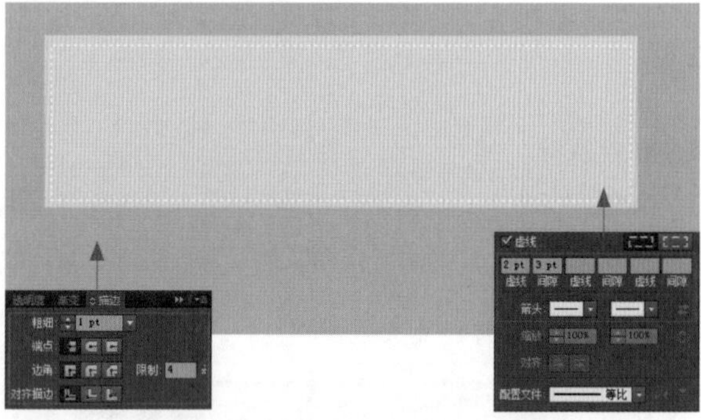

06 绘制矩形并用虚线描边 再次使用“矩形工具”绘制一个矩形，无填充色，描边色为白色，接着打开“描边”面板对描边的粗细、虚线选项等进行设置。如上图所示。

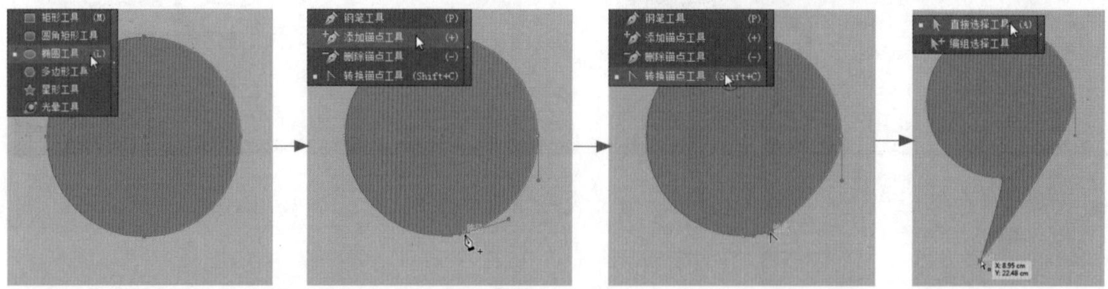

07 绘制逗号图形 使用“椭圆工具”绘制一个正圆形，并填充上适当的颜色，接着使用“添加锚点工具”在圆形下方的路径上单击，添加上一个锚点。然后使用“转换锚点工具”在添加的锚点上单击，将锚点的类型进行转换，最后使用“直接选择工具”对添加的锚点进行拖曳，编辑出逗号的图形。如上图所示。

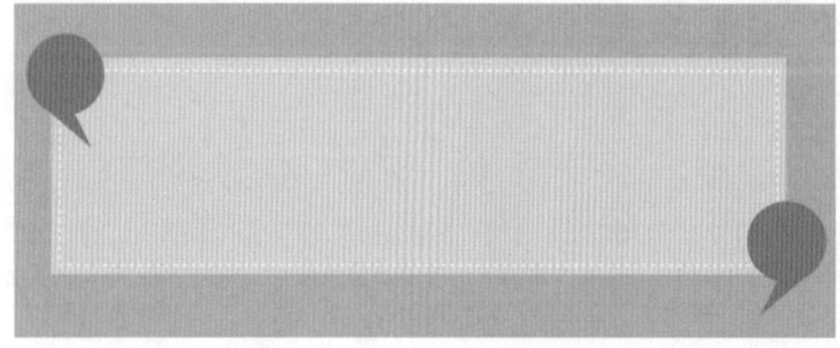

08 复制逗号图形 完成逗号图形的编辑后，对其进行复制，并使用“镜像工具”对复制后的逗号图形进行水平翻转，最后将编辑后的两个逗号图形放在适当的位置上。如左图所示。

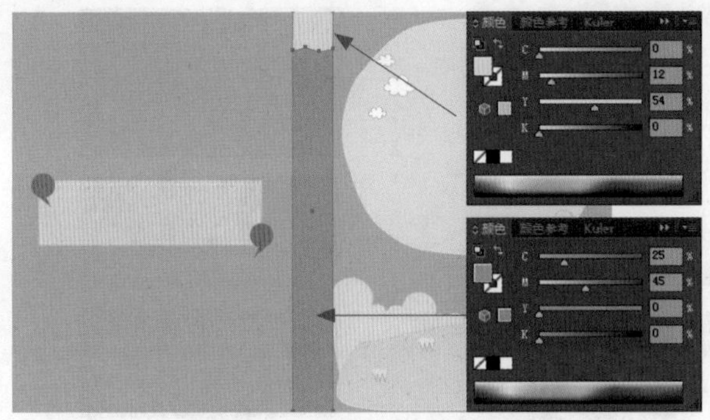

09 绘制书脊上的图形 使用“矩形工具”和“钢笔工具”绘制出书脊上的图形，并且打开“颜色”面板为其填充上适当的颜色，无填充色。接着将其放在中间位置，并对前面绘制的图形进行位置调整。如上图所示。

10 绘制锯齿图形 使用“钢笔工具”绘制出锯齿的图形，填充上淡黄色，无描边色。接着对绘制的锯齿图形进行复制，将其分别放在书籍封面和封底的上下两个位置。如上图所示。

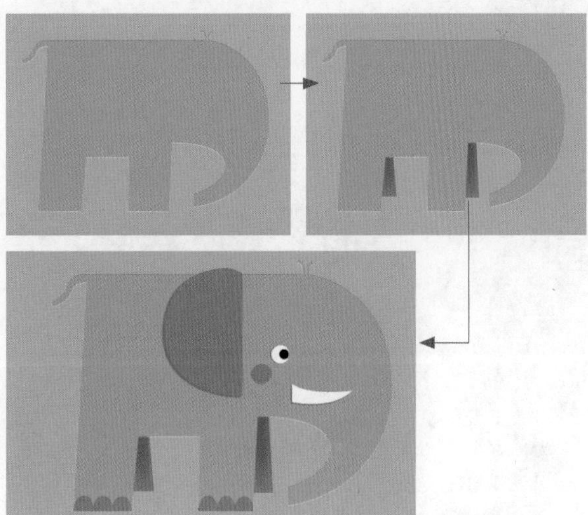

11 绘制儿童的形象 绘制出儿童的形象，可以根据个人喜好进行绘制，或者通过置入素材的方式完成儿童形象的添加，将儿童图形放在草地图形的上方。如上图所示。

12 绘制大象折纸效果 使用“钢笔工具”先绘制出大象折纸的外形，并填充上渐变色，最后对各个细节进行修饰。如上图所示。

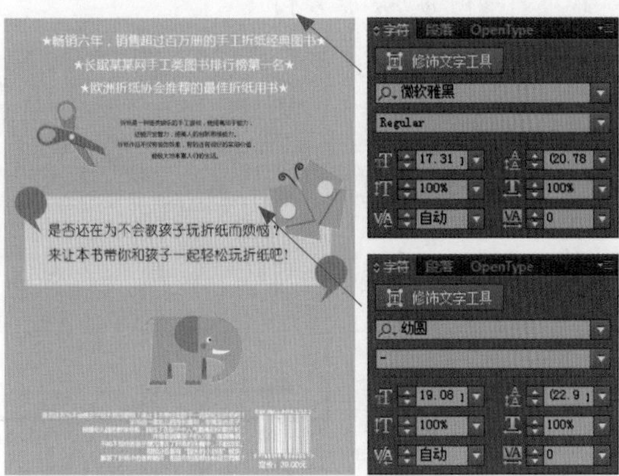

13 绘制其余的折纸动物 参照前面绘制大象折纸图形的风格，绘制出其余的折纸动物，将每个折纸动物放在书籍封面和封底的不同位置，并且填充上与整个画面色彩相互搭配的颜色。如上图所示。

14 为封底添加文字 使用“文字工具”为书籍的封底添加上文字，填充上黑色和白色，用“字符”面板设置属性。如上图所示。

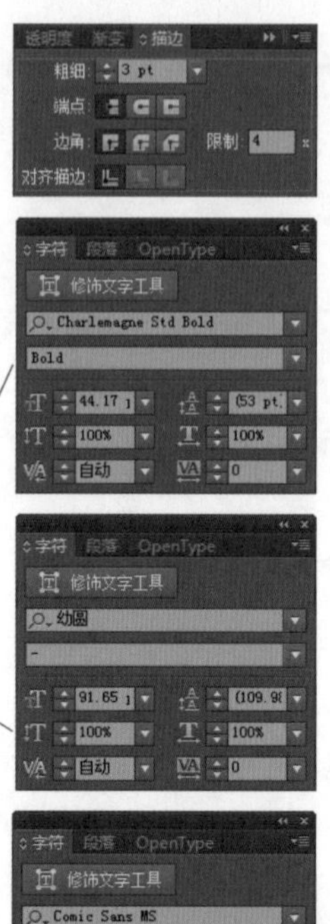

15 添加书籍名称 用“文字工具”为书籍的封面和书脊添加上文字，并为书籍封面上的书名添加上“3pt”的描边，分别为添加的文字填充上黑色和白色，并打开“字符”面板对各个文字设置相应的属性。在画板中可以看到文字编辑后的效果，最后将文件存储为AI格式。如上图和左图所示。

02 在Photoshop中添加儿童素材

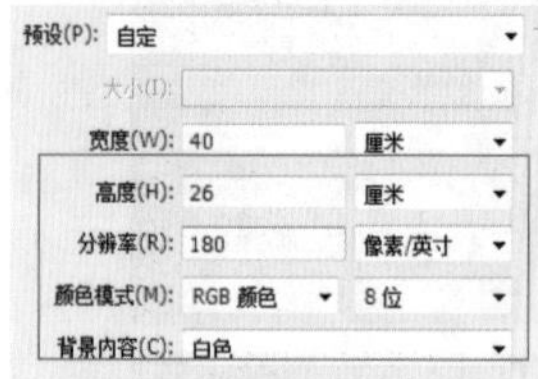

01 在Photoshop中新建文件 运行Photoshop CC应用程序，在其中执行“文件>新建”菜单命令，在打开的对话框中对文件的宽度、高度和分辨率等进行设置，在Photoshop中创建一个新的文档。如上图所示。

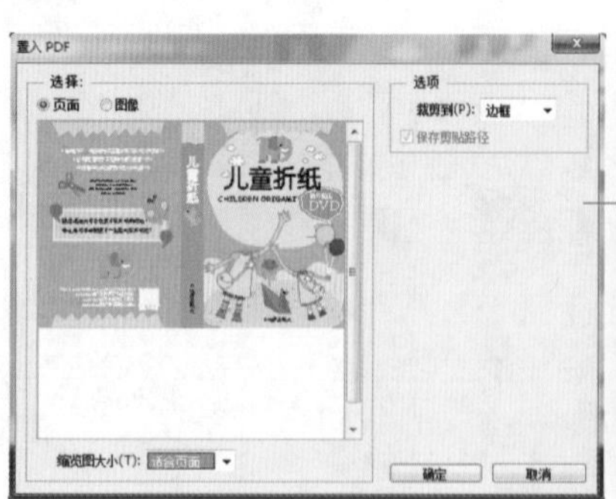

02 置入AI文件 执行“文件>置入”菜单命令，在打开的对话框中选择绘制完成的AI文件，接着将其置入到PSD文件中。在图像窗口中适当调整图像的大小，在“图层”面板中可以看到添加了一个智能对象图层。如上图所示。

03添加男孩图像并用蒙版将其抠取出来 新建一个图层，得到“图层1”图层，将“随书光盘\素材\10\01.jpg”文件复制到其中，接着使用“磁性套索工具”创建选区，将人物的头部抠选出来，使用图层蒙版对多余的图像进行遮盖，并适当调整男孩图像的位置。如左图所示。

04复制图层并应用蒙版 复制“图层1”图层，得到“图层1拷贝”图层，将该图层中的蒙版直接应用到图层中，得到一个没有图层蒙版的图层。如上图所示。

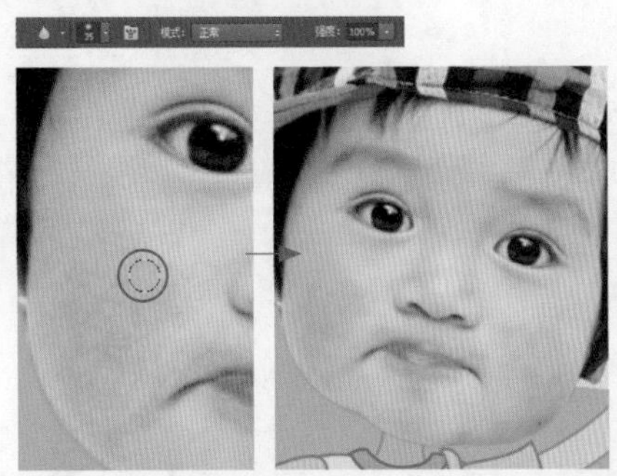

05使用“模糊工具”柔化皮肤 选择工具箱中的“模糊工具”，在该工具的选项栏中设置选项。接着使用鼠标在男孩脸部上进行涂抹，对皮肤进行柔化处理，使其更加光滑。如左图所示。

06添加女孩素材 新建一个图层，得到“图层2”图层，将“随书光盘\素材\10\02.jpg”文件复制到其中，按下Ctrl+T快捷键，对女孩照片的方向和位置进行调整。在图像窗口中可以看到编辑后的效果，如上图所示。

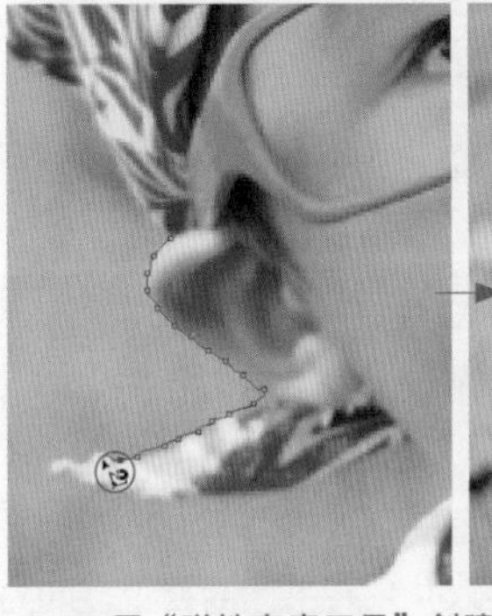

07用“磁性套索工具”创建选区 选择工具箱中的“磁性套索工具”，在女孩头部的边缘位置单击，沿着头部边缘移动鼠标，将女孩的头部全部框选到选区中。如上图所示。

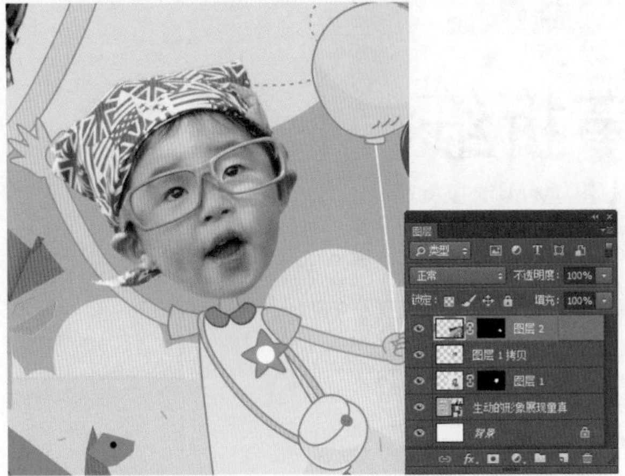

08创建蒙版抠取图像 单击“图层”面板下方的“添加图层蒙版”按钮，为“图层2”添加上图层蒙版，可以看到女孩头部以外的图像被隐藏了起来。如上图所示。

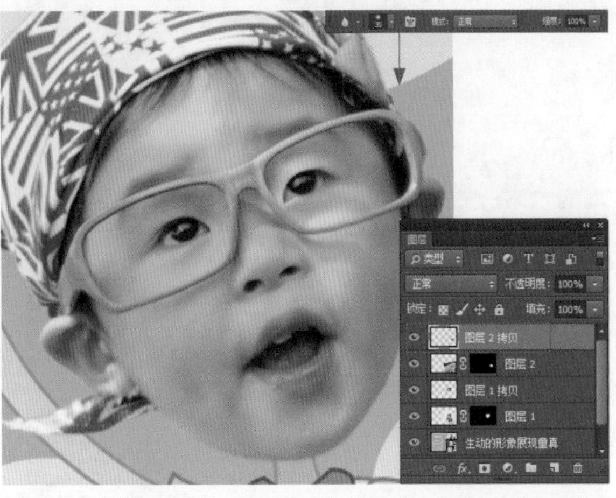

09用“模糊工具”柔化皮肤 使用与步骤04相同的操作方法对图层进行处理，得到“图层2 拷贝”图层，接着使用“模糊工具”对女孩的皮肤进行柔化。如上图所示。

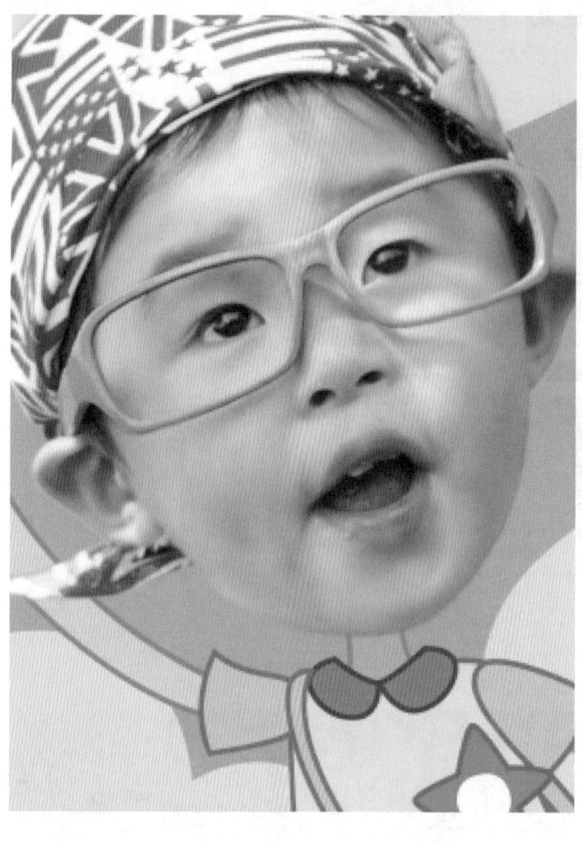

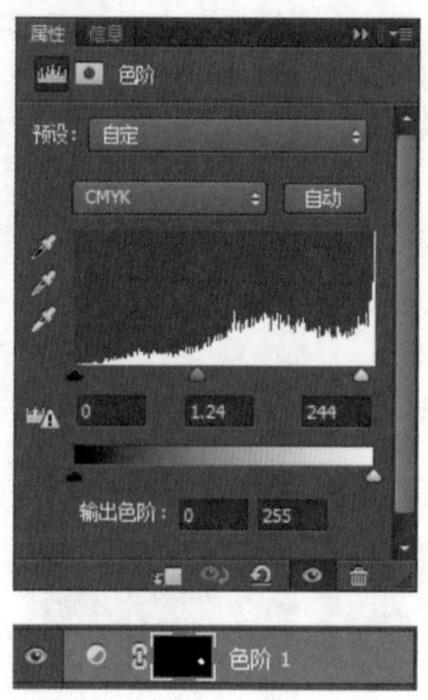

10 用色阶提亮肤色 再次将女孩头部添加到选区中，创建色阶调整图层，分别设置RGB选项下的色阶值为“0、1.24、244”，将女孩的肤色调亮。如上图所示。

10.3.2对比分析

少儿书籍装帧设计是设计者对少儿书籍内容的理解和诠释，在设计时需要怀着对孩子的爱心，以充满童趣的心态体味儿童心理感受和心理特点，才能创作出精彩的少儿书籍装帧设计作品。

右图所示为本例设计的儿童书籍装帧效果，为了迎合书籍中折纸这个主要的概念，在书籍封面和封底中添加了多种色彩缤纷的折纸动物效果，并且在书籍封面上使用位图与矢量图形相结合的方式夸张地表现儿童天真可爱的形象，从儿童的审美角度进行创作，力求呈现出纯美的画面。

或许，这样也可以……

要想提高少儿书籍的功能性与艺术品位性，就要求设计师必须巧妙合理地运用美学原理及艺术设计法则，并且遵循儿童的审美规律进行设计制作。儿童天真活泼且善于幻想，为了让少儿在阅读书籍的同时获得美的教育，在本例的设计中还可以通过对设计元素的重新组合和添加，以及色彩的全新搭配来让作品更加完美，具体如下。

❶ 更换部分设计元素

在新的创作中更换了部分设计元素，利用可爱、卡通的图形来展现喜闻乐见的事物，可以在封面、书脊等地方插入生动可爱的形象，以便充分调动少儿的视觉和想象空间，容易得到儿童的认可。

❷ 使用条状的底纹

使用自然的条状图形作为底纹，在丰富画面内容的同时有助于加强观赏者的印象，提高设计整体的吸引力，使画面动感十足，气氛活泼，符合儿童书籍装帧的设计特点。

❸ 以蓝色作为主色调

使用不同明度和纯度的蓝色作为画面的主色调，其色泽明亮、柔和，给人舒适、清凉的视觉感受，可以带给人快乐的感受，与儿童天真烂漫的性格相互呼应。

↘ 10.3.3 知识拓展

在进行书籍装帧设计之前，首先要确定设计的风格，这就需要设计师理解书籍的类型，不同的书籍类型其书籍装帧所呈现出来的感觉应该是不一样的，其配色、图形和文字的表现也不一样。

根据书籍内容的不同，其书籍装帧设计所需的设计元素和色彩搭配是有所区别的。书籍装帧设计根据书籍的内容可以分为儿童类书籍、画册类书籍、文化类书籍、丛书类书籍和工具类书籍等，受这几类书籍的内容影响，每种书籍的设计和创作元素都不相同，具体介绍如下：

儿童类书籍

儿童类书籍装帧的设计形式较为活泼，在设计时多采用儿童插图作为主要元素，再配以活泼质朴的文字来构成书籍封面。在色彩的搭配上较多采用纯度较高，或者明度较高的色彩来进行创作。

如右图所示为儿童类书籍的设计效果，其主要设计元素使用了儿童喜爱的卡通风格图案，字体较为圆润，并且色彩鲜艳，符合儿童的心理特点。

画册类书籍

画册类书籍开本一般接近正方形，常用 12 开或 24 开等，以便于安排图片。常用的画册图书装帧设计手法是选用画册中具有代表性的图画再配以文字来进行表现，或者直接使用具有艺术设计感的图形，来创作出欣赏性较强的效果。

文化类书籍

文化类书籍的内容一般较为庄重、严肃，在设计时多采用内文中的重要图片作为封面的主要图形。使所用的文字的字体也较为庄重，多用黑体或宋体，对于特定的书籍还会使用手写体或者书法体，并且整体装帧色彩的纯度和明度较低，视觉效果沉稳，以反映该类书籍深厚的文化底蕴。

上图所示的两个设计均为文化类书籍的装帧设计，由于书籍的内容不同，在设计中使用了不同的设计元素来进行表现，但是在文字的表现和色彩的运用上都遵循了文化类书籍装帧设计的规则。

丛书类书籍

由于丛书类书籍的本数一般都较多，为了达到视觉上的整体效果，对于整套丛书的设计手法都基本一致，每册图书根据其种类不同，会更换书名和主要图形，这一般是成套书籍封面的常用设计手法。

工具类书籍

工具类书籍一般页数比较，而且会被读者经常使用，因此在设计时应防止磨损而多采用硬书皮。此类书籍的封面图文设计较为严谨、工整，有较强的秩序感。

10.4 泼墨效果表现复古情调——对文字创建轮廓

素　材：随书光盘\素材\10\03、04.jpg
源文件：随书光盘\源文件\10\泼墨效果表现复古情调.ai

10.4.1 案例操作

设计思维进化图

本例的设计思路如下图所示，最终效果如右图所示。

在画面中对主要的设计元素进行确定，并根据构想对每个设计元素的位置进行安排。

在Photoshop和Illustrator中对整个画面中的底纹、花卉、泼墨图形等进行编辑和绘制，对画面的布局进行完善。

添加书籍名称和说明文字，完善书籍封面和封底中的内容，使用同一风格的文字来进行修饰。

创作关键字：水墨

水墨画元素具有浓厚的中国传统特点和民族气息，为平面设计的创作提供了独特的设计元素，可以为画面带来强烈的历史感和权威感。

本例是花卉图书的装帧设计，使用了泼墨的图像作为主要的设计元素，与其他素材结合运用到同一设计中。不仅丰富了画面内容，而且增加画面的意境，营造出复古怀旧的视觉效果。此外，为了让丰富的色彩带来强烈的视觉冲击，在作品中出现了一个重要的元素——红色的墨迹，它可以称为精神元素，融汇了设计中的意念，有生命力一般传递着丰富的讯息。

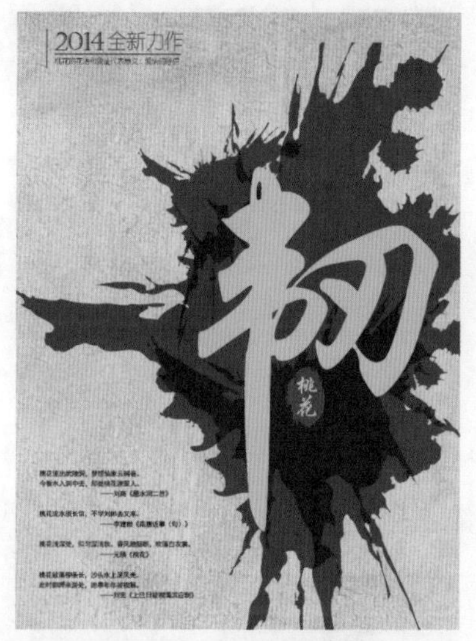

在书籍封面的制作中，使用多个泼墨图形作为素材，放在书籍名称的下方作为底纹，并且用红色的泼墨作为书籍名称附近的修饰图形进行点缀，展现出浓郁的中国风和艺术氛围。

在书籍封底的说明文字下方，使用了较为淡彩的泼墨作为底纹修饰，对文字进行突出显示，与设计中采用“泼墨”进行创作构思的意图相一致。

色彩搭配秘籍：肤色、正红、黑色

正红是古代喜庆活动中常用的颜色，因此代表着热情、喜悦的情绪；肤色接近黄色，是富丽堂皇、雍荣华贵的象征；黑色水墨的颜色，给人一种飘然世外、清新雅致的感受。如右图所示。

在本例的颜色搭配上使用了具有怀旧色彩的肤色、红色和黑色作为主要的颜色，这样的色彩搭配稳重而不张扬，具有较强的视觉冲击力，容易引起人们的心理变化和情感反应。由于复古色彩是与传统文化内涵息息相关，每一种色彩都会使观赏者产生特定的情感反应，可以与文学书籍中浓厚的文学底蕴相一致，具有很强的宣传效果，也提高了整个画面的设计感。

R230、G199、B142
C11、M24、Y48、K0

R230、G30、B25
C0、M95、Y95、K0

R0、G0、B0
C100、M100、Y100、K100

软件功能应用详解

Photoshop 功能应用

❶ 添加素材并降低“不透明度”以制作底纹；

❷ 使用“磁性套索工具”创建选区并添加蒙版，将桃花素材抠选出来；

❸ 使用“色彩平衡”调整整个背景的颜色。

Illustrator 功能应用

❶ 使用“扇贝工具”和“直接选择工具”绘制出泼墨效果的图形；

❷ 利用“符号”面板添加预设的污点墨迹；

❸ 利用“透明度”面板调整图形的不透明度程度。

实例步骤解析

在实际的制作中本例先使用 Photoshop 合成功能制作出书籍封面和封底中的底纹，接着在 Illustrator 中绘制出泼墨的矢量图形，并添加上适当的文字，完善设计的内容，具体操作如下。

01 在Photoshop中制作书籍封面的背景

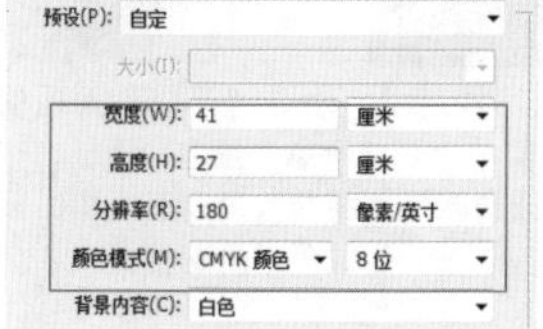

01 新建文件 运行Photoshop CC应用程序，在其中执行“文件＞新建”菜单命令，在打开的对话框中对文件的宽度、高度和分辨率等进行设置，在Photoshop中创建一个的新的文档。如左图所示。

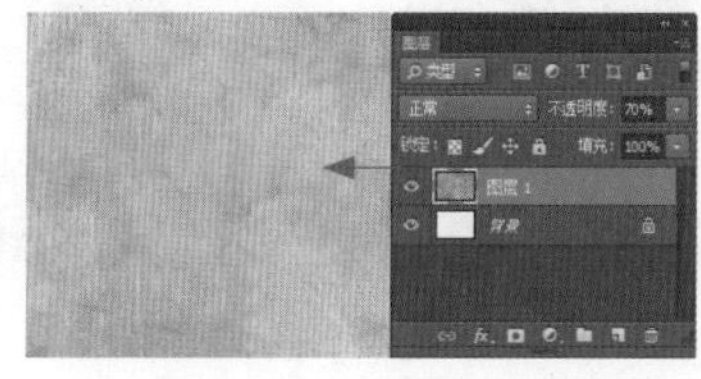

02 添加底纹素材 创建一个新的图层，将“随书光盘\素材\10\03.jpg”文件复制到其中，适当调整其大小，将其“不透明度”设置为“70%”。在图像窗口中可以看到编辑的效果，如左图所示。

03 添加花卉素材 创建一个新的图层，将“随书光盘\素材\10\04.jpg”文件复制到其中，按Ctrl+T快捷键，对照片的角度进行调整。在图像窗口中可以看到效果。如上图所示。

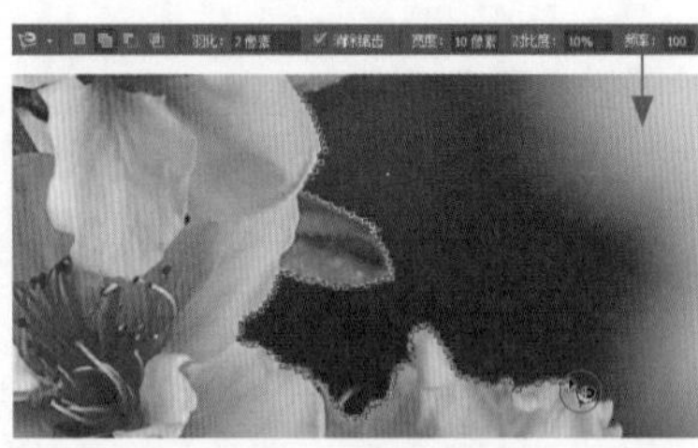

04 使用“磁性套索工具” 在工具箱中选择“磁性套索工具”，并在选项栏中对选项进行设置，使用鼠标在花卉的边缘上单击，沿着花卉的缘边移动鼠标，Photoshop会根据鼠标移动的轨迹自动添加锚点。如上图所示。

05 添加蒙版抠取桃花素材 将花卉图像添加到选区中，接着在“图层”面板中单击“添加图层蒙版”按钮，为“图层2”图层添加图层蒙版，将花卉图像抠取出来。在图像窗口中可以看到编辑后的效果。如上图所示。

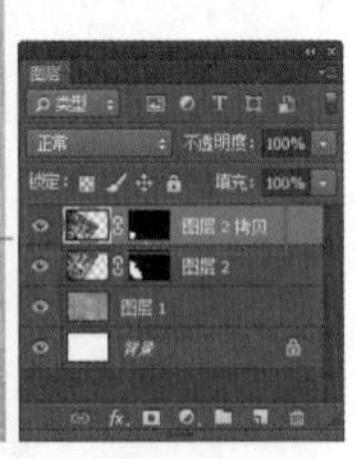

06 复制桃花素材 选中“图层2”图层，按Ctrl+J快捷键对其进行复制，得到“图层2拷贝”图层，并对该图层中的图像进行位置和角度的调整。在图像窗口中可以看到编辑后的效果。如上图所示。

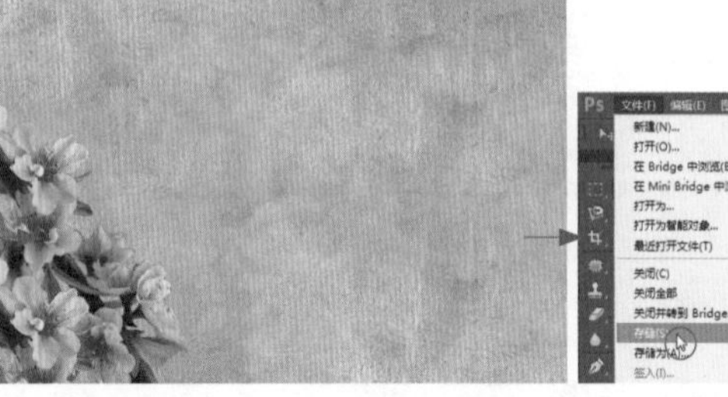

07 调整画面整体颜色并存储文件 创建色彩平衡调整图层，在打开的“属性”面板中分别设置“中间调”选项下的色阶值为“+26、0、-24”，对全图的色阶值进行设置。接着执行“文件>存储”菜单命令，将文件存储为PSD格式。如上图所示。

02 在Illustrator中制作泼墨效果

01 将文件置入AI中 启动Illustrator CC应用程序，新建一个文档，执行“文件>置入”菜单命令，将前面编辑完成的PSD文件置入到其中，并适当调整文件的大小和位置，使其铺满整个画板。在“图层”面板中可以看到置入的文件自动创建了一个图层，如上图所示。

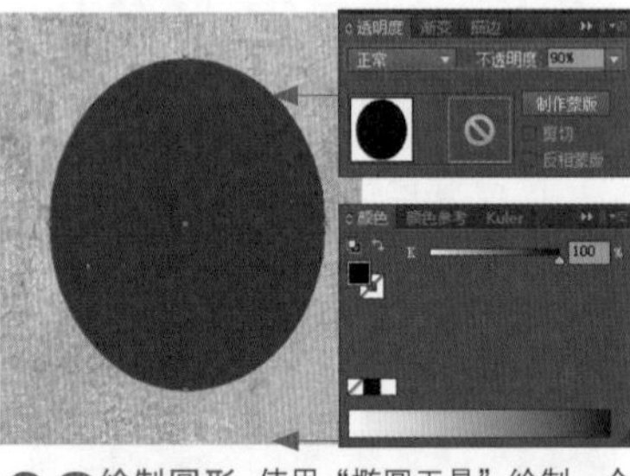

02 绘制圆形 使用“椭圆工具”绘制一个圆形，为其填充上黑色，无描边色，并在“透明度”面板中设置该图形的“不透明度”为“90%”。如上图所示。

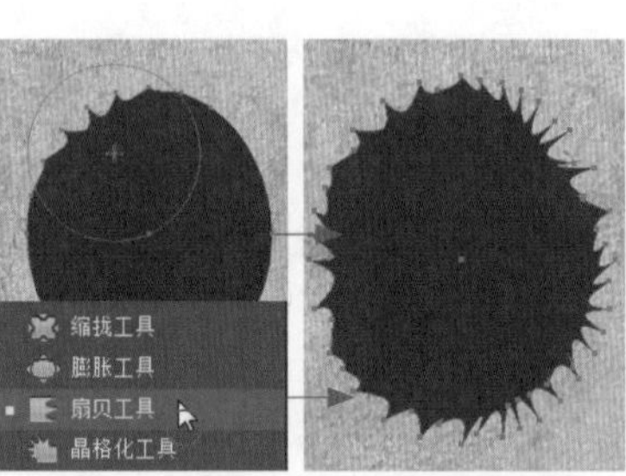

03 使用“扇贝工具”变形路径 选择工具箱中的“扇贝工具”，使用该工具在圆形图形的边缘上单击，对路径进行变形，可以看到单击后的圆形边缘呈现出自然的变形效果。如上图所示。

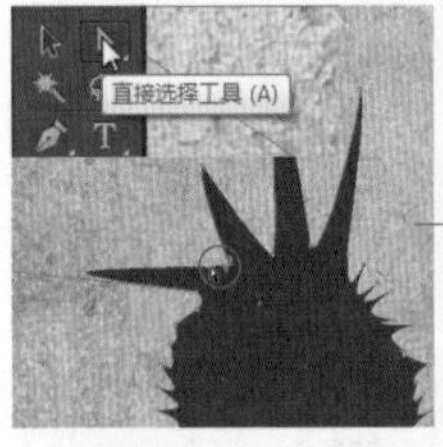

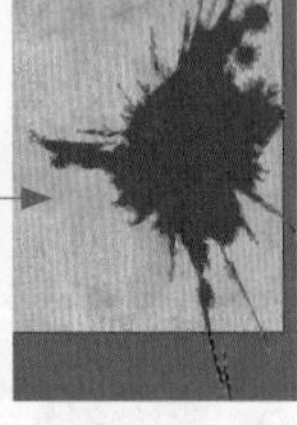

04 调整锚点位置 选择工具箱中的“直接选择工具”，在路径上的锚点上单击并进行拖曳，对路径进行调整。在必要的情况下还需使用“转换锚点工具”和“添加锚点工具”对路径进行变形，编辑出自然泼墨效果。如上图所示。

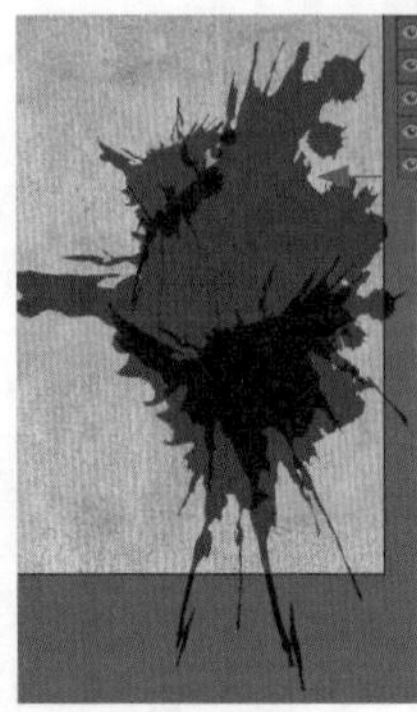

05 复制泼墨图形 对上一步中编辑后得到的泼墨图形进行复制，并适当调整其大小、位置和角度，最后将其进行编组，作为书籍封面上的修饰图形。如上图所示。

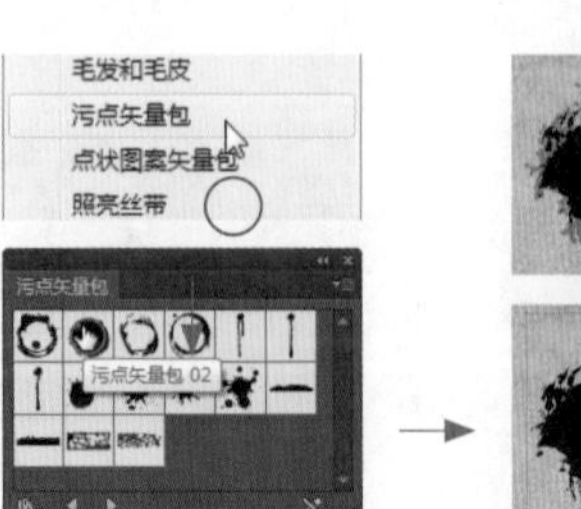

06 添加污点图形 通过“符号”面板的面板菜单打开“污点矢量包”面板，在其中选择所需的图形，将其拖曳到画板中，断开符号之间的链接，使其显示出路径效果。如上图所示。

07设置污点图形的属性 为添加的污点图形填充上适当的颜色，无描边色，接着在“透明度”面板中设置混合模式为“叠加”，“不透明度”选项为“40%”，然后将污点图形放在封底适当的位置上。如上图所示。

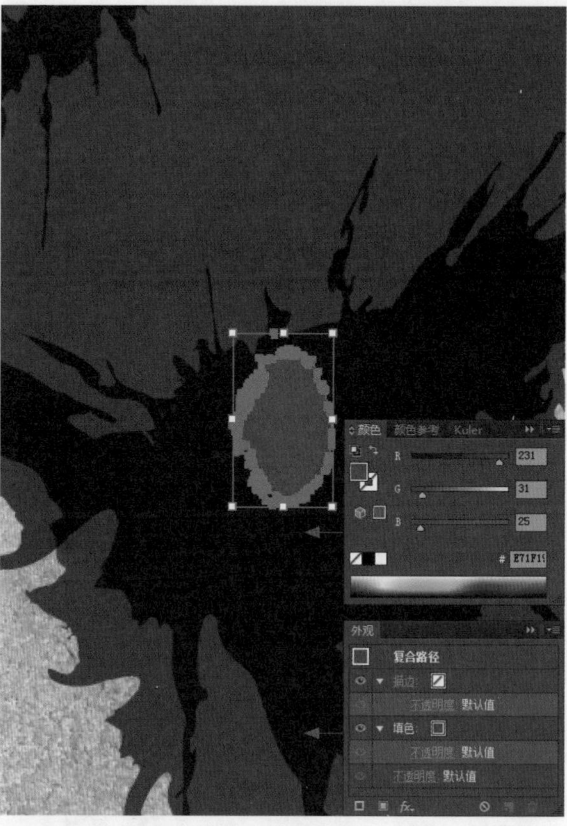

08复制污点图形 对污点图形进行复制，对其大小和形状进行调整，设置“不透明度”为“100%”，并将其放在泼墨图形的上方位置。如上图所示。

03 添加文字和条码

01添加主题文字 选择“文字工具”，在封面适当的位置单击并输入文字，接着打开“字符”面板对文字的属性进行设置，接着在“颜色”面板中对文字的填充色进行设置，无描边色。在画板中可以看到添加文字的效果。如上图所示。

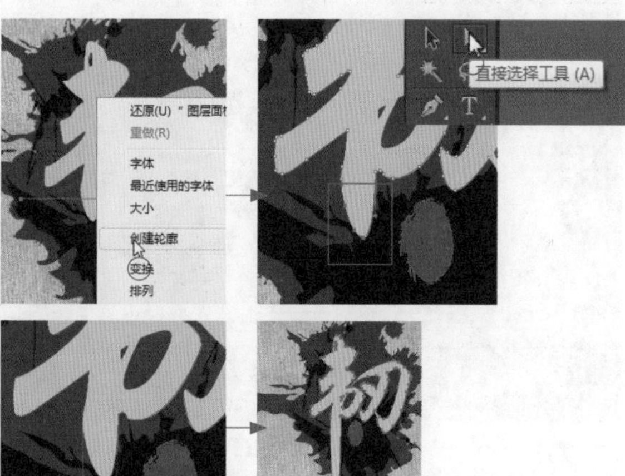

02对文字进行变形 在画板中用鼠标右键单击文字，在弹出的菜单中选择“创建轮廓”命令，将文字转换为矢量的路径。接着使用“直接选择工具”选中路径中的部分锚点，单击鼠标并拖曳锚点，对文字路径进行重新的排列。在画板中可以看到编辑后的文字路径效果。如上图和左图所示。

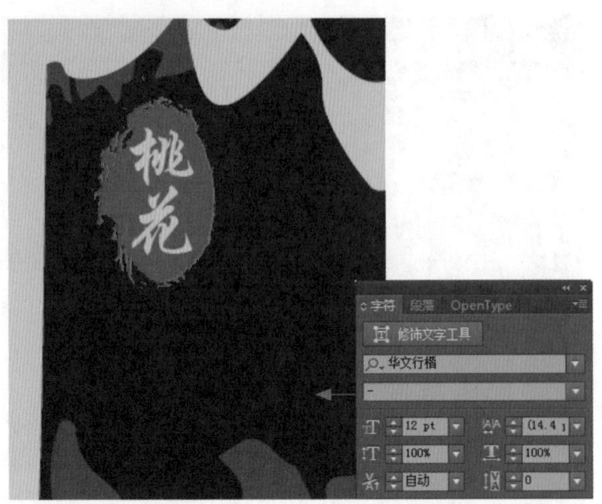

03添加文字 使用“文字工具”在红色的污点图形上添加上文字，并打开“字符”面板对文字的属性进行设置。在画板中可以看到添加文字后的效果，如上图所示。

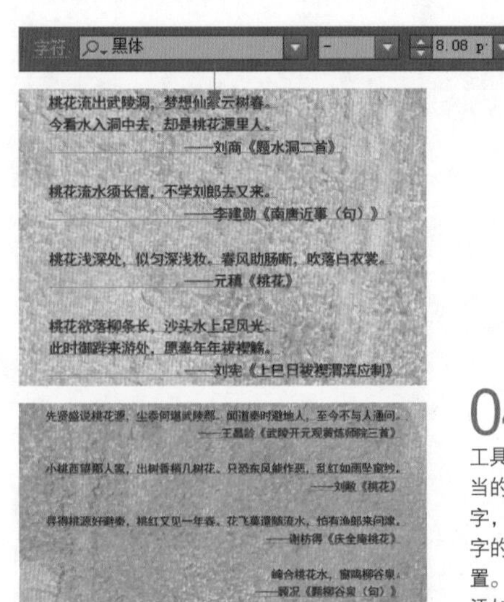

04添加段落文字 使用“文字工具”在封面和封底适当的位置添加上段落文字，并在选项栏中对文字的字体和字号进行设置。在画板中可以看到添加文字后的效果，如左图所示。

05绘制条形码 使用“矩形工具”和“文字工具”绘制出条形码，并为其设置适当的文字属性和填充色，如上图所示。将条形码放在书籍封底中适当的位置上。

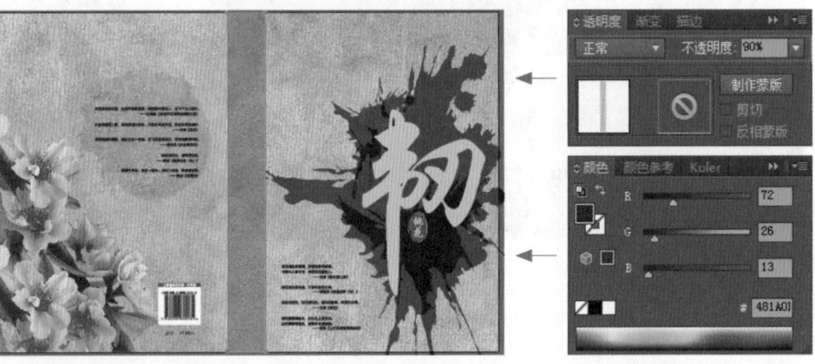

06绘制矩形条 用“矩形工具”绘制出书脊，并填充上适当的颜色，无描边色，在“透明度”面板中设置“不透明度”为“90%”。如上图所示。

07完善文字内容并进行剪切 对书籍封面和封底中的文字进行完善，使其内容更加丰富，接着使用“矩形工具”在画板的最上方绘制一个矩形，将整个画板全部遮盖，通过创建剪切蒙版的方式对多余的图像进行遮盖，使其只显示出画板中的图像。在“图层”面板中可以看到创建剪切蒙版后的效果，完成本例的编辑。如上图所示。

10.4.2 对比分析

在本例的设计中，如果对色彩的搭配和设计元素的应用有了正确认识，但是不能很好地进行应用，那么在创作的过程中也许还会出现一些问题，这些问题的结果就是导致整个画面缺失设计感。

右图所示的画面是根据中国风设计元素及复古色搭配制作而成的，可以看到由于变换了设计中的主要元素形象，以及在配色中的略微调整，就使得整个画面给人一种不太自然的感觉，具体分析如下。

❶ 泼墨效果不具动感

在书籍名称的下方使用接近圆形的泼墨来作为背景修饰，在画面中显示大面积的黑色，让整个设计显得单一、呆板，不具备强烈的动态效果。

❷ 文字颜色有喧宾夺主的感觉

在书籍封面中使用红色作为辅助文字的颜色，有喧宾夺主的意味。在整个封面中红色的使用比例较少，这样的配色削弱了主题文字的表现。

或许，这样设计会更好……

右图所示为本例的设计效果，在设计制作的过程中对设计元素进行了精细绘制，并且通过主次关系对色彩搭配进行了有目的地安排，使得设计效果更加完美。

❶ 具有动态感的泼墨效果

使用外形较为丰富的泼墨图形作为设计元素，为画面增强了动态的感觉。此外，多个泼墨元素的叠加可以增加层次感，让画面内容更加丰富。

❷ 使用深棕色对辅助文字进行上色

深棕色与泼墨图形的黑色较为相似，使用深棕色对辅助的文字进行上色，让整个画面中的色彩应用主次分明，使得主体文字更加突显。

10.4.3 知识拓展

一本好的书籍不仅要从形式上打动读者，同时还要表现出耐人寻味的设计感，这就是要求足够的设计创意和构思，从而使书籍的装帧设计从形式到内容形成一个完美的艺术整体。

书籍不是一般的销售商品，而是一种文化的传播工具。因而在书籍装帧的设计中，一根线、一行字、一个抽象符号、一块色彩，都要具有一定的设计思想。既要有内容，同时又要具有美感。那么在进行书籍装帧设计的过程中，哪些元素是最重要的呢，其具体分析如下。

图形、色彩和文字是封面设计的三要素。设计者根据图书的性质、用途和读者对象，把这三者有机地结合起来，从而表现出书籍的丰富内涵，并以传递信息为目的且具有美感的形式呈现给读者。

文字

文字是书籍装帧设计中的重要元素之一，它能够直接传递出书籍的内容或者中心思想。设计者在字体的形式、大小、疏密和编排设计等方面都需要非常讲究，才能在传播信息的同时给人一种韵律美的享受。

右图所示的文字为本例中书籍的名称，设计者通过艺术化处理将文字的形态调整为书法写作的外形，使其与书籍中的其他设计元素风格相互吻合。

色彩

色彩是书籍装帧设计中给人的第一印象，当人们在观察某个事物时，首先会通过色彩来对其进行认识。成功的书籍装帧设计是具有感情的，如政治性读物设计应该使用明度较低且严肃的色彩；少儿读物的色彩设计应该使用纯度较高且带有活泼情感且色彩等。通过类似的方法来努力营造出一种气氛、意境或者格调。

右图所示的色彩搭配，由于复古色彩与传统文化内涵息息相关，因此这些配色与文学书籍中浓厚的文化底蕴相一致。

图形

图形是书籍装帧设计中的重要修饰元素，它对书籍内容的思想传递起着辅助的衬托作用，此外在有的设计中对于构图或风格设定起着重要作用，是书籍装帧设计中必不可少的。

右图所示的是泼墨元素，设计者为了表现出一种怀旧、古典的韵味，除了将文字设计为书法字体以外，还通过添加泼墨元素来烘托出一股浓浓的中国风韵味。通过这个泼墨图形的修饰，让书籍的封面内容显得更加丰富、饱满。

课后练习

书籍的封面设计是整个书籍设计的核心，犹如书的脸面，凝聚着图书的主题思想。通过文字、图像、色彩这 3 种要素的组合，并运用比喻、象征等手法可以将要表达的信息充分体现在这个“表情多变”的封面上。

习题01：水墨风格书籍封面

素　材：随书光盘\课后练习\素材\10\01.jpg
源文件：随书光盘\课后练习\源文件\10\水墨风格书籍封面.ai

水墨画是极具中国特色的绘画风格，在这个练习中再次对水墨风格书籍封面设计进行练习，以提高大家的相关技法。

❶ 在 Photoshop 中将风景画处理成水墨画的效果；
❷ 在 Illustrator 中绘制出书籍的大致轮廓；
❸ 将处理好的水墨画添加到封面中；
❹ 为书籍封面添加上文字。

习题02：旅游图书封面设计

素　材：随书光盘\课后练习\素材\10\02、03、04、05.jpg
源文件：随书光盘\课后练习\源文件\10\旅游图书封面设计.psd

旅游是非定居性旅行和在游览过程中所发生的一切行为和现象的总和。旅游类的书籍在封面的设计上需要表现出旅游景点的特点，在下图所示的旅游书籍封面设计中将多个景点的照片进行了艺术化组合，表现出令人向往的画面感。

❶ 在 Illustrator 中绘制出书籍封面的大致布局效果；

❷ 添加文本完善画面内容；

❸ 在 Photoshop 中将风景照片添加到书籍封面适当的位置上，如下图所示。

WELCOME TO JOIN
Registration Interface Design · Login Interface Design

第11章 UI设计

UI设计就是将用户与计算机或其他多媒体设备相联系的桥梁。UI设计不是单纯的美术绘画，它需要定位使用者、使用环境和使用方式，并且为最终用户而设计，是纯粹的科学性的艺术设计。UI设计需要将使用界面和用户紧密结合起来，是一个不断为最终用户设计满意视觉效果的过程。

在本章的案例中安排了3个不同的UI设计，一个是为某网站设计的登录和注册对话框，一个是为音乐播放器设计的界面，还有就是为手机设计的使用界面，针对不同的使用人群和界面功能，使用了不同的创作元素来进行制作。其中登录和注册对话框使用了半透明的效果来构建视觉上的统一，以带来完美的视觉效果；而音乐播放器主要通过阴影、高光和层次的制作来突显其品质感，带给用户享受的感觉；最后的手机界面设计则主要采用简约的图形和高纯度的色彩而使得操作界面简单直观、容易上手。接下来就让我们一起进入UI设计的学习中去吧。

11.1 与UI设计相关

UI 的全称为 User Interface，也就是用户与界面的关系。良好的 UI 设计不仅是要让应用软件变得有个性和品位，还要让软件的操作变得舒适、简单、自由，充分体现软件的定位和特点。

11.1.1 UI设计的四大原则

UI 界面是软件与用户相互间最直接的桥梁，UI 界面设计的好坏决定了用户对软件的第一印象。设计良好的界面能够引导用户完成相应的操作，起到很好的向导作用。设计合理的界面能给用户带来轻松愉悦的感受，那么在设计中需要遵循什么原则呢，接下来就让我们一起来了解一下。

易用性原则

在进行 UI 设计的时候，首先要考虑界面的易用性，由于界面是为用户服务的，因此便于使用的界面才会受到青睐，这就使得按钮名称应该令人易懂，用词准确，要使其与同一界面上的其他按钮易于区分。理想的情况是用户不用查阅帮助就能知道该界面的功能，并顺利进行相关正确操作。

右图所示是一个手机界面设计，在该案例中只使用了 4 个较为常用的按钮来指引用户的操作，并将功能进行合理地划分，利用色彩之间的差异来进行功能分区，便于用户更流畅地进行操作使用。

规范性原则

通常界面设计都要按照系统的规范来进行，界面遵循的规范化程度越高，其易用性就越好。界面的规范性主要包括了将相同或相近功能的工具栏放在一起，滚动条的长度要能及时变换，以及工具栏太多时可以考虑使用工具箱等问题。遵循了这些最基本的基本规范，才能让用户的操作更加顺手。

美观性原则

UI 设计的大小应该适合美学观点，使感觉协调舒适，能在有效的范围内吸引用户的注意力。例如界面大小、布局的合理性、按钮的大小、文字的排列、界面的风格等，这些都是影响美观与否的重要因素。

独特性原则

如果一味地遵循业界的界面标准，则会丧失自己的个性。在符合规范的情况下，设计具有个人独特风格的界面尤为重要，尤其在商业软件流通中有着很好的迁移默化的广告效用。在界面的形状、色彩和风格上进行创新，都能够对设计的结果有一定帮助。

右图所示为一款播放器界面设计，将播放的区域设计为圆形的按钮，以太阳光线发散的方式对歌曲的名称进行显示，显示出一定的创意，带给用户一种全新的感受。

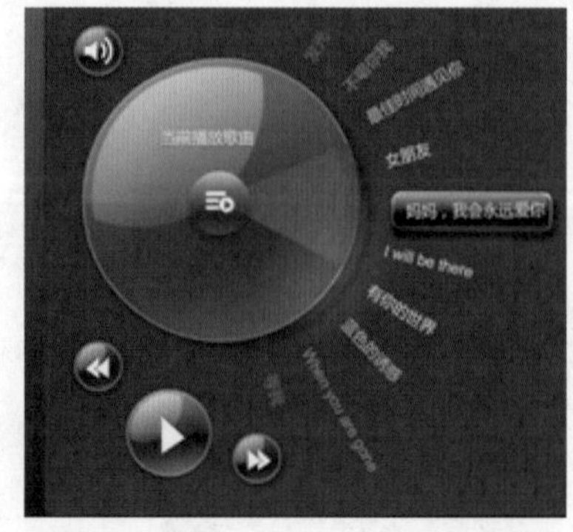

↘ 11.1.2 UI设计中需要注意的问题

在进行UI设计的过程中，除了需要遵循四大原则以外，还需注意界面的一致性、色彩搭配、功能安排等问题，这些将直接影响用户的操作以及对界面的认识，只有把握好UI设计中的方方面面，才能创作出优秀的UI设计作品。

高度的一致性

对于用户来说，会对使用的界面存在一种习惯性的思维，那就是UI一致性的具体表现，如果一旦破坏用户的使用习惯，就会影响用户固有的惯性思维。UI界面的高度一致性，不但包括了设计中的色彩和风格，还包括了功能的布局等，这些都是保证UI设计高度一致性的重要因素。

对于右图所示的手机界面设计，其中使用了相同的风格、色彩和布局来对每个界面进行统一，使其遵循高度的一致性原则。

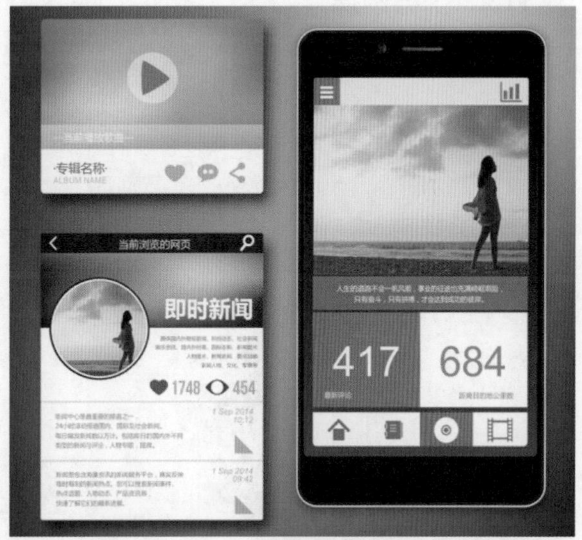

自由的操控性

UI设计的最终目的就是让用户能够自如地进行界面操作，那么在设计时需要进行的最基础的思考就是界面的操作性问题，在设计中要分析自己的设计是否能够为用户进行导航，用户是否可以自由掌握自己的操作行为并确保他们能够毫无障碍地在各个界面之间切换、退出。

设计的简易性

通过对很多成功的UI设计进行分析，可以看到很多的设计都十分简单，简约的设计可以增强UI界面的易用性，让用户不必关心那些无关的信息。如果所设计的UI功能很强大，同时界面设计简洁，可以更容易赢得用户的喜爱。而对于拥挤、凌乱的界面，无论其功能多么强大，都会引起用户的不适并造成操作上的不便。

右图所示为登录界面设计，在设计中将对话框中的内容进行简化，只提炼最必要的功能和元素，并省略多余的修饰，使其形成简约、大气的风格，更加方便用户进行操作。

色彩的观赏性

色彩是UI设计的重要元素之一，不同的色彩代表了不同的情绪，对色彩的运用应当与软件的功能、风格等相契合，还应该考虑到有的用户是色盲或色弱的情况。此外，色彩的使用应该保持一致性，一旦选中某种配色，就要在整套UI中延续使用下去。

右图所示为音乐播放器界面设计，在配色中只使用了黑色和蓝色，通过大面积的黑色来营造出一种高品质的感觉，而蓝色只在其中作为点缀，由此增强界面色彩的吸引力。

11.2 半透明构建视觉统一——透明度

素　材：随书光盘\素材\11\01.jpg
源文件：随书光盘\源文件\11\半透明构建视觉统一.ai

11.2.1　案例操作

本例的效果如下图所示。

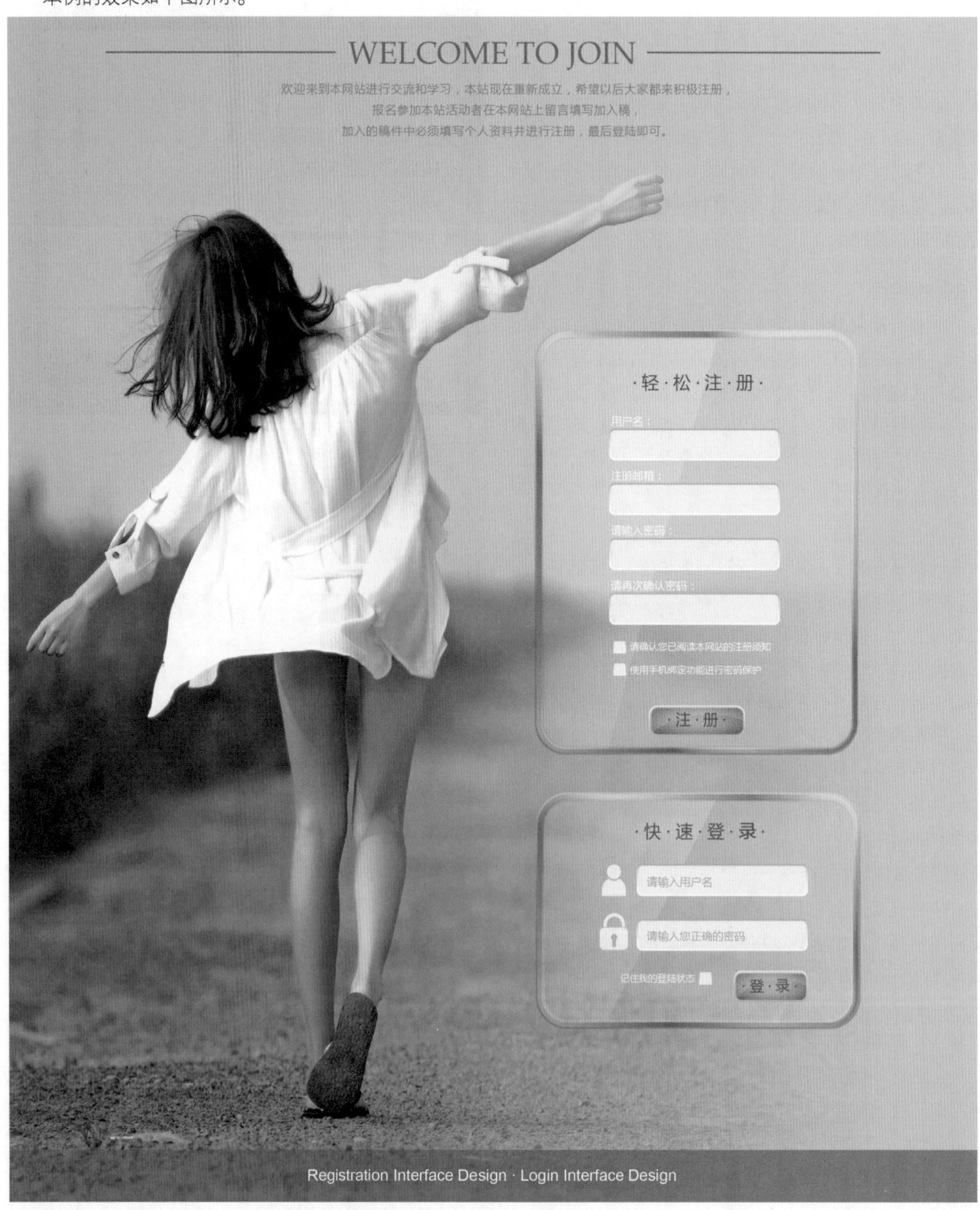

设计思维进化图

本例的设计思路如下图所示。

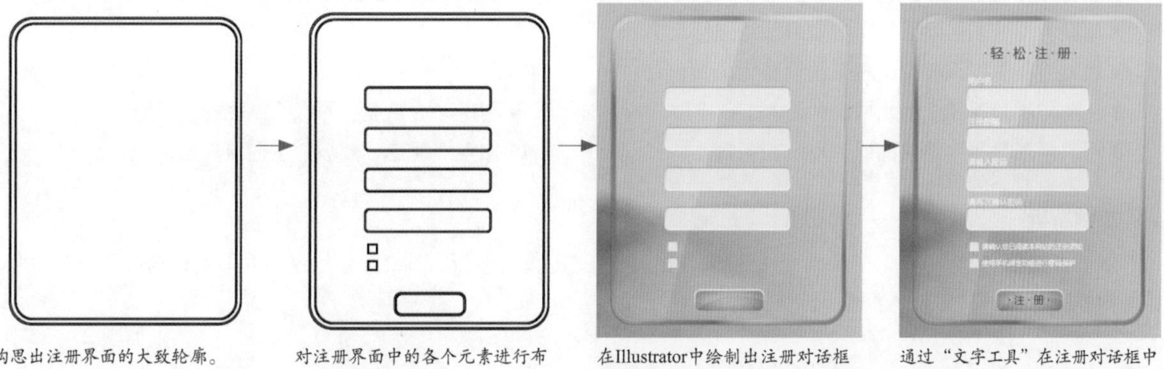

构思出注册界面的大致轮廓。

对注册界面中的各个元素进行布局构思和形状调整。

在Illustrator中绘制出注册对话框中的主要元素，比如输入框和按钮等。

通过“文字工具”在注册对话框中添加所需的文字，完善界面内容。

创作关键字：半透明

半透明效果是指将色块、文字或图片的“不透明度”降低，使其呈现出被“稀释”或者冲淡的效果，让编辑对象的颜色减淡，从而透出下方的内容 。通过这种效果可以划出一块展示区域，或者作为将观赏者的注意力吸引至图像某部分的手段。

在本例的设计中就将注册对话框和登录对话框的整体背景颜色设计成了半透明的效果，这个创作结果使得画面背景中的颜色和内容更加明显，减少了对话框本身的色彩表现，让整个画面的色调更加和谐统一，并且让对话框展现出晶莹剔透的感觉，对画面的视觉统一起到了一定的作用。

在登录界面的设计中，使用了半透明的背景对话框来安排各个元素，可以若隐若现地看到对话框下方图像的内容。如上图所示。

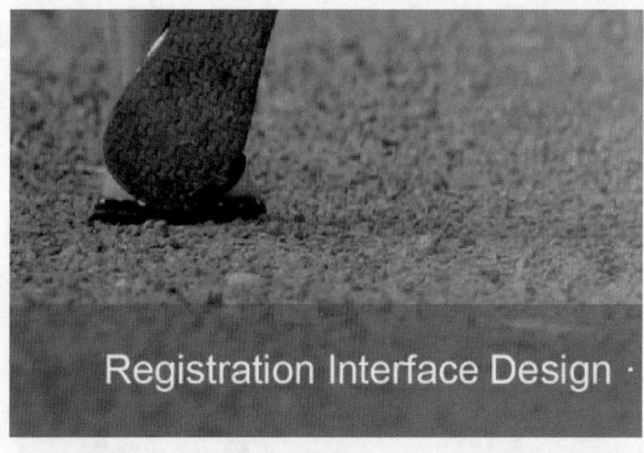

在画面的修饰中，对于底部的矩形也使用了半透明的效果，通过同色系的矩形条，再加以半透明的效果进行修饰，使得整体效果更具统一。如上图所示。

色彩搭配秘籍：浅可可色、淡沙尘色、白色

浅可可色是一种偏红的褐色，但是具有比较低的纯度，给人一种浓郁的色彩感。淡沙尘色是一种接近皮肤色的颜色，给人淡雅的感觉；而白色是最为纯洁的一种颜色。如右图所示。

在本例的色彩搭配中，通过上述 3 种颜色的巧妙应用来让画面营造出素净淡雅的感觉，由于本例的配色同属同一色系，因此画面显示出同色系的配色效果，带来原始、自然的气息与朴质感，搭配上意境相近的背景，给观赏者一种温和、休闲的放松感。

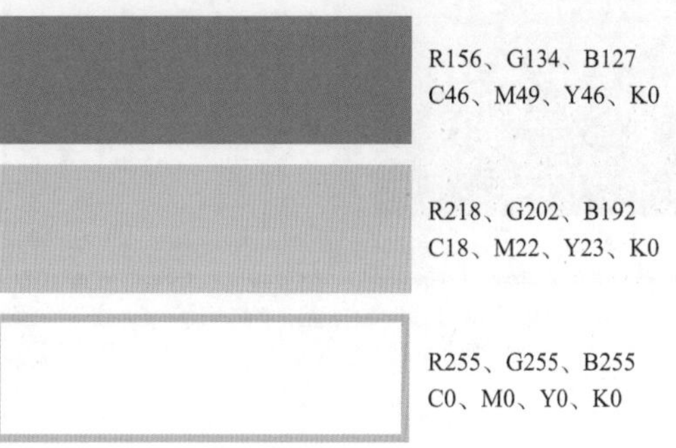

软件功能应用提炼

Photoshop 功能应用

❶ 用颜色填充图层对图像中的空白区域进行填充；
❷ 通过“黑白”调整图层将画面调整为黑白色；
❸ 使用“照片滤镜”为画面上色；
❹ 用“色彩平衡”调整图层调整画面色调。

Illustrator 功能应用

❶ 使用“圆角矩形工具”绘制出对话框中的输入框和背景；
❷ 利用“透明度”面板控制图形的不透明度；
❸ 使用“渐变”面板为图形填充上渐变色。

实例步骤解析

本例在绘制的过程中，先在Photoshop中制作出背景图像，接着在Illustrator中绘制出注册对话框和登录对话框，并使用矩形、图形和文字对画面进行修饰，具体操作如下。

01 在Phtoshop中制作双色调背景

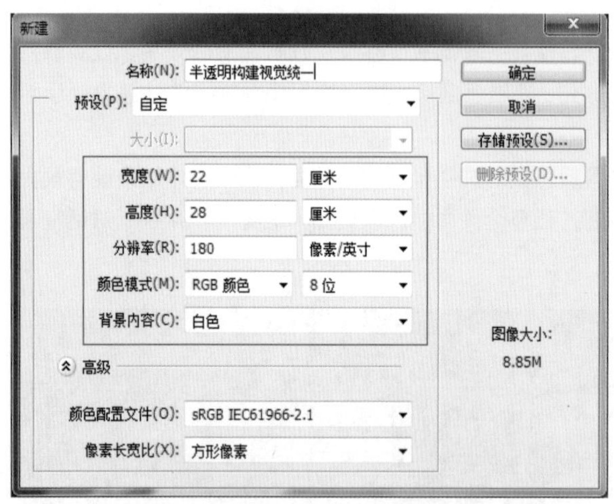

01 在Photoshop中新建文件 运行Photoshop CC应用程序，执行“文件>新建”菜单命令，在打开的“新建”对话框中对文件的大小、分辨率等进行设置。如上图所示。

02 添加人物素材 新建图层，得到“图层1”图层，将“随书光盘\素材\11\01.jpg”复制到其中，适当调整图像的大小和位置。在图像窗口中可以看到编辑后的效果，如上图所示。

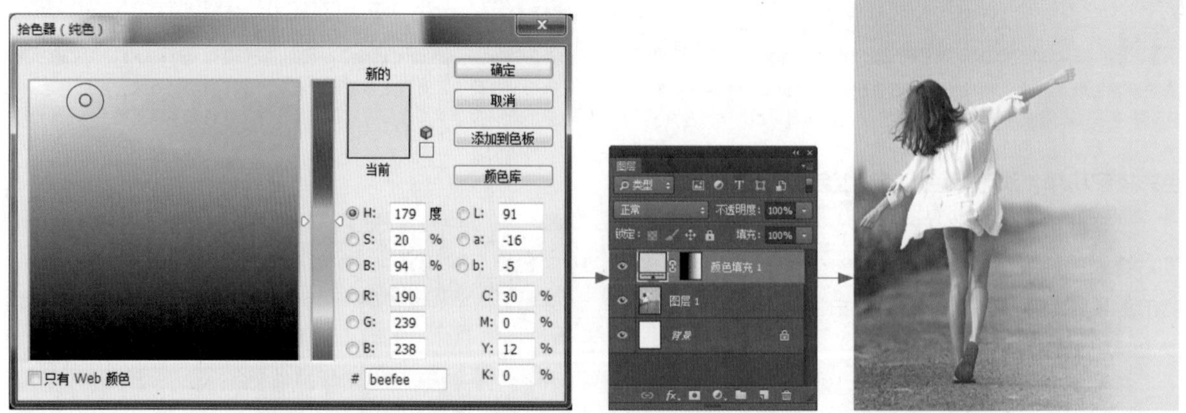

03 创建纯色填充图层 新建颜色填充图层，在打开的“拾色器”对话框设置填充色为R190、G239、B238，接着在工具箱中选择“渐变工具”，使用黑色到白色的线性渐变对颜色填充图层的蒙版进行编辑。如上图所示。

04将画面调整为黑白色 创建黑白调整图层，在打开的“属性”面板中对各个选项的参数进行设置，将画面转换为黑白显示效果。在图像窗口中可以看到画面转为灰度显示，如上图所示。

05使用照片滤镜为画面上色 创建照片滤镜调整图层，在打开的“属性”面板中选择“滤镜”下拉列表中的“加温滤镜（81）”，并设置“浓度”选项为“25%”。如上图所示。

06用色彩平衡调整画面颜色 创建色彩平衡调整图层，在打开的“属性”面板中分别设置“中间调”选项下的色阶值为“+15、－13、－4”，对画面的颜色进行调整。接着执行“文件>存储”菜单命令，对编辑完成的文件进行存储，将其保存为PSD格式。如左图所示。

02 在Illustrator中绘制注册和登录对话框

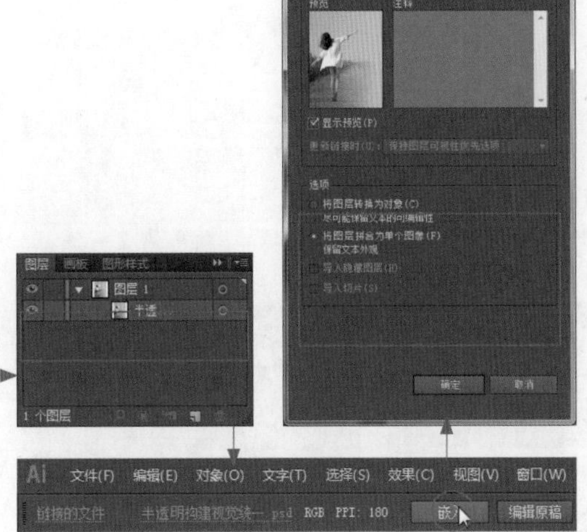

01将编辑完成的PSD文件嵌入到AI文件中 启动Illustrator CC程序，在其中新建一个文档，执行“文件>置入”菜单命令，将前面编辑完成的PSD文件置入到当前文件中，并对图像的大小进行调整，使其铺满整个画板。完成后单击选项中的“嵌入”按钮，对打开的“Photoshop导入选项”对话框进行设置，将文件嵌入到当前文件中。如左图所示。

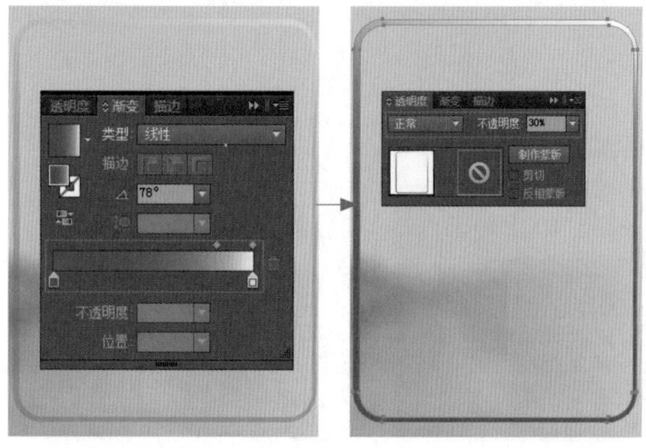

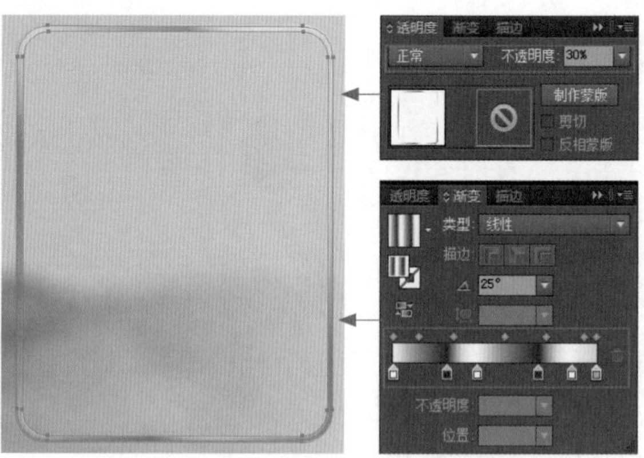

02 绘制圆角矩形边框 绘制两个不同大小的圆角矩形，将它们按照居中对齐的方式进行排列，接着使用“路径查找器”将两个圆角矩形进行路径的裁剪，制作成圆角矩形边框效果。打开“渐变”面板对渐变色进行设置，并在“透明度”面板中设置“不透明度”选项为“30%”。如上图所示。

03 复制圆角矩形边框 对上一步中编辑的圆角矩形边框进行复制，并对位置进行适当微调，接着打开“渐变”和“透明度”面板，对相应的选项进行设置。如上图所示。

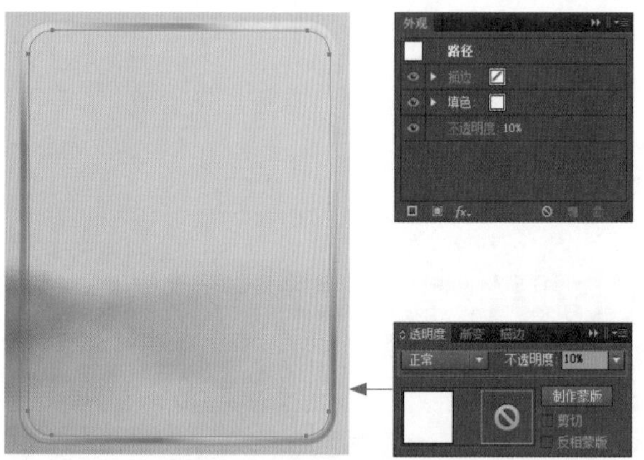

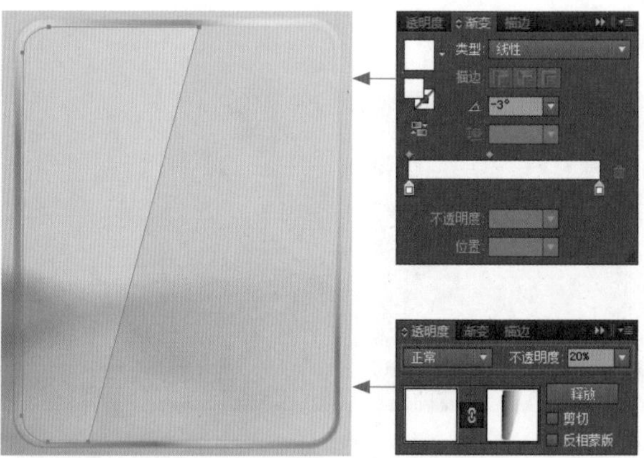

04 绘制圆角矩形 使用“圆角矩形工具”绘制一个圆角矩形，填充上白色，无描边色，设置其“不透明度”为“10%”，并对图形进行适当排列。如上图所示。

05 绘制高光 绘制一个圆角矩形，并对其路径进行适当裁切，绘制出高光效果，接着打开“渐变”和“透明度”面板对选项进行设置。如上图所示。

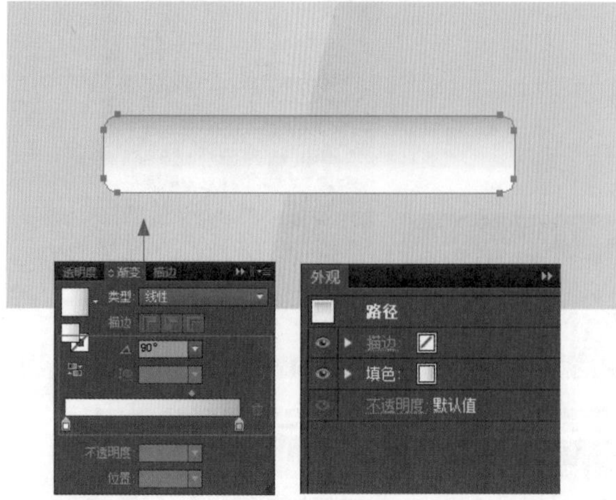

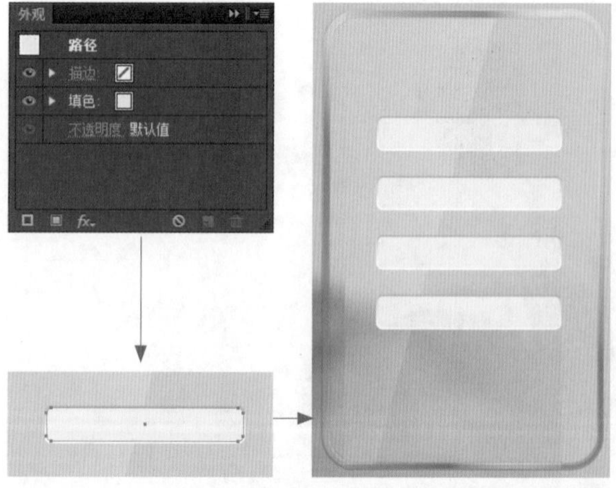

06 绘制圆角矩形 选择“圆角矩形工具”绘制出输入框的外形，使用“渐变”面板设置该图形的颜色，无描边色。在“外观”面板中可以看到其属性，如上图所示。

07 复制绘制的输入框 再次使用“圆角矩形工具”绘制一个圆角矩形，填充上白色，无描边色，并对其位置进行适当排列，接着对编辑完成的输入框图形进行复制，按照适当的位置进行排列。在画板中可以看到编辑后的效果，如上图所示。

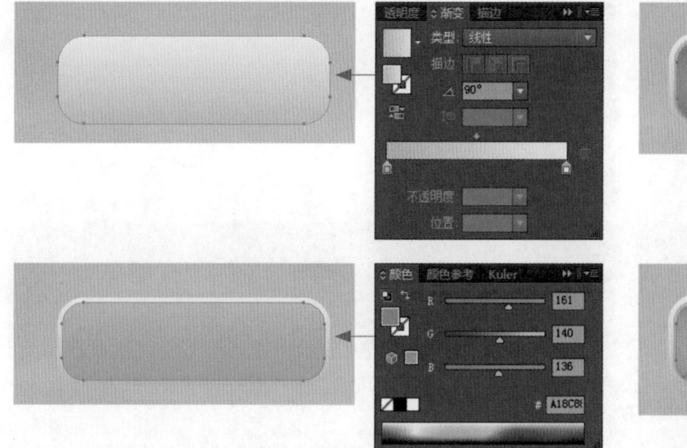

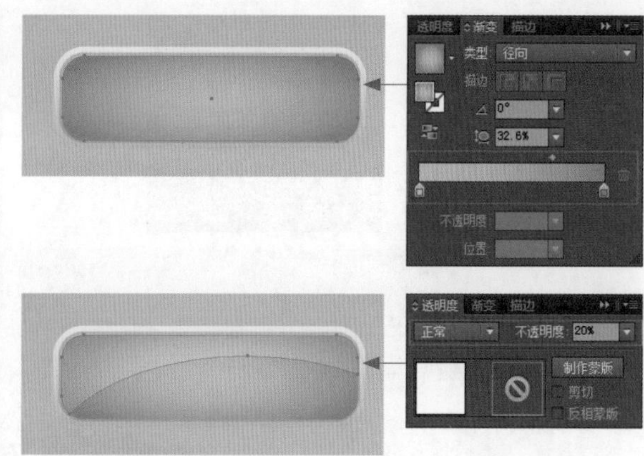

08 绘制按钮　绘制两个圆角矩形，按照适当的位置进行排列，接着打开“渐变”和“颜色”面板，分别对其颜色进行设置，无描边色。如上图所示。

09 完善按钮图形并添加高光　再次绘制一个圆角矩形，填充上适当渐变色，无描边色。接着绘制出按钮上的高光，填充上白色，无描边色，降低其“不透明度”为“20%”。如上图所示。

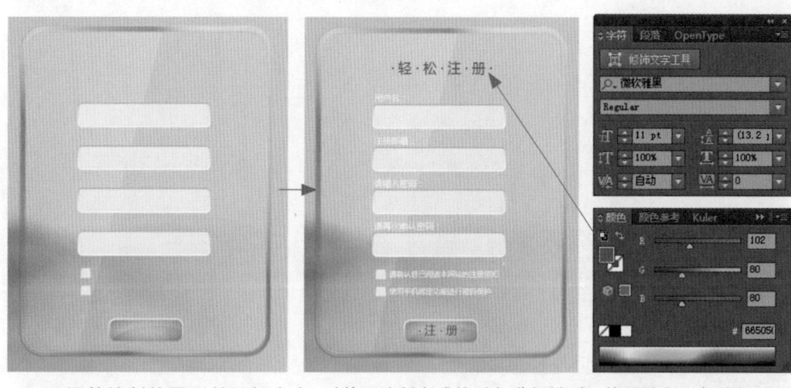

10 调整绘制的图形并添加文字　对前面绘制完成的对象进行排列，接着绘制出复选框的图形，并将其放在适当的位置。最后使用“文字工具”在画板中适当的位置上单击，输入所需的文字，打开“字符”面板对文字的属性进行设置，并填充上适当的颜色。在画板中可以看到绘制完成的注册对话框效果，如上图所示。

11 绘制登录对话框　参照前面绘制注册对话框的方式和设置，绘制出登录对话框的外形，在这里可以通过复制的方法进行完成，只对部分的对象进行重新绘制即可，通过打开该实例的源文件可以查看到相应的设置。如上图所示。

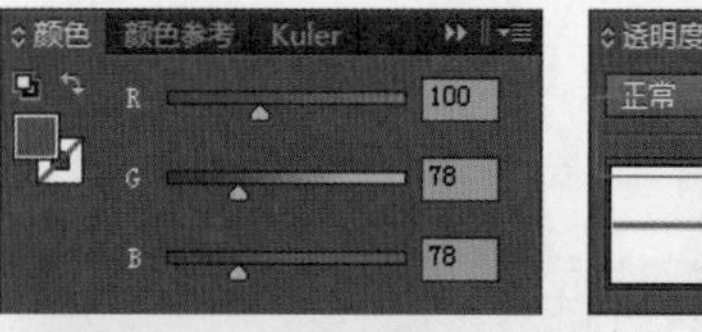

TIPS

按Ctrl+G快捷键，可以将选中的对象进行快速编组。

12 对绘制的对象进行微调　对绘制完成的登录对话框和注册对话框进行微调，并分别进行编组。在“图层”面板中可以看到编辑完成后的效果。如上图所示。

13 绘制修饰的矩形　使用“矩形工具”绘制一个矩形并为其填充上R100、G78、B78的颜色，无描边色，将其放在画面的最下方，接着打开“透明度”面板，设置“不透明度”选项为“50%”。如上图所示。

14 添加文字 选择“文字工具”，分别在画面的上方和下方位置输入所需的文字，打开“字符”面板对文字的属性进行设置，并填充上适当的颜色。完成后执行“文件 > 存储”菜单命令，对编辑的实例进行存储。如上图所示。

11.2.2 对比分析

下图所示为本例制作完成的效果，本例先在 Photoshop 中将背景中的图像调整为单色调图像，并通过降低不透明度的方式在 Illustrator 中绘制出半透明的对话框效果，使其显示出下方图像的内容，具体分析如下。

❶ 半透明的对话框设计

由于降低了对话框的不透明度，因此对话框本身的颜色被弱化，而主要显示出了下方图像的颜色，这样让画面的色彩表现更加统一。

❷ 色彩统一的背景图像

原始的背景图像为彩色效果，为了达到视觉上的统一，在设计的过程中将背景处理成了单一的色调，显示出和谐、统一的配色效果。

或许，这样也可以……

左图所示为根据设计中统一视觉这一构思来进行设计后的效果，在全新的设计中恢复了背景中的彩色显示效果，将其主色调设置为浅蓝色，并通过简化对话框的方式达到视觉上的统一，其具体的分析如下。

❶ 彩色的背景图像

使用彩色的背景颜色，将右侧的部分图形以淡蓝色进行显示，与背景中的主色调相互一致，把淡蓝色作为主导色进行使用，可以起到统一色调的作用。

❷ 简化的对话框设计

将对话框的边缘和背景进行简化，用简单的线条进行表现，去除对话框的背景，用背景图像作为对话框的背景，让背景图像与对话框自然地融合在一起，同样可以有协调、统一的视觉效果。

11.2.3 知识拓展

现在，再让我们了解一些 Illustrator 软件相关的必备基础知识，包括了上色工具、描边设置、渐变网格的编辑，以及画笔和符号的相关使用等内容。

在 Illustrator 中可以使用不透明蒙版和蒙版对象来更改图稿的透明度，透过不透明蒙版提供的形状来显示其他对象。蒙版对象定义了透明区域和透明度，可以将任何着色对象或栅格图像作为蒙版对象。Illustrator 使用蒙版对象中颜色的等效灰度来表示蒙版中的不透明度。如果不透明蒙版为白色，则会完全显示图稿；如果不透明蒙版为黑色，则会隐藏图稿；蒙版中的灰阶会导致在图稿中出现不同程度的透明度。

通过右图所示的说明可以看出不透明蒙版的组成和原理。

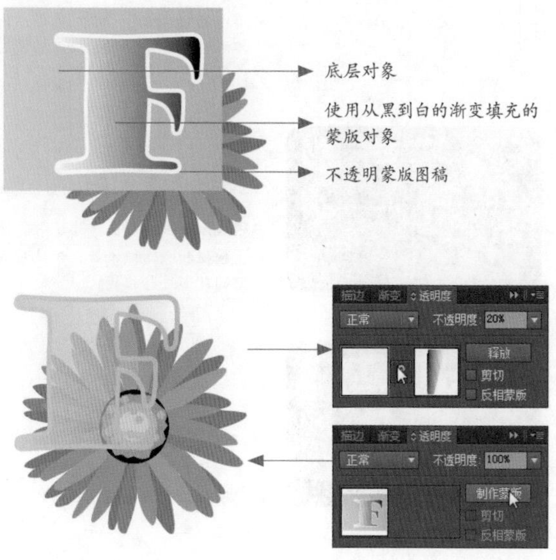

在创建不透明蒙版时，在“透明度”面板中被蒙版的图稿缩览图右侧将显示蒙版对象的缩览图，如果未显示这些缩览图，需要在面板菜单中选择“显示缩览图”命令。默认情况下，将链接被蒙版的图稿和蒙版对象，在面板中的缩览图之间会显示一个链接，如右图所示。移动被蒙版的图稿时，蒙版对象也会随之移动；而移动蒙版对象时，被蒙版的图稿却不会随之移动。可以在“透明度” 面板中取消蒙版链接，以将蒙版锁定在合适的位置并单独移动被蒙版的图稿。

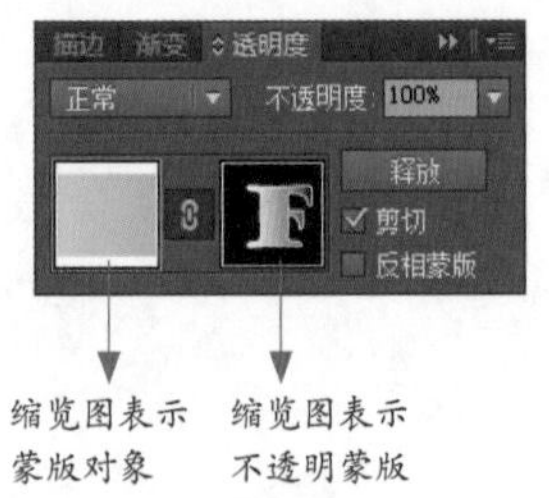

缩览图表示蒙版对象　缩览图表示不透明蒙版

TIPS

用户可以在 Photoshop 和 Illustrator 之间移动蒙版，但是 Illustrator 中的不透明蒙版在 Photoshop 中会被转换为图层蒙版，反之亦然，并且无法在处于蒙版编辑模式时进入隔离模式。

如果需要重新链接蒙版，可以在“图层”面板中定位被蒙版的图稿，然后单击“透明度”面板中缩览图之间的链接符号，或者从“透明度”面板菜单中选择“取消链接不透明蒙版”命令，将锁定蒙版对象的位置和大小，可以独立于蒙版来移动被蒙版的对象并调整其大小，如右图所示。

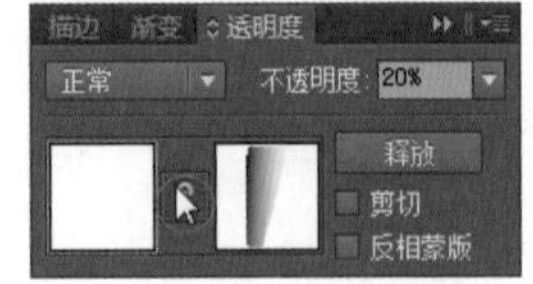

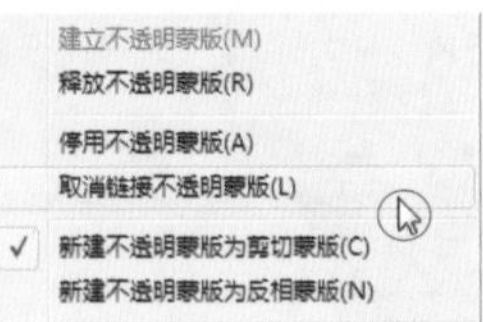

11.3 沉稳黑色体现超强质感——模糊滤镜

素　材：随书光盘\素材\11\02.jpg
源文件：随书光盘\源文件\11\沉稳黑色体现超强质感.psd

11.3.1　案例操作

设计思维进化图

本例的设计思路如下图所示，最终效果如右图所示。

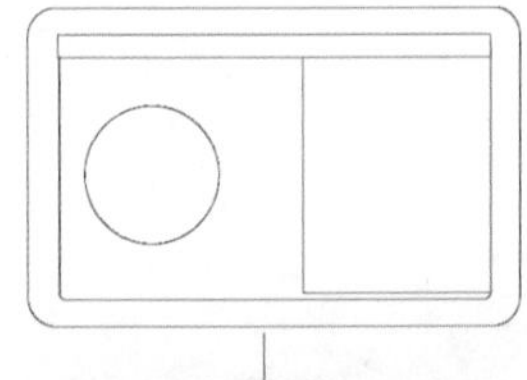

对播放器的大致外形进行构思，为了体现出质感，使用了较为坚硬的线条和对象来安排设计元素。

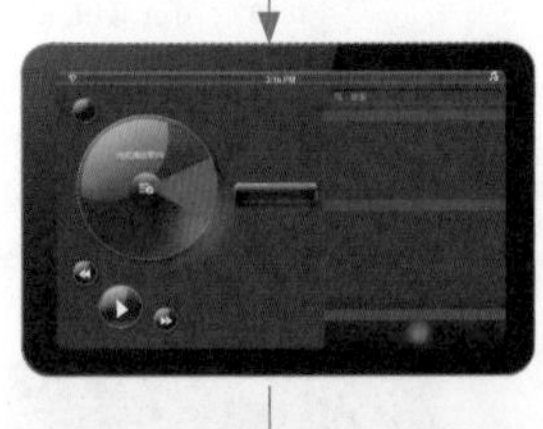

在Illustrator中绘制出播放器中的背景、按钮和修饰线条等，大致对播放器的外形进行编辑。

通过“文字工具”和“网页图标”面板为播放器添加上所需的文字和修饰图标，完善播放器的内容。

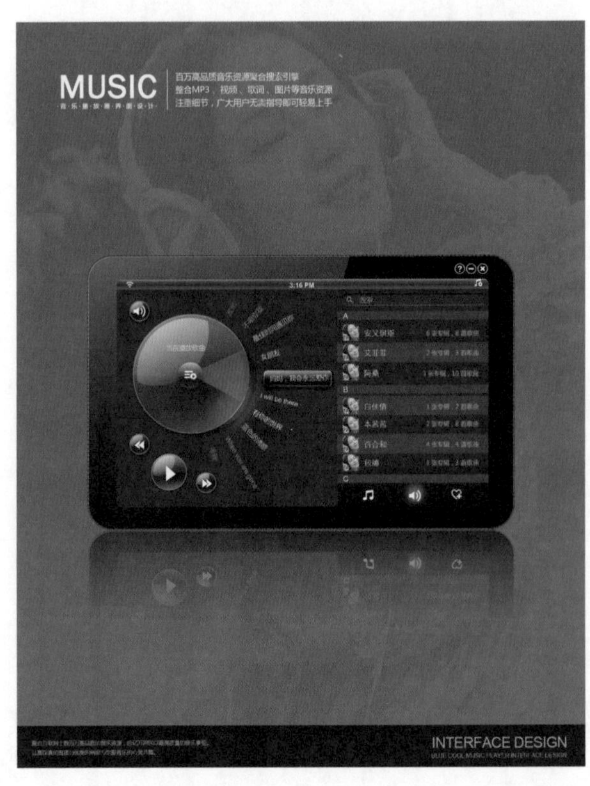

创作关键字：质感

质感是指通过视觉或触觉对不同物体形态，如固态、液态、气态的特质而产生的感觉。质感的表现可以丰富界面设计的外观效果，具有较强的感染力，使人感到鲜明生动、醒目活跃，从而产生丰富的心理感受。

在本例的设计中，为了制作出具有视觉冲击力的播放器界面效果，就使用了大量的具有较强质感的对象来进行表现，通过模拟玻璃、金属等材质的光照反射效果，比如对于高光、光点、泛光和阴影等图形的编辑，并利用大量的图形堆积来展示出播放器界面中设计元素的质感，以体现出强烈的品质感和设计感，创造了一个富有个性且便于使用者操作的界面交流环境。

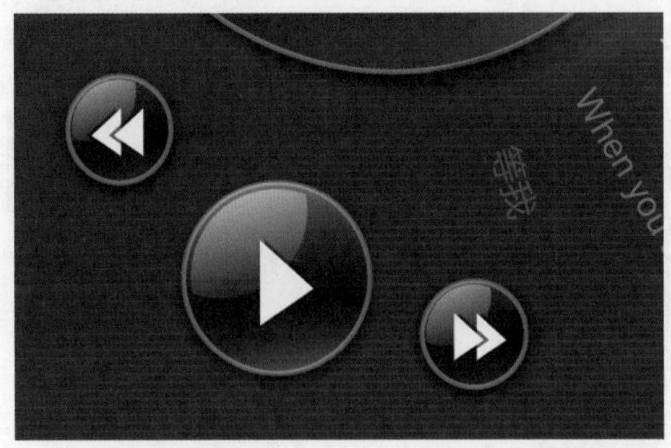

为了体现出播放器的质感，在设计中使用了黑白色搭配的方式表现一些小的按钮，同时用高光和阴影来增强其层次，表现出较强的视觉感。如上图所示。

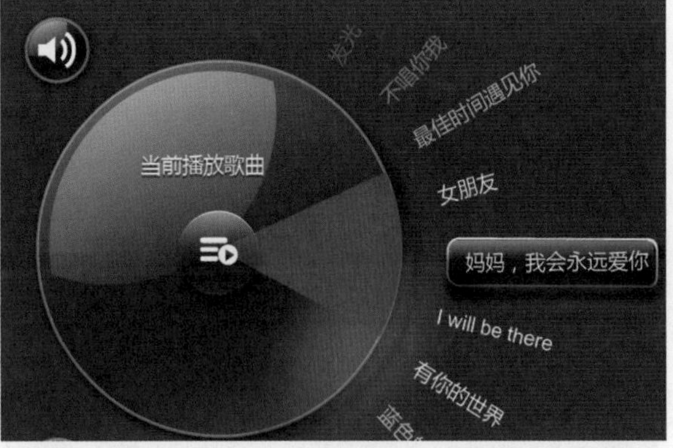

在播放器的左侧为歌曲选择区域，在这个区域中使用了较大的圆形按钮作为修饰，并通过高光、阴影、对话框等形式增强画面的表现力。如上图所示。

色彩搭配秘籍：琉璃色、深灰色、黑色

琉璃色是一种具有蓝色全部特征的颜色，有很强的视觉冲击力，而深灰色和黑色都是无彩色系中的颜色，属于极为内敛、沉稳的颜色。在本例的设计中，为了表现出播放器的质感，主要使用了深灰色和黑色，突显出播放器的品质，并在设计中加入了少许的琉璃色作为点缀，在增强界面吸引力的同时更让界面的功能区域进行了自然划分，如右图所示。这 3 种色彩的合理搭配，除了体现出一定的层次感之外，还给人以大气、高格调的感觉，与设计中的“质感”这一创作思想相一致，具有点题的作用。

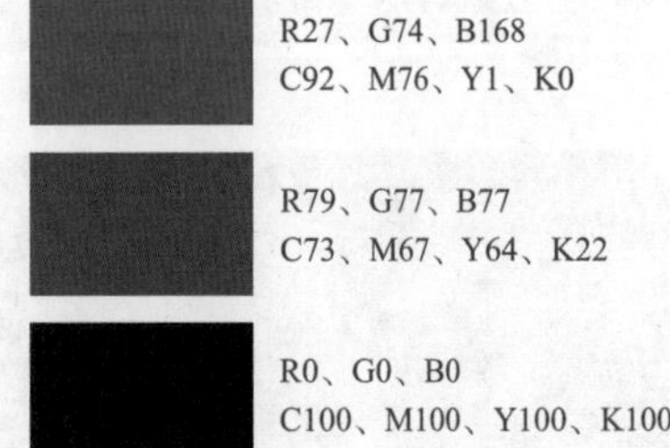

软件功能应用详解

Illustrator 功能应用

❶ 使用“圆角矩形工具”绘制播放器的外形；

❷ 使用“透明度”面板和“渐变”面板对播放器中的图形进行修饰，增强图形的层次；

❸ 通过“高斯模糊”效果来对图形进行羽化处理，使其呈现出自然的发光效果。

Photoshop 功能应用

❶ 创建颜色填充图层，制作播放器背景；

❷ 通过调整图层混合模式和不透明度来将位图叠加到背景中，丰富背景中的内容；

❸ 使用“矩形选框工具”创建选区的方式来添加图层蒙版，对图像的显示进行裁剪。

实例步骤解析

在实际的制作中，本例先利用 Illustrator 绘制播放器的外形，并对其进行修饰。然后在 Photoshop 中播放器进行进一步修饰，以充分展示出播放器的高光质感，加强视觉效果。

01 在Illustrator中绘制播放器的造型

01 绘制出播放器的大致轮廓 运行Illustrator CC应用程序，使用“圆角矩形工具”绘制出播放器的大致轮廓，填充上适当的颜色，接着绘制出高光，填充上白色，无描边色，并设置其“不透明度”为45%，最后绘制播放器的内侧。如上图所示。

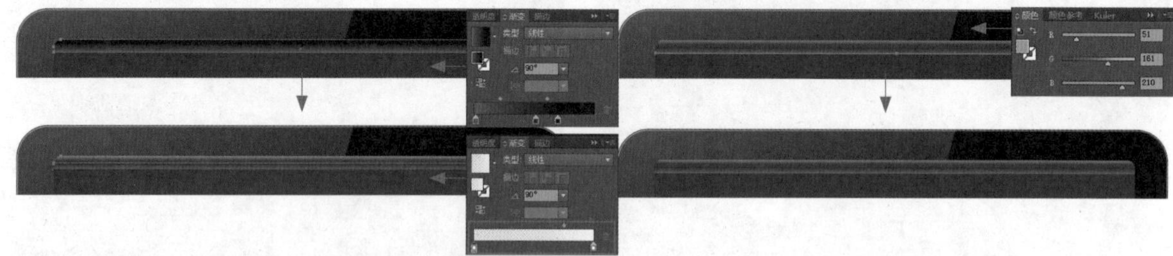

02 绘制播放器最顶端的图形 使用“圆角矩形工具”绘制出播放器最顶端的图形，并使用“路径查找器”面板对图形进行裁剪，接着为其填充上适当的颜色，并按照一定的顺序进行排列。在画板中可以看到绘制完成后的效果，如上图所示。

03 添加文字并绘制所需的图标 使用“文字工具”在播放器最上面添加上文字，填充白色，无描边色。接着使用“钢笔工具”绘制出所需的图标，填充上白色，放在适当的位置上。在画板中可以看到绘制完成后的效果，如上图所示。

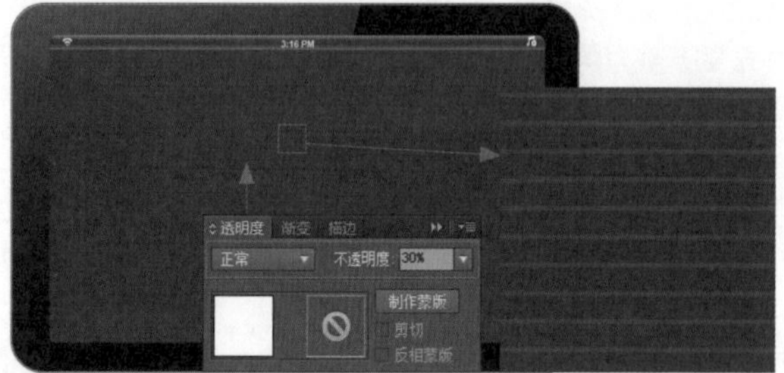

04 绘制矩形条底纹 使用“矩形工具”绘制出细小的矩形条，设置其“不透明度”为“30%”，接着对矩形进行复制，并按照相同的间距进行排列，作为修饰底纹。如上图所示。

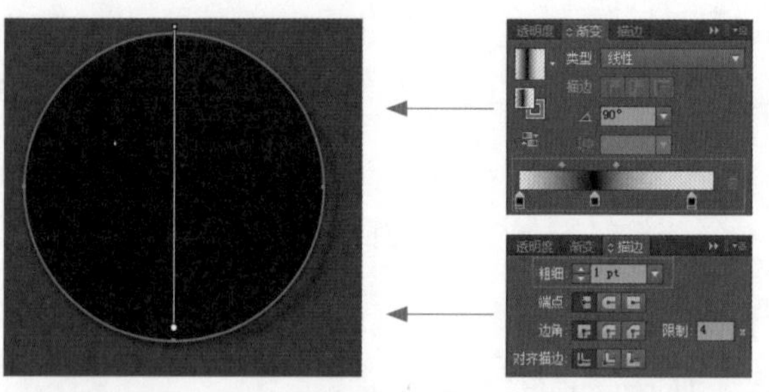

05 绘制圆形 使用“椭圆工具”绘制出一个圆形，填充上适当的颜色，并设置其描边粗细为“1pt”，将其作为播放器上的按钮。在画板中可以看到绘制后的效果，如上图所示。

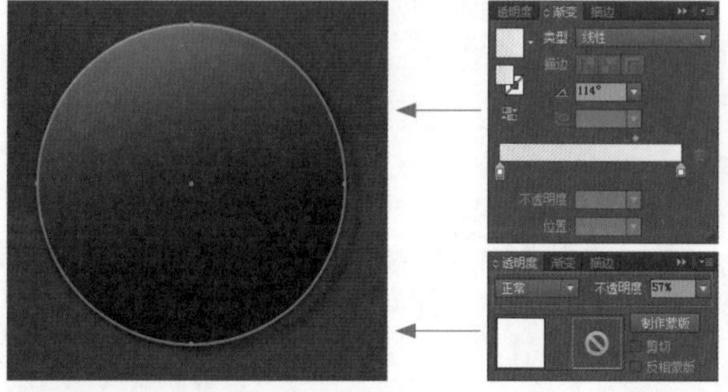

06 复制圆形并更改填色 再次绘制一个圆形，填充上适当的渐变色，接着在“透明度”面板中设置其“不透明度”为“57%”，并放在上一步中的圆形上方。如上图所示。

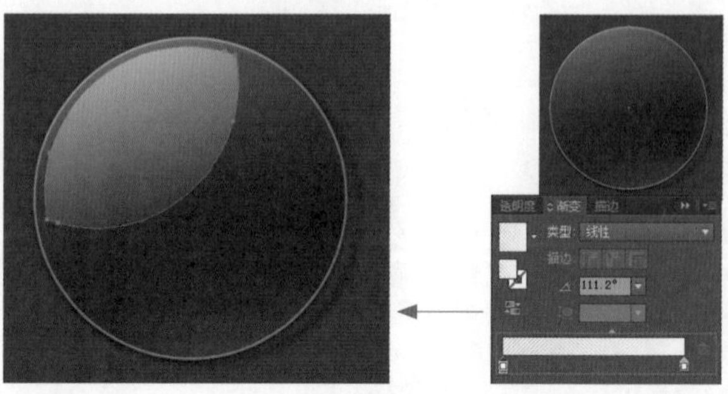

07 绘制高光 对上一步中绘制的圆形进行复制，对复制后的圆形进行旋转，接着绘制出高光，打开“渐变”面板对图形填充上适当的渐变色。如上图所示。

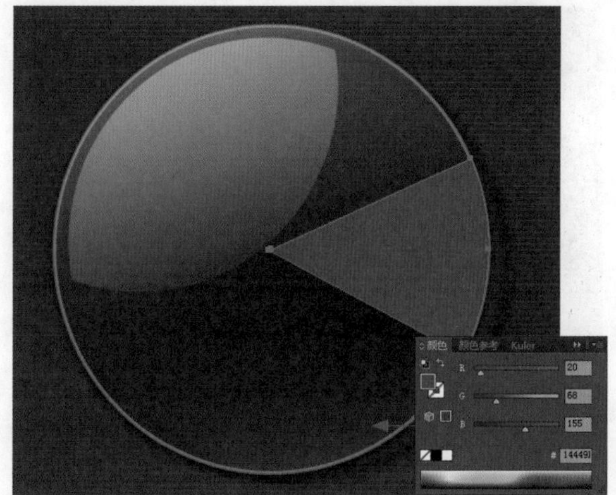

08 绘制修饰的扇形 绘制出圆形按钮上的修饰扇形，填充上R20、G68、B155的颜色，无描边色，并将其放在适当的位置。在画板中可以看到绘制后的效果，如上图所示。

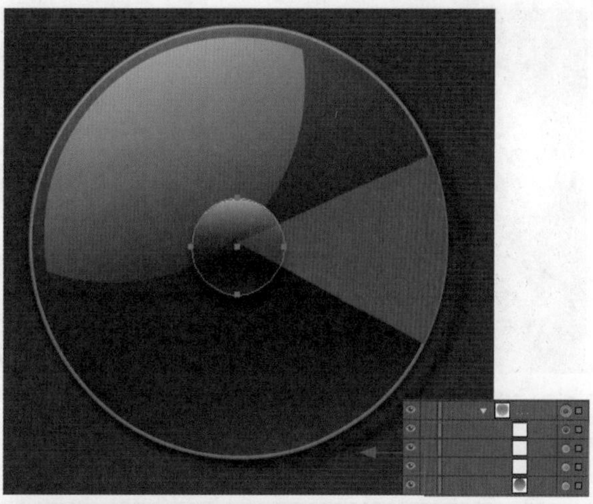

09 绘制圆形 使用“椭圆工具”绘制出按钮中间位置的修饰圆形，并通过叠加的方式增强圆形的层次，对其进行编组。在画板中可以看到绘制后的效果，如上图所示。

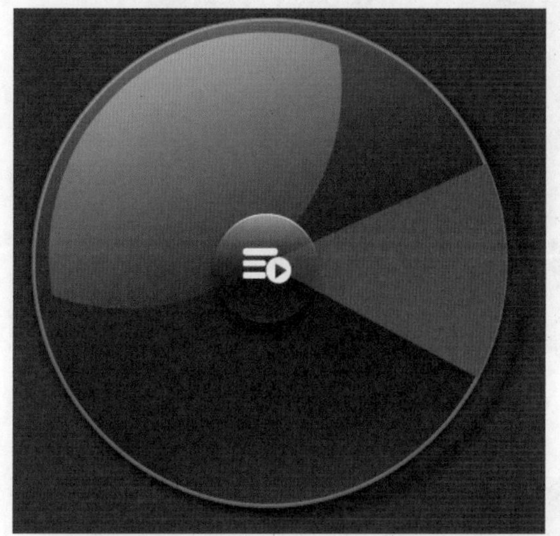

10 绘制修饰的图标 使用“钢笔工具”绘制出一个修饰的图标，填充上白色，无描边色，将其放在圆形的上方，作为按钮上的图标。如上图所示。

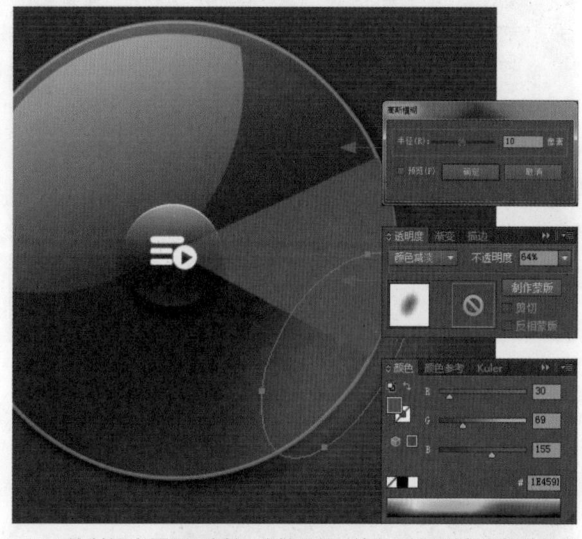

11 绘制闪光图形 绘制一个椭圆形，填充上适当的颜色，并对其“透明度”面板进行设置，接着对其应用“高斯模糊”效果，并设置其模糊半径为“10像素”。如上图所示。

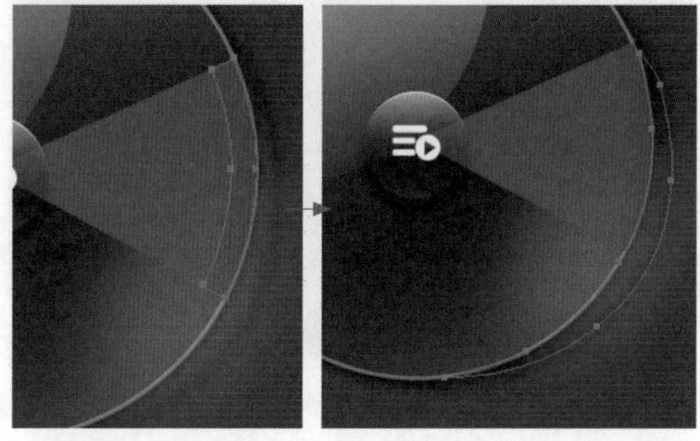

12 绘制修饰的图形 绘制出按钮上的修饰图形，填充上适当的颜色，接着在按钮的右侧绘制出投影，应用“高斯模糊”效果使其呈现出自然的过渡效果。如上图所示。

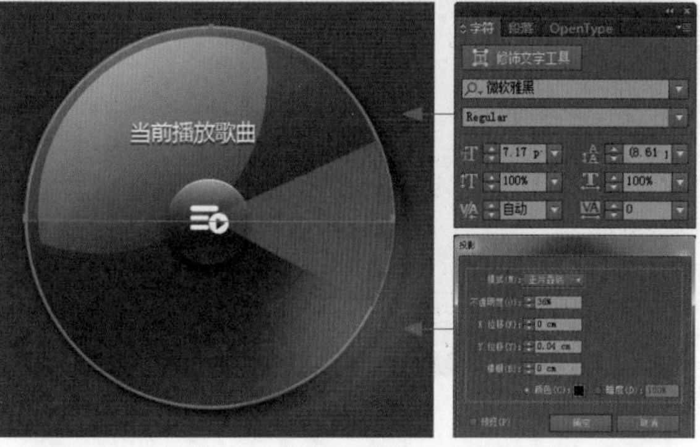

13 添加文字 使用“文字工具”输入所需的文字，接着打开“字符”面板对文字的属性进行设置，执行“效果 > 风格化 > 投影”菜单命令，应用投影效果。如上图所示。

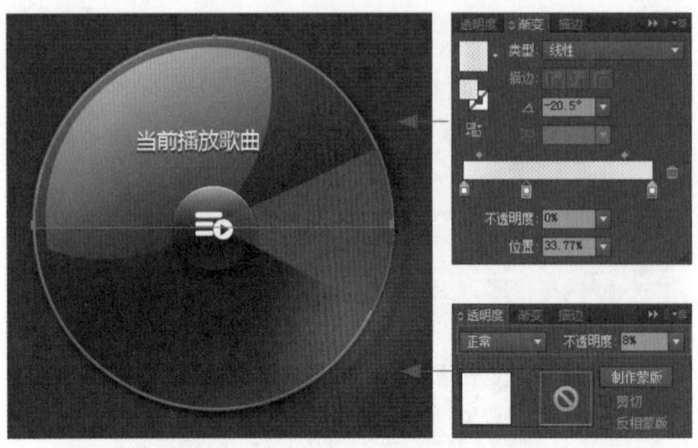

14 绘制半圆高光 绘制一个半圆的路径，填充上适当的渐变色，并调整其"不透明度"为"8%"，将其作为按钮上的高光，完成按钮的绘制。如上图所示。

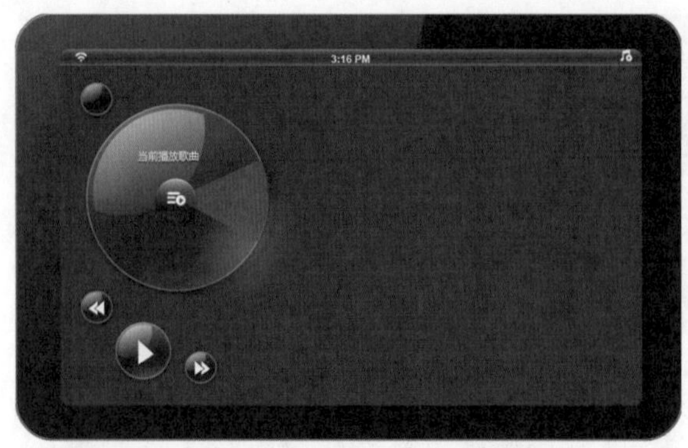

15 绘制其余的圆形按钮 参照前面绘制按钮的方式绘制出其余的按钮，并按照适当的位置进行排列。在画板中可以看到编辑完成后的效果，如上图所示。

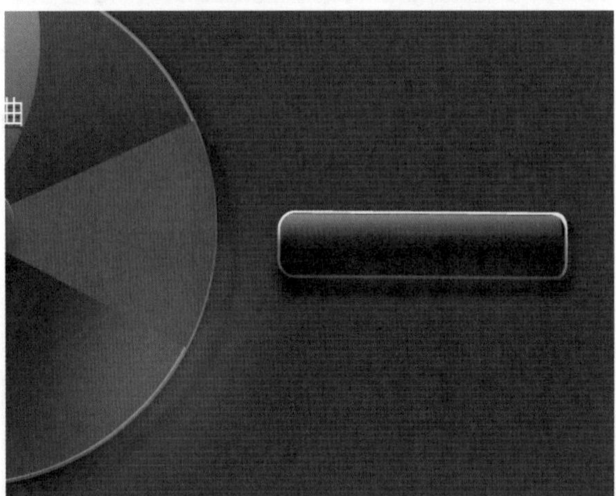

16 绘制圆角矩形按钮 参照前面绘制按钮的方式，绘制出一个圆角矩形按钮，将其放在最大的按钮的右侧，作为当前播放歌曲的名称显示区域。如上图所示。

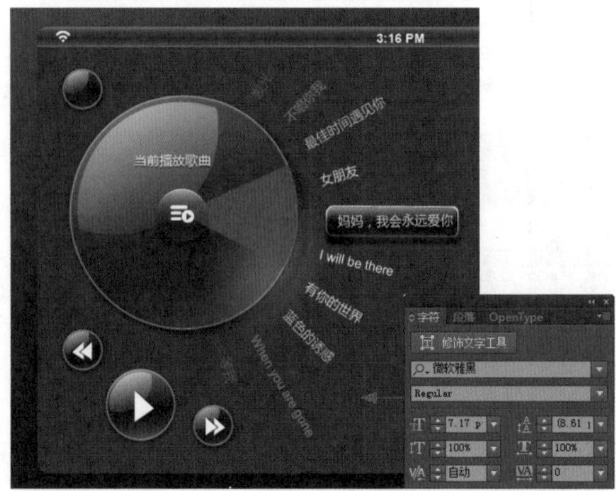

17 添加文字 使用"文字工具"添加上歌曲的名称，并打开"字符"面板对文字的属性进行设置，接着对输入的文字逐个进行角度调整，并以圆形的按钮为中心进行排列，使其呈现出放射的显示效果。如上图所示。

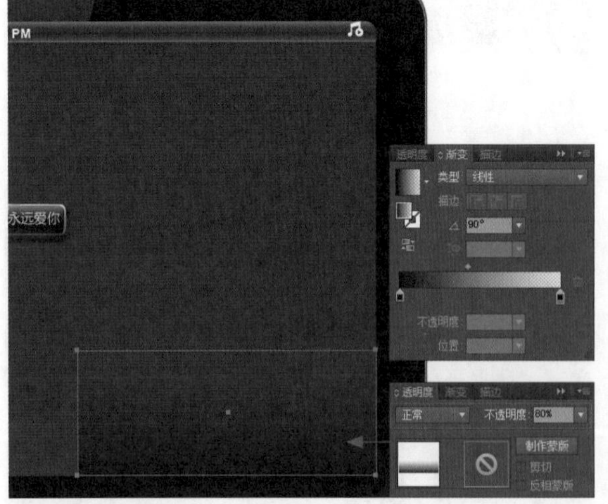

18 绘制矩形 使用"矩形工具"绘制一个矩形，填充上适当的渐变色，无描边色，并降低其"不透明度"为"80%"，将其放在播放器的右下角位置。如上图所示。

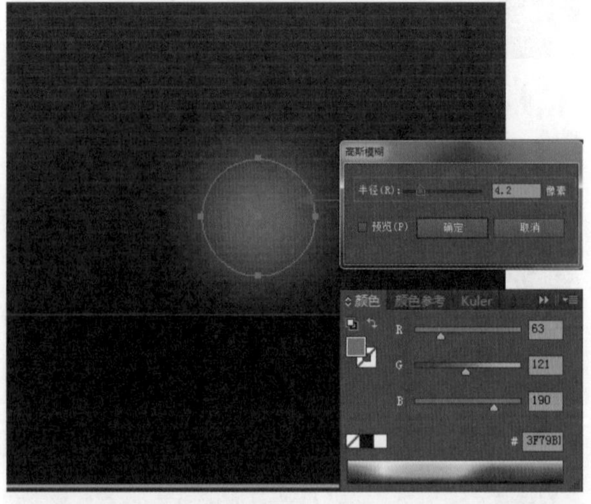

19 绘制蓝色亮点 使用"椭圆工具"绘制一个圆形，并填充上适当的填充色，无描边色，接着使用"高斯模糊"效果对其进行适当羽化处理。如上图所示。

20 绘制右侧的修饰矩形 先绘制出按钮区域与歌曲显示区域中间的线条，以及歌曲搜索区域的图形，接着使用“矩形工具”绘制出矩形，按照一定的顺序放在右侧的位置，作为歌曲分类的分界线。在画板中可以看到绘制完成后的效果，如左图所示。

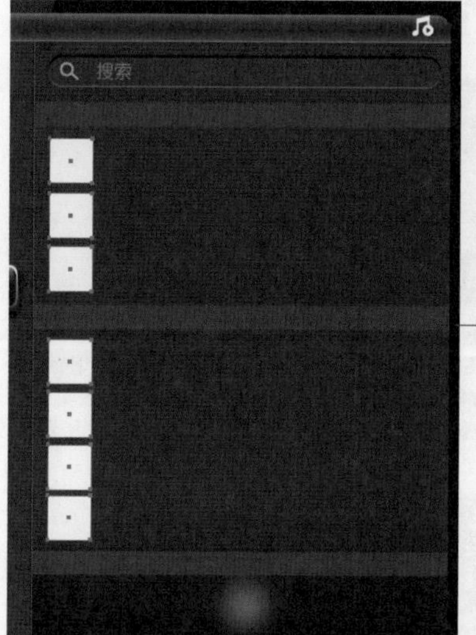

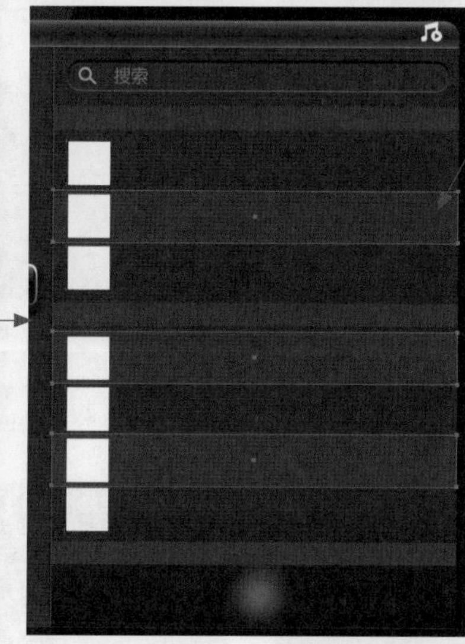

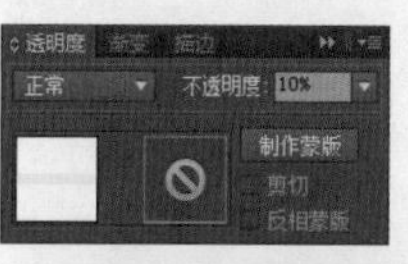

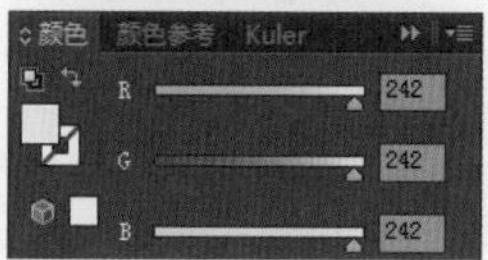

21 绘制歌曲排列栏 使用“矩形工具”绘制出一个正方形，填充上白色，并对其进行复制，放在歌曲排列区域的左侧。接着绘制一个矩形，填充上适当的浅灰色，并设置其“不透明度”为“10%”，放在歌曲排列区域的底部作为修饰。在画板中可以看到绘制后的效果，如上图和左图所示。

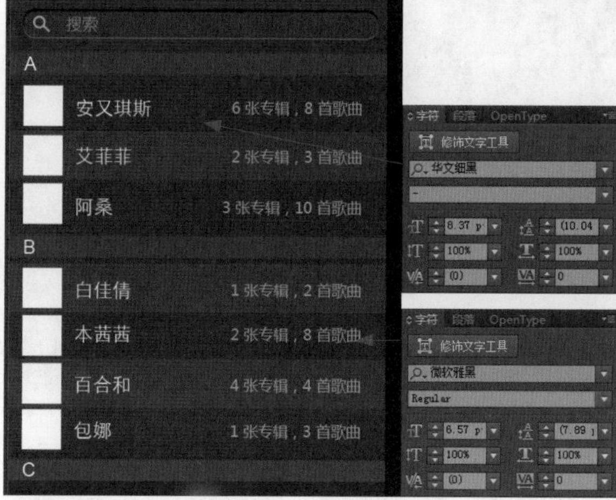

22 添加文字 使用“文字工具”在右侧的歌曲显示区域输入所需的文字，并打开“字符”面板对文字的属性进行设置，并分别填充上适当的颜色。在画板中可以看到右侧的歌曲显示区域基本编辑完成，可以看到大致的编辑效果。如上图所示。

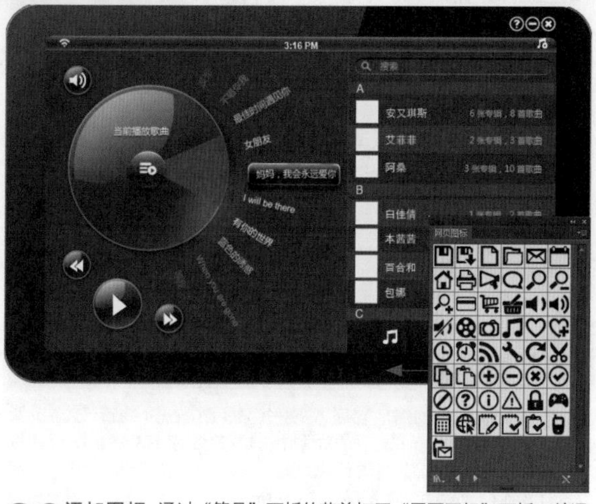

23 添加图标 通过“符号”面板的菜单打开“网页图标”面板，并通过拖曳的方式为播放器中添加所需的图标，断开符号的链接，更改图标的颜色为白色，最后执行“文件>存储”菜单命令，对编辑完成的文件进行存储。如上图所示。

02 在Photoshop中对播放器进行修饰

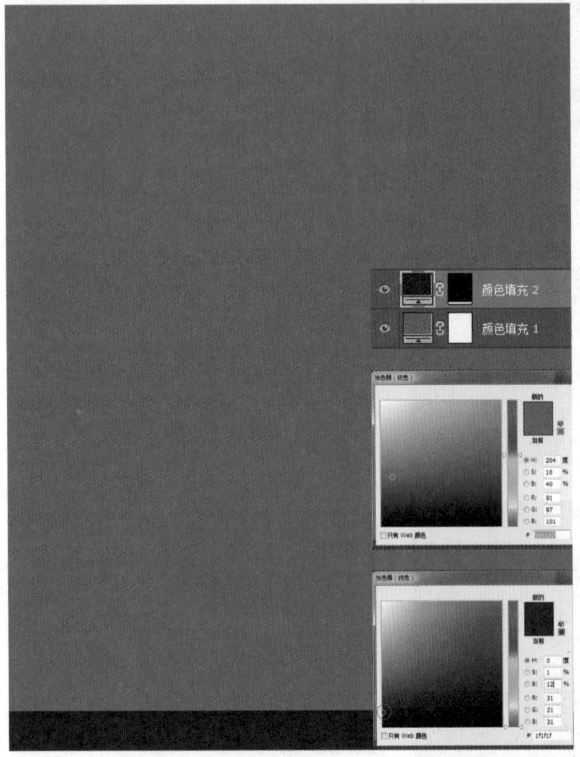

01 在Photoshop中创建纯色填充图层 运行Photoshop CC应用程序，执行“文件＞新建”菜单命令，创建一个新的文件，接着新建一个颜色填充图层，设置填充色为R91、G97、B101。接着创建一个矩形选区，再为选区创建一个颜色填充图层，将其作为画面的背景。如上图所示。

02 添加素材文件 新建一个图层，得到“图层1”图层，将“随书光盘\素材\11\02.jpg”文件复制到其中，并适当调整照片的大小和位置，最后在“图层”面板中设置该图层的混合模式为“明度”，并设置其“不透明度”为“8%”。在图像窗口中可以看到编辑后的效果，如上图所示。

03 将编辑完成的播放器置入到Photoshop中 执行“文件＞置入”菜单命令，在打开的对话框中选择前面编辑完成的AI文件并将其置入当前的文件中，然后适当调整播放器的大小。在“图层”面板中可以看到得到了一个智能对象图层，如上图所示。

04 添加播放器中的人物头像 再次将“随书光盘\素材\11\02.jpg”文件复制到新建的图层中，适当调整图像的大小。使用“矩形选框工具”创建选区，通过添加图层蒙版的方式对图像的显示进行控制，接着对编辑的图层进行复制，将图像按照一定的顺序进行排列，并新建图层组，将包含这些操作的图层拖曳到其中。如上图所示。

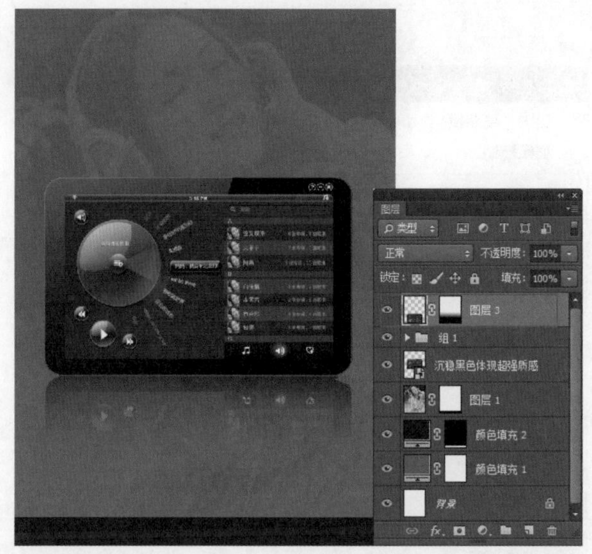

05 为播放器制作投影 对前面编辑完成的播放器对象进行复制，并将这些对象合并到“图层3”图层中，对图像进行水平翻转，通过图层蒙版制作出倒影效果。在图像窗口中可以看到编辑后的结果，如上图所示。

06 添加修饰文字 选择工具箱中的“横排文字工具”，在适当的位置添加上文字，创建图层组。命名为“文字”，将修饰的文字拖曳到其中，完成本例的编辑。如上图所示。

11.3.2 对比分析

右图所示为本例中设计的播放器界面，其中使用了大量的黑色和深灰色，并通过高光、阴影、泛光等图形来增强对象的层次和质感。

或许，这样也可以……

❶ 简约排列的曲目显示

在实际的设计制作过程中，还可以根据案例中的配色和设计思想，使用不同的设计元素来表现播放器不同的显示状态，制作出播放器一系列的界面显示效果，右图所示为播放器界面在音量调节状态时的制作效果，具体分析如下。

在右侧的曲目显示中，使用了人物图像作为背景底纹，并通过对设计元素进行简化，制作出简约排列的曲目显示效果，让播放器的界面显得简洁、大气，让使用者可以更为直观地进行操作，从而显得更加人性化。

❷ 全新的音量调节设计

在左侧的设计中，仍然使用了大量的按钮来增强界面的质感，除此之外取消了歌曲的选择显示区域，将其改为了音量调节区域，用矩形条来代表音量的高低，并采用瑠璃色进行搭配，力求和谐、统一的色彩搭配效果。

11.3.3 知识拓展

在 Illustrator 中可以通过使用“高斯模糊”和“径向模糊”命令来对绘制的路径进行模糊处理，使其边缘呈现出自然的渐隐过渡效果，但是模糊后的图形仍然保持原始的路径不变。

执行“效果>模糊”菜单命令，可以看到在该菜单下包含了“径向模糊”“特殊模糊”和“高斯模糊”这3个命令，如右图所示。它们都用于对选取的对象进行模糊处理，其中最常用的为“径向模糊”和“高斯模糊”，它们对路径进行模糊后的效果与在 Photoshop 中运用“模糊”滤镜的效果是相同的，只是 Illustrator 中的模糊效果可以针对路径进行使用，而 Photoshop 中的模糊滤镜是针对位图来使用的。

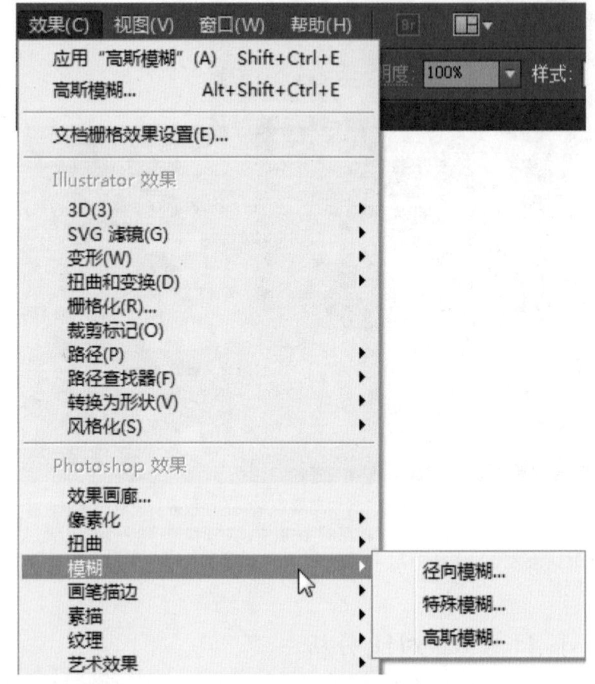

TIPS

“效果”菜单的 “模糊”子菜单中的命令是基于栅格的，无论何时对矢量对象应用这些效果，都将使用文档的栅格效果设置。

下图所示分别为原始的矩形路径效果，以及分别运用“高斯模糊”和“径向模糊”后的路径效果。

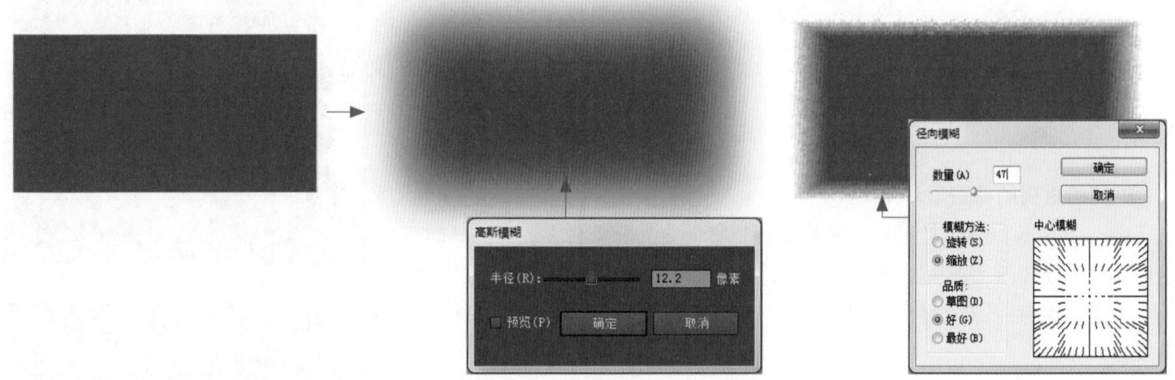

从上图所示的操作中可以看出，“高斯模糊”效果能够根据可调节的数量快速模糊图形，此效果将移去高频出现的细节，并产生一种朦胧的效果，其“半径”选项的参数设置得越大，模糊的范围就越宽，模糊效果就会越明显。但是“半径”选项过大时，超出区域的模糊部分就不能完全显示。

另外一个“径向模糊”效果可以模拟对相机进行缩放或旋转而产生的柔和模糊，在“径向模糊”对话框中每个选项的功能如下。

数量：用于控制模糊的程度，向左拖曳滑块将减少模糊数量，向右拖曳则增加模糊的范围。

旋转：单击选中该单选按钮，将沿同心圆环线模糊，然后指定旋转的角度数值。

缩放：单击选中该单选按钮，将沿径向线模糊，好像是在放大或缩小图像，然后指定 1 到 100 之间的值。

品质：在该选项下包括了 3 个单选按钮，包括“ 草图”“好” 和“最好”，选择“草图”后的处理速度最快，但图像效果往往会颗粒化，选择“好” 和“最好” 都可以产生较为平滑的效果。

模糊中心：通过鼠标拖移“模糊中心”框中的图案，指定模糊的原点。

11.4 暖色调打造温暖华丽之感——圆角矩形的编辑

素　材：随书光盘\素材\11\03.ai、04.jpg
源文件：随书光盘\源文件\11\暖色调打造温暖华丽之感.psd

11.4.1 案例操作

本例的效果如下图所示。

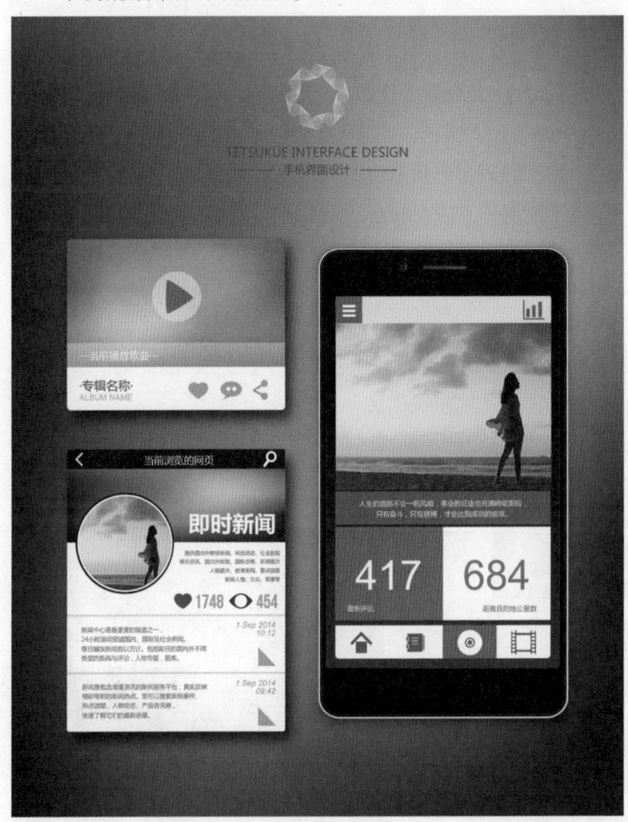

设计思维进化图

本例的设计思路如下图所示。

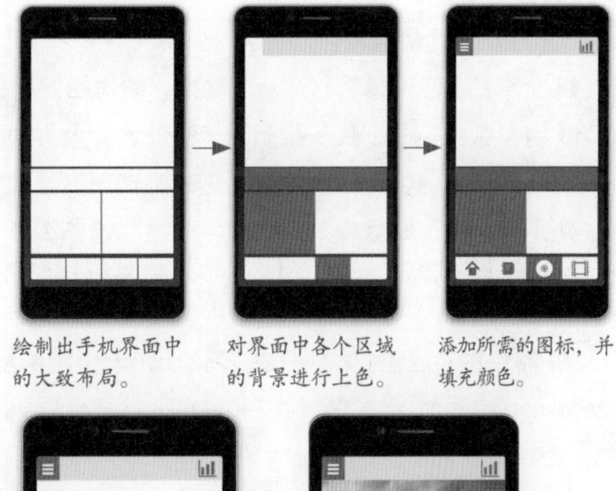

绘制出手机界面中的大致布局。

对界面中各个区域的背景进行上色。

添加所需的图标，并填充颜色。

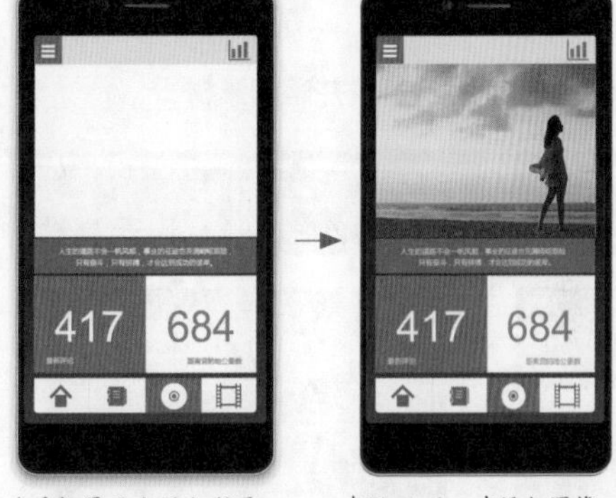

为手机界面上添加所需的文字。

在Photoshop中添加图像，完善界面内容。

创作关键字：矩形

在手机界面的设计中，使用矩形容易给人一种大方、单纯的规律感。正方形的四边相等，缺乏变化，会产生乏味单调感，因此在手机界面设计中习惯用矩形作为主要的设计图形。结合手机的外形，矩形的界面设计可以让设计具有平稳、整洁、规律之感。矩形是最简单有效的设计图形之一，在本例的设计中主要应用矩形设计元素为主，并结合圆形、三角形等进行辅助结合，增强界面设计的活泼性和设计感，并通过色彩之间的变化来营造出动态感，清晰的体现出功能区域之间的划分和归类，增强界面的实用性。

在手机的界面中，使用了多个大小不等的矩形作为主要的设计元素，通过不同的颜色进行间隔显示，突显出主要的功能区域。如上图所示。

在手机界面的播放器设计中，也使用了矩形作为主要的设计元素，通过大小、不透明度等设置进行功能的划分，突显出一种简约的美感。如上图所示。

色彩搭配秘籍：朱红、灰浓蓝、黑色

朱红是一种充满魅力的色彩，给人一种热情而含蓄的感觉。灰浓蓝是一种纯度较低的色彩，而黑色是最具有神秘和高贵感的颜色。如右图所示。

本例是为手机设计的界面，在创作的过程中对上述 3 种颜色进行搭配，并使用了大量的白色进行过渡，以平衡颜色之间的过渡，让朱红在画面中呈现出主导地位，营造出一种华丽的感觉。无论是界面中的主要色块，还是位图中的主色调，都体现出一种介于橙色和朱红的色彩，显示出浓浓的温暖、和愉快的氛围，体现出强烈的品质感。

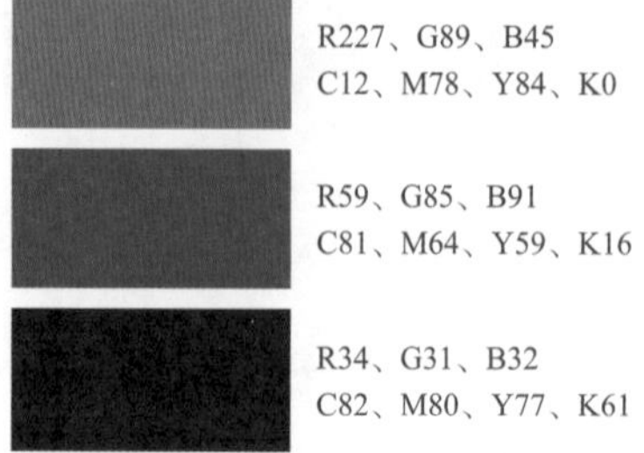

软件功能应用详解

Illustrator 功能应用

❶ 使用“网格工具”创建渐变网格，制作画面背景；
❷ 用“圆角矩形工具”绘制圆角矩形的背景界面；
❸ 利用“透明度”面板调整图形的不透明度程度；
❹ 用“符号”面板中的“丝带”来添加修饰图形。

Photoshop 功能应用

❶ 通过“图层蒙版”来对图像的大小显示进行控制；
❷ 利用“亮度 / 对比度”来控制位图的亮度；
❸ 用“自然饱和度”和“色彩平衡”调整位图的颜色。

实例步骤解析

在制作的过程中，本例先在 Illustrator 中绘制出背景，然后添加上矢量素材，接着绘制出手机的界面。最后在 Photoshop 中添加上位图素材，并使用调整命令对照片进行调色处理，具体操作如下。

01 在Illustrator中绘制背景并添加素材

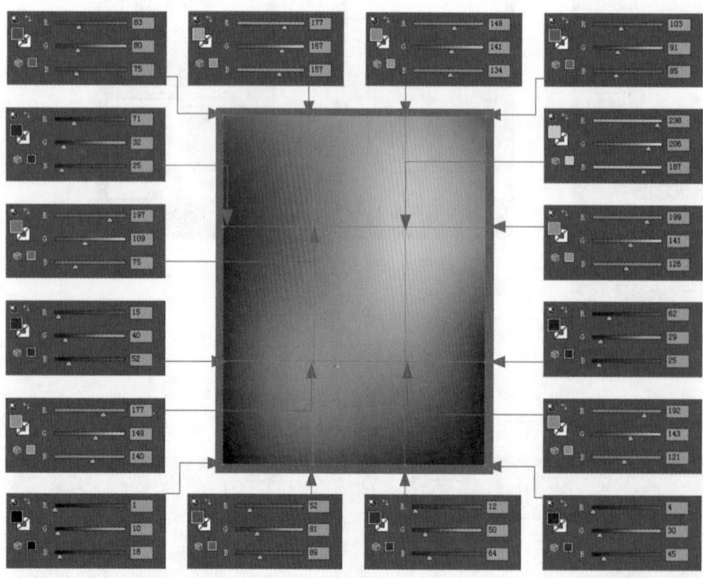

01 使用渐变网格填充背景矩形 运行Illustrator CC应用程序，新建一个文件，使用“矩形工具”绘制一个与画板大小一致的矩形，接着用“网格工具”添加上渐变网格，并为每个渐变网格上的锚点填充上不同的颜色，将其作为画面的背景。如上图所示。

02 添加手机素材 打开"随书光盘\素材\11\03.ai"文件，按Ctrl+A快捷键将其全部选中，再按Ctrl+C快捷键进行复制，接着在本例的文件中按Ctrl+V快捷键进行粘贴，将文件复制到其中，并适当调整文件的大小和位置。如上图所示。

02 绘制手机界面

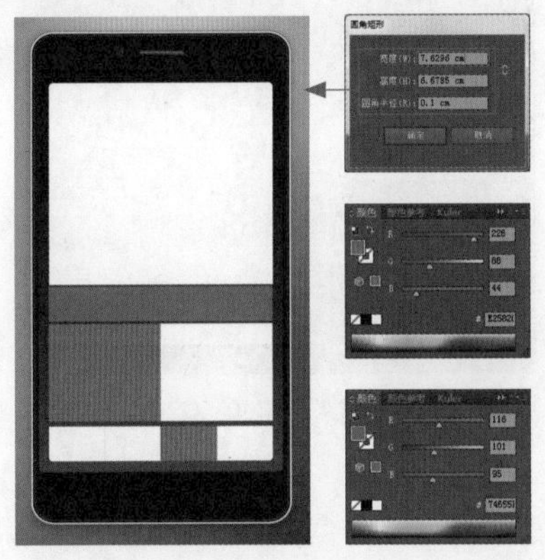

02 绘制出所需的图标 使用“钢笔工具”“椭圆工具”和“圆角矩形工具”绘制出手机上所需的图标，并填充上相同的颜色，无描边色，将他们放在适当的位置上。如左图所示。

01 绘制手机界面的大致布局 选中工具箱中的“圆角矩形工具”和“矩形工具”。绘制出手机界面上的大致布局效果，并打开“颜色”面板填充上适当的颜色，无描边色。在画板中可以看到绘制的效果，如上图所示，如上图所示。

03 添加文字 使用“文字工具”在适当的位置添加上所需的文字，并打开“字符”面板对文字的属性进行设置，在“颜色”面板中更改文字的颜色。如下图和左图所示。

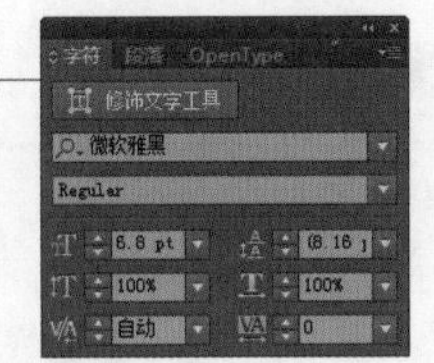

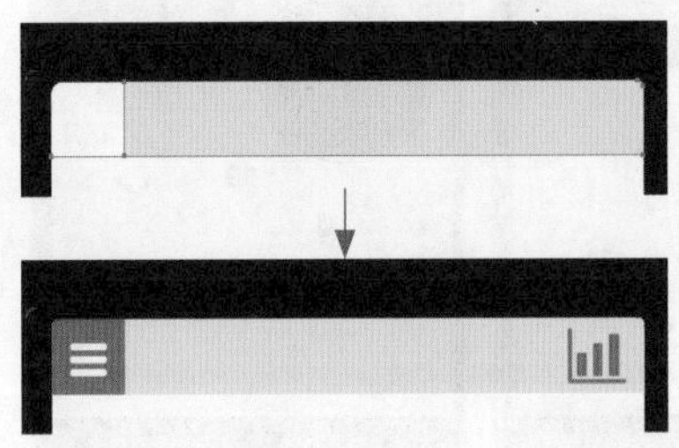

04 绘制界面上方的图形 在手机界面的上方绘制出所需的图形，为其填充上适当的颜色，并按照所需的位置进行排列。在画板中可以看到绘制后的效果，如上图所示。

05 绘制播放界面的矩形 使用“矩形工具”绘制一个矩形，设置该图形的混合模式为“变暗”，并执行“效果 > 风格化 > 投影”菜单命令，为图形应用投影效果。在画板中可以看到绘制的效果，如下图和左图所示。

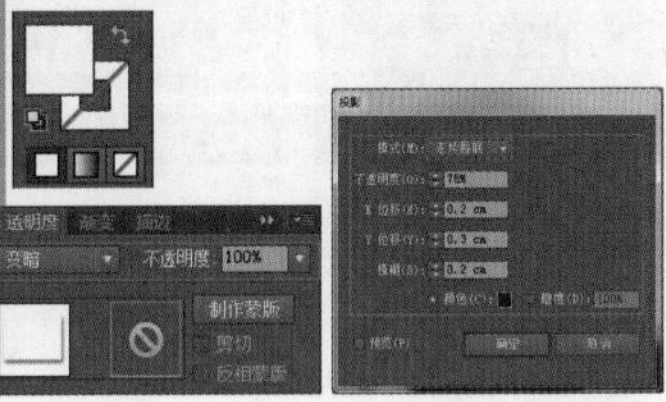

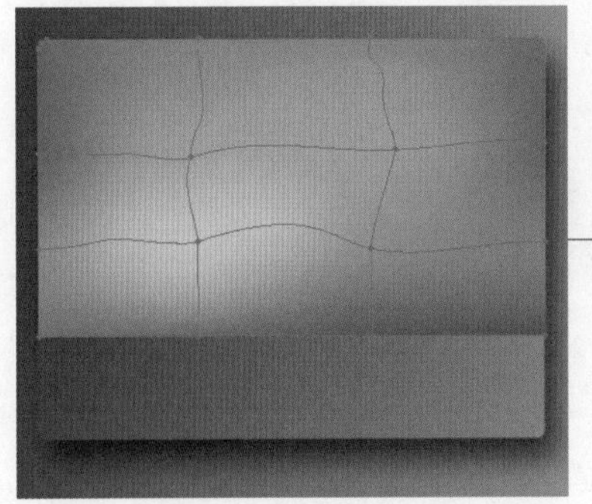

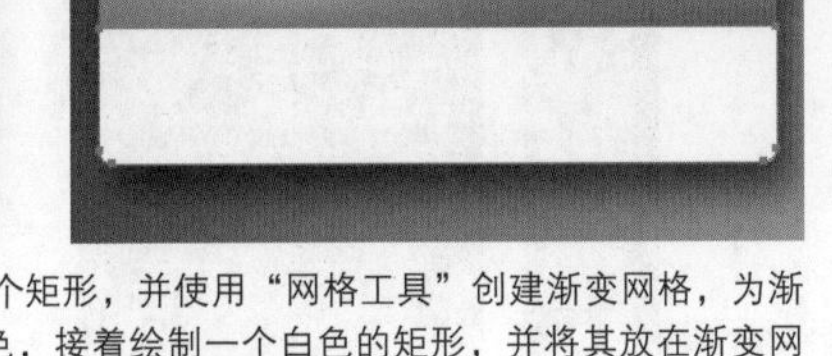

06 使用渐变网格修饰播放界面 绘制一个矩形，并使用“网格工具”创建渐变网格，为渐变网格上的每个锚点填充上适当的颜色，接着绘制一个白色的矩形，并将其放在渐变网格的下方。在画板中可以看到绘制完成后的效果，如上图所示。

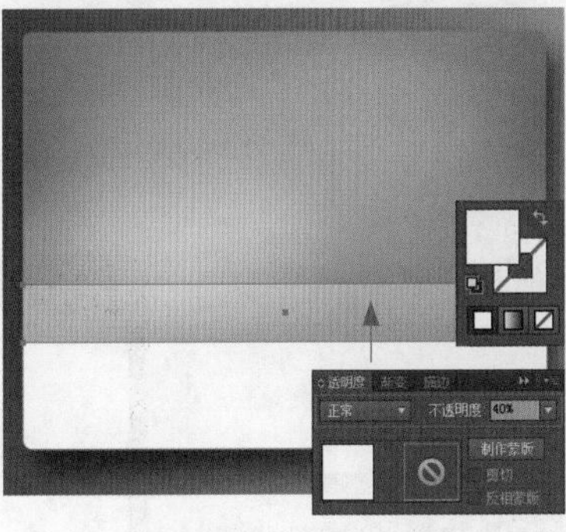

07 绘制矩形 绘制一个矩形，为其填充上白色，无描边色，并打开“透明度”面板设置其“不透明度”为“40%”。在画板中可以看到绘制后的结果，如上图所示。

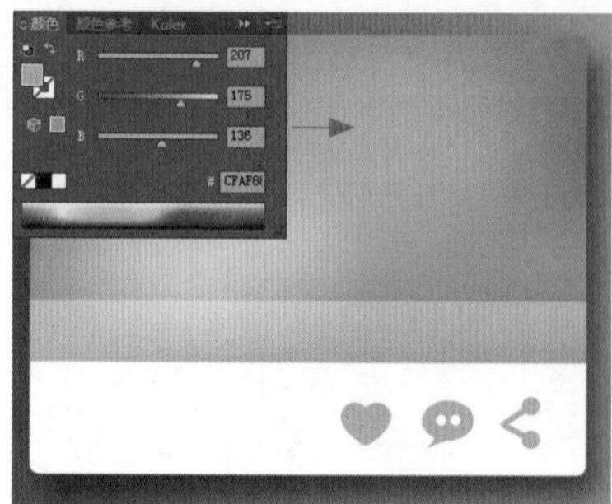

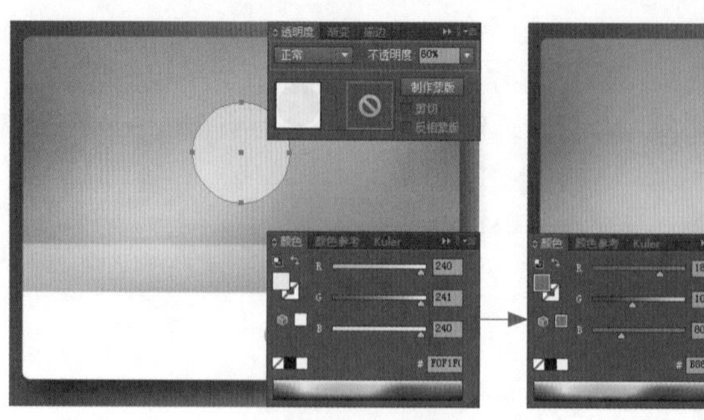

08 **绘制所需的图标** 使用“钢笔工具”绘制出播放器界面中所需的图标，并填充上R207、G175、B136的颜色，无描边色，将其放在右下角位置。如上图所示。

09 **绘制圆形和播放图标** 使用“椭圆工具”绘制一个圆形，填充上R240、G241、B240的颜色，无描边色，设置其“不透明度”为“60%”。接着绘制一个三角形的播放图标，填充上R184、G109、B80的颜色，无描边色。如上图所示。

10 **添加文字** 使用“文字工具”在适当的位置添加上文字，并使用“字符”面板对文字的属性进行设置，完成播放器界面的绘制。如上图所示。

11 **绘制出网页浏览界面** 参照前面绘制手机界面的方法和相关设置，使用“矩形工具”“椭圆工具”等绘制出新闻网页的浏览界面效果，并添加上适当的文字，填充上相应的颜色，完成手机界面的大致绘制操作。如上图所示。

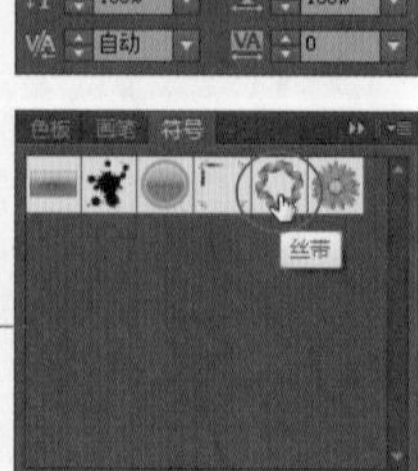

12 **添加文字和修饰图形** 对绘制完成的对象的位置进行适当调整，将其放在画板的中间。接着通过“符号”面板添加上丝带图形，将其描边色更改为白色。然后添加上所需的文字，并对文字的属性进行设置，填充上适当的灰色，完成上述的操作后执行“文件 > 存储”菜单命令，对编辑完成的对象进行存储，将其保存为AI格式。如左图所示。

03 在Photoshop中添加位图

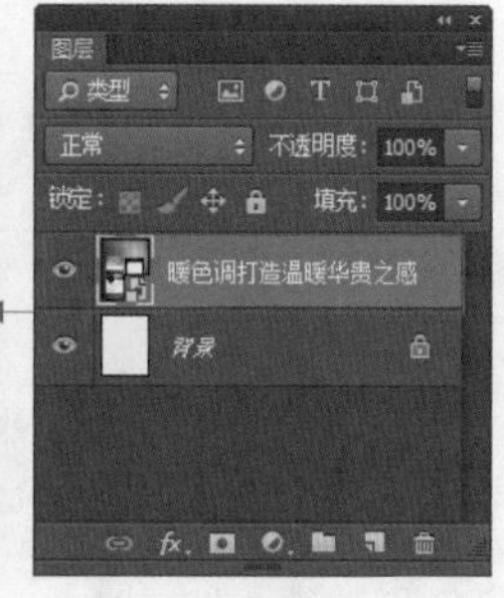

01 将AI文件置入到Photoshop 中 运行Photoshop CC应用程序，执行"文件＞新建"菜单命令，创建一个新的文件，接着执行"文件＞置入"菜单命令，将前面编辑完成的AI文件置入到Photoshop中，并适当调整文件的大小和位置，得到一个智能对象图层。如左图所示。

02 添加位图素材 新建图层，将"随书光盘\素材\11\04.jpg"文件复制到其中，通过编辑图层蒙版的方式对图像的显示进行调整。在图像窗口中可以看到编辑后的效果，如上图所示。

03 调整位图的亮度 将位图的区域添加到选区中，为其创建亮度/对比度调整图层，设置"亮度"为"52"，"对比度"为"13"，对图像的影调进行调整。如上图所示。

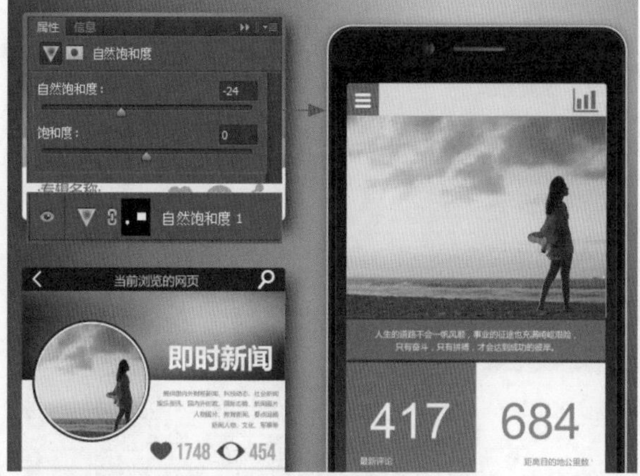

04 调整位图的颜色浓度 再次将位图添加到选区，创建自然饱和度调整图层，在打开的"属性"面板中设置"自然饱和度"选项的参数为"－24"，降低画面的颜色浓度。如上图所示。

05 调整位图的色调 为位图选区创建色彩平衡调整图层，在打开的"属性"面板中分别设置"中间调"选项下的色阶值为"+13、-26、-17"，完成本例的编辑。如上图所示。

11.4.2 对比分析

在UI设计中，只要确定了设计的主要设计元素和色彩搭配，就可以根据创作思想进行扩展，设计出一整套的作品，对于本例中的手机界面设计就可以根据思维扩展的方式创作出更多的出色作品。

右图所示为本例中设计的手机界面效果。为了使设计的界面更加具有实用性，使操作者更易上手，在创作设计的过程中主要使用了矩形这一最简单的图形来进行设计，在设计中应用了大量的矩形对界面中的功能进行分区，显示出简约的创作效果。此外，为了表现出一种温暖华丽的感觉，在设计中还应用了朱红色，用暖色调来突显设计的亲和力。

或许，这样也可以……

本例的创作中，根据设计的思路和配色，还可以制作出右图所示的手机界面设计效果，其具体分析如下。

❶ 统一的色彩搭配

在全新的手机界面设计中，使用了与色彩搭配中相互一致的颜色进行搭配，呈现出暖色和黑色对比的效果，突显出品质感。

❷ 同色系的位图

在设计中使用同色系的位图作为界面中的主要展示对象，可以让整个画面更加和谐统一。

❸ 大量的矩形设计元素

在新的设计中，不论哪一个界面，都使用了大量的矩形作为设计元素，使得设计的风格统一，并且呈现出一定的韵律感，避免由于设计元素的增多而导致增加使用者的操作难度。

11.4.3 知识拓展

在UI设计的过程中，为了提高界面设计的实用性和简易性，在设计中经常会添加图标，这些图标承担着一些重要的作用。那么怎样正确认识图标在UI设计中的特别之处呢，接下来就让我们一起来进行探讨。

图标就是用某些外形或者形象相似的图像，将功能与其在因果或时空上造成必然的联系，达成约定俗成的结果。在UI设计中使用的图标，具有几个特性，即认知性、普遍性、约束性和独特性。

认知性

在UI设计中，如果所使用的图标语言没有认知性，那么就失去了意义。例如，现在人们用放大镜的简化图标作为放大和搜索的标志，这个图标就具有很强的认知性。圆形带柄的凸透镜作为放大工具已完全融入了人们的日常生活之中，使得人们在思维意识里逐渐形成了一种固定的概念，即当看到放大镜的图形，就会立即联想到放大、搜索。

Adobe公司便采用放大镜的图标来指代放大或缩小的功能按钮。在其他各种设计中，设计师也都偏爱使用通俗易懂的放大镜图标来指代缩放或搜索的功能。如右图所示。

普遍性

在全球化社会中，现代设计在人群中广泛地传播，因此设计的图标语言必须为大众所接受。例如，“红十字会”是一个国际性的志愿救护和救济团体，大多数的国家都使用白底背景加红十字作为该组织的标志，因此只要人们看到这个标志，就能够明确地认出这个图标，知道这个国际性救助团体的名称，这就是符号的普遍性。

约束性

由于国家、名族之间的文化差异，不同文化背景下的人们对事物的认知也不同。因此在进行UI设计的过程中要规避一些较为敏感的图标，让设计的作品更加大众化，使其被更多的人所接受。

独特性

图标要被理解，必须要“求同”。然而在设计中为了与众不同，制作出有个性的语意符号，就必须“求异”，这样才能让UI设计脱颖而出。在UI设计中，图标越容易被识别越好，构建它的元素越简单越好，这样就需要设计者拥有充分的创意，由此提高UI设计的易用性、辨识性。

下图所示的图标为本例手机界面设计中的图标，设计者将色彩和构建图标的元素进行统一，使其他其他操作界面中的图标区分开来，形成自己的风格，但是又没有丢失图标原本所具有的普遍性这个特点。

课后练习

UI 设计是一种让产品易用的实用设计，它是电子产品与人们进行沟通互动的桥梁。接下来将通过播放器的界面和登录对话框的设计练习，使大家了解不同类型的交互式界面设计的特点。

习题01：播放器界面设计

素　材：随书光盘\课后练习\素材\11\01.jpg
源文件：随书光盘\课后练习\源文件\11\播放器界面设计.psd

在 UI 设计中，有时候一个很小的细节就是吸引用户的关键。在下图所示的播放器界面设计中，将界面的背景调整为半透明，将进度条设计为蓝色荧光的效果，对于各控制按钮没有添加更多的图层样式，使其看上去简单轻快，而播放器界面中透出来的背景图像，让整个设计显得更加清爽。

❶ 在 Illustrator 中绘制出播放器的界面；

❷ 在 Photoshop 中打开风景照片和绘制的播放器；

❸ 调整画面颜色并进行修饰。

习题02：登录对话框设计

素　材：随书光盘\课后练习\素材\11\02.jpg
源文件：随书光盘\课后练习\源文件\11\登录对话框设计.psd

对话框是人机交流的界面，用户在对话框中进行设置，计算机就会执行相应的命令。对话框设计的好坏会直接影响用户的体验效果。右图所示为登录对话框设计，在其中通过光影和色彩的设计，使其呈现出了丰富的质感。

❶ 在 Illustrator 中绘制出对话框的造型；

❷ 将所需的照片和绘制的对话框添加到 Photoshop 中；

❸ 调整画面的颜色，修饰整个页面的效果；

❹ 添加文字，丰富画面内容。

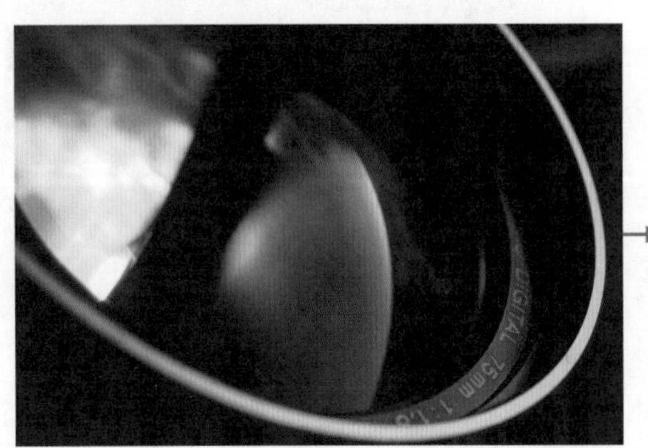